住房城乡建设部土建类学科专业"十三五"规划教材

高等学校城乡规划专业系列推荐教材

城市总体规划理论与实务

陈锦富　朱　霞　赵守谅 等 编著

中国建筑工业出版社

图书在版编目（CIP）数据

城市总体规划理论与实务 / 陈锦富等编著 . —北京：
中国建筑工业出版社，2020.9
住房城乡建设部土建类学科专业"十三五"规划教材
高等学校城乡规划专业系列推荐教材
ISBN 978-7-112-25524-5

Ⅰ . ①城… Ⅱ . ①陈… Ⅲ . ①城市规划—总体规划—
高等学校—教材 Ⅳ . ① TU984.11

中国版本图书馆 CIP 数据核字（2020）第 185749 号

本教材为住房城乡建设部土建类学科专业"十三五"规划教材，根据高等学校城乡规划专业的教学实际，对应城市总体规划的理论讲授、认知实习、课程设计三个教学环节，设置了总论、市（县）域规划、城市规划区规划、中心城区规划四篇共 23 章内容。教材理论知识系统，案例丰富，可扫描书中二维码阅读对应章节案例。本书可作为高等学校城乡规划及相关专业的教材，也可供相关行业从业人员学习参考。

为更好地支持本课程的教学，我们向使用本书的教师免费提供教学课件，有需要者请与出版社联系，邮箱：jgcabpbeijing@163.com。

责任编辑：杨　虹　尤凯曦
责任校对：李美娜

住房城乡建设部土建类学科专业"十三五"规划教材
高等学校城乡规划专业系列推荐教材
城市总体规划理论与实务
陈锦富　朱　霞　赵守谅　等　编著
*
中国建筑工业出版社出版、发行（北京海淀三里河路 9 号）
各地新华书店、建筑书店经销
北京雅盈中佳图文设计公司制版
北京中科印刷有限公司印刷
*
开本：787 毫米 ×1092 毫米　1/16　印张：30¾　字数：620 千字
2020 年 12 月第一版　2020 年 12 月第一次印刷
定价：69.00 元（赠教师课件）
ISBN 978-7-112-25524-5
　　（36519）

前言

改革开放以来，中国城市规划体系经历了几次重大的变革，但城市总体规划在城市规划体系中的重要地位和作用基本保持不变，其战略性、结构性、综合性、实践性特征仍然是业界与学术界的普遍共识。城市总体规划在落实与拓展国民经济与社会发展规划，引领与支撑城市经济社会发展与生态文明建设等方面发挥着重要的作用。正因如此，"城市总体规划"的教学即成为各高校城乡规划专业高层次、复合型人才培养的重要平台，受到各高校城乡规划专业本科教学的高度重视，成为高等学校城乡规划专业本科课程体系中最核心、最重要的课程。亦因此，全国普通高等学校城乡规划专业教学指导委员会将"城市总体规划"指定为城乡规划专业本科必修核心课程。

多数高校将"城市总体规划"分解为"城市总体规划原理""城市总体规划实习"和"城市总体规划设计"三门课程，分别对应理论讲授、认知实习、课程设计三个教学环节。本教材的内容即是为这三门课的课程教学设计的，包含城市总体规划的基础理论、基础知识和实务性工作内容，故取名《城市总体规划理论与实务》。本书既可作为高等学校城乡规划专业及相关专业，如人文地理、资源环境管理、土地资源管理等专业本科课程教学的教材，亦可作为规划管理、规划设计单位专业技术人员的学习用书。

本教材启动编撰之时，适逢 2016 年住房和城乡建设部推进开展城市总体规划改革。改革的初衷是将城市总体规划放在生态文明建设的高度，根据中共十八大以来中央对新型城镇化、城市工作、国家治理体系及治理能力现代化建设等一系列战略部署，推进城市总体规划编制、审批、督察一体化改革。强化城市总体规划在城市发展建设中的统揽作用，形成"一张图、一张表、一报告、一公开、一督察"等"五个一"的城市总体规划制度和相应的管理机制。提出城市总体规划应在市域、规划区、中心城区三个层面提出空间资源配置的安排：在市域层面，强化全域空间规划内容，按照深化生态文明体制改革的要求，根据生活、生产、生态三类空间的演化规律，对应地划定城镇空间、农业空间和生态空间，做好全域管控和边界落实，制定城乡全域规划一张图；在规划区层面，划定城镇开发边界、基本农田保护线、生态保护红线，体现具体落位和管控要求，实现底线刚性约束，保护规划区生态安全和山水格局；在中心城区层面管控城市建设发展格局，将城市绿线、水体保护蓝线、历史文化资源保护紫线、道路红线、市政基础设施黄线、公共服务设施橙线等城市"六线"落实落位落细，并合理安排备用地，为城市的可持续发展预留弹性发展空间。同时，为了加强规划实施，要求城市总体规划要研究确定城市总体规划的实施机制，提出包括重大管控内容实施机制、发展备用地使用机制、规划刚性传导机制，以及公众参与、规划执法与督察等一系列改革措施。

本教材根据城市总体规划改革的要求，及时调整教材的结构及主要内容，对应三个空间层次，形成了四篇23章的篇章结构：

第一篇为总论，由1~5章组成，主要讲授城市总体规划的基础理论、制度安排、技术方法、城市发展战略研究等内容；

第二篇为市（县）域规划，由6~10章组成，主要讲授覆盖全域的"三生"空间规划、城乡统筹与城镇体系规划、综合交通规划、产业发展规划、社会发展规划等内容；

第三篇为城市规划区规划，由11~15章组成，主要讲授城市规划区的划定、生态安全与山水空间格局、规划区空间管制、重大交通及基础设施控制、乡村规划指引等内容；

第四篇为中心城区规划，由16~23章组成，主要讲授中心城区的规划布局、道路交通、公共服务、绿地系统、市政设施、空间管制及规划实施机制等内容。

本教材付梓之际，国家行政管理体制改革大幕开启，城乡规划工作划归自然资源部统一管理。国家治理体系的改革，进一步提升了生态文明建设的站位，是对原住房和城乡建设部开展的城市规划改革的拓展与升级。新的国土空间规划将山水林田湖草海矿等自然资源纳入全要素、全时空，横向到边、纵向到底的管理体系，对国土空间总体规划的编制、审批、实施、监督等提出了新的要求。将更有助于认识与发现城市发展的内在规律、城市功能的组织及运行机制。遵从人的需求、尊重城市发展的客观规律仍然是总体规划工作的基本遵循，总体规划的理论与实务也必将在新时代、新形势下不断地发展与变革。

目录

第二篇　市（县）域规划

第四篇　中心城区规划

第一篇

总 论

第1章

导论

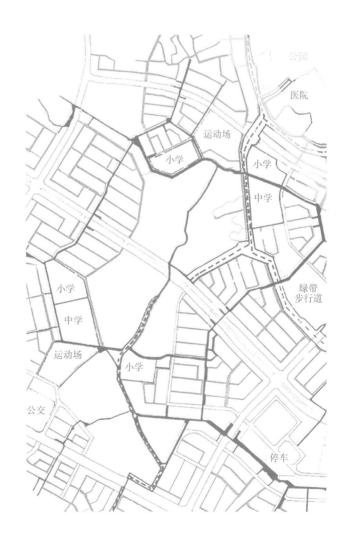

1.1 城市总体规划的地位与作用

1.1.1 多规合一目标下的国家空间规划体系

1.1.1.1 从"多规合一"到国家空间规划体系重构

空间是人类生存发展的重要资源，人类所有的活动，包括政治、经济、社会交往等无不需要空间的支撑，空间也因此被打上相应的属性烙印。政府通过对空间的干预从而对政治、经济、社会、环境等产生影响，这种干预的手段即是空间规划。空间规划是由公共部门使用的，影响未来空间使用的政策工具，它的目的是创造一个更为合理的空间资源配置和更可持续的空间资源环境，平衡保护环境和人类发展两个基本需求，以达成政治、经济和社会发展总目标。

改革开放以来，我国的空间规划体系呈现一种"纵向到底、横向分列"的状态。纵向来看，各类规划从国家、省、市级层面上下衔接，部门实行自上而下的垂直管理，上级部门对地方的规划审批与实施的干预较多。横向来看则政出多门、多规并行，各类规划从广度和深度上不断拓展、相互渗透。在国家、省级层面，由于空间尺度大，规划偏宏观，各类规划的矛盾尚不明显。到了市、县级层面，面对同一个具体的空间对象进行规划干预，各类规划的矛盾则集中爆发，出现规划内容冲突、管控空间交叠、部门利益掣肘等问题。地方层面的空间规划冲突导致土地资源浪费、生态环境破坏、城市管理随意性大等问题。城市总体规划与土地利用总体规划，在基础数据、用地分类标准、城乡建设用地规模与布局方面存在较大差别，而经济社会发展规划又缺乏空间支撑，规划无法落地。发改部门的经济社会发展规划、住建部门的城市总体规划、国土部门的土地利用总体规划的分列，造成"有地没项目、有项目没地，有地有项目没规划"等现象，导致土地资源得不到有效利用。造成这些问题的主要原因，表面上看是由于地方政府没有协调好各类规划，根源则是因为顶层设计——空间规划体系的构建不合理。

2014 年 3 月中共中央 国务院发布《国家新型城镇化规划（2014—2020 年）》，要求"加强城市规划与经济社会发展、主体功能区建设、国土资源利用、生态环境保护、基础设施建设等规划的相互衔接""推动有条件地区的经济社会发展总体规划、城市规划、土地利用规划等'多规合一'"。2014 年 8 月国家发展和改革委、国土资源部、环境保护部和住房和城乡建设部四部委联合下发《关于开展市县"多规合一"试点工作的通知》（以下简称《通知》），提出在全国 28 个市县开展"多规合一"试点。2015 年 9 月中共中央、国务院印发《生态文明体制改革总体方案》强调，"要强化主体功能定位，优化国土空间开发格局，健全空间规划体系，科学合理布局和整治生产、生活、生态空间"。其中特别提出，要积极实施主体功能区战略，推动经济社会发展、城乡、土地利用、生态环境保护等规划"多规合一"。

协调形成"多规合一"的一张蓝图，仅是空间规划体系改革的第一步，通过治理体系的深层次改革，从顶层设计构建系统合理的空间规划体系，才能从根本上解决多规矛盾，真正实现空间治理能力现代化。

本教材成稿之时，国家行政管理体制改革已经开启，《深化党和国家机构改革方案》明确"组建自然资源部"，自然资源部将整合来自国土资源部、国家发展和改革委员会、住房和城乡建设部、水利部、农业部、国家林业局、国家海洋局、国家测绘地理信息局共 8 个部级单位的职责，管理对象包括土地、矿产、湖泊、河流、湿地、森林、草原、海洋等范围，将负责全国 960 万 km^2 陆地和 300 万 km^2 海洋上的所有自然资源的空间规划和数量监管。自然资源部将履行全民所有土地、矿产、森林、草原、湿地、水、海洋等自然资源资产所有者职责和所有国土空间用途管制职责；负责自然资源调查监测评价、统一确权登记工作、自然资源资产有偿使用工作、自然资源合理开发利用等多项重要工作。国务院机构改革为从顶层设计上构建系统整合的空间规划体系奠定了制度基础。

1.1.1.2　城市总体规划在空间规划体系中的地位和作用

空间规划是国家社会经济发展到一定阶段，为有效调控经济、社会环境等要素而采取的空间政策工具，是对空间用途的管制和安排。空间规划是政府调控和引导空间资源配置的基础，是现代国家政府进行空间治理的核心手段。城市总体规划是涉及城乡空间资源配置的全局性规划，具有很强的系统性和战略性，是引领城市可持续及高质量发展的纲领性文件，是空间规划体系中最为重要的规划层次。在国家建构空间规划体系的背景下，城市总体规划将承担重要的作用。

1. 保护和管理城市空间资源的重要手段

城市总体规划的编制实施涉及经济社会发展、城乡统筹、生态环境保护、文化遗产保护、城市基础设施建设、人居环境改善等方方面面的工作，是政府调控城市空间资源、指导城乡发展与建设、维护社会公平、保障公共安全和公众利益的重要公共政策。从目前我国各类规划的工作现状和历史沿革看，城乡规划有着坚实的法律基础、严密的制度安排、完善的技术规范和丰富的实践经验，拥有高水平的人才队伍，依托城市总体规划开展空间规划工作具有良好的工作基础。

更进一步讲，城市总体规划因为具有指导城乡发展的实施操作的作用，往往成为承载其他规划的载体，通过将"多规"核心要素融入城市总体规划，形成战略规划、产业规划、空间布局规划、重大项目规划、运营体系、配套政策等为一体的系统城市总体规划。实现规划目标、发展规模、空间发展边界、生态保护边界等协调一致，从源头上解决空间规划之间打架的问题，以达到城市项目落实的目标，同时为实施规划动态管理，提高行政效率，简化审批流程创造条件。

2. 引导城市空间发展的战略纲领和指导开发建设的基本依据

城市总体规划强调对规划期内城市未来发展的预判，对影响城市发展的全局性、战略性的问题予以综合考虑。包括：研究城市发展的目标与定位、预测城市建设容量与规模、确定城市开发边界、研究城市用地发展方向与空间布局结构、确定城市发展政策分区和政策指引、统领支撑系统的规划安排。

根据我国的有关法律要求，城市开发建设必须以控制性详细规划为依据，而城市总体规划又是控制性详细规划的法定依据，尤其是城市总体规划确定的城市开发边界、四线管制规划、用途分类规划等对控制性详细规划具有强约束。

3. 调控和统筹城市各项建设的协调平台

城市总体规划编制与实施过程中涉及政府、市场和社会三大治理主体。新空间规划体系下空间治理的方式应从单一"自上而下"的政府管制转向"上下双向互动"的政府、市场、社会多方参与、共同治理。城市总体规划能够较好地明晰三大主体之间的责权关系，并将这些关系与规划内容相对应。

城市总体规划强调规划过程的开放性和程序的法定性，强调政府组织、专家领衔、部门合作、公众参与，多渠道听取意见，实现各方利益的充分博弈。

在城市政府组织下，协同各空间规划的相关部门，形成空间规划"一张蓝图"的"底图"，真正实现空间资源保护与发展的平衡。

城市总体规划作为公共政策，代表公众利益，应该是一个沟通和协调的平台，以更加开放、主动的态度统筹协调各方资源，促使各利益群体能够更多地参与到规划编制和实施的过程中，真正将"终极蓝图"式规划变为"过程引导"式规划。

1.1.2　空间资源配置的层次性与城市总体规划的战略性

1.1.2.1　空间资源配置的层次性

根据我国行政体制架构，国土空间在层级上由上至下可以分解为国家、省、市、县和乡镇等五个层次，不同的空间层次对空间资源配置存在不同的要求。国家级空间资源配置侧重于全局性和宏观战略性，省级空间资源配置侧重于统筹性和协调性，市县级和乡镇级空间资源配置则侧重于实施性和可操作性。

另外，对上述五级空间进行资源配置，还涉及不同的资源配置类型，如总体规划、详细规划与专项规划等三种资源配置类型，其资源配置的目标也会存在显著的差异：总体规划侧重战略性与结构性，详细规划侧重实施性与可操作性，专项规划则侧重支撑性与协调性。

1.1.2.2　城市总体规划的战略性与结构性

在城市规划体系中，城市总体规划的地位十分突出，具有很强的战略性。城市总体规划的战略性体现在其对规划期内城市发展的预判，研判影响城市发展的全局性、战略性问题，包括研究城市发展目标与定位，预测城市建设容量与规模，确定城市开发边界，研究城市用地发展方向与布局形态，确定城市政策分区和政策指引，保护城市发展的战略性资源，预判城市发展的战略空间等。

城市总体规划的战略性决定了其对空间资源配置的结构性，其体现在将城市发展的战略意图，通过城市总体规划落实在：城市生产、生活、生态功能的组织及"三生"空间的布局结构，城市发展方向的选择及战略性空间的储备，城市空间组织及空间布局结构，城市产业组织及产业空间布局结构，城市公共服务体系组织及公共中心体系布局结构，城市住房供应及生活圈布局结构，城市游憩体系组织及公共空间布局结构，城市交通体系组织及综合交通布局结构，城市支撑体系组织及市政基础设施布局结构等。城市总体规划将聚焦于研究与解决城市发展的战略性、结构性问题，而将空间资源配置的微观的具体的工作交由详细规划去研究，如微观用地单元（地块）的具体使用（用途、开发强度等）则不在城市总体规划核心工作之列。

1.1.3　城市发展的弹性与城市总体规划的管控

1.1.3.1　城市发展的弹性

"弹性"即变通性，一般指事物围绕其固有的基准，在保持其本质特征前提下，因应外部环境作用的应变能力，变化幅度越大，表明其弹性越强。城市发展的"弹性"主要来源于应对城市系统的复杂性和城市发展的不确定性：其一是，城市系统要素的性状会受到外部不确定的环境，诸如政治的、经济的、社会的、生态环境的影响而表现出不确定性；其二是，城市系统要素间的相互作用机制呈现出非常强的非线性逻辑，复杂交织，导致城市发展状态存在不确定性。城市发展的不确定性特征要求城市总体规划对城市未来发展的战略安排需具备弹性空间，提出备选方案，如城市发展方向的选择、城市发展规模的设定、城市空间布局结构、基础设施的支撑系统等。

1.1.3.2 城市总体规划的管控

城市总体规划的管控思维来源于空间资源的有限性、空间资源的资产性和生态环境的脆弱性：空间资源的有限性表现在山、水、林、田、湖、草、海等自然资源的不可再生特征，无节制的开发利用，必将导致资源枯竭，危及人类可持续发展；对人类发展而言，空间资源又具备显著的资产性特征，其体现在空间资源的开发利用价值上，在市场机制里，空间资源即是商品，可以进入市场交换，但无约束的市场行为，必将竭泽而渔，衍生出严重的负外部效应，最终导致市场崩塌，危及人类的和谐发展；生态环境的脆弱性表现为自然生态系统易受人类发展系统的冲击而崩溃，危及人类的生存。

城市总体规划必须因应空间资源的有限性、生态环境的脆弱性和空间资源的资产性，规范人类的开发行为，对空间资源的开发利用实施管控。根据资源环境的承载能力和开发利用的适宜性，对空间资源实施分区管控，谋划生态保护区、农业农村发展区、城镇建设区的布局；划定生态保护红线、基本农田界线和城镇开发边界；对国土空间开发实行用途管制，规范市场行为。

1.1.4 城市总体规划的公共政策属性

近年来，我国规划界和学术界对城市规划作为政府的公共政策，或城市规划具有公共政策属性的讨论已基本达成共识。首先，城市总体规划是《城乡规划法》确定的城乡规划体系中的重要规划层次，是法定规划；其次，城市总体规划是由本级人民政府组织编制的、立法机关审议通过的、上级人民政府批准的政策文件；再次，城市总体规划为城市的发展提供目标，为实现这一目标提供路径，并协调城市发展过程中的各种矛盾，对具体的建设行为进行管理和规范，其核心目的在于追求城市发展的公共利益。

西方现代城市规划是政府凭借公共权利干预市场的资源配置方式以及调控社会—空间进程的重要手段，它有着明确的公共政策指向。近四十年来西方城市规划的公共政策内涵和体系都有较快的发展。在中国计划经济年代，城市规划成为实现国民经济和社会发展计划的"工具"。其作用较局限于"国家本位"及空间发展领域。改革开放后，城市规划服务于经济建设这个中心任务，其政策目标较偏向于追求经济发展的速度和市场效率。近年科学发展观的确立及建设社会主义和谐社会目标的提出对中国城市规划公共政策导向的定位和内涵的完善都提出了新的要求。习近平新时代中国特色社会主义思想将推动国家治理体系及治理能力现代化建设作为新时代国家治理的重要工作，构建国家空间规划体系，推动空间规划向空间治理的变革，无不体现出国家对城市总体规划在发挥空间治理政策上的迫切需要。城市总体规划要体现其公共政策性，必须转变规划理念，创新规划方法，切实有效地制定和实施公共政策措施，显现城市总体规划作为空间治理的公共政策的强大优势。

1.1.4.1 城市总体规划公共政策的主体与客体

一般而言，公共政策主体是指直接或间接地参与公共政策全过程的个人、团体或组织。在公共政策主体的分类上，存在官方决策者、非官方参与者、体制内和体制外等划分方式。由于政治体制的差异，我国的城市总体规划公共政策主体与西方国家并不一致。一般而言，官方决策者是指广义的政府，即立法机关、行政机关和司法机关。但是在我国，执政党在公共政策制定中有着极为重要的地位，所以，在我国，官方决策者包括住房和城乡建设部、住房和城乡建设厅及各地市城市规划管理部门。非官方参与者包括利益集团、政治党派、大众传媒、思想库和公民个人等。它们作为体制外的力量向管理部门施加压力，从而影响城市总体规划公共政策的过程。

公共政策客体是公共政策所发生作用的对象，包括公共政策所要处理的社会问题和所要发生作用的社会成员（目标群体）两个方面。城市总体规划公共政策客体是城市空间资源及涉及空间资源的利益相关群体。

1.1.4.2 城市总体规划公共政策属性的基本特征

1. 综合性与公共性

城市总体规划研判城市未来发展的战略目标，并将发展目标落实到城市空间资源配置的结构优化中、城市空间资源配置的效率提升中、城市空间资源配置的利益协调中。必须研究经济、社会、生态环境、政治、文化等方方面面的问题，而这些问题又是相互交织的，体现出强烈的综合性与复杂性，要用复杂科学的方法和手段综合地解决城市发展问题，规范与引领城市可持续健康发展。

作为公共政策的城市总体规划，是以人民为中心的规划，以维护和发展公共利益为价值取向，具有鲜明的公共性。在城市总体规划的编制、审批、实施及监督过程中，城市总体规划的主体、参与者都有自身的价值取向与利益诉求，要求政府在城市总体规划的全过程中要以谋求公共利益为出发点，不断地协调不同利益主体在空间利益上的矛盾和冲突，以达成全社会对城市总体规划的普遍共识。

2. 权威性与强制性

城市总体规划的权威性首先来源于政府的权威性，城市总体规划是由政府制定的，并由政府的公权力保障实施，人民对政府的认同，构成了对政府行为的认同，进而表现出服从。城市总体规划的权威性还来自于城市规划是以科学理性的外表出现的，人们对科学理性的认同构成了城市总体规划权威性的重要来源。而城市总体规划的强制性表现在，城市规划的权力来源于国家权力的授权，而国家权力是以暴力为基础的，不可挑战，具有权力的本质特征。任何需要改变和调整城市总体规划的指向都必须通过合法的渠道，进入到相应的政治系统才能进行调整。大多数的现代国家都制定了相应的城市规划法规，法律代表了国家权力，对相应的规划管理机构、规划的编制和实施进行授权，以国家强制力为保障，具有不可挑战的强制性。

3. 协作性与过程性

团体理论和博弈理论认为，公共政策是团体斗争中相互妥协的结果，是不同利益集团之间一种平衡的产物。城市总体规划的编制过程是一项严格的、公开的政策制定过程，十分注重地方政府之间、政府内部多部门之间的商议和协作，并按照法律规定的程序全面开展公众参与和监督。基于西方社会相当高的政治参与水平，规划的意义更多体现于编制过程，以充分的讨论来取得统一的认识，直至所有利益相关者对城市发展的目标和策略达成共识，从而尽可能地平衡各方利益。从方法论的角度，制定公共政策的一般过程是一个从问题的提出、议程的建立、目标的设立、方案的制定、方案的决策到政策执行、监督和反馈的逻辑过程。"过程"是公共政策的核心，对城市总体规划过程进行阶段分析，是从整体到部分的研究方法，规划过程是城市、主体、环境之间的相互作用，这种互动的关系之间需要特定的程序、制度进行规范和维护。

1.1.4.3 城市总体规划公共政策属性的基本功能

公共政策的功能就是借助公共政策内部结构要素间的相互作用，对社会发生的总体效能与效用，是政策的实质、地位、特性的表现。公共政策的功能都是多层次、多领域的，有些功能是主要的、处在首位的功能，还有一些是次要的、处在第二位、第三位的功能，通常将主要功能称为基本功能。城市总体规划作为公共政策主要有以下基本功能：

1. 管制功能

现实社会中存在着各种不同的利益群体，它们之间不可避免地会为争夺空间资源配置利益起摩擦、冲突乃至对抗，而政府就必须使用公共政策这一有效的工具来对各种利益群体的矛盾进行调节与控制，这就是公共政策的管制功能。城市总体规划中对影响城市长远发展、可持续发展、和谐发展的空间资源实施严格的管制，如城市总体规划的强制性内容体现的即是城市总体规划的管制功能。

2. 导向功能

社会活动的主体无论是个人还是群体或组织，都有不同的利益要求，从而产生不同的行为，但是社会活动主体的行为是可以规范和引导的。制定与实施公共政策正是针对社会利益矛盾而引发出来的社会公共问题去确立一定的行为准则，凭借这些规范去指导人们的行为，从而改变社会的人力、物力、财力等资源在空间的分布与时间流动上的配置，对社会过程的发展进行约束，使社会生活中基于利益的、复杂的、相互冲突的行为被有效地纳入到统一的轨道上来，保证社会形成合理的秩序，并依据某种既定的目标前进。公共政策发挥指导作用主要通过两种途径表现出来。一是借助于目标要素，规范行为方式。通过政策的制定与实施，使社会纳入到一个统一的目标体系，朝着同一个方向有序前进。二是借助于价值要素，规范行为方向。价值系统告诉人们什么才是值得去做的，什么不值得做；规范系统告诉人们哪些行为是允许做的，哪些行为是不允许做的，其界限在哪里。

3. 调控功能

公共政策之所以具备调控的功能：一是有调控的必要，因为社会的运行不应是自发的、无序的过程，而应是依据价值取向、规范有秩的过程；二是有调控的可能，因为社会的各个主体的利益和矛盾不仅是客观的，同时还是具有弹性和可替代的，通过调控能够化解利益冲突，引导社会可持续发展。公共政策的调控功能既可以在社会常态运行下表现出来，也可以在社会的非常态运行下表现出来。在社会常态运行下公共政策的作用就是对一定范围内的利益矛盾、冲突加以缓解、调和，使之趋于和谐。在社会非常态运行下公共政策的作用就是重新调整和规范人们的行为和行为方式，以保证新的体制、制度和模式的建立。城市总体规划的调控功能同样体现在，在城市处于相对稳定发展过程中，对空间资源配置予以调控，化解矛盾和冲突，以适应城市稳定发展；在城市转型发展的过程中，发挥对空间资源配置的调控功能，引导城市实现新的发展目标。

4. 分配功能

公共政策之所以具有分配功能是由于政策具有参与社会再分配的职能，政府制定与实施公共政策的目的就是要将社会公共资源合理有效地在它所服务的公众中加以分配。当然，任何政府在分配社会公共资源时，都要解决向谁分配、怎样分配等问题。从理论上讲，能从公共政策中获益的社会公众通常有几类：一类是与政府执政的主观偏好相一致的公众，一类是能代表社会发展方向的公众，还有一类是在社会中成为大多数者的公众。城市总体规划应该立足于为全社会公平、公正地分配空间资源，捍卫其合法性，促进社会包容性发展。

1.2 中国城市总体规划的发展进程

1.2.1 中华民国时期的城市总体规划

"国民政府"时期的城市规划建设工作共分为两个阶段：第一阶段从 1927 年至 1937 年，国民党当局曾进行过一些城市规划工作，规模较大的有其政治中心南京的"首都计划"，经济中心上海的"大上海都市计划"，并在这两个城市进行了一些建设；第二阶段自 1945 年抗日战争胜利至 1949 年中华人民共和国成立，国民党当局曾在一些大城市进行过规划,如南京的"首都建设计划大纲""上海都市计划总图草案""陪都十年建设计划"等,其他还有如"天津扩大市区计划""杭州新都市计划""成都市市区都市计划""南昌市五年建设计划""长沙新市区规划""武昌市政工程计划""芜湖市区营建规划"等,期间由于国内战争爆发,这些规划并没有真正实施。

第一阶段的城市规划基本搬用当时欧美城市规划的理论和方法,如南京"首都计划",进行了城市功能分区,将城市分为"中央政治区、市行政区、工业区、商业区、文教区及住宅区"。"大上海都市计划"是将市区建在江湾翔殷路一带,在吴淞建港、虬江口建新码头;新区内有行政区,为各种政治、文化机关所在地,新政区北建商业区,其他为住宅区,按富贵分为甲乙两种。"首都计划"中的道路系统,模仿了当时美国一些城市的方格网加对角线的形式,在商业区尤为明显,为了增加沿街店面,取得高额租金,道路网的密度很高,街坊面积小而零碎,不便于交通和房屋建筑。"大上海都市计划"中也是如此,道路网采取小方格与放射路相结合的形式,以便增加沿街高价地块的长度。除此之外,这一阶段的规划注重物质空间形式,"大上海都市计划"的中心建筑群吸取了中国传统轴线对称的手法,这与当时在建筑上的"中西合璧"的思潮是一致的。

第二阶段城市规划依旧借用了当时欧美城市规划理论和方法,但是和第一阶段比较,城市规划的内容有所扩充。1945年国民党当局为安定人心,重新定重庆为"永久陪都",编制了"陪都十年建设计划"。该计划本身问题很多,人口估算不是根据当时经济的发展计划来确定,而是依据主观臆断,乃至当时的行政部门批示中不得不指出"谓成都平原人口将有60%东移,贵州50%,陕甘30%,均向陪都集聚,此种推测未免错误"。道路系统规划考虑了重庆山城起伏的地形,在中心地带布置了几条穿山的隧道,在江边设计了高架桥,主要道路交叉采用环岛形,道路网格局成自由式布局。土地划分中,将住宅区分为高等住宅区、普通住宅区、贫民住宅区三种。该计划生硬地套用卫星市镇规划理论,卫星市镇本是当时资本主义国家为解决大城市人口和工业过分集中的矛盾而设立的。而当时,重庆的工业迁移或大量倒闭,人口缩减,该计划却规划了12个卫星市和18个预备卫星市镇。

与"陪都十年建设计划"一样,"上海都市计划总图草案"中运用了当时从欧美留学回来的建筑师带回来的"卫星城镇""邻里单位""有机疏散""快速干道"等最新的城市规划理论。

1.2.2　中华人民共和国成立后:第一轮城市总体规划

中华人民共和国成立以后,我国开始了与其他国家截然不同的工业化道路——非城市化的工业化。当时设市城市仅有136个,城市工业基础薄弱,市政基础设施严重不足,居民居住条件恶劣,许多内陆城市只是区域的商贸中心,缺少现代工业的有力支撑。由于经济能力有限,在城市规划建设方面并未进行城市总体规划的编制,只是编制了大城市的棚户区与工人新村的修建性详细规划,如上海的肇家浜、北京的龙须沟等,主要恢复、扩建、新建了一些工业,局部维修、新建、改建居民住宅,改善劳动人民的居住条件。

从 1953 年起,中华人民共和国进入第一个五年计划时期,即"一五"计划,开始了大规模的经济建设。这一时期注重重工业的发展,为配合工业项目的建设,开始对有大规模工业项目的城市和工业区进行规划,一般将这一时期进行的全国范围的城市总体规划称为第一轮城市总体规划。第一个五年计划的基本任务是集中主要力量进行以 156 个建设项目为中心的工业建设,既要对一些老城市进行扩建改建,又要建设大量新的工业城市、工业区和工人镇。为有计划有步骤地进行城市建设,建工部召开了全国第一次城市建设座谈会,会议认为城市总体规划面临"局部与整体的矛盾、目前与长远的矛盾、生产与生活的矛盾等基本矛盾",指出城市建设要根据国家的长期计划,针对不同城市有计划地进行新建或改建,要求各城市都要编制城市总体规划。规划按照苏联专家帮助草拟的《编制城市规划设计程序(初稿)》要求,将全国城市按照性质和工业比重划分为四类:重工业城市、工业比重较大的改建城市、工业比重不大的旧城市以及采取维持方针的一般城市。兰州、西安、太原、洛阳、包头、成都、大同、富拉尔基等率先编制城市总体规划。但实际操作中存在"标准过高、规模过大、占地过多、求新过急"的现象。"一五"期间,全国新建城市 6 个,大规模扩建城市 20 个,一般性扩建城市 74 个,全国城建投资每年有 4 亿~5 亿元,到 1960 年,全国设市城市 199 个。

当时的城市总体规划主要是向苏联学习。苏联专家指导许多城市的总体规划编制工作,一批学习建筑、给水排水、道桥、园林和经济等专业的大学生和为数不多的老工程师,应用苏联的城市规划理论,凭着高度的建设我国新城市的热情来编制城市总体规划。此时的城市总体规划被定义为国民经济计划的延续和具体化,是国民经济计划的落实和体现。以"落实计划项目"为主要特征的城市总体规划,无疑是典型的计划经济体制的产物。制定城市总体规划的宗旨"是以国民经济计划为依据,以对人的关怀为原则,从城市的总体利益出发,确定城市的功能分区,全面组织城市中的生产与生活活动,解决局部与整体、目前与长远、生产与生活的矛盾,统筹安排城市的各项设施,使各方面的建设取得有机联系,以便在城市总体规划的指导下有计划有步骤地建设城市"。这些基本准则就是放在当下,仍然具有重要的现实意义。

第一轮城市总体规划的内容主要包括城市总体布局规划、专项规划和近期建设规划。在专项规划中,主要考虑城市对外交通规划、城市道路规划、电力电信规划、给水排水规划、园林绿化规划、公共服务设施规划等。有的城市还考虑防洪防汛、防震抗震和人防战备等规划以及重点居住区的详细规划。限于当时的思想意识、规划理论、经济计划、自然条件和技术可能，城市总体规划的内容相对来说比较简单，但具体可行，实施性更强。至 1957 年，全国共计 150 个城市编制了城市总体规划，其中国家审批的有北京、太原、兰州、西安、洛阳、包头、襄樊、青岛等 15 个城市。

中共八大二次会议确定了"鼓足干劲、力争上游，多快好省地建设社会主义"的总路线，掀起了"大跃进"运动和人民公社化运动，高指标、瞎指挥、浮夸风等"左"倾错误严重泛滥，工业发展以全民大炼钢铁为中心，造成国民经济比例失调和严重经济困难。在这种形势下，建工部提出"用城市建设的'大跃进'来适应工业建设的'大跃进'"的号召，许多城市为适应工业发展的需要，迅速编制、修订城市总体规划，这三年新设城市 44 个。城镇人口从 1957 年的 9949 万增加到 1960 年的 13073 万，三年中城市人口净增 31.4%。在"大跃进"运动中，全国许多城市纷纷修订"一五"期间编制的城市总体规划，主要表现为城市规模过大，标准过高，这种不切实际的规划思想彻底破坏了"一五"期间形成的良好的城市总体规划局面。

1960 年起，由于各种原因，全国经济出现了暂时困难，并开始实行经济调整，国家宣布"三年不搞城市规划"，压缩了人口规模，陆续撤销了 52 个城市，动员近 3000 万城镇人口返回农村。"文化大革命"期间，一方面盲目下放城镇居民、干部和知识青年；另一方面进行"三线"建设，"靠山、分散、进洞"，城市建设方面采取"不要城市、不要规划的分散主义"手段，出现了一些低标准的山区工矿城市，新城市很少建成，老城市无力建设，给城市发展带来严重的困难，同时造成了长达 15 年的无城市规划状态。由于城市总体规划被迫暂停执行，机构被撤销，人员被遣散，在多年无规划的状态下城市自行发展，给城市建设造成了极大的混乱：文物被大量破坏，房屋压在城市各类市政干管上造成自来水被污染，燃气管道泄漏，绿地被占，工厂住宅混杂，规划道路被随意占压，有些违法建房甚至超过了计划建房……严重恶化了城市的环境，破坏了城市建设的秩序，对城市的健康发展造成了长期难以克服的影响，也为之后的规划带来了极大的困难。

第一轮城市总体规划尽管在实施过程中遭受了"文化大革命"的冲击，但它在成立初期的大规模工业化建设和城市发展中仍然发挥了极其重要的历史作用，奠定了我国城市发展的初步框架和工业基础。

1.2.3　改革开放时期的城市总体规划

1.2.3.1　改革开放初期：第二轮城市总体规划

党的十一届三中全会作出了把党和国家的工作中心转移到社会主义现代化建设上来的重大决定。国家经济体制开始从社会主义计划经济向社会主义市场经济体制转型。农村家庭联产承包责任制开始实施，乡镇企业异军突起，城市经济在市场机制的刺激下开始了快速增长，市场在资源配置中的作用逐渐显现，经济社会发展开始步入正轨。随着经济的发展，城市人口剧增，城市的基础设施严重不足，城市拥挤、破旧、脏乱差现象突出；又由于城市经济实力的增强，城市政府有财力致力于基础设施和居民住房的建设。至此，城市建设工作步入一个新的历史转折时期，急需城市总体规划的指导，这一时期全国范围的城市总体规划（称为第二轮城市总体规划）应运而生。

第二轮城市总体规划主要是针对"文化大革命"的遗留问题进行拨乱反正，适应党的十一届三中全会以后我国经济社会的大发展，且第一轮城市总体规划已到期，需要提出面向 2000 年的城市发展目标，为此出台了一系列的文件和法规，包括《关于加强城市建设工作的意见》。1980 年 10 月在北京召开的全国城市规划工作会议明确提出"市长的主要职责应该是规划、建设和管理好城市"，并提出"控制大城市规模，合理发展中等城市，积极发展小城市"的城市发展方针，要求所有城市都要编制城市总体规划。1984 年 1 月 5 日国务院颁布《城市规划条例》，要求直辖市、省会及 100 万人口以上大城市的城市总体规划报国务院审批。按照这个要求，截至 1986 年，国务院审批了 39 个城市的城市总体规划。到 1990 年，全国设市城市 467 个，全部完成了城市总体规划编制工作。1.2 万个建制镇也部分编制了总体规划。

第二轮城市总体规划主要还是计划经济体制下的产物。但是，与第一轮城市总体规划从规划背景和目的角度相比，已经有了很大变化。它强调城市总体规划要了解和参与城市经济社会的发展计划，摆脱了完全受计划项目支配的被动局面，避免规划与计划的脱节；强调区域经济、社会发展对城市发展的影响，市（县）域、县域城镇体系规划提上了议事日程；为加强城市土地使用的规划管理，《城市规划条例》规定了城市规划区的概念；提出了实行建设用地综合开发和征收城镇土地使用费等政策，旨在改变长期以来无偿使用城市土地的状况。强调城市基础设施对于城市经济社会和城市发展建设的重要性，要发挥城市总体规划对城市基础设施建设的指导作用。

第二轮城市总体规划与第一轮城市总体规划从内容角度相比，一是增加了城市经济社会发展分析和城镇体系规划的内容；二是丰富了专项规划中的内容，增加了历史文化名城保护（1982 年国家颁布历史文化名城 24 个，1986 年颁布 38 个）、环境保护、城市风景名胜游览区保护和旧城改造、防震抗震（1976 年唐山地震后加强了防震抗震规划）、防洪防汛、人防建设（即城市建设与人防战备相结合规划），以及城市中心区的规划等，有的城市还增加了城市海岸线、燃气热力、城市建筑高度控制等规划；三是为保证城市总体规划的实施和深化，一些城市编制了城市分区规划。

1.2.3.2 城镇化快速发展期：第三轮城市总体规划

1990 年《中华人民共和国城市规划法》（简称《城市规划法》）施行，1991 年 9 月在北京召开第二次全国城市规划工作会议，提出要全面贯彻落实《城市规划法》和坚持"严格控制大城市规模、合理发展中等城市和小城市"的城市发展方针，要求所有城市都要编制跨世纪的城市总体规划。同年，建设部通过了《城市规划编制办法》，对城市规划工作起到了有力的推动和规范化作用。

由于改革开放和社会经济的快速发展，我国城市规划建设与之相配合，不少城市在 20 世纪 90 年代初基本达到或接近 2000 年的规划目标，城市面貌发生了巨变，再加上对城市地位与作用的认识产生了根本性的转变，继而提出可持续发展的城市规划建设原则，要求依靠科技进步把城市规划设计提高到一个新的水平。因此，为更好地适应改革开放以来城市化进程加快的城市发展形势、跨世纪城市发展以及城市基本实现现代化的需要，按照第二次全国城市规划工作会议精神，各城市开始了第三轮城市总体规划编制工作。根据《国务院关于加强城市规划工作的通知》（国发〔1996〕18 号）规定，设市城市的建设用地和人口规模，须先报经建设部、国家计委、国家土地局核定；直辖市、省会城市、人口规模 50 万以上的城市和国务院指定的城市，其城市总体规划须报经国务院审批。到 1998 年年末，全国设市城市 668 个，其中须经国务院审批城市总体规划的城市 88 个，其他设市城市的总体规划则由省、自治区人民政府审批；到 1999 年年底，已经有 50 多个城市的跨世纪城市总体规划出台，18800 个建制镇也相继编制了跨世纪的城镇总体规划。

第三轮城市总体规划是改革开放以后社会主义市场经济体制的产物，是有《城市规划法》作为法律保证和依法行政的产物。跨世纪城市总体规划是以经济建设为中心，在市场经济条件下促进和解决城市大发展问题，基本实现城市现代化为目标的。20 世纪 90 年代初，我国先后设立了 27 个高新技术开发区，促进了全国范围内新兴城市的城市新区的产生与发展。深圳、珠海、厦门、汕头等由经济特区发展为新市区。大连率先在国内城市中提出了"经营城市"的思想。从 1993 年开始，大连开始了整体的城市规划，大规模的旧城改造和拆迁使大连在城市建设方面很快走在全国主要城市的前列。

第三轮城市总体规划是一个有法可依、依法制定的法定规划。我国建立了社会主义市场经济制度下的城市规划体系，城市规划工作开始走向成熟。在城市规划的制定方面形成了两阶段五层次的城市规划编制体系：城市总体规划阶段包含三个规划层次，分别是城镇体系规划、总体规划和分区规划；城市详细规划阶段包含两个规划层次，分别是控制性详细规划和修建性详细规划。第三轮城市总体规划促进了大规模的城市改造的兴起；伴随着城市内部改造、工业"退二进三"步伐的加快和外围开发区的兴起，在城市总体规划的专项规划内容里，除了强调增加历史文化保护规划、各类开发区规划、地下空间开发利用规划、城市综合交通体系规划、城市防灾规划以及城市远景规划，有的城市还编制了城市形象和城市特色规划、旅游规划等。

第三轮城市总体规划是在社会主义市场经济体制下编制的，目标为在21世纪初基本实现城市现代化的全面、系统、高标准的城市总体规划，与第二轮城市总体规划相比，具有质的变化和划时代的意义。城市总体规划成果逐步规范化，文本以法律条文的形式出现，制图逐渐摆脱图板，采用计算机技术出图。不少城市总体规划期限考虑到2010年，有的考虑到2020年，远景规划大都考虑到2030年以上。这一轮的城市总体规划，对于提高21世纪初我国城市发展建设的完整功能、整体素质、综合效益、文化含量、环境质量和现代化水平有重要的指导作用。

第三轮城市总体规划阶段处于我国城市化快速发展期，市场经济与计划指导经济并行，这一阶段政府工作的重点逐渐由经济建设转向城市建设，对城市形象的追求导致"大广场、宽马路"的出现，城市总体规划出现规模过大、道路广场指标过高的现象，一些城市存在通过修编城市总体规划盲目扩大城市规模的现象。

21世纪初，我国的城市化与市场化和信息化是并行的，我国城市化的主要推动力来自工业化，同时受到全球化和机动化的冲击和影响。国内的生产和世界活动紧密连接成为一体，同时，制造业从发达国家向发展中国家快速转移，城市之间的竞争趋势加剧，城市本身需要提升竞争力。为了应对新的国际分工带来的巨大变化，各城市纷纷对城市发展存在的主要问题进行研究，如2001年广州完成了国内首个城市发展战略规划，随后北京、宁波、杭州、南京、合肥等大城市及其周边地区构成的都市区也纷纷编制城市战略规划或概念规划，试图解决新空间格局下城市的各种新问题。随着城市人口快速增长，逐渐打破城市与区域孤立发展的状态，我国形成了若干个规模不等、发育程度不同的城市群，主要分布在长江三角洲地区、珠江三角洲地区和环渤海京津唐地区。

1.2.3.3 城镇化转型发展期：第四轮城市总体规划

进入21世纪，我国开启了加快推进社会主义现代化建设的新的发展阶段。中共十六大明确提出全面建设小康社会的目标；2003年10月，中共十六届三中全会以完善社会主义市场经济体制为目标，提出科学发展观，即坚持以人为本，树立全面、协调、可持续的发展观，促进经济社会和人的全面发展，按照五个统筹（统筹城乡发展、统筹区域发展、统筹经济社会发展、统筹人与自然和谐发展、统筹国内发展和对外开放）的要求推进各项事业的改革和发展；中共十六届四中全会又提出"构建和谐社会"的战略思想。这一系列方针政策要求城市总体规划进一步发挥政府调控各项资源、保护生态环境、统筹城乡发展和建设、维护社会公平、保障公共安全和公共利益的重要公共政策作用。2006年建设部修订了《城市规划编制办法》，建立了以红线、蓝线、绿线、紫线和黄线为核心，以城市空间增长边界为主体的空间管理制度，要求城市总体规划对影响城市长远发展的公共服务、安全保障、基础设施、生态环境等空间资源实施强制性管理制度。2010 年以来启动的城市总体规划被称为第四轮城市总体规划。

为适应五个统筹的需要，2008 年 1 月 1 日正式实施的《中华人民共和国城乡规划法》简称《城乡规划法》，重构了城乡规划体系，将乡村规划管理纳入到城乡一体的法律体系中，并要求在城市总体规划中设专章对统筹城乡发展和指导乡村建设做出规划安排。为适应构建和谐社会的需要，《城乡规划法》要求设立城市总体规划的公众参与制度，对公众参与的方式、时间提出了明确的安排。许多城市在新一轮总体规划编制时进行了探索：一部分城市总体规划进行了前期民意调查和公众咨询，如巢湖和常熟；另一部分城市总体规划则进行了全过程公众参与，如深圳及昆山，其中昆山总体规划公众参与的成效最为突出，昆山公众参与涉及规划前期、规划中及规划后期三个阶段，组织过程比较完整。通过媒体新闻发布、直接宣传以及面对面的交流，鼓励公众参与，调动公众的积极性，从而保证公众的参与热情、参与的连续性和参与的有效性。

为提高城市总体规划的科学性与政策连续性，《城乡规划法》要求城市总体规划在编制前要对上一轮规划实施的情况做出评估。2009 年住房和城乡建设部出台《城市总体规划实施评估办法（试行）》（建规〔2009〕59 号），要求"城市人民政府应当按照政府组织、部门合作、公众参与的原则，建立相应的评估工作机制和工作程序，推进城市总体规划实施的定期评估工作"，"进行城市总体规划实施评估，要将依法批准的城市总体规划与现状情况进行对照，采取定性和定量相结合的方法，全面总结现行城市总体规划各项内容的执行情况，客观评估规划实施的效果"，"规划评估成果由评估报告和附件组成。评估报告主要包括城市总体规划实施的基本情况、存在问题、下一步实施的建议等。附件主要是征求和采纳公众意见的情况"。各地在此基础上，开展了城市总体规划实施评估工作，作为第四轮城市总体规划编制的准备工作。

1.2.4 转型发展时期：城市总体规划改革进行时

2010 年末，中国城市化水平突破 50% 的分界线，开始进入缓加速阶段。这一阶段的重要特征是经济发展进入中速增长期、经济结构进入加速调整推进期、资源要素进入瓶颈约束期、社会矛盾进入交织多发期。中共十八届三中全会提出全面深化改革的总目标是"完善和发展中国特色社会主义制度，推进国家治理体系和治理能力现代化"，意图通过国家治理体系和治理能力现代化建设，破解转型发展时期经济社会发展的突出矛盾。

中共十八届三中全会提出要"建设法治政府和服务型政府"，充分认识"市场在资源配置中起决定性作用"；全会提出要"赋予农民更多财产权利"，"建设城乡统一的建设用地市场"，推进城乡要素平等交换和公共资源均衡配置，统筹城乡基础设施建设和社区建设，推进城乡基本公共服务均等化；全会提出要划定生态保护红线，实行资源有偿使用制度和生态补偿制度，改革生态环境保护管理体制；全会提出要"完善城镇化健康发展体制机制"，坚持走中国特色新型城镇化道路，推进以人为核心的城镇化，推动大中小城市和小城镇协调发展、产业和城镇融合发展，促进城镇化和新农村建设协调推进。优化城市空间结构和管理格局，增强城市综合承载能力，严格控制特大城市人口规模，从严合理供给城市建设用地，提高城市土地利用率。

2016 年第三届联合国住房和城市可持续发展大会发布的《新城市议程》，强调"所有人的城市"基本理念，即为了建设更为包容、安全的城市。提出新城市的九大范式，包括：城市包容、规划合理、永续再生、经济繁荣、特色鲜明、安定安全、卫生健康、成本合理、区域统筹。

住房和城乡建设部根据十八届三中全会的要求，结合《新城市议程》的创议，着手部署城市总体规划改革，是所谓第五轮城市总体规划。

城市总体规划改革要重点关注以下几个方面：

第一，为了实现空间资源集约利用，城市总体规划应在统一空间规划体系下进行。统一的空间规划体系首先要实现"多规合一"，"多规合一"的题中之意应是将"多规整合在一个框架内"，从而协调运作。在统一框架内，城市总体规划必须走向战略性：在"城市—区域"层面处理好与其他规划的全域空间发展关系；在城市和镇区层面与其他规划处理好空间界定和横向的管控分工关系。城市总体规划向战略性和政策性的转向，以及对中微观地方层面的管理空间划界，将有助于避免在土地利用和设施建设等细节问题上与"土规"和其他相关规划产生矛盾，从而既提升城市总体规划的宏观统筹作用，又有利于城市总体规划对下层次规划的约束和指引作用。落实城市总体规划内容的合理增减，明晰规划编制和施行的边界。加强城市总体规划强制性内容的衔接与传递。

第二，为实现城市生态文明建设，应在市（县）域范围内划定生产、生活和生态空间，统筹生产、生活、生态空间布局。在市（县）域、规划区、中心城区三个空间层面，保护山水林田湖生命共同体，调整优化用地结构和空间布局，科学配置城乡空间资源，完善城市功能，提升人居环境品质。在市（县）域层面合理确定生态、农业、城镇三类空间比例和格局；在规划区层次明确生态保护红线、永久基本农田保护红线，综合划定城市开发边界，在城市开发边界内划定五线。

第三，城市发展规模研究中彻底改变"以人定地"的推演方式，而是基于城市土地资源潜力和环境承载力来确定的。规划考虑的重点问题是在既定建设用地规模和现实的人均建设用地指标条件下，如何更科学地安排各类建设用地功能，合理配置产业、居住、公共服务、基础设施的用地比例，尽最大可能满足未来实际人口的多层次、差异化需求，并预留足够弹性，保证城市的合理、有序、均衡发展。应对城镇化过程中包括常住人口、暂住人口的需求。应对多层次、多样化的社会需求，以及老龄化发展趋势，调整公共服务设施和建设用地的供给结构。

第四，营造好的居住环境，城市总体规划要注重宜居城市的建设，要考虑住宅的供给，制定相应的政策。为了更好地建设宜居城市，要确定具体的目标，将目标分解和量化，以便于以后的建设和评估。另外宜居城市建设，要营造有特色的宜居城市。规划建设十五分钟社区生活圈，建立文化遗产保护和利用体系，开展城市总体设计，实行城市"双修"。住宅政策要满足多元化和公平的需求，注意解决社会隔离问题，注重职住平衡。

第五，改革城市总体规划编制、审批、监督的制度设计，强调依据各级政府的权能，形成一级事权一级规划、一级事权一级监督、一级规划一级监督的编、审、督一体化体系。

改革方案形成过程中，北京、上海两城市率先启动了新一轮城市总体规划的探索。但此轮城市总体规划改革因 2018 年中共十九大提出的中共中央国务院机构改革而中断。原隶属住房和城乡建设部的城乡规划职能转隶至自然资源部，新组建的自然资源部对城市总体规划改革将会有全新的部署。

1.3 国外相似类型城市总体规划动态

因中外城市规划体系的差异，很难将我国的城市总体规划与国外的某一类型规划做一致性讨论，但不妨碍我们对国外相似类型规划的介绍和借鉴，故本节的标题起名为国外相似类型城市总体规划。具体内容详见二维码，扫码阅读。

二维码 1-1

■ 小结

纵观各国主要城市 2030 规划，有一些共同的趋势值得我们思考。

1. 从规划内容看

（1）探寻可持续发展之路，引领城市未来

国外城市在经历消耗性增长后，纷纷开始关注经济、社会、环境协调发展。"可持续发展"理念渗透在城市中长期发展战略规划远景、目标、策略与措施中，成为发展主旋律，引领城市未来发展。纽约 2030 规划目标是建设一个更绿色、更美好的纽约，并使之成为 21 世纪第一个可持续发展的城市。悉尼 2030 规划强调"绿色"

是城市未来发展的首要主题，体现在绿色的环境、产业、基础设施、生态系统上。

（2）营造优质生活环境，建设宜居城市

随着经济发展和生活水平的提高，城市生活环境质量得到更多关注。这就使得国外大城市中长期发展战略规划都涉及营造优美生活环境，建设宜居城市，提高居民归属感和幸福感等内容。纽约 2030 规划对城市物质环境要素进行规划，为市民提供一个更加便利、美丽、健康、平等的纽约。作为世界级宜居城市的悉尼，在未来规划中明确提出要不断提高宜居程度。

（3）关注可支付性住房，保障社会公平

随着房价持续快速上涨，过高的房价超出中低收入人群的支付能力，住房问题成为城市发展的焦点问题。城市中长期发展战略规划都将住房建设的重心放在可支付性住房上，满足中低收入人群的居住需求，保障社会公平，增强城市凝聚力。纽约 2030 规划通过闲置建筑改造、棕地再开发等方式增加土地供应，发展创新性融资策略，建立完善的机制，确保经济适用房供应。悉尼 2030 规划明确指出为中等收入、极低收入家庭提供多元化住房，到 2030 年，实现城市里社会福利性住房比例达到 7.5%，可负担住房达到 7.5% 的目标。

（4）动员社会广泛参与，共创城市未来

公众参与城市规划日益受到重视。国外城市中长期发展战略规划中，公众参与贯穿在规划准备、讨论和编制阶段，通过公众咨询、网络论坛、问卷调查等方式，增强研究机构、专家学者、市民等广泛参与，形成社会支持和监督，共创城市未来。纽约 2030 规划启动后，数万名市民参与讨论，形成十个规划目标；规划实施后，邀请市民参与"增加 100 万棵树"等计划中，引入公众监督。悉尼 2030 规划征询并吸收市区土著人和托雷斯海峡岛民社区的意见，明确提出维持并扩大现今的咨询、参与、教育程序，加强社区参与。

2. 从形式上看

（1）更注重公共政策的制定

国外总体规划注重公共政策相关内容，对城市空间发展的问题都是以相关的指标、具体措施等政策性内容作为空间开发的主导性文件。如伦敦 2030 规划的经济发展策略中，确定了四个公共投资的主题，伦敦未来将在伦敦的特定场所和基础设施、伦敦的人、伦敦的企业、营销伦敦四个方面投资。指出了伦敦发展的特定场所，建设基础设施的内容，以及对人投资的对象、相关内容，企业发展的策略等。纽约 2030 规划摆脱了传统的城市总体规划对于土地区划控制手段的依赖，将对城市发展的规划和引导落实在包括土地、水、交通、能源、空气及气候变化 6 个方面的具体措施中。因此，其本身不再是基于空间布局的分析、依托规划蓝图的目标规划，而是基于城市经济、社会、环境变化的综合分析，依托综合措施和公共政策的行动规划。

（2）更注重空间规划的结构性问题

国外总体规划都没有进行详细的土地利用规划细分，针对各自的发展策略，采取结构化的处理方式来引导城市发展。如纽约仅是确定了新经济和人口增长点所在的地区，并没有对其用地进行严格的划分。伦敦的发展规划更是如此，在其空间发展策略中，仅确定了竖向增长策略，规定建成区范围不再扩大。确定了分区发展政策与优先发展地区，明确了区域交通基础设施的线路。

（3）可持续发展主题性相对较强，直接指导具体实施

纽约2030规划是综合性的可持续发展规划，但不能忽视其在遏制犯罪、消减贫穷、发展教育和公共服务等方面的努力；规划制定了127项措施解决纽约城市发展问题，为未来发展创造机遇。悉尼2030规划是一个绿色发展计划，指导支持州政府制定州计划和大都会策略，并通过一系列工程、项目和计划实现城市可持续性发展的蓝图。

本章参考文献

[1] 张捷,赵民.从"多规合一"视角谈我国城市总体规划改革[J].上海城市规划,2015（6）：8-13.

[2] 谢英挺,王伟.从"多规合一"到空间规划体系重构[J].城乡规划学报,2015（3）：15-21.

[3] 叶贵勋,熊鲁霞,汪铁骏,王永新,徐毅松.城市战略规划的研究——对上海城市总体规划方法改革的思考[J].城市规划汇刊,1998（4）：19-22.

[4] 唐颖璐.土地资源配置的空间尺度差异分析[J].价值工程,2013（14）：300-302.

[5] 张友安,郑伟元.土地利用总体规划的刚性与弹性[J].中国土地科学,2004（1）：24-27.

[6] 汪光焘.建立和完善科学编制城市总体规划的指标体系[J].城市规划,2007（4）：9-15.

[7] 石楠.城市规划政策与政策性规划[D].北京：北京大学,2005.

[8] 李劲夫.和谐社区：构建和谐社会的基础[J].湖南行政学院学报,2006（5）：44-46.

[9] 李松志,董观志.城市可持续发展理论及其对规划实践的指导[J].城市问题,2006（7）：14-20.

[10] 龙瀛.城市总体规划的十大可持续发展战略[C]//中国城市规划学会.城市规划面对面——2005城市规划年会论文集（上）.北京：中国水利水电出版社,2005：370-378.

[11] 庄林德,张京祥.中国城市与发展建设史[M].南京：东南大学出版社,2002.

[12] 董鉴泓.中国城市建设史[M].3版.北京：中国建筑工业出版社,2004.

[13] 上海城市规划设计研究院.2030年首尔城市基本规划[EB/OL].https：//www.supdri.com/2035/.

[14] 上海城市规划设计研究院.纽约2030规划：更绿色更美好的纽约[EB/OL].https：//www.supdri.com/2035/.

[15] The londun plan[EB/OL]. https：//www.london.gov.uk/what-we-do/planning/london-plan/current-london-plan/.

第 2 章

城市总体规划的
编制、审批与督察

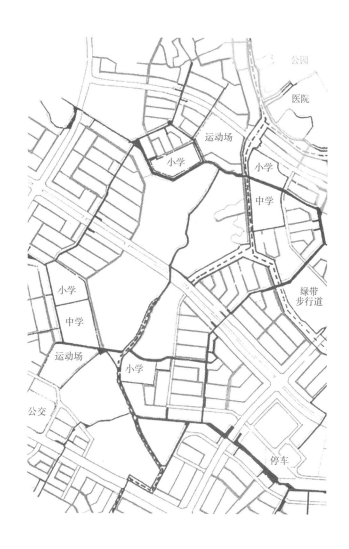

2.1 城市总体规划编制、审批与督察的要求

2.1.1 城市总体规划编制的要求

城市总体规划的编制应不断提高科学性、前瞻性、协同性，突出战略引领和刚性控制作用，通过制定规划目标、指标、边界刚性、分区管控等方式，明确战略指引和底线刚性约束；坚持城乡统筹、全域覆盖，制定覆盖全市（县）域的空间规划，科学划定"三区三线"，建立"一张图"体系。优化城市功能和空间结构布局；加强城市设计和风貌管控，关注山水资源利用和历史文脉延续，推进特色宜居城市规划建设；加快建立城市规划数据库，实现规划编制、实施督察和动态维护的信息化、数字化。

2.1.2 城市总体规划审批的要求

城市总体规划的审批强调"责权明晰"，即划分上下级政府的事权，明确上级政府重点管控的内容，对其内容进行审批并实施监管。同时要求"提高审批效率"，即突出审批重点，精简上报内容，简化和规范程序，成果按程序上报。同时加强城市总体规划编制、审批、督察的有效衔接。

2.1.3 城市总体规划实施监督的要求

城市总体规划的实施监督要依法行政，坚决维护规划的严肃性和权威性；以总体规划强制性内容为重点，进行事前、事中监督及事后追责。提高城市治理能力，

加强精细化管理，强化总体规划强制性内容的落实及刚性传导，使其内容可分解、可落实、可考核，推进规划、建设、监管三者相统一。要打造共建共治共享的社会治理格局，完善党委领导、政府负责、社会协同、公众参与、法治保障的实施监督治理体制。

2.2　城市总体规划编制的组织与审批

2.2.1　城市总体规划编制的组织

2.2.1.1　城市总体规划编制的组织主体

城市总体规划编制，要坚持"政府组织、专家领衔、部门合作、公众参与、科学决策"的工作方式。城市总体规划由城市人民政府组织编制、实施和修改，城市人民政府城乡规划行政主管部门具体承办。城乡规划行政主管部门委托规划设计单位编制城市总体规划，被委托的城市总体规划编制单位应当取得城市规划编制资质证书，并在资质等级许可的范围内从事城市总体规划编制工作。

2.2.1.2　城市总体规划编制的组织基础

编制城市总体规划前，城市人民政府城乡规划行政主管部门应当对现行城市总体规划的实施情况进行总结，开展规划实施评估、战略研究等前期工作，明确城市总体规划编制的思路和重点。其内容包括对现行规划实施、基础设施支撑能力和建设条件做出评价；针对存在问题和出现的新情况，从土地、水、能源和环境等城市长期的发展保障出发，依据全国城镇体系规划和省域城镇体系规划，着眼区域统筹和城乡统筹，对城市的发展定位、发展目标、城市功能和空间布局等战略问题进行前瞻性研究。

2.2.1.3　城市总体规划编制的组织程序

在城市总体规划编制的组织基础上，城市人民政府向上级人民政府提出关于开展城市总体规划编制工作的报告，经上级人民政府同意后方可组织编制。其中，组织编制直辖市、省会城市、国务院指定市的城市总体规划的，应当向国务院城乡规划行政主管部门提出报告；组织编制其他市的城市总体规划的，应当向省、自治区城乡规划行政主管部门提出报告。

依据国务院城乡规划行政主管部门或者省、自治区城乡规划行政主管部门提出的审查意见，组织编制城市总体规划成果，按法定程序报请审查和批准。

2.2.2　城市总体规划的审批

城市总体规划由规划编制单位编制完成后，应按照《城乡规划法》的要求进行审批，审批程序分为三部分，成果审查、成果审议、上报审批。

2.2.2.1 城市总体规划成果审查

城市总体规划成果应当于当前正在执行的城市总体规划有效期届满前一年，报城市总体规划审批机关审批。有关城乡规划行政主管部门收到审批机关转来的城市总体规划文件后，应当按照国务院和省、自治区、直辖市人民政府规定的时限和程序，及时提出审查意见，审查意见主要包括专家评审、规划委员会审查，并进行公示，征求公众意见。在城市总体规划审查阶段，审批机关可以编写《城市总体规划的审查重点及要求》梳理审查要点，以提高规划审查审批效率。同时，可制定《城市总体规划审查规程》，重点审查程序合法性、材料齐全性、意见采纳合理性、图文一致性、表达规范性等。

2.2.2.2 城市总体规划成果审议

城市总体规划按照审查意见修改完善后，报送本级人民代表大会进行审议。城市、县人民政府组织编制的总体规划，在报上级人民政府审批前，应当先经本级人民代表大会常务委员会审议，常务委员会的审议意见交由本级人民政府研究处理。

2.2.2.3 城市总体规划审批

城市总体规划成果修改完善后，报送上级人民政府审批。直辖市的城市总体规划由直辖市人民政府报国务院审批；省、自治区人民政府所在地的城市以及国务院确定的城市的总体规划，在城市人民政府报经省、自治区人民政府同意后，由省、自治区人民政府报国务院审批；其他城市的总体规划，由城市人民政府报省、自治区人民政府审批。县人民政府组织编制县人民政府所在地镇的总体规划，报上级人民政府审批。

城市总体规划编制组织与审批阶段的主要任务与内容见表2-1。

城市总体规划编制组织与审批阶段的主要任务与内容　　　　表2-1

组织与审批阶段	主要任务	主要内容
规划编制前期	提出申请	编制实施评估报告 提交申请编制报告
规划编制中期	编制方案	方案多轮修改 提出规划方案
	成果审查	组织专家评审 规划委员会评议
	公示公告	展示成果方案 征询公众意见
	人大审议	本级人民代表大会常务委员会审议
规划编制后期	上报审批	报送审批机构审批

2.3 城市总体规划的编制内容与成果

2.3.1 城市总体规划的编制内容

城市总体规划的规划期限一般为二十年。对涉及城市更长远的发展，城市总体规划应当做出预测性安排。《城市总体规划编制审批管理办法》（2016年征求意见稿）在对城市总体规划的内容规定的基础上，又对不同层次空间布局的规划重点、城市总体规划的专项内容和强制性内容提出了明确要求。

2.3.1.1 城市总体规划的内容

1.目标与战略。包括城市性质、功能定位；城市发展近远期目标，城市总体规划核心指标；人口预测和建设用地规模控制等。在谋划城市战略定位时要考虑国家重大区域战略和区域发展政策，从区域协同发展的角度出发，确定城市的战略定位、城市职能和发展目标。城市性质应注重科学性、延续性。

2.空间布局。包括市（县）域、城市规划区、中心城区等不同空间层次的规划布局。各城市根据自身特点和规划管理需要，可将不同空间层次进行适当合并。要围绕城市战略定位，把握好空间格局、要素配置和设施支撑。

3.专项规划。包括综合交通、生态环境保护、历史文化保护、城市整体风貌、公共服务、城市安全等。

4.规划实施。包括规划实施政策措施和制度保障；分期实施要求和近期建设重点；需要在分区层面规划、详细规划、单独编制的专项规划中深化落实的规划要求等。

5.城市总体规划审批机关和城市人民政府认为需要增加的其他内容。

2.3.1.2 不同层次空间布局的规划重点

1.市（县）域层次。包括：区域协调；城镇化目标和策略，城镇结构、功能定位、空间布局；统筹城乡建设用地的规模、布局和管理；特色小城镇和乡村发展建设指引等。制定覆盖全市（县）域的空间规划，完成生态保护红线、基本农田、城镇开发边界三条控制线划定，处理好城镇空间、农业空间和生态空间格局关系，落实"多规合一"，制定城乡全域规划一张图。

2.规划区层次。包括：综合划定城镇开发边界，区分生态空间、农业空间和城镇空间；统筹城乡建设用地的规模、布局和管理；落实永久基本农田保护线和生态保护红线；提出各类空间的规划建设管控要求；明确中心城区范围。

3.中心城区层次。包括：空间结构、形态和总体布局；规划期内城市、镇建设用地和发展备用地；建设用地结构；城市更新；城市新区等特殊功能区的定位、规模和建设要求。

其中，特大城市、超大城市的城市空间布局可采用空间结构、分区指引和底线控制的形式表达。

2.3.1.3 专项规划的主要内容

1. 历史文化保护。包括：保护目标和原则；各层次保护名录、保护范围和保护要求；古城格局、风貌和高度控制、城市紫线等历史文化名城保护规划的核心内容。

2. 城市特色风貌。包括：山水林田湖整体形态格局；城市风貌特色和景观框架；城市公共空间体系；城市设计重点地区和总体控制要求。

3. 生态环境。包括：生态环境保护和建设目标、原则；生态建设和生态修复；绿地规划，划定城市绿线；水系保护范围和保护要求，划定城市蓝线。

4. 公共服务。包括：保障性住房需求预测和布局原则；公共服务体系和建设标准；社区综合服务指标和规划要求。

5. 综合交通。包括：发展目标、指标与政策；对外交通设施、市级交通枢纽布局；机场净空控制；城市道路网布局和轨道线网走向；城市仓储物流设施布局；社会停车；划定城市黄线。大城市、特大城市、超大城市应当同步编制城市综合交通体系规划，规划建设城市轨道交通的城市还应同步编制城市轨道交通线网规划。

6. 市政公用设施。包括：各类市政公用设施、规模和建设要求；敏感性基础设施建设用地预留与控制；划定城市黄线。

7. 城市安全。包括：防灾减灾类型和建设标准；城市生命线系统、应急避难场所、安全防护距离等有关设施、用地和防控标准等。

城市总体规划编制机关可以根据城市自身特点和发展需要，增加地下空间、旅游、产业等专项规划内容。

2.3.1.4 强制性内容

《城市总体规划编制审批管理办法》（2016年征求意见稿）中对城市总体规划的强制性内容规定如下：

1. 城市、镇开发边界及管控要求，城市建设用地规模，永久基本农田保护线、生态保护红线。

2. 城市绿线、城市蓝线、城市紫线、城市黄线、城市主干路及以上道路红线，以及管控要求。

3. 城市主要公共服务设施布局要求和分级配置标准。

4. 涉及城市安全和环境保护的标准；关系城市安全的重要设施、通道，危险品生产和仓储用地的防护范围。

5. 城市总体规划核心指标中的约束性指标。

6. 其他对城市发展影响重大的事项。

其中，城市绿线、城市蓝线、城市黄线、道路红线和主要公共服务设施布局等可分为在总体规划文本、图纸中明确表达的内容和需要在分区规划、详细规划、专项规划中落实的内容。需下位规划落实的，总体规划文本应对总量、结构、布局等提出可落实、可监管的要求。

2.3.2　城市总体规划的编制成果

城市总体规划的成果以纸质和电子文件两种形式表达，应当包括下列内容：

1. 规划文本及其条文说明。包括文本条文、说明各类管理内容的表格，表格中有规划量化指标的一般要有相应的现状数据。条文要法条化，简明扼要，突出政策性、针对性和规定性。

2. 规划图纸。城市总体规划图纸包括市（县）域城镇体系规划、规划区规划和中心城区规划三部分规划图纸。

（1）市（县）域城镇体系规划图纸

区位分析图、市（县）域城镇体系规划图、市（县）域三类空间规划图、市（县）域三线管控图、市（县）域综合交通规划图、市（县）域社会服务设施规划图、市（县）域给水排水及环卫设施规划图、市（县）域电力工程规划图、市（县）域燃气工程规划图、市（县）域文物及风景资源保护规划图、市（县）域旅游规划图、全域规划一张图、规划空间层次示意图等。

（2）规划区规划图纸

规划区生态安全与山水格局管控图、规划区村庄分类规划图、规划区重大基础设施规划图等。

（3）中心城区规划图纸

用地评定图、空间结构图、用地布局规划图、六线管控图、总体城市设计图、土地使用强度管制区划图、绿地系统规划图、居住用地规划图、公共服务设施规划图、道路交通规划图、公共交通规划图、给水工程规划图、污水及环卫工程规划图、雨水工程规划图、电力工程规划图、电信工程规划图、燃气工程规划图、供热工程规划图、综合防灾规划图、近期建设规划图、远景用地规划图等。

其中，涉及城市总体规划的空间布局、空间管控及强制性内容的相关规划图，其图纸应为矢量图形格式，图纸比例、表达深度、内容形式应符合总体规划审查的内容要求，其他图纸可视情况纳入所建的信息平台。

3. 附件。主要包括规划说明书，征求意见情况，专题研究和技术论证情况，人民代表大会常务委员会审议意见的采纳情况，其他需要向审批机关呈报的文件和情况说明。

城市总体规划文件参考目录，扫码阅读。

二维码2-1

2.4　城市总体规划编制的现状调研

2.4.1　城市总体规划现状调研的方法

2.4.1.1　现场踏勘

现场踏勘是城市总体规划现场调查的最基本手段之一，主要针对城市土地、空间、设施等方面的调查。

城市总体规划的现场踏勘包括市（县）域和中心城区两部分。其中，市（县）域踏勘的重点是周边县及市区所属的城关镇、重点镇及有特色的一般镇；中心城区的踏勘，主要是针对城市建成区，包括建成区相邻的建设区域，周边村庄以及未来待发展区域。在踏勘过程中注意收集相关资料，如城区和周边县、镇的规模、职能、特性、经济基础与产业结构，交通条件、资源、区位优劣势和发展潜力等相关资料，核对并补充完善现状图纸。

2.4.1.2　问卷或抽样调查

在城市总体规划中，常常针对不同的规划问题以问卷的形式对城乡居民进行抽样调查。根据载体的不同，可以分为纸质问卷调查和网络问卷调查。

这类调查可涉及规划中的多个方面。在总体规划阶段的两种主要形式是居民调查和部门（单位）调查。针对居民的调查内容包括居民对城市公共设施、绿地、市政设施、交通状况等的评价，了解居民对城市问题的看法和相关意见；针对部门（单位）调查主要是了解部门（单位）的现状及发展规划情况，对城市问题的看法和相关意见。例如医院，调查内容包括医院目前的占地面积、职工人数、病床数、住院和门诊量，以及对医院现状及未来规划的意见建议和对周边基础设施配套情况的评价等。

2.4.1.3　文献查阅

城市总体规划涉及的文献主要包括：历年的统计年鉴、各类普查资料，城市志或县志、各专项的志书如城市规划志、城市建设志，历次的城市总体规划及相关专项规划，政府工作报告、国民经济与社会发展规划、部门报告及发展计划等的相关文件资料，已有的相关研究成果等。

2.4.1.4　访谈和专题座谈会

城市的客观状况可以通过文献资料的查阅和实地勘察等方式获得，对于城市中相关人员的主观感受和愿望，虽然通过问卷或抽样调查可以获取一部分，但是访谈和专题座谈会是调查者与居民或单位代表之间最直接、最快捷的交流方式。访谈的对象一般是市民代表和社会贤达，专题座谈会的对象一般是单位部门、政府领导以及相关专家。城市总体规划中采用访谈和专题座谈会的方式，了解城市中相关人员对城市现状的意见和对城市规划的愿景。

2.4.2 城市总体规划现状调研的内容

2.4.2.1 综合类资料

城市总体规划现状调研的综合类资料包括城市近十年来的统计年鉴，国民经济与社会发展规划，城市的市、县志资料以及各专业志，城市人民政府近年来的政府工作报告，最新的人口普查资料，历次城镇体系规划及城市（镇）总体规划，土地利用总体规划，各类专项规划，各比例的地形图和卫星遥感影像地图等。

2.4.2.2 分类资料

1. 自然环境调查

自然环境类资料的调查主要包括地理位置、地理环境、地形地貌、工程地质、水文地质、风象、气温、降雨、日照、自然生态、矿产资源、土地资源、旅游资源等（表2-2）。

自然环境类资料调查的主要内容　　　　　　　　　　表2-2

序号	调查项目	主要内容
1	地理位置	城市所处的经纬度
2	地理环境	城市与周边城市或地区在地理特征方面的相互关系
3	地形地貌	包括坡度、坡向、标高、地貌等
4	工程地质	包括地质构造、地质现象（如黄土、滑坡、溶岩、冲沟、沼泽地等）、地震、地基承载力、地下矿藏等
5	水文地质	包括江河流量、水位、水质、地下水储量和可开采量、地下水质、水位等
6	风象	包括风向、风速，其他风象特征等
7	气温	包括年、月平均温度，最高和最低气温、昼夜平均温差、霜期、冰冻期及最大冻土深度
8	降雨	包括降雨量、降雪量及降雨（雪）强度
9	日照	调查日照时数、可照时数、太阳高度与日照方位的关系等
10	自然生态	野生动、植物种类与分布，生物资源、自然植被，自然保护区等
11	矿产资源	主要矿产种类、储量、品位、开采条件、分布及目前开发利用情况
12	土地资源	土壤特性，耕地、林地、园地、水域、道路及村庄、城镇等各类土地面积，土地利用特点
13	旅游资源	风景名胜区、森林公园等，主要景点的等级及介绍

2. 经济环境调查

经济环境的调查是认识和解决城市问题的基础，主要调查的项目包括整体经济的状况和一、二、三产业具体的经济状况（表2-3）。

经济环境类资料调查的主要内容 表2-3

序号	调查项目	主要内容
1	整体的经济状况	工农业总产值、国民生产总值、产业结构、三次产业的比例等及近年增长变化情况，优势产业与未来发展计划
2	一、二、三产业的经济状况	农业经济状况及主要农产品地区优势等，近年增长变化情况；工业经济状况、产业构成及主导产业、主要工业产品的地区优势等，近年增长变化情况；商业、金融业、房地产业等的经济状况及近年增长变化情况

3. 人口情况调查

人口情况调查的主要内容包括市（县）域及中心城区两大层次。市（县）域部分人口资料主要包括：市（县）域总人口、市（县）域城镇人口、城镇化水平、各镇乡总人口及城镇人口、人口构成，人口历年变化情况，人口增长率等。中心城区人口资料主要包括：城市人口规模、人口构成、人口历年变化情况、人口自然增长率、机械增长率等，年龄及性别构成。资料主要来源是统计年鉴、最新的人口普查资料等。

4. 城市用地调查

城市用地调查的主要内容是城市的用地现状情况，应对规划区范围的所有用地进行现场踏勘调查，包括城市周边用地、城市后备用地（含存量建设用地）情况等（表2-4）。了解各类土地使用的范围、界限、用地性质等，完成土地使用的现状图和用地平衡表。城市用地调查部分的资料来源主要是最新的测绘地形图、现场踏勘及各类专项规划资料等。城市用地按照国标《城市用地分类与规划建设用地标准》GB 50137—2011进行分类。

现状用地调查有关分类扫码阅读。

二维码2-2

城市用地类资料调查的主要内容 表2-4

序号	调查项目	主要内容
1	居住用地	各类型居住用地的面积（一、二、三大类）及分布情况等
2	公共管理与公共服务用地	行政、文化、教育、体育、卫生等机构和设施用地名称、面积、分布情况等，特别是文化、教育、体育、卫生设施配套情况，比如中小学班级、医院床位数等
3	商业服务业设施用地	包括商业商务、娱乐康体等设施用地名称、面积、分布情况等
4	工业用地	工厂名称、占地面积、类型（一、二、三大类）、分布情况，工业园区的性质、规模、主要企业情况及工业园区的相关规划资料
5	物流仓储用地	物流仓储单位名称、占地面积、类型（一、二、三大类）、分布情况等，包括物资储备、配送、中转等物流仓储用地

续表

序号	调查项目	主要内容
6	道路与交通设施用地	城市道路用地、城市轨道交通用地、交通枢纽用地、交通站场用地、其他交通设施用地情况等
7	公用设施用地	给水、排水、供电、电信、燃气、防灾、环境保护及环境卫生等用地名称、占地面积、设施规模、分布情况等
8	绿地与广场用地	公园绿地、防护绿地、广场等公共开放空间用地名称、面积、分布情况等，绿化覆盖率，主要公园、苗圃及防护绿地的布点及状况等
9	非建设用地	水域、农林用地及其他非建设用地面积、分布情况等
10	村庄建设用地	农村居民点的建设用地面积、分布情况等

5. 历史及环境调查

历史及环境方面的主要调查内容包括：

（1）自然环境特色，如山水林田湖整体形态格局及与城市的关系；

（2）古城格局、历史街区风貌，各层次保护名录、保护范围、价值特色，城市紫线；

（3）城市风貌特色，城市轮廓线，建筑风格；

（4）绿化空间特色，绿廊、滨水绿带等；

（5）其他物质和文化的特色，如历史文化渊源、名人、土特产、工艺美术、民俗、风情等。

2.4.3 城市总体规划现状调研的成果

2.4.3.1 基础资料汇编

根据城市规模的不同和城市的具体情况，基础资料汇编的内容侧重和深度有所不同。总体规划现状调研的基础资料汇编包括地理条件、历史沿革与行政区划、历次规划概况；市（县）域的人口与城镇化发展、城镇体系、国民经济及社会事业发展、资源开发与利用、综合交通、市政基础设施、生态环境保护与防灾减灾等现状，中心城区的工程地质与用地条件、经济与人口、各类用地布局、园林绿化、道路交通、市政基础设施、环境保护、综合防灾现状等。

总体规划现状调研的基础资料汇编成果参考目录扫码阅读。

二维码2-3

2.4.3.2 现状图纸

现状图纸是城市总体规划编制的基础。现状图纸是将城市现状情况和存在的问题以图纸的形式集中表达。根据范围不同，现状图纸可分为市（县）域和中心城区两类。

1. 市（县）域现状图纸

市（县）域城镇体系现状图、市（县）域综合交通现状图、市（县）域市政基础设施现状图、市（县）域文物和旅游资源分布图等。

2. 中心城区现状图纸

用地现状图、用地适宜性评价图、用地综合评价图（发展方向分析图）、工业及仓储现状图、公共设施现状图、道路交通现状图、给水排水现状图、电力电信现状图、绿地现状图、文物及风景名胜区现状图、环保环卫现状图、防灾现状图等。

2.4.3.3　专题报告

城市总体规划编制要求对涉及经济社会发展、资源环境保护利用、城市发展方向和空间布局，以及城市建设的重大问题开展专题研究。一般包括城市经济与产业发展研究、市（县）域城乡统筹发展研究、城市人口与用地规模发展研究、城市综合交通研究、城市空间环境特色研究、城市市政基础设施规划研究、城市公共设施建设规划研究等。

2.5　城市总体规划编制中的公众参与

2.5.1　城市总体规划编制公众参与的方法

1. 展览公告、网络公示

通过规划图纸或模型展览、微信、网络论坛等途径，向公众公布规划方案，征询公众的意见。

2. 问卷调查、公众投票

通过报刊派送、规划进社区活动、送发问卷到相关单位、规划展览馆分发、网络投寄等途径分发调查问卷，同时，建立专门的数据库，进行回收问卷的录入、统计与分析，收集公众的意见。公众投票是指在投票网站、现场进行的意见收集。

3. 公众听证、市民论坛

通过听证会或者论坛等方式，征询公众对城市总体规划编制、方案选定的合理建议和意见，咨询公众对方案的评价，并征询进一步完善方案的意见和建议。

4. 部门座谈、专家研讨

通过召开城市相关部门座谈会的方式，了解相关部门对总体规划编制的建议及相关要求；通过专家研讨收集专家的建议和意见，为方案形成与完善提供参考。

2.5.2　城市总体规划编制公众参与的过程与内容

2.5.2.1　规划编制前期

前期阶段主要是征询社会公众对城市未来发展和城市总体规划编制的有关意见

和建议。主要内容包括通过问卷调查等方法，深入到社会公众中汇总公众对城市性质与定位、产业经济发展、区域协调发展、中心城区建设、设施配套、综合交通、环境保护、历史文化遗产保护等方面的需求和意愿，了解公众对城市的感受与期待，并以部门座谈、专家研讨等途径听取当地相关部门、专家领导建议和企业意见。

2.5.2.2　规划编制中期

中期阶段主要是通过公众听证、市民论坛、部门交流、专家咨询等方式，了解公众、部门及专家等相关方对于城市规划方案的各方面的意见和建议，协调相关方的诉求，通过公众投票、专家评审等方式，选定规划草案。

2.5.2.3　规划编制后期

后期阶段主要是通过展览公告、网络公示等途径向公众公布规划方案，征询公众的意见，并征询进一步完善成果的建议。根据《城乡规划法》，城市总体规划成果报送审批前，应将规划草案予以公告，并采取论证会、听证会或其他方式征求专家和公众意见，公告时间不少于三十日。公告的时间、地点以及公众提交意见的期限、方式，应当在政府信息网站以及当地主要新闻媒体上公布。城市总体规划编制公众参与的主要内容见表2-5。

城市总体规划编制公众参与的主要内容　　　　　表2-5

编制阶段	总体规划编制任务	公众参与内容	公众参与方式
规划编制前期	前期调研阶段	规划实施问题 规划编制建议	问卷调查 部门座谈 专家研讨
规划编制中期	方案形成阶段	协调相关诉求 选择规划方案	公众听证 市民论坛 部门座谈 专家研讨
规划编制后期	批前公示阶段	展示成果草案 征询公众意见	展览公告 网络公示 公众听证 部门座谈 专家研讨

2.5.3　城市总体规划编制公众问卷调查参考样表扫码阅读

2.6　城市总体规划的修改

二维码2-4

2.6.1　城市总体规划修改的条件

城市总体规划的修改，是指城市人民政府在实施城市总体规划的过程中，发现规划已经不能适应城市经济和社会发展的要求，必须做出修改。

根据《中华人民共和国城乡规划法》第四十七条规定，可以按照规定的权限和程序修改城市总体规划的情形有：上级人民政府制定的城乡规划发生变更，提出修改规划要求的；行政区划调整确需修改规划的；因国务院批准重大建设工程确需修改规划的；经评估确需修改规划的；城乡规划的审批机关认为应当修改规划的其他情形。

在修改之前，应对规划的实施状况进行评估；拟修改城市总体规划涉及强制性内容的，城市人民政府除按规定进行实施评估外，还应就修改强制性内容的必要性和可行性进行专题论证，编制总体规划修改论证报告。

2.6.2　城市总体规划修改的程序

城市总体规划的修改流程一般如下：提出申请、编制方案、审议、修改方案、报送审批。

1. 提出申请

原规划编制部门向本规划审批部门提出规划修改申请，经原审批部门批准后，可开展城市总体规划修改。

2. 编制方案

组织规划编制单位编制规划的调整方案。

3. 审议

本级人民代表大会常务委员会审议，常务委员会的审议意见交由本级人民政府研究处理。

4. 修改方案

编制单位根据审议结果，修改规划方案。

5. 报送审批

将修改后的规划报送原审批机关审批。

2.7　城市总体规划的督察

城市总体规划督察工作应按照"依法督察、突出重点、上下联动、全面覆盖"的原则，依据国家有关法律法规和政策，以及经批准的城市总体规划，对规划实施工作进行监督，及时发现、制止和查处违法违规行为。严肃查处违反规定程序擅自调整和修改规划以及违反规划擅自开发建设的行为，依法依纪追究有关单位及人员的责任。结合城市规划管理信息化建设，建立和完善规划动态信息监测系统，对城市总体规划实施情况进行实时监督。省级城市规划行政主管部门和监察机关要对本地区城市总体规划实施情况开展效能监察。

2.7.1　城市总体规划督察工作的内容

城市总体规划的督察内容有：城市总体规划实施基本情况、城市总体规划的编制、报批和调整权限与程序问题；城市总体规划强制性内容实施情况、三区三线管控情况；遥感监测图斑核查；违法违规建设及查处情况；历史文化名城、古建筑保护和风景名胜区保护问题；群众及媒体关心的"热点、难点"问题；以及规划建设方面影响社会公共利益和城乡长远发展的其他重要事项。

2.7.2　城市总体规划督察工作的反馈

对督察中发现的一般性问题，应及时告知当地政府或有关部门；对违反城乡规划及有关法规政策的重大问题，报经本级政府同意后，向当地政府或有关部门发送《督察意见书》。所在地政府及有关部门对《督察意见书》指出的问题，在 15 个工作日内向本级督察组书面说明情况、提出整改措施，并逐项整改落实。造成重大损失的案件，依法追究相关责任人员责任。

本章参考文献

[1]　赵燕菁 . 基于事权分离的城市总体规划改革方案 [J]. 北京规划建设 . 2018（1）：152–155.

[2]　徐敏，李欣 . 基于协同创新的广东省城乡规划编制审批改革探析 [J]. 规划师，2017，33（11）：66–71.

第 3 章

城市总体规划研究的
分析方法

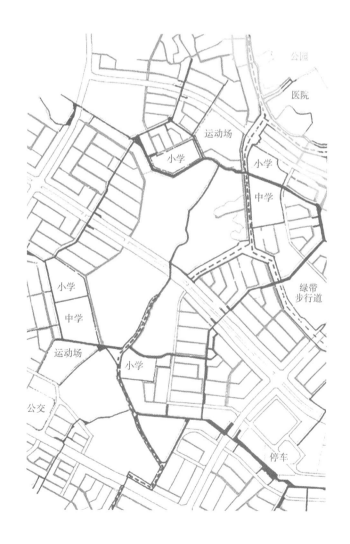

城市是一个复杂的巨系统，经济、社会、环境、政治等问题的相互交织，构成了城市功能运行的复杂状态。同时，城市又是一个动态演化的系统过程，经济、社会、环境、政治的相互交织的状态不是一成不变的，在时间演进的历时态中又遵循动态演化的一般规律。城市总体规划的任务是要在探寻城市发展的一般规律的基础上，揭示不同历史阶段的发展状态，为城市发展指明方向，谋划实现目标的路径。很显然，城市总体规划研究是面向复杂问题的系统研究，要运用系统研究的一般方法。

定性分析与定量分析是人们认识事物时采用的两种分析方式。前者是凭借分析者的直觉、经验以及研究对象的特征及相关信息资料，对研究对象的性质、特点和发展规律作出判断的一种方法。后者则是依据数理统计原理，采用数学模型计算并分析研究对象的各项指标及其数值的分析方法。

在城市总体规划的应用中，定性分析方法常用于复杂问题的判断研究。它能捕捉城市规划问题的细节，更为真实地、更为人性化地提出问题的解决方案和政策建议，从而创造出更为符合居民价值的人居环境。随着计算机技术的快速发展以及自下而上的规划理念兴起，定量分析逐渐成为一种重要的规划辅助手段。在城市总体规划的应用中，定量方法不仅仅局限于统计和模型公式的应用，而已拓展到对空间要素和行为要素的规律认识，从而为规划分析提供重要的技术支撑。值得注意的是，定性分析与定量分析是相互统一、相互补充的。基于定性分析的定量研究才能够更加科学、准确地把握问题需求；反之，缺乏定性分析的定量方法将导致缺乏逻辑且毫无价值。定性是定量的依据和方向，定量是定性的具体化。结合二者，灵活运用才能取得好的效果，使其尽可能接近对城市问题本质的认识。

3.1　定性分析方法

定性分析方法是一种主观的、赋权式的数据收集和分析途径，通常以经验主义为主导，以空间解释为手段。其优点是将复杂的城市现象归纳化和概念化，能够让社会和公众更容易获取分析结果。从知识论的角度看，定性分析方法可用于揭示社会进程中的更深层次含义。由于更专注于发现社会意义，定性研究对当代规划实践至关重要。因此，在规划制定过程中，它更适用于解释社会层面的相关问题。本节将介绍常用的定性分析方法，包括：因果分析法、比较法、访谈法、小组座谈法、案例研究法、参与性行动研究、德尔菲法等。

3.1.1　因果分析法

因果分析法是以事物发展变化的因果关系为依据，抓住事物发展的主要矛盾与次要矛盾的相互关系，从而对事物未来的发展进行预测与判断。城市总体规划的编制过程中涉及多种因素。为对问题进行全面考虑，在对其影响因素进行分析时，需根据相关性进行排列，发现主要因素和次要因素，并分析出他们之间的因果关系。例如，在确定城市性质时，可依次通过对城市特点、城市发展方向、城市功能与自然地理环境等因素进行分析确定。

3.1.2　比较法

比较法是一种自然科学或社会科学的研究方法，是通过观察、分析，找出研究对象的相同点和不同点。它是认识事物的一种基本方法。在城市总体规划中，对一些难以定量分析，但具有充足可比较的对象的问题，可采用比较法。例如，在人口预测问题中，可以通过与发展条件、发展阶段、现状规模和城市性质相似的城市进行对比分析，根据类比对象城市的人口发展速度、特征和规模等要素来判断预测研究对象的人口规模。在确定新区或新城的各类用地指标问题中，可参照相近的同类已建城市的相关指标。

3.1.3　访谈法

访谈法，又称晤谈法，是指通过访问员和受访人面对面地交谈来了解受访人对问题的认识和看法的基本研究方法。访谈法收集信息资料是通过研究者与被调查对象面对面直接交谈方式实现的，具有较好的灵活性和适应性。且访谈法运用面广，能够简单而迅速地收集多方面的工作分析资料，因而是城市总体规划定性分析方法中深受青睐的方法之一。

根据访谈进程的标准化程度，可将它分为结构型访谈、半结构型访谈和非结构型访谈。其中，结构型访谈的特点是按定向的标准程序进行，通常是采用问卷或调查表；非结构型访谈是指没有定向标准化程序的自由交谈。半结构型访谈法在城市总体规划中应用较为普遍。其具体过程是，访员预先设定调查问题，但以灵活的自然对话方式执行。其目的是通过相对轻松的访谈对话来调查、发现问题。与非结构型访谈不同，半结构型访谈更注重详尽地了解被访者如何回应话题。对规划师们而言，它能深入了解利益相关者对事物的认识和理解。这些利益相关者包括社区居民、开发商、政策制定者以及负责规划设计和实施的公共管理人员。

传统的访谈法都是面对面进行的。但在某些情况下，受访者由于空间或时间限制不便进行当面访谈时，也可以运用新技术进行替代。例如：互联网、智能手机、网络电话、视频聊天、电子邮件或电话采访等。

3.1.4 小组座谈法

小组座谈法是采用座谈会的形式，挑选一组具有代表性的被访者，通过主持人就某个专题对其进行咨询，从而获得对有关问题的深入了解的一种方法。其特点是在主持人的引导下，受访人可能被要求对相关问题进行评价和深入讨论，是主持人与受访人之间、受访人与受访人之间互动的过程。在城市总体规划中，小组座谈通常被应用在专家研讨会、市政会议中，对规划方案及相关政策提议进行讨论。此外，新技术已逐渐被广泛运用于小组座谈中，例如远程电话会议、网络电话和在线谈论等。

3.1.5 案例研究法

案例研究法通过对案例进行系统的分析和理解，把握其动态发展过程中的相互作用机理及其所处的情景特征，以获得全面综合的案例启示，从而为解决研究对象的问题作为借鉴指引。作为一种思想、理论和方法的结合体，案例研究极其重视实践中的细节和过程，因而适用于分析复杂的因果关系和动力机制。在城市总体规划中，案例研究法是研究影响规划结果的实践因素与价值判断的重要方法。其重要价值在于，能够显示特定规划环境下的实际规划过程和结果。一个成功的案例研究可以巧妙融合知识与经验，促成更好的规划方案。

3.1.6 公众参与

公众参与，又称参与性行动研究。它通过政府部门和开发商与公众之间双向交流，使公民们能参加到规划决策过程中，并且防止和化解公民和政府机构与开发商之间、公民与公民之间的冲突。随着社会的逐步发展，公众素质的逐渐提高，市民参与城市规划的积极性、参与意识与维权意识也逐渐提高，公众参与在城市规划中的重要性也日益凸显。

在城市总体规划应用中，众参与的目的和内容在规划的各个阶段都有所侧重。规划前期需广泛调研公众的需求和意愿，作为编制的前提和基础。规划中期要对初步方案加强沟通讨论，邀请不同的社会团体、不同背景的社会人士参与规划交流会，博采众长，形成"全社会"初步共识的规划纲要。规划后期需听取公众对初步成果的意见，对公众反馈的意见逐条梳理，并根据实际情况进行落实或做出相应的说明。

公正、科学的管理机制，以及合理的实施体系是公众参与的前提条件。公众参与可针对不同群体、不同内容，提供有针对性的公众参与方式。例如，类似于总纲式、梗概式的总体规划内容在引导公众参与时，可以选择大众传播媒体，有兴趣和意见的公众会主动将意见反馈给规划部门。反之，一些涉及具体道路、社区的交通、医院、学校、拆迁、改（扩）建方面的内容，则需要运用小众传播媒体，尽量让受规划影响的每一个人都能够获知关于规划的相关内容，并为其提供反馈意见的制度化渠道。

3.1.7　德尔菲法

德尔菲法（Delphi Method），又称为专家打分法，是一种常与定量分析方法相结合的定性分析方法。它通过问卷调查的形式，按照既定程序征询专家意见，而专家以匿名的方式提交；经过多次反复征询和反馈，使意见逐步趋于集中，最后获得具有很高准确率的集体判断结果。德尔菲法能充分利用专家的经验和学识，有效地消除主观因素的影响，有助于提高评价的客观性，形成可靠的结论。德尔菲法的特点是匿名性、反馈性和统计性。

在城市总体规划中，德尔菲法常用于分析城市的各项发展条件及其内在联系，将其转化为可计量的分析指标。德尔菲法首先成立课题领导小组，其主要任务为：拟定研究主题、确定专家咨询组成员、编制专家咨询表、发放回收专家咨询，并依据对专家评价的结果及提出的意见进行统计分析等处理工作。其中，专家咨询组的成员人数，可根据问题的大小和涉及面的宽窄而定，一般建议为10~15人，以保证得出的结果具有足够可信度。在编制专家咨询表过程中，课题领导小组应通过查阅大量的文献、广泛汇总国内外专家现有研究成果，编制初步评价指标体系表。最后，通过分轮咨询得出结果。德尔菲法一般需要经过四轮咨询，若专家的意见已趋向一致，也可以结束咨询。

3.2　定量分析方法

3.2.1　回归分析方法

统计学的研究对象是自然、社会客观现象总体的数量关系。数理统计是通过对某些现象的频率观察来发现该现象的内在规律性，并做出一定精确程度的判断和预测，将这些研究的结果加以归纳整理，形成一定的数学模型。回归分析（Regression Analysis）是统计学中一个重要的分支，在自然科学、管理科学和社会经济等领域都有着非常广泛的应用。在城市总体规划研究中，回归分析已成为解决许多问题的有效的工具。例如，在城镇人口规模预测、城镇 GDP 预测以及土地利用总体规划实施评价等方面均有应用。

基于回归模型模拟的基本相关关系可以用式（3-1）来描述。

$$规划结果（因变量）= f（自变量） \tag{3-1}$$

基于自变量和因变量之间的关系类型，回归分析可分为线性回归分析和非线性回归分析。其中，线性回归分析中根据自变量个数又分为一元线性回归和多元线性回归。例如，预测城镇人口规模时用到的时间序列法、带眷系数法，都属于典型的一元线性回归分析法。非线性回归则用于描述变量之间的非线性关系，通常需要将变量转换为线性相关或采用非线性模型进行拟合统计。例如，在城镇经济水平和城镇化率预测等问题中，因其涉及因素较多，常使用指数函数、对数函数等非线性模型进行研究。

在具体应用中，可采用 SPSS（Statistical Product and Service Solutions）软件，进行回归统计分析与预测。SPSS 为 IBM 公司推出的一系列用于统计学分析运算、数据挖掘、预测分析和决策支持的软件，已被广泛地应用于自然科学、技术科学、社会科学的各个领域。

本节以一简单的城市人口规模预测为例介绍 SPSS 在回归分析中的应用。基于武汉市 2010~2017 年人口数据，采用回归模型进行未来人口发展趋势的拟合，并进行 2030 年武汉市人口规模预测。在 SPSS 中导入 2010~2017 年武汉市人口规模数据，并绘制散点图，由图 3-1 可知，武汉市总常住人口与时间呈线性分布，可采用线性回归进行趋势预测。采用 SPSS 软件中添加趋势线功能，可得出线性拟合模型为 $y = -3.03E4 + 15.55x$，$R^2 = 0.985$。即两者之间存在较为明显的线性关系，且拟合优度较高，从而得到武汉市常住人口与时间的线性回归模型如下：

$$P_t = b_1 \cdot Y_t + b_0 = 15.55 Y_t - 30300 \tag{3-2}$$

式中，P_t 为第 t 年的总人口，b_0、b_1 为回归系数，Y_t 为第 t 年的年份。通过该模型对武汉市 2020 年总人口进行预测，得到预测值为 P_{2020} 约 1100 万人。需要指出的是，在人口预测模型中，线性模型通常仅适用于近期的人口预测，中远期的人口规模多采用非线性函数。

城市总体规划中涉及的问题广泛、复杂，且与现实联系紧密。因此，为了规划制定的严谨性，规划研究者通常需要组合多种回归方法，将线性和非线性回归模型之间相互补充、检验，以确定最优分析方法，取得更具科学性和说服力的结果。

3.2.2　适宜性评价方法

适宜性评价是规划的重要依
据，是城市总体规划编制中必须进
行的基础性工作。国家生态文明建
设的不断推进，对规划中土地的优
化配置和精细化管理提出了更高
要求。自然资源部成立之后，构建
统一的国土空间规划体系背景下，
"双评价"成为重要组成部分。"双
评价"，即资源环境承载力评价和

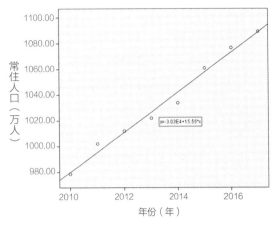

图3-1　人口趋势拟合图

国土空间开发的适宜性评价，是优化国土空间格局的基本依据和编制国土空间规划
的重要前提条件。本节以国土空间开发的适宜性评价为例，介绍适宜性评价方法。

用地开发适宜性评价是根据自然环境条件以及工程技术上的可行性与经济性，
对土地的适宜建设程度进行综合评定，分析区域土地开发利用的适宜性，确定区域
开发的制约因素，从而寻求最优的土地利用方式和合理的规划方案，为确定城市空
间布局和环境保护提供参考。根据评价结果将用地划分为禁建区、限建区、适建区
和已建区，侧重于反映土地对于工程项目实施的可能性和适宜开发强度。

从量化的角度来看，用地适宜性评价采用的理论方法是数学模型中的多准则多
目标评价，可以看作一组变量按照一定规则组合后形成新的评价等级式（3-3），评
价方法大多使用的是权重模型修正法，可以通俗地理解为多因子权重叠加式（3-4）。

$$s=f(x_1, x_2, x_3\cdots\cdots x_i) \tag{3-3}$$

$$s = \sum_{i=1}^{n} w_i x_i \tag{3-4}$$

式中，s 为用地适宜性等级，x_i 为变量值，w_i 为各个变量的权重，决定了变量适
宜性的贡献程度。权重的确定极为关键，一般可采用排序法、比率法、熵权法、层
次分析法等，层次分析法（Analytic Hierarchy Process，简称 AHP）为目前最常用的方法。

技术实现上，适宜性分析可采用 ArcGIS 软件技术。ArcGIS 具有强大的空间地
理数据管理和分析功能，能直接显示分析结果及其空间属性特征，为用地评价提供
了一种有效工具。基于 GIS 的城市总体规划用地适宜性评价包括以下步骤：

1. 确定评价对象和评价因子，建立合理的指标体系

不同尺度下的用地适宜性评价其侧重不同。基于市（县）域、县域的尺度较大的
空间范围的适宜性评价，可以根据自然环境条件进行分析（包括：选取工程地质、地
形、水文气象、自然生态和人为影响等），得出开发适宜性等级，确定禁建区、限建区、
适建区和已建区。而对于城区的居住用地、工业用地等某一类用地的适宜性评价，则

需要根据其具体特征选用指标体系。例如，居住用地的用地适宜性需要考虑居住环境、周边商业环境等影响，而工业用地则需重点考虑对外交通、水源等特定指标。

2. 计算各指标，分类及归一化处理

DEM（Digital Elevations Model）是地形表面形态属性的数字表达，是对地理空间中位置及其地形属性的描述。通过建立数字高程模型，可计算适宜性评价因子的地形因素，如高程、坡度、坡向、山体阴影等指标。将 DEM 与 CAD 的矢量化地图进行几何配准校正后，可将居民点、道路、水域、林区提取出来，按照指标需求进行量化。通过 ArcGIS 可达性、缓冲区、密度等空间分析方法，可计算空间距离、服务范围等指标体系。采用 ArcGIS 栅格计算和重分类等工具可对指标的具体数值进行分类，从而对数值不同的指标进行归一化处理。

3. 确定权重，加权叠加因子得出结果

常采用的权重确定方法包括层次分析法、主成分分析法和熵权法等。计算得到权重后，可采用 Excel 表格方式导入 ArcGIS 属性表，并采用 ArcGIS 加权叠加功能对指标进行叠加计算及可视化分类处理，从而得到用地适宜性评价结果图。

3.2.3 空间分析方法

作为一种能够同时整合空间数据处理与分类研究的方法，空间分析已在城市规划研究中得到了广泛运用。空间分析是基于地理对象位置和形态特征的数据分析技术，进而揭示事物间更深刻的内在规律和特征。城市总体规划要求在总体布局阶段探寻城市各功能要素的内在联系和布局要求，综合协调城市的功能、结构和形态。空间分析方法为其在技术上的创新带来了新契机。二者的结合将更有利于协调规划的弹性与刚性、动态与静态、近期与远期之间的关系，使规划具有良好的科学性、实用性、弹性、动态性和可操作性。随着空间分析方法的日益成熟，其功能应用已逐渐面向城市总体规划的空间决策支持系统、虚拟时空演化系统及提供智能服务等方向发展，完善了总体规划的空间分析理论与技术方法体系。

目前在城市总体规划的应用中，空间分析方法主要包括以下几个方面的内容：空间信息整合分析、空间数据库构建、空间演化趋势分析、市（县）域空间布局分析、开发强度分区分析、城市存量空间潜力分析、道路交通可达性分析、城市公共设施空间分布分析、城市景观生态分析、总体规划管理及评估等。

3.2.3.1 空间信息整合分析

空间信息技术大致可以分为信息数据的采集、整合、分析及表达四个主要技术内容。遥感技术（RS）主要承担广域空间信息数据的采集与分析任务；全球定位系统（GPS）主要承担地表物体精准空间位置数据的采集任务；地理信息系统（GIS）主要承担信息数据的整合、存储、分析及输出表达的任务。

城市空间信息往往具有多尺度、多类型、多层次和多时相等特点，而总体规划涉及了海量的空间信息数据，这些海量数据的处理和整合直接影响着编制规划成果的质量。空间分析往往能查询空间信息的属性、定位及空间关系，以及对其几何参数进行量算以获得地块属性和权属信息，从而进一步对空间信息进行集成分析，不仅能够为总体规划提供完善和丰富的海量数据管理、查询和分析功能，而且能够为总体规划提供辅助决策能力。

3.2.3.2　空间数据库构建

空间数据库是空间分析的核心。建立空间数据库，能够有效满足当前信息化的要求，为规划的信息管理提供数据支持。基于城乡规划信息化对规划数据库动态维护的需要，总体规划数据库往往基于 ArcGIS 环境平台建立，实现对传统 CAD 规划成果的整理入库。由于影响城镇发展的要素复杂，因此，空间数据库内容应包括基础设施数据、社会经济数据、环境数据库等多方面内容。

3.2.3.3　空间管制区划分析

空间管制区划是一种有效的资源配置调节方式，是一种适用的政策性空间管理手段。它可分为政策性分区和建设性分区。其中，政策性分区指结合行政区划进行分区，实施不同的管制对策。建设性分区包括禁止建设区、限制建设区、适宜建设区。空间管制区划对城市总体规划由技术型向政策型转型具有重要作用。

空间管制区划，与适宜性分析方法类似，可通常采用 ArcGIS 进行分析计算。首先，需构建空间管制区划评价指标体系，包括河湖湿地及海洋、水源地、基本农田、耕地、特定生态保护区、自然保护区、风景名胜区、旅游度假区、文物古迹保护等。与适宜性分析结果相结合，进行区划归并和修正，得到最终的区划方案。

3.2.3.4　城市空间演化分析

城市的发展伴随着动态的空间演化过程。由于城市发展的环境存在差异，其空间演变方式也是多样化的。但从长期来看，城市空间在扩展方向和动力上又表现出一定的规律性。利用空间分析方法可以客观地分析城市空间演化的基本规律，进而科学地指导城市总体规划编制。

城市空间演化分析的具体实现，可基于不同时期的遥感数据、用地数据等，提取各时期工业、居住、服务等功能用地的边界，采用 ArcGIS 空间分析方法对城市空间结构、空间形态、空间动态扩张进行分析，通过形态特征值（如紧凑度和多样性指数等）进行定量测度，分析空间演化趋势与规律，从而科学确定城镇空间拓展方向及主导功能布局方案。同时，可通过比较不同时期的土地利用数据，通过比较叠加分析，得到各类用地变化的趋势，进而辅助规划实施评估和方案比较。

3.2.3.5　城市交通规划分析

在城市总体规划的交通专项研究中，交通网络建模、可达性分析、道路选线分析也是常用的方法。交通网络建模中，可通过 ArcGIS 软件建立、编辑城市交通网络，使其具有空间特征的信息，同时进行可视化表达。它可便捷高效地显示、查询和管理城市交通网络信息，并可通过属性表计算，对网络进行空间分析与路网指标计算，有助于提高城市交通规划决策的科学性与合理性。

可达性分析用于描述交通网络中节点相互作用机会的大小，即交通的便捷程度。城市交通可达性分析对合理的规划、社会公平发展都有重要的意义。一般采用 ArcGIS 的成本距离或成本时间，运用空间分析方法计算交通阻抗，生成 OD 矩阵并输出可达性值。

合理的道路选线能够有效地降低道路修建成本，并提高道路通行能力和行车安全。总体规划中的道路选线，需综合考虑经济、社会、土地利用、地形地貌等多方面因素。可运用 ArcGIS 空间分析方法，采用成本距离、成本路径等工具，综合土地利用、坡度及景观视觉等方面要素，生成最优路径选线。

3.2.3.6 城市公共设施分布分析

公共服务设施作为社会公共资源，是实现和谐社会、为城市注入活力的实体之一，也是衡量居民生活品质的重要指标。公共设施布局已成为总体规划的重点之一。然而，城市居民日益增长的公共服务需求与政府公共服务供给短缺之间的矛盾日益增加。因此，总体规划公共服务设施布局选址，应结合城市的发展，运用科学的空间分析方法，定量分析影响服务设施布局的区位因素，提出多准则决策分析最优选址模型，以寻求最优的公共服务设施空间分布模式。

以教育设施布局为例，应首先确定其服务区范围。可采用 GIS 空间网络分析为辅助手段，按照生源出行距离最短原则划分学校服务区。其次，估算服务区范围内的人口规模（可采用人均建筑面积指标估算），从而得到教育设施建筑规模。最后，通过 ArcGIS 最优选址分析方法，对不同的空间位置进行评价筛选，得到最优布局选址模式。

3.2.3.7 城市绿地与开敞空间分析

城市绿地是城市用地的组成部分，也是城市自然环境的构成要素。总体规划中，城市绿地系统要结合用地自然条件，考虑居民需求，合理而有效地组织。为保证城市绿地影响范围及开敞空间可达性的合理，往往运用空间分析方法对城市绿地影响和分布结构及可达性进行分析。

在对城市绿地影响分析中，可利用遥感图像获取绿地分布与统计信息，利用 GIS 缓冲区分析功能，统计绿地面积分布特征，分析绿地分布结构的合理性，为城市绿地状况的评价与规划提供可靠的依据。

在对城市公园绿地可达性研究中，可基于城市道路、公园绿地、河流等远景规划矢量数据，利用 ArcGIS 空间网络分析模块，建立道路网络分析模型。分别以道路出入口为原点对城市公园绿地进行可达性分析计算。例如，可以将其与城市行政区化图进行叠加，获得现状和远景规划公园绿地在不同时间段（如 15min、30min 等）的可达性范围图，对规划绿地的布局合理性进行对比评价分析。

3.2.4 大数据分析方法

随着互联网、云计算等新一代信息技术快速发展，大数据的研究与应用已经覆盖多领域，包括互联网、金融业、医疗服务等。大数据背景下，充分的数据支持与高强度计算方法，能够为科学的城市总体规划方法提供基础与保障，助力智慧城市构建。但由于数据的多源化、统计口径差异、共享受限等诸多原因，加之城市问题的高度复杂性，导致大数据在城市总体规划中的应用仍处于初步探索阶段，但其未来的应用前景始终被规划界与学术界认可。当前，大数据分析技术在总体规划的应用主要体现在三方面：转变数据收集方式、强化空间量化的规划方法以及促成协同规划数据库平台。

首先，大数据分析技术极大地拓展了城市规划数据获取的渠道，为城市规划提供了大量高价值的数据。数据收集在城市总体规划编制中占据着十分重要的位置。传统数据收集方式（如实地调研、问卷、统计资料等）存在样本数量小、主观性强、成本高、周期长等缺陷。现有的数据可分为以下 7 类。

业务运营数据：公交 IC 刷卡数据、水电燃气数据、业务审批数据、出租车 GPS 轨迹数据、移动通信数据、金融数据、物流数据、超市购物数据、就医数据等。普查数据：人口普查、经济普查等。监控数据：视频监控、交通监控、环境监控。社会网络数据：微博、论坛等。主动感知数据：温度、湿度、PM2.5、手机定位数据等。遥感数据：航空遥感、航天遥感数据等。GIS 数据：关于道路、建筑、行政区划的地形数据等。

数据收集方式的转变带来两方面的变化。首先，能够更加完善地把握城市现状发展情况，并更为准确地预测未来城市规模、人口数量和市政设施需求等。通过大数据全样本的分析，能够有效地推动城市规划精细化、准确化、科学化发展。其次，可加强公共参与的实施度，问卷的发放、收集、整理完成将更高效。

其次，大数据分析技术将强化空间量化分析在总体规划中的应用。例如，在充分的数据支持下，可对城市发展的空间特征进行深度研究。借助空间统计、密度分析等方法得到城市空间分布和演变的特征。通过对出租车行驶轨迹数据的分析，得到城市居民出行行为特征。采用空间自相关分析、热点分析、空间聚类等方法分析城市空间分布的格局和模式。借助大数据对城市规模、人口、交通量等的数据统计并做出预测，为科学的规划提供重要的前提条件。

最后，城市总体规划要提升其规划编制和实施的科学性，需借助数据平台建立规划动态维护机制，保障规划实施。大数据技术为促成协同规划数据库平台的构建提供了基础。规划大数据平台中，首先构建共享交换服务平台中的数据库，以智能云计算中心为底层，通过信息资源服务中心对数据进行分析与挖掘，实现对服务层的数据支持。基于"多规合一""一套图"管理的思路，可构建总体规划大数据服务平台以实现城市规划信息的查询、整合、建库、管理、开发和利用。该平台可整合不同规划，智慧地展示、监测规划方案实施，促进协同规划、共谋发展的合理机制。

本章参考文献

[1] 伊丽莎白·A 席尔瓦. 规划研究方法手册 [M]. 北京：中国建筑工业出版社，2016（8）.

[2] 何晓群，刘文卿. 应用回归分析 [M]. 3 版. 北京：中国人民大学出版社，2011.

[3] 张晓瑞，周国艳. 开发区总体规划编制中的用地适宜性评价研究 [J]. 现代城市研究，2009
（12）：57-61.

[4] 梁艳平，刘兴权，刘越，等. 基于 GIS 的城市总体规划用地适宜性评价探讨 [J]. 地质与勘探，
2001（5）：64-67.

[5] 周广宇. 城乡总体规划中的用地建设适宜性评价——以河南省巩义市为例 [J]. 建设科技，2015
（22）：82-85.

[6] 刘杰. 基于 ArcGIS 的蚌埠市总体规划数据库建设 [J]. 城市勘测，2016（2）：32-34.

[7] 师学义. 基于 GIS 的县级土地利用规划理论与方法研究 [D]. 南京：南京农业大学，2006.

[8] 姜亚莉，张延辉. GIS 空间分析的应用领域 [J]. 四川测绘，2004（3）：99-102.

[9] 彭剑楠. GIS 空间分析方法研究 [D]. 长春：吉林大学，2008.

[10] 郝晋伟，李建伟，刘科伟. 基于 GIS 的中心城区空间管制区划方法研究——以岚皋县城中心
城区为例 [J]. 规划师，2012（1）：86-90.

[11] 吴启焰，朱喜钢. 城市空间结构研究的回顾与展望 [J]. 地理学与国土研究，2001（2）：46-50.

[12] 胡海波. 转型背景下城市总体规划空间分析技术方法及其应用 [J]. 中国科技成果，2013（18）：52-54.

[13] 金贤锋，陈甲全，张泽烈. 基于 RS 和 GIS 的重庆城市空间结构演变分析 [J]. 地理空间信息，
2015（4）：14-16+26+11.

[14] 李小果. 基于 GIS 的城市交通规划应用研究 [D]. 重庆：重庆大学，2004.

[15] 唐少军. 基于 GIS 的公共服务设施空间布局选址研究 [D]. 长沙：中南大学，2008.

[16] 刘伟，孙蔚，邢燕. 基于 GIS 网络分析的老城区教育设施服务区划分及规模核定——以天津
滨海新区塘沽老城区小学为例 [J]. 规划师，2012（1）：82-85.

[17] 陈洁，张杰，王瑞富，等. 基于 GIS 缓冲区功能的城市绿地影响分析 [J]. 海洋科学进展，
2004，22（21）：231-235.

[18] 张广亮. 基于 GIS 网络分析的城市公园绿地可达性研究 [D]. 郑州：河南农业大学，2012.

[19] 甄峰，秦萧. 大数据在智慧城市研究与规划中的应用 [J]. 国际城市规划，2014，29（6）：44-50.

[20] 骆悰，申立，苏红娟，等. 经济普查数据在城市总体规划中应用的探索与思考 [J]. 上海城市规
划，2015（6）：27-31+60.

[21] 陈颖，陈硕. 大数据下的城市总体规划 [J]. 中国科技信息，2015（Z3）：44-45+43.

第 4 章

城市发展的资源要素

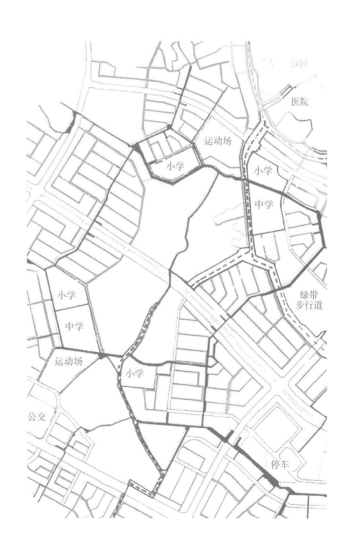

4.1 概述

城市发展的资源要素不仅包括山、水、土地、矿产等自然资源。还包括历史、人口、文化等社会资源。资源条件是城市存在和发展的基础，往往通过资源承载力、可持续发展能力以及人—地关系计算环境容量，寻找出制约城市发展的限制性因素和促进性因素并加以有效利用，因此，对资源的认识和利用程度，对城市发展有极大的影响。在城市总体规划中，必须综合各种资源，仔细调查、深入研究分析如何充分开发和利用各种资源，对城市总体规划起到一定的指导作用。

4.2 人口资源

人口资源是指一定空间范围内具有一定数量、质量与结构的人口总体，是进行社会生产不可缺少的基本物质条件。人口资源是主体劳动力资源的自然基础，与一般意义的自然资源相同，也面临着合理和科学地开发利用的问题。不同的是，自然资源的数量与质量是天然形成的，且相对比较稳定，而人口资源的数量、质量、结构及动态特征不仅受生物与生态环境等自然因素的影响，还特别受人类社会所特有的政治、经济、文化等诸多因素的影响。

4.2.1 人口的规模

4.2.1.1 城市人口与城市人口规模

按照《城市用地分类与规划建设用地标准》GB 50137—2011 的规定，城镇人口是指城镇建成区内的常住人口，其由三部分组成，即建成区内的户籍非农业人口、户籍农业人口和居住半年以上的暂住人口。城市人口规模则是指居住生活在城市和城镇地区的常住人口数量。

在第五次全国人口普查中，国家统计局将在本乡（镇、街道）居住半年以上、常住户口在本乡（镇、街道）以外的人，以及在本乡（镇、街道）居住不满半年、但已离开常住户口登记地半年以上的人作为本地常住人口登记。因此，在具体规划中将居住在城镇半年以上的暂住人口计入城镇人口规模。

4.2.1.2 城市人口的统计

在我国，由于受到经济发展水平、产业结构调整和政策因素的影响，人口流动性强，涉及人口统计的概念较多。常用的人口统计的方法，一是静态统计，其涵盖的人口类型主要为户籍人口、流动人口、常住人口和暂住人口；二是动态统计，涉及自然增长、机械增长。

1. 静态统计

（1）户籍人口，是指在规划范围内的公共户籍管理机关登记常住户口的人口。户籍人口的概念来自我国的户籍管理制度，其可以区分为城镇户籍人口（又称非农人口）和农村户籍人口（农业人口）。近年来，随着我国户籍制度的改革，一些地方取消了农村户籍，实行城镇农村居住户籍一元化，例如北京、上海、浙江，因此在统计城市人口时要特别注意。

（2）流动人口，一般是指在非户籍所在地居住一定时间以上的人口，时限通常有半年以下、半年以上、一年以上等不同口径。流动人口又可以分为流入人口和流出人口，流入人口是指来到该地区的非本地户籍人口，流出人口是指离开该地区到其他地区居住的本地户籍人口。对流动人口的大规模的人口普查或人口抽样调查、统计一般要依赖从城市人口规模统计的角度，在整体上应不包括规划范围内的跨街道、跨区人户分离的流动人口；应包括居住在规划范围内期限在半年以上的流入人口和离开本地半年以内的流出人口。

（3）常住人口，一般指已在某地持续居住一定时间以上的人口，包括满足该时限要求的户籍人口和流动人口，时限通常有半年以上、一年以上等不同口径。第五次全国人口普查时，常住人口还包括了已离开户籍所在地半年以上，但是在现居住地不满半年的人口。

（4）暂住人口，是指离开户籍所在地，在其他地区暂时居住一定时间的人口。时限通常有一个月以上、三个月以上、半年以上、一年以上等不同口径。随着区域、城乡间发展水平差异的扩大，人口出现了从乡村到城镇、从内陆到沿海的大规模流动。流动人口占全国人口的比例也在逐渐上升，暂住人口已经成为影响我国城市人口规模的主要因素。但是，受社会经济、产业以及政策等因素的影响，我国尚缺乏准确的正式暂住人口数据统计制度。

2. 动态统计

一个城市的人口始终处于一个动态变化的过程中，它主要受到自然增长与机械增长的影响，两者之和便是城市人口的增长值。

（1）自然增长

城市人口自然增长是指一年内城市人口因出生和死亡因素所造成的人口增减数量，即一年内出生人口数量与死亡人口数量之间的差值。

（2）机械增长

城市人口机械增长是指一年内城市人口因为迁入和迁出所导致的人口增减数量，即一年内迁入人口数量与迁出人口数量之间的差值。

4.2.2 人口的分类

城市人口作为一个动态的变量，其特征可以通过一系列的属性进行描述。例如，通过城市人口的年龄、寿命、性别、职业、婚姻、劳动等因素的构成情况，来分析研究城市人口的特征。

4.2.2.1 年龄构成

年龄构成是指城市人口各年龄组的人数占总人数的比例，通常情况下，将其分为六个年龄组，分别为：托儿组（0~3岁）、幼儿组（4~6岁）、小学组（7~11岁）、中学组（12~17岁）、成年组（男，18~60岁；女，18~55岁）、老年组（男，61岁以上；女，56岁以上）。依据年龄组绘制的人口百岁图（人口金字塔图）就成为分析城市人口年龄结构的依据（图4-1）。

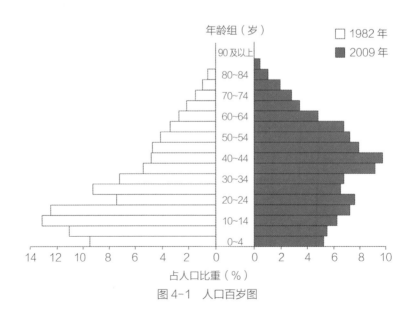

图4-1 人口百岁图

根据人口年龄构成，可以较为准确地预测出未来一定时期内城市人口结构的发展趋势，从而使城市规划有计划、有步骤地做出相应的安排。其主要意义包括：比较成年组人口与就业人数，就可以看出就业情况和劳动力潜力；掌握劳动后备军的数量和被抚养人口的比例，对于估算人口发展规模有重要作用；掌握学龄前儿童和学龄儿童的数字和趋向，是制定托、幼及中小学等规划指标的依据；分析年龄结构，可以判断城市人口的自然增长和变化趋势；分析育龄妇女人口的年龄、数量是推算人口自然增长的重要依据。

4.2.2.2 性别构成

性别构成是指城市人口中，男女性人口之间的数量和比例关系。该指标直接影响到城市人口的结婚率、育龄妇女生育率和就业结构等。在城市规划工作中，必须考虑男女性别比例的基本平衡。

4.2.2.3 家庭构成

家庭构成反映的是城市中家庭人口的数量、性别和辈分组合等情况，它与城市住宅类型的选择、城市生活和文化设施的配置、城市生活居住区的组织等有密切关系。我国城市家庭存在着由传统的复合大家庭向简单的小家庭发展的趋势。根据历年的家庭构成发展情况进行分析，预测未来的规划指标，合理组织城市规划工作。例如，现代城市社会中家庭成员的平均数量有逐渐减少的趋向，从而对住宅户型、面积、餐饮等服务设施的要求也会发生变化，进而影响到城市用地规模的预测、生活服务设施的配置等与城市规划密切相关的内容。

4.2.2.4 职业构成

职业构成是指城市人口中的社会劳动者按其从事劳动的行业（即职业类型）划分所占总人数的比例。该指标直接反映了城市产业状况，其现状数据及对未来发展的预测会影响到城市性质的确定、城市用地规模、各类城市设施容量和类型的计算等。根据国家统计局现行统计职业的类型分类，共包括三大产业20类行业（表4-1）。

产业和行业类型   表4-1

产业	行业
第一产业	农、林、牧、渔业
第二产业	采矿业，制造业，电力、热力燃气及水生产和供应业，建筑业
第三产业	交通运输、仓储和邮政业，信息传输、软件和信息技术服务业，批发和零售业，住宿和餐饮业，金融业，房地产业，租赁和商务服务业，科学研究和技术服务业，水利、环境和公共设施管理业，居民服务、修理和其他服务业，教育，卫生和社会工作，文化、体育和娱乐业，公共管理、社会保障和社会组织，国际组织

对产业结构和职业构成的分析，可以反映城市的性质、经济结构、现代化水平、城市设施社会化程度和社会结构的合理协调程度等，是制定城市发展政策与协调规划定额指标的重要依据。在城市规划中，应合理提出职业构成与产业结构建议，协调城市各项事业的发展，达到生产与生活设施配套建设，从而提高城市的综合效益。

4.2.2.5 劳动构成

劳动构成是指城市人口中从事工作的劳动人口比例。其中，劳动人口按工作性质和服务对象，分为基本人口和服务人口。因此，城市人口按劳动构成，可以分为以下三类。

1. 基本人口——指在工业、交通运输及其他不属于地方性的行政、财经、文教等单位工作的人员。它不是由城市规模决定的，相反，它对城市的规模起着决定性的作用。

2. 服务人口——指在为当地服务的企业、行政机关、文化机构、商业服务机构中工作的人员。该指标随着城市规模的变化而变化。

3. 被抚养人口——指未成年的、没有劳动力的，以及没有参加劳动的人员。该指标随职工人数的变化而变化。

研究劳动人口在城市总人口中的比例，调查和分析劳动构成是估算城市人口发展规模的重要依据之一。其中，劳动人口分类与城市人口规模的关系见表4-2。

劳动人口分类与城市人口规模的关系　　　　　　　表4-2

人口分类	小城市 （50万人以下）	中等城市 （50万~100万人）	大城市 （100万~500万人）	特大城市 （500万~1000万人）
基本人口	32%~36%	30%~34%	28%~32%	26%~30%
服务人口	12%~16%	14%~18%	16%~20%	18%~22%
被抚养人口	50%~55%	50%~55%	50%~55%	50%~55%

4.3 土地资源

土地资源指可供农、林、牧业或其他行业利用的土地，是人类生存的基本资料和劳动对象，具有质和量两个内容。在其利用过程中，可能需要采取不同类别和不同程度的改造措施。土地资源具有一定的时空性，即在不同地区和不同历史时期的技术经济条件下，所包含的内容可能不一致。如大面积沼泽因渍水难以治理，在小农经济的历史时期，不适宜农业利用，不能视为农业土地资源。但在已具备治理和开发技术条件的今天，即为农业土地资源。因此，土地资源包括土地的自然属性和经济属性两个方面。

4.3.1 土地资源的分类

土地资源的分类有多种方法，在中国，较普遍的是采用依据自然地貌特征和土地的经济用途将土地资源进行分类。

4.3.1.1 按自然地貌特征分类

按照自然地貌划分地形的类型，可以分为山地、丘陵、盆地、平原和高原五大基本地形。在局部地区，地形还可以进一步划分为山谷、山坡、冲沟、阶地、河漫滩等小地形。两山之间狭窄低凹的地方称为山谷，山顶与山麓之间的部分称为山坡。冲沟是由间断流水在地表冲刷形成的沟槽。阶地是指由于地壳上升，河流下切，原先宽广的谷底突出在新河床上，形成的阶梯状地形。宽广的河谷底，大部分是河漫滩，河床只占小部分。

不同地形条件对规划布局、道路走向、线型、各种工程的建设以及建筑的组合布置、城市的轮廓、形态都有一定的影响。

1. 影响城市规划布局、平面结构和空间布置。如河谷地、低丘山地和水网地区等，通常展现出不同的城市布局结构。

2. 地面的高程和用地各部位间的高差，是对制高点的利用、用地的竖向规划、地面排水及防洪等方面的设计依据。

3. 地面的坡度，对规划建设有着多方面影响。如在平地要求不小于 0.3% 的坡度，以利于地面排水。但地形过陡也将出现水土冲刷等问题。地形坡度的大小对道路的选线、纵坡的确定及土石方工程量的影响尤为显著。城市各项设施对用地的坡度要求见表4-3。

城市各项建设用地适用坡度 表4-3

项目	坡度	项目	坡度
工业用地	0.5%~2%	铁路站场	0~0.25%
居住建筑	0.3%~10%	对外主要公路	0.4%~3%
城市主要道路	0.3%~6%	机场用地	0.5%~1%
次要道路	0.3%~8%	绿地	可大可小

注：工业如以垂直运输组织生产，或车间可台阶式布局时，坡度可大。

4. 地形与小气候的形成有关，分析不同的地形相伴的小气候特点，可更合理地分布建筑、绿地等设施，如利用山地阳坡面布置居住建筑，以获得良好日照等。

5. 地貌对通信、电波有一定的影响，如微波通信、电视广播、雷达设备对地形都有一定的要求。

4.3.1.2 按土地的经济用途分类

依照中华人民共和国《土地利用现状分类》GB/T 21010—2017，采用一级、二级两个层次的分类体系将土地资源按照土地的经济用途进行划分，共分12个一级类、72个二级类。其中一级类包括：耕地、园地、林地、草地、商服用地、工矿仓储用地、住宅用地、公共管理与公共服务用地、特殊用地、交通运输用地、水域及水利设施用地、其他土地。

4.3.2 我国土地资源开发与利用存在的主要问题

1. 绝对数量大、人均占有量少

中国国土面积144亿亩。其中，耕地约20亿亩，约占全国国土面积的13.9%；林地约18.7亿亩，约占全国国土面积的12.99%；草地约43亿亩，约占全国国土面积的29.9%；城市、工矿、交通用地约12亿亩，约占全国国土面积的8.3%；内陆水域约4.3亿亩，约占全国国土面积的2.9%；宜农宜林荒地约19.3亿亩，约占全国国土面积的13.4%。

我国耕地面积居世界第4位，林地居世界第8位，草地居世界第2位，但人均占有量很低。世界人均耕地0.37hm^2，我国人均仅0.1hm^2，世界人均草地为0.76hm^2，我国为0.35hm^2。发达国家1hm^{2}耕地负担1.8人，发展中国家负担4人，我国则需负担8人，其压力之大可见一斑，尽管我国已解决了世界1/5人口的温饱问题，但也应注意到，我国非农业用地逐年增加，人均耕地将逐年减少，土地的人口压力将越来越大。

2. 类型多样、区域差异显著

我国地跨赤道带、热带、亚热带、暖温带、温带和寒温带，其中亚热带、暖温带、温带合计约占全国土地面积的71.7%，温度条件比较优越。从东到西又可分为湿润地区（占全国土地面积的32.2%）、半湿润地区（占全国土地面积的17.8%）、半干旱地区（占全国土地面积的19.2%）、干旱地区（占全国土地面积的30.8%）。又由于地形条件复杂，山地、高原、丘陵、盆地、平原等各类地形交错分布，形成了复杂多样的土地资源类型，区域差异明显，为综合发展农、林、牧、副、渔业生产提供了有利的条件。

3. 难以开发利用和质量不高的土地比例较大

我国有相当一部分土地是难以开发利用的。在全国国土总面积中，沙漠占7.4%，戈壁占5.9%，石质裸岩占4.8%，冰川与永久积雪占0.5%，加上居民点、道路占用的8.3%，全国不能供农、林、牧业利用的土地占全国土地面积的26.9%。

此外，还有一部分土地质量较差。在现有耕地中，涝洼地占4.0%，盐碱地占6.7%，水土流失地占6.7%，红壤低产地占12%，次生潜育性水稻土为6.7%，各类低产地合计 5.4 亿亩。从草场资源看，年降水量在 250 毫米以下的荒漠、半荒漠草场有 9 亿亩，分布在青藏高原的高寒草场约有 20 亿亩，草质差、产草量低，约需 60~70 亩，甚至 100 亩草地才能养 1 只羊，利用价值低。全国单位面积森林蓄积量每公顷只有 79 立方米，为世界平均 110 立方米的 71.8%。

4.3.3 城市总体规划中土地资源开发保护的主要任务

1. 落实耕地保护措施

坚持最严格的耕地保护制度，强化耕地保护责任制度，认真落实耕地占补平衡制度，加快土地综合整治工作，实行耕地数量、质量、生态全面管护，守住红线，确保总量不减少，质量不降低，布局更合理。

2. 推进节约集约用地

节约用地，就是各项建设都要尽量节省用地，想方设法地不占或少占耕地；集约用地，每宗建设用地必须提高投入产出的强度，提高土地利用的集约化程度；此外，还可以通过整合、置换和储备，合理安排土地投放的数量和节奏，改善建设用地结构、布局，挖掘用地潜力，提高土地配置和利用效率。

3. 提高土地利用效率

要切实提高土地供应率、开工率和产出率；要立足存量挖潜，进一步盘活闲置土地、低效利用土地；要进一步理清土地经营的思路，提高土地利用效率，在更高的层次上节约集约利用土地。

4.4 水资源

水是人类赖以生存和发展的不可缺少的资源，历史悠久的国家和民族大都是在母亲河的哺育下发展起来的，许多城市的湮没也是由于水源的枯竭。因此，水也成为决定城市发展的重要制约因素，它与城市的兴衰有着密不可分的关系。例如我国的宁波市，地处东海之滨，依托丰富的水资源成为我国的重要港口城市，并借助新甬道的开通带动了全市的经济快速发展。

城市的布局形态与自然地理环境、特别是河川水岸有着密不可分的地缘关系，所谓"择水而居"，正是绝大部分城市选址和布局形态的最重要依托之一。北方平原地区的城市，常常具有城郭方整、布局严谨的传统风貌；江南水乡的苏州、无锡等城市，山清水秀、河渠纵横，构成了水网地区城市的特殊风貌；兰州、延安等河谷地带城市，形成沿河顺川、条形发展的特殊平面布局。

水资源是指可资利用或有可能被利用的水源，这个水源应具有足够的数量和合适的质量，并满足某一地方在一段时间内具体利用的需求。世界淡水资源有限，随着人口增殖，产业发展，世界总需水量日益增加。因此，21世纪水资源的合理开发与利用已成为环境与发展要解决的重大问题，必须引起全社会的重视。

4.4.1 水资源开发与利用存在的主要问题

1. 水资源供应日益紧张

我国是一个缺水的国家。水资源不仅短缺，而且时空分布不均匀，地区分布不均匀，使得水资源组合不平衡，年际变化大，增加了调节利用的难度，水资源可利用量仅为资源总量的1/3，因而缺水比较严重。按照目前的正常需要和不超采地下水，全国年缺水总量约为300亿~400亿 m^3，全国约有400多个城市缺水，农业受旱面积3亿亩，2000多万农村人口饮用水困难，形式十分严峻。

2. 洪涝与旱灾频发

我国50%的人口、30%的耕地和70%的工农业产值集中在七大江河中下流的100万 km^2 的地区，虽有25万 km 的堤防，8万多座水库和80多处分洪蓄洪区来维护其安全，但是，防洪标准低，工程老化，且大量分洪蓄洪区被人为填垫造地。1998年长江、松花江等处的洪峰，使城乡经济蒙受巨大的损失。洪水灾害至今仍是中华民族的心腹大患。除了洪灾以外，我国还备受旱灾之苦。2000年，严重的旱灾几乎影响了半个中国，7000万亩粮田绝收，100个城市被迫限水。

3. 水资源的不合理使用与水土保持不力

由于对地表水和地下水的过度使用和超量开采，使湖泊干涸，全国1km² 以上的湖泊30年间减少了543个；河道入海量锐减；沿海地区的海水入侵；地下水位急剧下降，引起地面下沉。例如，杭嘉湖地区最大沉降点每年下降42.5mm，近30年累计沉降了0.8m左右；苏锡常地区已成为5500km² 的沉降漏斗，近年来每年沉降80~120mm，最大值达到200mm，40年来最大沉降中心累计沉降2.2m左右；80年来，上海市区地面平均下沉了1m以上，地面不均匀下沉不仅影响交通与地下管道设施，而且由于闸口下沉等原因，降低了水利设施的防洪标准。在地面下沉的同时，由于河湖面积缩小和淤浅，全球气候变暖，河湖水位和海平面均呈上升趋势。

4. 水域污染严重

城市化的进程，极大地造成了水体污染的严重化。国家数据显示，年排污量约为350亿 m^3。与此同时，污水集中处理率仅为16%。全国超过80%的城市污水未经任何有效的收集处理就直接排放到附近的水体，这就在很大程度上造成了污染。据统计，全国700多条河道有一半以上受到中度污染和严重污染，水质属四五类；全国2万多个湖泊、10万多个水库中，25%已经富营养化，还有25%正在向富营养化发展。上海、浙江、辽宁、天津近海海域污染较严重，渤海尤其突出。污染物以无机氮、磷酸盐等营养盐的污染最重，一些海域油类、铅、汞含量偏高，某些海域的贝壳体内有害残留物偏高。至 2018 年，按监测点位计算，一、二类海水点位占 74.6%，比 2008 年提高了 4.2 个百分点；三类海水点位比例下降了 4.6 个百分点；四类及劣四类海水点位占比略微上升 0.4 个百分点。虽然 2018 年中国管辖海水水质状况总体趋于优化，但海域污染问题不容乐观。

4.4.2 城市总体规划中水资源开发保护的主要任务

城市处于大区域的环境中，因此，城市水源的开发与保护必须在大区域综合规划的指导下进行，承担区域规划所规定的任务，具体落实区域规划规定的各项指标。主要规划内容为：

1. 积极开辟水源，以水定规模，以水定布局

水资源规划必须采取依靠外援与内部挖潜相结合的方针。市（县）域范围内在开辟新水源的同时，要加强水资源的管理，搞好水源保护，划定水源保护区，严格执法，防止污染。采用地下水与地面水联调措施，以丰补缺。要积极推进污水资源化的进程，提高污水处理率，调节水价，鼓励利用再生水，扩大再生水回用量，弥补水资源的不足。在城市布局上，新开辟城镇应该尽量靠近水源地，根据水资源量确定城市规模，尽量减少市（县）域内跨地区调水的规模。

2. 要把节约用水与建设节水型城市作为长期战略方针

大力提高水的循环利用率，电力等高耗水项目重复利用率要达到 95% 以上，一般工业重复利用率达到 80% 以上，城市公共用水中的空调冷却水重复利用率达到 90% 以上，普及节水卫生洁具，减少生活用水。农村地区也要大力节水，发展喷灌、滴灌、渗灌，完善渠道，减少渗漏，调整农业结构，建设节水农业。

3. 健全排污系统，实行雨污分流

普及污水管网，扩大污水管网覆盖面积，逐步实现建成区全流域覆盖；河湖岸边修建截流管截流污水，避免污水直接排入河湖。因地制宜建立污水处理厂，提高污水处理率。对大城市来说宜采用集中与分散相结合的布局，根据不同地区污水量确定污水处理厂的规模，以利就近排放、处理与回用；对于小城镇来说应尽量集中设置，以利提高处理质量。对于工业污水必须采用内部治理与城市污水处理相结合的方针，力争更多的污水在工厂内部消化使用，必须排入城市污水管网系统的应达标排放。调整水价，逐步建立供水系统，不断提高水的使用效率。

4. 防洪排水，整治河湖

城市防洪规划要贯彻全局规划、综合治理，建立防洪减灾系统；要与大区域的流域防洪规划相协调，不能以邻为壑；防洪标准要根据中心城区与郊区城镇的不同要求，因地制宜，因害设防；为了确保城市防洪安全，必须加强上游小流域治理，加强山区和平原绿化，保持水土，减少径流，防止泥石流等灾害；防洪设

施建设要与美化城市、保护环境相结合，整治河湖水系，保护湿地，蓄排结合，合理分洪。

4.5 能源

能源是指在目前社会经济技术条件下能够为人类提供大量能量的物质和自然过程。能源包括的范围很广，常见的有传统的化石能源（煤、石油、天然气）、太阳能、水能、风能、核能、生物能、潮汐能，以及非常规天然气（煤层气、页岩气）等。能源开发与利用直接影响到经济的发展，能源结构的构成也直接关系到大气环境质量。我国能源的开发与环境保护对策，必须从我国的资源特点出发来考虑。

4.5.1 能源开发与利用的主要问题

1. 人均资源储量少

已探明的石油、天然气资源储备量只有世界平均值的 1/15。自 1993 年起，我国已从石油出口国变成净进口国，随着经济发展，进口额还将大幅度增加。我国煤储量虽然十分丰富，但是人均占有量也只有世界平均值的一半。耕地资源不足世界人均水平的 30%，制约了生物质能源的开发。

2. 人均能源产量低，生产效率低

就煤炭生产论，我国 97.99% 的煤是由地方煤炭和小煤矿生产，生产工艺落后，生产效率低。全国重点煤炭的全员效率仅 1.59t/ 工，小煤窑更低，而工业发达国家产煤的劳动生产率为我国的 4~20 倍。如德国为 4.93t/ 工，英国为 6.34t/ 工，美国为 29.2t/ 工。我国采煤作业不仅效率低，而且危险大，我国煤炭产量占世界的 31%，但煤炭死亡人数却占世界煤炭死亡人数的 79%，我国每开采 100 万 t 煤，死亡人数比美国高出几十倍。石油行业亦是如此，我国全员劳动生产率为每人每年 103t，英国是 600t，印尼是 700t。

3. 主要一次能源是煤

煤作为一次能源在总能源中的比例，全世界为 30%，我国为 76%。由于煤并非清洁燃料，燃烧后的烟气中含有大量烟尘、二氧化硫、氮氧化物、二氧化碳等，对大气环境造成了严重污染。清洁煤的利用，在技术、资金和科学上还有很多问题有待解决。天然气是清洁燃料，在全世界能源平衡中占 15%~20%，而我国仅为 4.3%。至今储量尚未完全探明。

4. 能源利用率低，能耗大

我国能源供应本来就比较紧张，但由于工艺落后，利用效率较低，只有 30% 左右，发达国家一般在 50% 以上。按单位 GDP 折算，我国每单位 GDP 的耗能是日本的 5 倍，印度的 1.65 倍，而二氧化碳的排放量却大大高于发达国家。

5.能源分布不均匀

我国的煤炭、天然气和水力资源大多分布在西部边远欠发达地区，而东南沿海发达地区却能源缺乏。长距离输送煤，因运量过大交通难以承受。办坑口电厂，在采煤区就地发电，改运煤为输电，也面临缺水和大容量输电的许多关键技术问题。

4.5.2 城市总体规划中能源开发保护的主要任务

在城市总体规划中要积极响应国家号召，遵照国家政策指示对能源进行开发和保护利用。

1.优化能源开发布局

建设山西、鄂尔多斯盆地、内蒙古东部地区、西南地区和新疆五大国家综合能源基地，重点在东部沿海和中部部分地区发展核电。提高能源就地加工水平，减少一次能源大规模长距离输送压力。合理规划建设能源储备设施，完善石油储备体系，加强煤炭储备与调峰应急能力建设。

2.加强能源通道建设

加快西北、西南、东北和海上进口油气战略通道建设，完善国内油气主干管网。统筹天然气进口管道、液化天然气接收站、跨区域骨干输气网和配气管网协调发展建设，初步形成天然气、煤层气、煤制气协调发展的供气格局。适应大规模跨区输电和新能源发电并网的要求，加快现代电网体系建设，进一步扩大西电东送规模，完善区域主干电网，推进智能电网建设，切实加强城乡电网建设与改造，增强电网优化配置电力能力和供电可能性。

4.6 农林资源

农林资源主要是指农业和林业资源等自然生态资源，其对保持水土、防止沙漠化灾害、海岸侵蚀、调剂气候、维护生物多样性和自然景观等具有重大作用。另外，城市处于大区域的自然环境中，丰富的农林资源带来的社会效益、生态效益以及经济效益一方面为城市的发展提供了良好的资源保障，例如我国的伊春市是典型的林业资源型城市，它林业资源丰富，有世界上面积最大的红松原始林，被誉为"祖国林都"，为伊春市可持续发展提供强劲动力；另一方面，城市外围的农林资源可以有效地限制城市"摊大饼"式的发展，有助于缓解交通拥堵、生态环境破坏、土地资源浪费等问题。

4.6.1　农林资源开发与利用的主要问题

1. 土地沙漠化严重

目前，我国面临的生态环境状况已经十分严峻。据有关报道，青海省是长江、黄河源头所在，生态植被十分脆弱，目前，全省沙漠化面积已达 33.4 万 km^2，占全省总面积的 46%。黄河、长江上游水土流失极为严重，全省平均每年流入长江、黄河的泥沙量达 1.046 亿 t，全省沙漠化面积平均每年以 1300 km^2 的速度不断扩大。

2. 耕地退化，草场退化

2014 年国家农业部发布了《全国耕地质量等级情况公报》（以下简称《公报》），这是我国首次从耕地的立地条件、耕层理化性状、土壤管理、土壤剖面性状等多方面进行分析，划分出一至十等级耕地的数量及分布。《公报》显示，目前我国可以评价为一至三等的耕地面积为 4.98 亿亩，占耕地总面积的 27.3%。这部分耕地基础地力较高，基本不存在障碍因素，应按照用养结合方式开展农业生产，确保耕地质量稳中有升。评价为四至六等的耕地面积为 8.18 亿亩，占耕地总面积的 44.8%。这部分耕地所处环境气候条件基本适宜，农田基础设施建设具备一定基础，增产潜力最大。预计到 2020 年，按照耕地基础地力平均提高 1 个等级测算，这部分耕地可实现新增粮食综合生产能力 1600 亿斤以上。评价为七至十等的耕地面积为 5.10 亿亩，占耕地总面积的 27.9%。这部分耕地基础地力相对较差，生产障碍因素突出，短时间内较难得到根本改善，应持续开展农田基础设施和耕地内在质量建设。

此外，畜牧业发展过快，草场超载放牧，引起草场退化。如新疆可利用草原 20 世纪 60 年代至 2002 年，已从 50 万 km^2 减至 47 万 km^2，且平均产草量减少 30%。而宁夏草原面积不断缩小，天然草场 97% 正在退化。

4.6.2　城市总体规划中农林资源开发保护的主要任务

1. 加强山区造林，形成生态屏障

山区绿化具有防止风沙、涵养水源、保持水土、提供休憩游览场所等作用，山区绿化的好坏，直接影响城乡生态环境。加强环境绿化首先要因地制宜地规划好山区绿化。

2. 实施市（县）域范围内绿化，建立生态环

（1）统筹规划城乡建设用地，力争绿色空间（非建设用地，含河湖水面）在 70% 以上，在绿色空间中林木覆盖率达 40% 以上，以维持基本的生态平衡。

（2）大力营建防风林、风景林，加强铁路、公路、河流两旁绿化，形成多层次、多树种、多组团的绿色长廊。实施农田林网化极化，建立"田成方、路成网、林成行"的农田林网系统，改善农业生态环境，发展高效农业。

（3）大力营建森林公园，实施"先见林、后见城"极化。串联环城绿地，环绕

中心城区逐步建立起疏密相间的花园环和森林环，使城市坐落在花园之中。

3.努力提高市区园林绿化水平

必须提高全民的绿化意识，扭转多数城市绿化水平低，公园少，防护绿地发展速度慢，绿化用地不断被蚕食、挤占的状况，全面建设绿地系统，营造优美的城市景观，改善整体环境状况。

（1）维护组团式城市布局，防止中心城区"摊大饼"式的发展。在组团之间营造高标准的绿化，开辟郊野公园，发展苗圃、花圃、药圃，适量保留果园、菜地，为市民提供接触自然、就近游憩的空间。争取更多楔子型绿地插入市中心区，以利于空气流通。

（2）完善中心城区的绿地系统。努力提高公园绿地的质量，适当扩大规模，增加绿化品种与层次，丰富公园内容。并实施分级安排公共绿地规划，市区人均公共绿地不小于$10\sim15m^2$，居住区人均集中绿地不小于$2m^2$。充分利用城市水面、古树名木、文物古建，开辟规模不等、各具特色的中、小型绿地，营造特殊的城市景观。提倡普遍绿化，分步规定居住区、机关、学校、厂矿、医院等单位的绿地率指标，保证各项土地的绿化用地不少于30%~40%。积极营造卫生防护林带，保证道路、铁路河道两旁及工厂与城市其他用地之间有足够宽度的绿带。形成市区点、线、面结合、环境优美、景观丰富独特的绿带系统。

4.7 城市发展的政策资源

城市发展离不开行政管理与政策导向，在前面我们列出了人口、土地、能源等城市发展资源要素，然而在国家和体制的大环境下，政策资源在城市发展的过程中是必不可少的。政府会颁布一系列政策去规范和引导一个城市的发展。

4.7.1 经济政策

经济政策是以调节人们的经济利益关系为基本内容，以促进经济发展为根本目标的政策。它在政策体系横向结构中处于基础地位，起着决定作用。其本身是一个庞杂的体系，从生产过程来看，有生产、流通、分配和消费四种类型的政策；从产业部门看，有第一、第二、第三产业方面的政策，或工业、农业、商业等方面的政策；从经济领域来看，有财税、金融、产业、投资、贸易、分配等方面的问题。

城市发展涉及多种经济政策，如产业的"退二进三"政策，这些政策维持着城市经济的稳定与发展。较为特殊的经济政策：建设经济特区、经济新区，如五大经济特区的创办与发展、国家级高新技术产业开发区的创办与发展、两个"新区"的创办与发展、国家级保税区的创办与发展等。

4.7.2 文化政策

文化政策是以指导人们精神生活为内容，以建设精神文明为根本目标的政策。其包括科技、文教、体育、卫生等方面的策略。文化政策的实施将对城市产业、旅游以及人文风貌产生巨大的影响。

在城市发展中经常涉及的文化政策，如教育政策，旨在提高全民思想道德素质，培养各行业人才。而较为特殊的文化政策例如创意文化产业政策、历史文化遗产保护政策，主要体现在对传统建筑、文物等物质文化遗产和中国功夫、中国戏曲、中医、书法等非物质文化遗产的保护，这些文化政策旨在传承城市文化基因，加强城市文化建设。

4.7.3 社会政策

社会政策是以协调人类群体和社会环境关系为内容，以保证社会有机体良性运行为根本目标的政策。它要解决的是人类社会存在的最基本的环境条件问题，其他政策不能解决的问题，最后都要由社会政策来加以解决。人口、环保、治安、社会保障以及社会救济一类的政策都属于社会政策的范畴。

城市发展涉及多种社会政策。如户籍政策，党的十八届三中全会明确提出，"加快户籍制度改革，全面放开建制镇和小城市落户限制，有序放开中等城市落户限制，合理确定大城市落户条件，严格控制特大城市人口规模"，同时，户籍制度的改革也将为城市的发展带来巨大的变化，为流动人口的生活带来便利。又如，政府通过住房政策干预和解决住房问题，做出的政策性安排，包括廉租房政策、公积金政策等。还有一些较为特殊的社会政策，如就业援助政策——促进大学生就业，补助政策——救济城乡特困户，主要是针对某一部分人群进行社会保障与援助。

本章参考文献

[1] 董器光. 城市总体规划 [M]. 5 版. 南京：东南大学出版社，2014.

[2] 苏海龙. 城市规划的公共政策过程 [C]// 中国城市规划学会. 规划 50 年：2006 年城市规划年会论文集. 北京：中国建筑工业出版社，2006.

[3] 林相琴. 城市住房保障政策模式研究 [D]. 青岛：青岛大学，2008.

[4] 胡惠林. 当代中国文化政策的转型与重构——20 年文化政策变迁与理论发展概论 [J]. 上海交通大学学报（社会科学版），1999（1）：110–115.

[5] 孙施文，王富海. 城市公共政策与城市规划政策概论 [J]. 城市规划汇刊，2000（6）：1–6.

[6] 杨振华，曹型荣，等. 城市总体规划 [M]. 北京：机械工业出版社，2016.

[7] 朱崇实，陈振明. 中国公共政策 [M]. 北京：中国人民大学出版社，2009.

第 5 章

城市发展战略研究

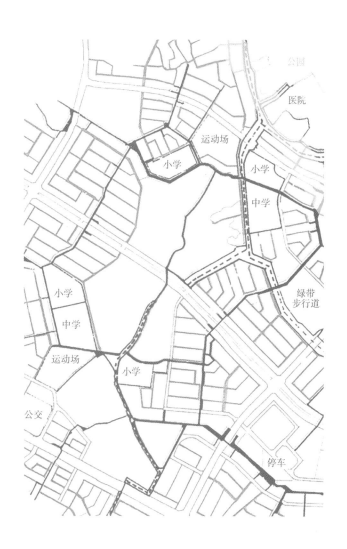

城市发展战略研究是城市总体规划编制工作的前提与基础，是保障城市总体规划战略性、全局性、长远性特征的重要工作内容和技术方法。

在我国现行的城乡规划体系下，城市发展战略研究既可以独立开展，形成独立的规划成果即城市发展战略规划，作为政府制定城市发展政策的决策依据或参考，并为即将编制的城市总体规划提供策略性指引；也可以结合城市总体规划编制工作开展，作为城市总体规划编制的前期研究及阶段性成果，充当着"指导性研究"的角色。在城市总体规划编制内容框架下，不存在独立的城市发展战略规划，可结合总体规划的目标任务要求开展城市发展战略专项研究。

我国已有不少城市编制了城市发展战略规划，并以独立的指导性成果形式呈现出来，但就其规划目的、内容、成果形式及技术方法而言，基本上仍属于城市发展战略"研究"范畴，因此，书中引用了部分城市的发展战略规划作为参考，旨在为城市总体规划中城市发展战略研究提供更为宽阔的视野。

5.1 相关概念

5.1.1 战略

"战略"源于军事学科，是我国古代的军事用语，与"战役""战术"相对而言，是指对战争全局的策略，通过对主客观情况的综合判断，做出驾驭整体态势的谋略。《辞海》（1989年版）对"战略"一词的定义为：战略是重大的，带有全局性或决定全局的谋划。

5.1.2 城市发展战略

"城市发展战略"一词在我国20世纪80年代开始使用。它是指在较长时期内，人们从城市发展的各种因素、条件和可能变化的趋势预测出发，作出关系城市经济社会建设发展全局的根本谋划和对策。城市发展战略也有宏观层次和微观层次之分。微观层次的城市发展战略主要是指个体城市的发展战略，也称个体城市发展战略；宏观层次的城市发展战略主要是指国家整体层面的城市发展战略（或某一个涵盖两个城市以上的区域关于城市的发展战略），也称整体城市发展战略（或群体城市发展战略）。

5.1.3 城市发展战略研究

城市发展战略研究可以理解为是一种规划的工作方法，它是以快速、实效、创新和宏观的研究手段，对城市发展中某部分长远、重大问题提出好的思路和理念，包括产业发展、空间结构、生态与环境保护、城市文化与社会发展、实施策略与机制，指导城市总体规划、战略规划的编制。

5.1.4 城市发展战略规划

城市发展战略规划就是对所规划的地区长期综合发展作深入的研究和论证，提出该地区发展的宏观框架和引导战略，指导下一层次规划的编制。其实质是在城市及其经济区范围内，研究城市性质、基本职能、发展方向、空间布局、重大基础设施建设等重大问题的城市发展大纲。其规划成果作为一种学术性技术文件，将用作政府制定城市发展政策的决策依据或参考，并作为法定城市规划的组成部分。我国现阶段所开展的战略规划基本上都属于"研究"范畴，开展的目的是为城市提供一种发展思路和空间方案的设想和研究，给即将编制的传统规划提供策略性指引。

5.2 城市发展战略研究的特征、作用与内容

5.2.1 城市发展战略研究的特征

就近些年我国开展发展战略（规划）研究的城市来看，战略（规划）研究应审时度势，统筹全局，应具有长远性、整体性、综合性特点。战略（规划）研究的重点应该放"空间"上，但它必须与城市的经济社会发展战略相配合。概括起来大致有以下几个特点：

1.快速——较短的研究时间。由于城市发展战略研究简化了内容，突出了重点，方式比较灵活，约束条件少，主要目的在于理思路、提观点，与正常的城市总体规划相比，其研究时间大大缩短。此外，由于战略研究不是城市总体规划，不具

有法律效力，因此，编制时无程序化，减少了在正式规划中所采取的反复汇报和评审程序，专家评审只是对研究成果的一种总体评议，并无太多的实质性、约束性作用。当然，这也从另一个侧面说明目前战略研究本身的深度和广度还远远不够。

2. 宏观——注重区域的研究视角。区域的观点早已深入人心，成为研究城市诸多问题的共同视角。目前开展的城市战略研究也不例外，区域的研究已经成为战略规划的基本研究方法和主要视角。无论是"珠三角"之广州，还是"长三角"之杭州、苏州、宁波、南京，区域空间日益网络化的发展态势使得城市的发展不再孤立，区域关系的处理日益成为影响城市自身发展战略的关键因素。战略研究对于宏观区域问题的重视无疑是顺应城市经济、社会发展的现实条件和潜在动力的。

3. 实效——面向问题的研究取向。相对于我国区域规划和城市总体规划所沿用的无所不包的庞杂内容，目前的城市发展战略研究摒弃面面俱到的做法，更多的是针对城市长远发展的战略问题，务实地研究城市所在的特定区域、特定时段、特定背景的发展问题。例如广州、杭州、苏州以及常州是在行政区划发生重大调整的情况下开展战略（规划）研究的，城市的功能定位、空间如何整合成为研究的重点问题；宁波是针对重大基础设施的影响重新考虑城市的产业定位、空间与文化的发展问题；南京则是从区域地位考虑，以产业和空间结构分析为切入点来讨论构建都市区战略。此外，完成的大多数战略研究，基本都是建立在大量经济数据分析的基础上，体现了科学研究态度。

4. 弹性——灵活的编制程序和富有弹性的规划成果。城市发展战略（规划）研究强调编制程序的机动灵活，注重与上一轮规划在城市的空间发展趋势上具有较强的延续性。同时发展战略研究考虑和估计各种发展的可能，区分必须控制和不必控制的界限，强调最终成果的多目标、多方案，富有弹性，应变能力较强。

5.2.2 城市发展战略研究的作用

城市发展战略研究作为城市总体规划的前期研究，作为国家政策和城市目标的具体衔接点和决策城市重要项目的依据，主要是解决区域和城市发展的规律性、战略性问题，进行规律性地归纳、原理性地阐述、战略性地前瞻，是对总体规划和区域规划盲区的填补。具体地说，城市发展战略研究可以解决四个方面的问题：一是总体规划未能触及的广度问题，如城市的综合竞争力、城市发展的政策与策略；二是区域规划未能触及的深度问题，如城市发展的机制、城市特色与城市问题的结症、城市自身形成、演变与空间整合；三是传统总体规划未能解决的弹性问题，如城市经济的多变性，社会需求的复杂性和政府能够有效应对的迫切性；四是传统概念规划未能解决的刚性问题，如区域环境保护和资源共享机制的建立，可持续发展政策与对策等。

5.2.3 城市发展战略研究的内容

由于战略规划不属于我国城乡规划法定体系的部分，规划及研究的内容和要求也没有具体的规定，战略规划研究过程中更为注重思维的灵活性，结合国内外相关城市发展战略（规划）研究的梳理与总结，目前城市发展战略研究的内容通常涉及四个主要方面和四个核心任务。

5.2.3.1 城市发展战略研究内容的四个主要方面

1. 空间发展方面

空间结构研究是城市发展战略研究最直观的也是首要的方面。空间结构是对城市的土地资源进行科学合理的有效配置，它一般包括城市在区域中的地位和作用、城市结构布局、交通网络等方面的内容。对区域、经济和城市结构自身发展变化的分析构成了结构规划的重要背景和依据，战略研究所应扮演的角色是将社会经济发展的潜在可能和需要解释为空间的语言。

2. 经济发展方面

城市发展的内在动力是工业化、经济全球化背景下的经济发展，城市更应该是社会经济的载体，为社会经济服务。城市发展战略规划实践开始以来，经济发展规划一直是战略规划的研究重点。城市发展战略规划的目的也是为了能更合理地让城市服务于社会和经济。经济发展战略包括城市产业的选择、产业结构调整、发挥竞争优势、培育新的经济增长点等，通过经济发展分析为城市空间结构规划提供必要的框架。

3. 社会发展方面

传统的城市规划工作，一般把主要精力放在城市物质环境设施的布局和建设上，但较少考虑这种布局和建设究竟要达到什么样的社会目的，因而往往对社会现状缺乏必要的分析研究，也没有明确的发展战略，致使规划方案不具备足够的说服力。城市社会的研究包括对居民的生活行为和行为组织系统的分析。城市居民和群体组织是现代城市规划的主体，城市社会结构代表了现代社会整体风气的走向，进行这方面的社会分析有利于我们从总体上认识当前城市生活的特质和主流，把握城市未来的发展趋势。

在高度全球化的当今世界，伴随着资本与技术的迅速蔓延，文化的扩张与交融也成为全球化的必然趋势之一。城市越发展越需要文化与精神的支撑，如何从历史的角度把握城市的成败得失，如何更好地尊重、保护和延续一个城市的历史文化精髓，如何发展文化产业、充分利用其具有竞争力的城市文化资源来提升城市的吸引力，城市移民与多源文化的研究，增加城市移民的认同感，以及如何创造高质量的人居环境等都是战略规划需要研究的重点。

4. 环境发展方面

城市的健康发展要立足于与区域自然生态环境相适应，在维持区域自然生态系统支撑能力的基础上，贯彻保护环境、节约利用土地的国策，建构合理、稳定、均衡的城市生态结构，满足经济高速发展条件下城市快速发展对生态环境维护优化的需求。如广州城市总体发展概念规划深化方案中提出以山、城、田、海的自然特征为基础，构筑"区域生态环廊"、建立"三纵四横"的"生态廊道"，建构多层次、多功能、立体化、网络式的生态结构体系。同时保护生态环境和文物古迹，并促进其价值的提升，美化居民生活环境；改善城市环境污染，降低酸雨、降尘、固体废弃物和噪声污染的潜在危险。

5.2.3.2 城市发展战略研究的四个核心任务

城市发展战略研究的四个核心任务包括明确城市发展定位、确立发展目标、制定发展战略以及选择发展策略。

1. 明确发展定位

城市发展战略的首要任务就是确定城市的发展定位，而且城市发展战略方案的最终目的也正是为了强化可扩展城市的中心功能。进行城市定位不仅要研究当前城市的职能与地位，更要注重分析如何抓住发展机遇、发挥比较优势，以明确今后城市的总体发展方向以及城市性质。

2. 确立发展目标

传统的城市规划被当作"经济计划在物质空间的落实"，以经济发展为根本内在驱动，常常陷入经济单目标规划的误区。当前，与我国社会经济可持续发展相适应，城乡规划的研究重点则需要逐步实现从"增长"到"公平"再到"协调"的转变。也就是从关注持续增长到零增长，从强调区际公平到代际公平，从实现人与自然的协调到人与人的协调。可见，城市发展战略研究应引入社会经济发展新理念，确立包含经济发展、环境保护、社会文化、资源生态等多方面的综合性目标。

3. 制定发展战略

城市发展战略主要包括城市产业发展、人居环境营造、城市社会与文化、流动空间组织和城市空间发展五方面内容，它们对城市整体长远发展起着关键性作用。

（1）城市产业发展

经济全球化以来，国际资本流动加速，知识经济兴起，高新技术产业成为新兴主导产业和新的经济增长点。因此，带来了全球产业结构的重构与转移，也就是产业结构变动中资本、土地、劳动力和技术等生产要素在空间和时间上流动的动态过程。在此背景下，城市发展战略研究对我国城市产业发展的研究不仅要分析城市发展的主导产业，更要明确区域竞争中城市的优势产业部门、产业发展重点和方向。

（2）人居环境营造

一直以来，我国的城市规划以建筑空间为主体，城市生态与环境因素一直没有被置于应有的地位。从生态的角度探讨城市发展战略，可借助景观生态学原理，运用基质、斑块和廊道测度景观元素的形状、大小、数量及其空间关系，构建城市景观生态结构，从而对城市生态系统的各项用地与建设做出更为合理的安排，以作为城市空间结构的基础，并能动地调控城市的各种社会经济活动。

（3）城市社会与文化

在全球化的世界，伴随资本与技术的迅速蔓延，社会的发展与变迁、文化的扩张与交融也成为当前的必然趋势之一。是否拥有一个安全文明、平等开放、积极向上的社会环境和文化氛围对每个城市在全球城市体系中的地位均具有重要意义。

（4）流动空间组织

"流动空间"是通过流动而运作的共享时间的物质组织，是信息化社会的关键物质基础。它由信息系统中的技术基础设施、远程通信以及高速交通运输构成，可划分为实物流（人流、物流等）空间和非实物流（资本流、信息流、技术流等）空间两部分。城市流动空间是在城市总体空间结构基础上构建的，同时也对城市竞争优势的发挥、城市空间的拓展和功能区的对接具有重要的支撑和影响。

（5）城市空间发展

城市空间结构是一定时期内城市社会、经济、文化的综合表征。城市空间发展战略的制定应充分考虑城市社会经济和生态环境等要素，重点探讨历史演进规律、空间发展阶段、用地发展方向、城市总体空间结构和功能区组织等内容。

4. 选择发展策略

为避免过多纠缠于庞杂的次要问题和提高工作效率，城市发展战略研究不必如总体规划那样面面俱到，而应突出重点和针对性。因此，基于折中混合规划理念，可划分发展战略和相关发展策略两个层面。其中，战略（Statigis）是长远的和全局的，而策略（Tactic）是短期的和局部的，且先有战略后有策略，策略必须服从并服务于战略。具体而言，发展战略包括城市空间发展等上述五方面，相关发展策略则可以是城市管治与制度创新、城市形象设计、城市经营等内容。

5.3 城市发展战略研究的方法与技术流程

5.3.1 城市发展战略研究的方法

城市发展战略研究的方法是由城市发展战略研究的特点决定的，具体根据研究目的、研究理念和研究对象进行选择，以下仅列举几种常用的研究方法以供参考。

1. 区域分析法

以区域的观点来认识城市问题，寻求对策，是城市发展战略研究的基本方法。区域分析法是"战略性的、地域性的"，它从区域视角来看城市，突破原有市（县）域行政区的界限，在多个层面作分析，关注宏观性的、全局性的、地区与地区之间需要协调的关键性重大问题，强调规划要在各地区各自特殊性的基础上，因地制宜，扬长避短，反映出不同地区的特色等。区域空间日益网络化的发展态势使得城市的发展不再孤立，区域关系的处理日益成为影响城市自身发展战略的关键因素。区域研究方法是顺应城市经济、社会发展的现实条件和潜在动力的。

2. 目标——途径分析法

目标提出的本身就包含着解决问题的思路。在目标确立之后，规划师要寻求达到目标的途径和手段，要通过规划来解决问题。途径的发掘要调动更多的知识来完善规划的研究和论证，也使得整个规划的对策内容更丰富起来。城市发展战略规划研究中的途径分析和选择主要集中在提出总体政策与具有战略重要性的建议上面，并进一步提出一些整体的经营措施和工程措施，就是说城市发展战略研究要考虑战略，同时也要考虑一些影响全局的战术。但在这个过程当中要保持目标与途径之间的协调性和内在逻辑的一致性。

3. 指导理论导入法

一个具有前瞻性的、领先的指导理论的引入成为战略研究创新的重要要素，也是一个发展战略能否获得城市认同的基本保证。在城市发展战略研究中所提出的种种前瞻性的甚至是大胆的构想，如果没有相关的指导理论作为支持来说明该城市或地区为什么应该按照这种方式发展而不是另外一种可能的方式，那么整个战略研究就失去了意义。我国目前的战略规划研究尚无定式，空白很多，发展空间很大，另外，已有的各种传统城市规划方面的指导理论都是在特定的历史和社会经济背景下发展起来的，当今的经济领域和社会文化领域的变革日益迅速，新的技术飞跃发展，新的问题日渐增多，这些都显示出城市规划指导理论还要继续发展。现阶段城市发展战略研究在实践中广泛吸收来自多学科的理论和方法，借鉴国内外关于战略规划的理论和经验，同时新的技术理论也在研究中不断被提出来。

4. 多方案比较法

多方案备选是城市规划编制过程中的通常做法，目的是为了让决策者进行选择，做出更合理的决策。多方案比较法是结合几种典型的、不同理论指导下，以不同目标为首要导向的发展模式，提出几种城市不同的发展可能，其前提是各种可能在特定的条件下都可能是合理的，然后再对这几个方案进行实施手段和优化模式等方面的研究，选择最适合的方案。由于现在城市发展迅速，影响因素众多，而城市发展战略研究决定的是一个地区在未来相当长的一段时间内的范式，包含了城市所要选择的目标和实现其目标的手段，关系到城市的生存与发展。有必要针对不同的发展场景做一个全面的衡量，避免单一方案可能会造成的疏漏和片面，也给城市发展的决策者提供一个多样性的选择，应对变化日益激烈的市场。另外，在目前的城市发展战略研究中，对于战略的研究强调的是概念性，与实施的战略之间还有很长的距离，在复杂多变的环境中，一个合理的战略能够给城市提供较强的转换能力，具有前瞻性和适应性，能够帮助城市规避风险，抓住机遇，迅速形成竞争的优势。当环境变动时，原先提出的多个备选方案可以作为参考或替换原来的方案。

5.3.2 城市发展战略研究的技术流程

根据国内相关城市的城市发展战略（规划）研究文本可以看出，不同的战略研究虽然在对象、目标及理念等方面有所不同，但其战略研究的切入点和技术流程并不存在本质性的差异。从研究切入层面看，大多从城市问题导向入手，有的则因城市问题不明显而从城市发展基础研究出发。从技术流程层面看，基本符合"基础分析——目标判断——战略制定——策略选择"的技术逻辑框架（图5-1）。

在基本的技术逻辑框架基础上，不同的城市发展战略（规划）研究在具体的技术方法和模式上进行了积极的探索，吴志强等结合"沈阳城市发展战略"提出了"战略脸"的技术路径（吴志强，等，2003）；赵民、栾峰提出了"城市发展条件、阶段的分析与趋势判断——城市发展动力因素分析——城市综合发展目标的确定——城

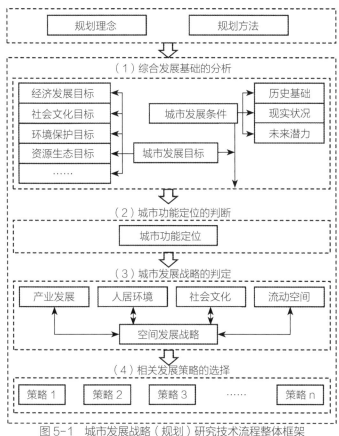

图5-1 城市发展战略（规划）研究技术流程整体框架

资料来源：盛鸣.城市发展战略规划的技术流程[J].城市问题，2005（1）：6-10.

市发展的战略与策略的统一设计"的总体思路（赵民，栾峰，2003）；王雅娟、张尚武提出了"基础研究——系统分析——目标策略——实施研究"的实践流程（王雅娟，张尚武，2003）；苏燕羚等则在哈尔滨城市发展战略规划的基础上提出了"竞争力导向"的研究框架（苏燕羚，等，2003）；等。

5.4 城市发展定位

城市发展战略研究首要任务是结合城市综合基础条件分析，提出符合城市自身条件的城市发展定位。《城市规划编制办法》中第十二条明确提出"对城市的定位、发展目标、城市功能和空间布局等战略问题进行前瞻性研究，作为城市总体规划编制的工作基础"。

5.4.1 城市定位的概念

城市定位是根据自身条件、竞争环境、需求趋势等及其动态变化，在全面深刻分析有关城市发展的重大影响因素及其作用机理、复合效应的基础上，科学地筛选城市定位的基本组成要素，合理地确定城市发展的基调、特色和策略的过程。广义的城市定位，可以包括发展主题定位、性质定位、职能定位、目标定位、产业定位、形象定位、个性定位等，由此可见"城市定位"是一项非常复杂的工作，也是一项庞大的系统工程。狭义的城市定位，是通过分析城市的主要职能，揭示城市区别于其他城市本质的差别，抓住城市最基本的特征，可以认为城市定位近似于城市性质，但又不完全相同。

城市定位、城市性质和城市职能之间既有联系又有区别。城市性质（Designated Function of City）是指城市在一定地区、国家以至更大范围内的政治、经济与社会发展中所处的地位和所担负的主要职能。城市职能（Urban Function）是指城市在一定地域内的经济、社会发展中所发挥的作用和承担的分工。城市职能是城市在区域中所担当的"角色"，城市性质是对城市职能的提炼，而城市定位则是对城市性质、城市目标等城市发展主题的归纳和总结（表5-1）。

5.4.2 城市定位的作用

城市定位是否准确，不仅关系到城市本身的发展前景，同时也牵涉区域各级城镇的合理分工和协调发展。因此，城市定位是城市发展战略必不可少的内容。其意义和作用可归纳为以下几方面：

1.合理的定位有利于城市间的竞争与协作。

城市之间的竞争是一把双刃剑，它可以激励城市的快速发展，但如果城市不考

相关城市的发展定位、城市性质和城市职能　　　表5-1

城市名称	城市定位	城市性质	城市职能
北京	国家首都、世界城市、文化名城、宜居城市	中华人民共和国的首都，是全国的政治中心、文化中心，是世界著名古都和现代国际城市	中央党政军领导机关所在地。邦交国家使馆所在地，国际组织驻华机构主要所在地，国家最高层次对外交往活动的主要发生地。国际交往中心。国家主要文化、新闻、出版、影视等机构所在地，国家大型文化和体育活动举办地，国家级高等院校及科研院所聚集地。国家经济决策、管理，国家市场准入和监管机构，国家级国有企业总部，国家主要金融、保险机构和相关社会团体等机构所在地，高新技术创新、研发与生产基地。国际著名旅游地、古都文化旅游，国际旅游门户与服务基地。重要的洲际航空门户和国际航空枢纽，国家铁路、公路枢纽
上海	国际经济中心、国际航运中心	卓越的全球城市，国际经济、金融、贸易、航运、科技创新中心和文化大都市	—
广州	国际城市、中国南方经济中心、文化中心、对外交往中心、生态城市	国家中心城市之一，国家历史文化名城，广东省省会，我国重要的国际商贸中心、对外交往中心和综合交通枢纽，南方国际航运中心	—
深圳	我国的经济特区，全国性经济中心城市和国际化城市	我国的经济特区，全国性经济中心城市和国际化城市	国家综合配套改革试验区，实践自主创新和循环经济科学发展模式的示范区；国家支持香港繁荣稳定的服务基地，在"一国两制"框架下与香港共同发展的国际性金融、贸易和航运中心；国家高新技术产业基地和文化产业基地；国家重要的综合交通枢纽和边境口岸；具有滨海特色的国际著名旅游城市

资料来源：根据以上相关城市总体规划文本材料整理．

虑城市自己的优势和特色，盲目地加入恶性竞争的行列，就会适得其反。

2. 合理的定位有利于彰显城市自身的特色。

对一个城市而言，只有合理的定位，才能突出城市特色，充分发挥城市的优势。城市定位不准，就会迷失方向，丢掉特色，最终将丧失自身的竞争力。

3. 城市定位是制定城市发展方针和产业政策的重要依据。

城市发展方针是指导城市发展的纲领，其主要内容是确定城市发展的目标、发展重点以及相关的公共政策。城市方针要从城市的实际情况出发，突出城市的特点，才具有针对性和可操作性，因此，城市的定位就成为制定城市发展方针的重要依据。

5.4.3　城市定位的特性

就特性而言，城市定位具有鲜明的战略性、综合性、地域性和动态性。

战略性要求定位工作做到高屋建瓴、高瞻远瞩，站到未来发展的高度去把握城市和相关区域的方向和走向，洞悉社会经济发展的总体演进趋势。

综合性要求定位工作全面、系统地分析与城市发展有关的各种条件和影响因素，并能够从总体上抓住关键问题和主导因素。

地域性要求定位工作突出城市及其所在区域的特色，把城市放在区域发展中去分析，把城市内在的东西发掘出来，强化城市自身的个性发展特征。

动态性要求定位工作遵循城市发展的历史演进规律和总体趋向，注重城市发展的阶段性变化，赋予其时代性、时限性和时效性。

5.4.4　城市定位的依据与方法

城市定位可以从以下几个方面来认识和确定：

1. 区域选择：选择与城市发展关系密切的相关区域。

2. 相关城市比较：揭示城市区别于其他城市本质的差别，抓住城市最基本的特征。

3. 自身发展条件分析：根据自身条件、竞争环境、需求趋势等及其动态变化，在全面深刻分析有关城市发展的重大影响因素及其作用机理、复合效应的基础上，科学地筛选城市定位的基本组成要素，合理地确定城市发展的基调、特色和策略。

4. 外部政策条件分析：国家或地区给予城市的相关政策和发展要求。

5.4.5　城市定位的误区

误区之1：混淆城市个性与共性

城市定位并不要求我们去归纳城市的共同点，如果将城市的共性替代城市的个性，或将两者混为一体，就等同于要求每个城市按同一的模式和路子去发展，城市就会失掉自身的特色和优势。

误区之2：坐井观天，就城市论城市

城市的地位和作用，城市的优势和特色，只有通过相互比较，才能分出高低。当前有些城市定位时，不考虑自身的自然、社会、经济环境，不研究其他城市在区域中的地位和作用，过高地估计自己的"优势条件"，关在屋子里定性，往往会脱离实际。

误区之3：混淆城市的主要职能和其他职能

每个城市都是一定地域的中心，因而都具有多种职能。在进行城市定位时，为了促进各行各业的发展，一些城市往往将其大大小小的职能都列为城市的性质。这样的定位看似全面，由于求全，其结果必然是千城一面，毫无特色可言。只有对国家和区域承担主要任务或具有重要影响力的主要职能，才能反映城市的地位和作用，构成本质的特征。

5.5 城市发展目标

城市发展战略的核心是战略目标，它是城市依据其发展的外部和内部条件指定的、在较长时期内所追求的具有定性定量要求的具体目的。战略目标的制定，既反映了城市发展道路的选择，又受到包括城市发展规律和城市自身特征在内的诸多因素的制约，它的制定是否合理决定了该战略的价值，是该战略能否实现的关键。本节主要从目标构成、目标落实及目标评价三个方面进行阐述。

5.5.1 城市战略目标

战略目标是一种宏观的、长远的目标。它是对城市发展的一种总体设想，它的着眼点是整体而不是局部。它是从宏观角度对城市未来的一种较为理想的设定。它所提出的，是城市整体发展的总任务和总要求。它所拟定的，是城市整体发展的根本方向。因此，城市战略目标总是高度概括的（表5-2、表5-3）。

北京——世界城市的三步走战略目标 表5-2

发展阶段	2004~2008年	2009~2020年	2021~2050年
战略目标	率先在全国基本实现现代化，构建现代国际城市的基本框架	全面实现现代化，确立北京具有鲜明特色的现代国际城市的地位	建设成为经济、社会、生态全面协调发展的可持续的城市，进入世界城市行列

武汉——国际性大都市的三步走战略目标 表5-3

发展阶段	2012~2020年（国家中心城市成长阶段）	2020~2030年（国家中心城市成长阶段）	2030~2049年（国家中心城市成长阶段）
战略目标	成为中部地区中心城市	成为国家中心城市	成为国际性大都市

5.5.2 城市发展目标构成

为更好地指导城市发展战略目标的实施，需要对具体的发展指标提出定性定量规定。城市发展目标一般包括经济目标、社会目标、城市建设目标、环境目标等四个领域，具体指标体系构成如下：

1. 经济发展目标：包括国内生产总值（GDP）等经济总量指标、人均国民收入等经济效益指标以及第一、二、三产业之间的比例等经济结构指标。

2. 社会发展目标：包括总人口规模等人口总量指标、年龄结构等人口构成指标、平均寿命等反映居民生活水平的指标以及居民受教育程度等人口素质指标等。

3. 城市建设目标：建设规模、用地结构、人居环境质量、基础设施和社会公共设施配套水平等方面的指标。

4. 环境保护目标：城市形象与生态环境水平等方面的指标。

5.5.3 城市发展目标的落实——城市总体规划指标体系

为了保障城市发展目标的落实与实现，2007 年建设部《关于印发〈关于贯彻落实城市总体规划指标体系的指导意见〉的通知》（建办规〔2007〕65 号）中明确提出相关规定，要求在城市总体规划编制与实施中落实城市总体规划指标体系，并配发了《城市总体规划指标体系汇总表》（表 5-4）。相关内容如下：

1. 完善城市总体规划指标体系的内容。各城市要高度重视城市总体规划指标体系的完善工作，城市总体规划指标体系的确定要适应当前社会经济发展的新形势，坚持可持续发展的理念，进一步体现关注民生和和谐发展的内容，并且能够与有关部门的指标体系衔接。

2. 建立落实城市总体规划指标体系的保障机制。各城市应当根据实际情况，尽快研究建立符合地方实际的城市总体规划指标体系的实施要求，把指标体系作为城市总体规划的重要组成部分，在规划的编制和实施工作中得到有效落实。

规划编制单位要加强城市总体规划编制的前期研究，深入分析土地、水和能源条件，分析生态环境的承载能力，研究人口的结构和变化趋势，制定合理的发展目标。在此基础上，确定城市经济、社会人文、资源、环境的控制型和引导型指标。

各级城乡规划行政主管部门要做好总体规划指标体系的实施工作。要建立总体规划指标实施效果的评估机制，定期对指标实施情况进行回顾和检查。在近期建设规划制定时，要依据总体规划指标实施情况的评估，对近期建设规划的内容、重点进行调整和完善，有步骤、分阶段实施依法批准的城市总体规划的指标要求。

3. 加强城市总体规划指标体系制定和实施的监督。要发挥上级政府、人大和公众对规划制定和实施的监督作用。城市政府应定期向同级人大常委会汇报总体规划包括规划指标等的制定、实施情况。要加强行政监督，要把指标的制定作为审查城市总体规划的重要内容，把指标的实施情况作为上级政府监督和检查城市总体规划实施的重要工作之一；城市总体规划包括有关规划指标等各项内容的实施情况要定期向社会公示，接受公众监督。

2017 年住房和城乡建设部颁布的《关于城市总体规划编制试点的指导意见》（建规字〔2017〕199 号）中结合社会经济发展的新环境、新目标、新要求，以坚持"创新、协调、绿色、开放、共享"五大发展理念及提升居民获得感为目标，对 2007 年版城市总体规划指标体系进行了优化，并发布了 2017 版城市总体规划指标体系（试行），详见表 5-5。

城市总体规划指标体系汇总表（2007年）　　表5-4

指标分类	大类代码	指标分类	中类代码	指标名称说明	单位	指标类型
经济指标	1	GDP指标	11	GDP总量	亿元	引导型
				人均GDP	元/人	引导型
				服务业增加值占GDP比重	%	引导型
				单位工业用地增加值	亿元/km²	控制型
社会人文指标	2	人口指标	21	人口规模	万人	引导型
				人口结构	%	引导型
		医疗指标	22	每万人拥有医疗床位数、医生数	个、人	控制型
		教育指标	23	九年义务教育学校数量及服务半径	所、米	控制型
				高中阶段教育毛入学率	%	控制型
				高等教育毛入学率	%	控制型
		居住指标	24	低收入家庭保障性住房人均居住用地面积	m²/人	控制型
		就业指标	25	预期平均就业年限	年	引导型
		公共交通指标	26	公交出行率	%	控制型
		公共服务指标	27	各项人均公共服务设施用地面积（文化、教育、医疗、体育、托老所、老年活动中心）	m²/人	控制型
				人均避难场所用地	m²/人	控制型
资源指标	3	水资源指标	31	地区性可利用水资源	亿m²	控制型
				万元GDP耗水量	m²/万元	控制型
				水平衡（用水量与可供水之间的比值）	百分比	控制型
		能源指标	32	单位GDP能耗水平	t/万元GDP	控制型
				能源结构及可再生能源使用比例	%	引导型
		土地资源指标	33	人均建设用地面积	m²/人	控制型
环境指标	4	生态指标	41	绿化覆盖率	%	控制型
		污水指标	42	污水处理率	%	控制型
				资源化利用率	%	控制型
		垃圾指标	43	垃圾资源化利用率	%	控制型
		大气指标	44	SO_2、CO_2排放削减指标	%	控制型

资料来源：建设部《关于印发〈关于贯彻落实城市总体规划指标体系的指导意见〉的通知》（建办规〔2007〕65号）.

城市总体规划指标体系（试行，2017 年）　　　　表 5-5

目标	序号	指标	
坚持创新发展（4 项）	1	受过高等教育人口占劳动年龄人口比例（%）	
	2	当年新增企业数与企业总数比例（%）	
	3	研究与试验发展（R&D）经费支出占地区生产总值的比重（%）	
	4	工业用地地均产值（亿元 /km³）	
坚持协调发展（12 项）	5	常住人口规模（万人）	市（县）域常住人口规模
			市区常住人口规模
	6	人类发展指数（HDI）	
	7	常住人口人均 GDP（万元 / 人）	
	8	城乡居民收入比	
	9	城镇化率（%）	常住人口城镇化率
			户籍人口城镇化率
	10	城乡建设用地	城乡建设用地总规模（km²）
			各市县城乡建设用地规模（km²）
			集体建设用地比例（%）
			人均城乡建设用地（m² / 人）
			农村人均建设用地（m² / 人）
	11	用水总量（亿 m³）	
	12	人均水资源量（m³ / 人）	
	13	耕地保有量（万亩）	
	14	森林覆盖率（%）	
	15	河湖水面率（%）	
	16	农村人居环境	农村自来水普及率（%）
			农村生活垃圾集中处理率（%）
			农村卫生厕所普及率（%）
坚持绿色发展（14 项）	17	城镇、农业、生态三类空间比例（%）	
	18	国土开发强度（%）	
	19	（城镇）开发边界内建设用地比重（%）	
	20	水功能区达标率（%）	
	21	城市空气质量优良天数（天）	
	22	单位地区生产总值水耗（m³ / 万元）	
	23	单位地区生产总值能耗（吨标煤 / 万元）	
	24	中水回用率（%）	
	25	城乡污水处理率（%）	

续表

目标	序号	指标		
坚持绿色 发展 （14项）	26	城乡生活垃圾无害化处理率（%）		
	27	绿色出行比例（%）		
	28	道路网密度（km/km²）		
	29	机动车平均行驶速度（km/小时）		
	30	新增绿色建筑比例（%）		
坚持开放 发展 （3项）	31	年新增常住人口（万人/年）		
	32	互联网普及率（%）		
	33	国际学校数量（个）		
坚持共享 发展 （11项）	34	人均基础教育设施用地面积（m²/人）		
	35	人均公共医疗卫生服务设施用地面积（m²/人）		
	36	人均公共文化服务设施用地面积（m²/人）		
	37	人均公共体育用地面积（m²/人）		
	38	人均公园和开敞空间面积（m²/人）		
	39	人均紧急避难场所面积（m²/人）		
	40	人均人防建筑面积（m²/人）		
	41	社区公共服务设施步行15min覆盖率（%）		
	42	公园绿地步行5min覆盖率（%）		
	43	社区养老服务设施覆盖率（%）		
	44	公共服务设施无障碍普及率（%）		
提升居 民获得感 （1项）	45	居民满意度	居民对当地历史文化保护和利用工作的满意度（%）	
			居民对社区服务管理的满意度（%）	
			居民对城市社会安全的满意度（%）	

资料来源：住房和城乡建设部《关于城市总体规划编制试点的指导意见》建规字〔2017〕199号.

5.5.4 城市发展目标评价

城市发展目标是一定时期城市发展的指引，关系到城市发展的命运与前途，然而，由于城市系统的复杂性和城市发展的不可试验性，要求城市发展目标制定工作必须要有谨慎的态度和科学的方法，目标的科学性和合理性至关重要，否则可能会给城市的发展带来严重的后果，因此，有必要以客观理性的技术方法及科学的评价体系对城市发展目标的合理性及可行性进行论证，并及时对其实施效果进行评估，以便动态调整与优化。

5.5.4.1 城市发展目标可行性评价

城市发展目标可行性评价一般是通过分析促进和制约城市发展的主要要素对发

展战略目标的影响，从而评价目标是否可行。

1. 发展目标与城市发展战略系统的一致性评价

对发展战略目标的评价首先是要看战略目标这个子系统是否与城市发展战略系统及其他各子系统协调一致。如某城市的基本定位是"世界级旅游城市"，但战略目标却要大力发展工业，这样战略目标与整个城市的发展战略是相矛盾的。它的战略重点和措施之一应该是如何吸引国内外游客。

2. 经济目标的可行性评价

（1）经济增长目标的可行性评价

GDP 是衡量经济增长最常用的指标，也是衡量一座城市竞争力最直接的指标。经济增长的基本因素是资本、劳动和技术，经济增长的可行性主要看资本的积累、劳动力的增长和技术的进步能否支撑预定的经济增长目标。我们应该通过计量模型科学预测城市的经济增长速度，而不是随意地制定一个攀比式的经济增长速度。

（2）城市发展战略是否有相应的产业支撑

城市的兴衰，背后起决定性作用的是支撑城市发展的产业的兴衰，城市特色、支柱产业是保持城市竞争力的根本，没有相应的产业支撑，城市的发展就会是无源之水。城市产业是城市发展的基础，产业结构的不断优化升级是保持城市可持续发展的动力。

3. 社会目标的可行性

就业和再就业应该是城市优先发展的社会目标。增加就业岗位应该是城市发展要优先考虑的问题，能否给城市人口提供足够的就业机会，有效地减少贫困是城市能否持续发展的关键。如果城市不能持续为城市劳动力提供就业机会，城市需要救济的居民会增加，财政开支压力会加大，基础设施建设资金缺口就会更大，同时城市内部的差距会扩大，社会内部矛盾增加，城市竞争力将下降，城市最终走向衰落。

4. 城市建设目标的可行性

（1）城市建设与城市发展目标是否一致

城市规划的目标是政治性的，政府需要决定什么是城市应当优先考虑的问题（如就业、住房、环境等），在此基础上，规划工作者确定最符合目标的城市建设规模、用地结构与布局、公共服务设施建设等。

（2）城市空间布局是否满足市场要求

城市空间布局不仅取决于城市发展目标，而且最终取决于市场的要求。城市空间布局应该能满足市场的需求，同时还需考虑各个群体、集团的利益要求。

（3）城市空间是否体现城市文化特点

城市的美丽在于城市的特色。城市的空间形态千篇一律，地方特色缺失，是当前中国城市建设和发展中普遍存在的一种"流行病",值得城市管理和建设者们警醒。要在尊重自然规律的前提下,创造自然与人工相结合的美好环境;城市建筑在维护城市的统一性、整体性和协调性的同时,要突出城市的多样化;现代城市也要珍惜和保护历史文化传统风貌建筑、片区等;城市的各项建设一定要突出重点,搞好总体构思,精心设计并建设好重点街区和建筑群。

5. 生态环境目标的可行性

（1）城市生态环境目标是否与城市经济发展战略一致

切实可行的生态环境目标必须是与经济发展步伐相辅相成的,生态环境改善必须与产业空间的合理化和产业经济结构优化相一致。例如,北上广等大城市要实现环境空气质量指数达到一定标准,那么在中心区的大部分工业必须外迁,中心区大力发展第三产业。如果城市生态环境目标远远超过了经济发展战略目标,那么在实施过程中,城市经常会牺牲生态环境而发展经济,生态环境目标最终无法实现。

（2）环境污染治理目标的可行性分析

——环境污染治理的社会可接受性。即准备采取的污染控制行动在多大程度上是本地区社会和民众可以接受、给予支持的。

——准备提出的或将要实施的污染控制行动,对于本地区的经济体系来说,可承受程度如何,即有多大的财力和能力来支持实施污染控制行动。

——污染治理的可行性还要受制于环境技术的可能性。为了实现提出的环境目标,控制污染物,一定要有相应的技术给予支持。

——为了保证环境污染治理的可行,还要有相应的法律法规的支持。

——本地区环境污染的治理行动一定要获得可靠的、有保证的政治支持。

5.5.4.2　基于城市总体规划指标体系的目标实施性评估

以城市总体规划指标体系为对象的"实施完成率"评价是城市发展目标实施性评估较为常用和有效的方法之一,通过此评价可对城市发展目标的达成情况进行评估,以作为城市总体规划实施评估的重要内容,并可为进一步的发展目标调整、优化及重新制定提供反馈建议（图5-2、图5-3）。

城市总体规划指标体系"实施完成率"评价法,以"实施完成率"为核心参数建立指标评估体系从而进行评估。指标实施完成率计算公式如下:

$$S_w = \Delta S / \Delta W = (S_p - R_j) / (W_g - R_j) \quad (5-1)$$

式中,S_w为指标实施完成率;ΔS为指标实际增减量;ΔW为指标规划增减量;R_j为总体规划编制时期基期年份指标值;S_p为规划评价年份实际值;W_g为评价年份规划值。需要说明的是,根据其本身的确定性,W_g有两层含义:①对于总体规划已经明确近期规划指标的,W_g表示近期规划指标值,由于ΔS为客观实际变动量,ΔW为总体规划确定的规划增减量,具有规划客观性,S_w即为指标绝对实施完成率;

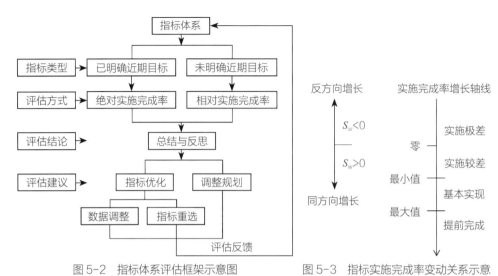

图 5-2　指标体系评估框架示意图　　　图 5-3　指标实施完成率变动关系示意

资料来源：马利波，席广亮，盖建，等.城市总体规划评估中的指标体系评估探讨 [J].
规划师，2013，29（3）：75–80.

②未明确近期指标的，W_g 表示按照总规预期增长速度得出的评价年份规划值，这便导致 W_g 带有一定的主观性，ΔW 就是一个相对增加量，S_w 即为指标相对实施完成率。

如果指标实施完成率大于 100%，表示现实数据已经超过总体规划确定的规划预期，即为提前完成；如果指标实施完成率小于 100%，表示当前的发展态势慢于规划预期，即为实施较差；指标实施完成率越接近 100%，表示规划执行力越强。当然，在现实情况下，完全等于 100% 的可能性较少，考虑到规划实施实际运行情况及经济波动带来的指标变动，规划与实际情况并不可能完全吻合。计算过程中按照指标规划年均增长速度上下浮动 1 年情况进行核算，如果指标实施完成率落在此区间内，可以认为与规划相吻合，即为基本实现；如果指标实施完成率高于区间最大值，即为提前完成；如果指标实施完成率低于区间最小值，即为实施较差。当指标实施完成率小于 0 时，说明指标的规划预期发展方向与实际变动方向相反，规划实施极差。

5.6　城市发展的相关战略

每个城市都有其独特性，因此不同城市其发展战略研究的着重点也不尽相同，然而就中国城市发展的阶段性特征及普遍关注的问题而言，城镇化战略、产业发展战略、空间发展战略和生态发展战略等四类战略往往会成为城市发展战略研究普遍关注的重点。

5.6.1 城镇化战略

城镇化战略研究是从区域或地区城乡发展的全局出发，分析城镇之间、城乡之间以及城镇内部人口、产业及空间分布特征、影响因素及作用机制，并对其未来发展趋势作出预判，进而提出相应的发展目标和应对策略。其研究的主要内容包括城镇化发展目标、发展模式及发展路径等。

1. 城镇化发展目标

城镇化发展目标涉及社会、经济、生态及城乡建设等多个维度，可简单概括为城镇化水平目标和城镇化质量目标两个体系。城镇化水平目标是指某一城镇行政辖区内人口或土地城镇化的数量水平目标，即通常意义上的城镇化水平预测值，是衡量城镇化发展水平的重要表征以及明确城镇化发展路径策略的前提与基础；城镇化质量目标涉及城镇之间、城乡之间、城镇自身三个维度，具体包括城镇关系及城乡关系建构、经济产业发展、国土空间规划、基础设施及公共服务设施建设、政策措施保障等多方面的目标内容。具体发展指标可通过城市总体规划指标体系加以落实（表5-4、表5-5）。

2. 城镇化发展模式

通常认为，城镇化模式是对特定地区特定阶段城镇化的动力机制、战略取向、演进过程和结果表现的概括和总结（图5-4）。从不同的角度划分，城镇化模式可以有不同的分类。如按照动力机制划分，有政府强制性推动的自上而下的城镇化模式和民间力量发动的自下而上的城镇化模式；从主导力量来看，有农民主动参与并分享成果的农民自主型城镇化和侧重城市生产功能和财富扩张的政府主导型城镇化之分；从动力来源来看，有偏离城市化规律的外生型城镇化和尊重经济规律的内生型城镇化；从战略取向来看，有大城市模式、中等城市模式、小城镇模式等；从动态演进来看，有以少数几个大城市或都市圈为主导的集中型城镇化和以众多大、中、小城市相互竞争、共同发展的分散型城镇化之分；按照地域特色划分，国内典型的有外资主导的珠三角模式和民营经济主导的苏南模式，国际上欧洲、美国、拉美、东亚各具特色。由此可知，从不同的角度、按照不同的分类标准进行划分的城镇化模式之间存在着混合交叉的特征。

3. 城镇化路径选择

城镇化路径指实现城镇化目标时的动力、机制、原则和方式，具体包括城镇化

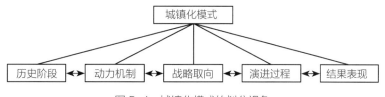

图 5-4　城镇化模式的划分视角

资料来源：尹来盛.国际比较视角下我国新型城镇化战略的路径选择 [J]. 城市学刊，2017，38（3）：6-11.

模式选择、城镇化动力机制选择以及发展方式选择等内容。不同的国家和地区由于城镇化发展背景条件、发展目标、发展模式及动力机制的差异，选择的城镇化路径也各不相同。

我国人口规模庞大、国土面积广袤、地域差异较大、资源紧缺、历史悠久，在经济新常态战略背景下，正在积极探索和践行一条"区域协调、城乡统筹、社会和谐、发展集约、环境友好、各具特色"的新型城镇化发展道路，并重点关注以下几个战略取向：

第一，在动力机制上，重点发挥市场在资本、劳动力、土地等资源配置中的决定性作用，同时积极发挥政府的规划引导作用，严格法律法规的刚性约束。第二，在空间布局上，按照"大范围分散，小范围集中"的原则，以城市群为主要空间载体，积极推动大、中、小城市协同发展，公平竞争，支持小城镇走特色化道路。第三，城市规划和建设应注重特色、风貌和品质，重点提高城市规划的前瞻性和持久性，有效发挥城市规划的指导作用，城市建设应延续城市文化和城市精神，防止"千城一面"。第四，在城市管理和公共服务上，应顺应增速减缓的经济新常态，以着力提升城镇化质量为核心，坚持以人为本，稳妥推进"人口—经济—社会—空间—生态"五位一体城镇化，积极改革与新型城镇化不相适应的户籍制度、土地制度、财税制度以及地方政府绩效考核制度。

5.6.2　产业发展战略

产业发展战略是指从产业发展的全局出发，分析构成产业发展全局的各个局部、因素之间的关系，找出影响并决定经济全局发展的局部或因素，而相应做出的筹划和决策。其主要研究内容包括区域功能定位、产业战略定位、产业发展策略等，也有部分城市的产业发展战略进一步深化到重点项目策划和规划实施方案层次。

1. 区域功能定位

产业规划的研究，必须对区域整体发展战略有准确的把握。区域功能定位主要指根据城市相关规划或者政府工作计划进行深入分析、研究，确定城市的区域功能定位、区域功能布局等，作为城市产业规划方案制定最直接的依据。

2. 产业战略定位

产业战略定位，主要基于区域功能定位的总体结论性意见，对城市的产业发展，从产业细分门类视角进行深入讨论和规划，确定城市要发展的产业门类、产业结构、产业布局及产业目标，描绘城市的产业发展蓝图。

3. 产业发展策略

产业战略定位解决的是产业发展的方向和目标的问题，而产业发展策略关注的是为达到既定的产业发展目标所应采取的发展策略和产业政策，为各产业职能部门提供最直接的工作方向和思路。

4. 重点项目策划

重点项目策划部分主要从行政区属的角度，进行落地的产业项目策划。内容包括总体概述、重要性分析、可行性分析、开发理念、项目设计、运营建议等。项目策划并不是漫无边际的，产业项目作为产业规划中最直接的落地成果之一，是区域功能定位、产业定位和功能布局等的重要承载者。

5. 规划实施方案

规划实施方案是实现产业发展规划的计划和路径，主要是推动产业按照产业目标向前发展的一系列对策、措施的集合，不但能落实到各个产业部门，而且能落实到各个空间地块。规划实施方案的提出，主要涉及战略阶段的划分、发展模式的确立、推进措施的建议等内容。

5.6.3 空间发展战略

城市空间发展战略是对城市区域和城市自身空间发展的战略性谋划和结构性安排，重在对城市土地及空间资源的科学、合理、有效的配置，是城市总体规划中城乡空间布局的重要研究基础和规划依据。具体研究内容主要包括空间布局结构、交通网络结构、景观环境格局等方面。

1. 空间布局结构

空间布局结构主要研究城市的整体空间结构、用地布局、空间形态，根据城市基本地理条件、环境条件、历史演进、生态状况等条件，结合城市产业布局、用地规模和未来的发展方向，确定城市在一定乃至更长时期内的空间发展策略、空间结构模式及空间形态方案。

2. 交通网络结构

交通网络结构是构筑空间结构的支撑骨架。交通网络结构的研究内容主要包括：城市对外交通构成及组织模式，城市内部各类交通方式的优化配置，城市内各个分区之间不同交通模式的转换，以及重大交通设施布局及道路网结构体系方案等内容。

3. 景观环境格局

景观环境格局主要研究城乡一体化绿色生态环境系统的塑造，包括构筑以中心城区为核心，覆盖整个市（县）域，城乡一体化的绿地系统（建设部，2002），以及依托公园、水体、自然保护区和农业地区形成城市绿色景观环境系统。

5.6.4 生态发展战略

城市生态发展战略是城市经济和社会发展总体战略中的重要部分，应根据生态规律、经济规律的要求和城市建设的实际情况来制定，城市生态发展战略必须综合考虑生态、经济、社会和科技四个要素，力求四大要素协调发展，以保证城市的健康发展。城市生态发展战略问题的研究要立足于区域自然生态环境，在维持区域自然生态系统支撑能力的基础上，保护环境，节约土地，建构合理、稳定、均衡的城市生态结构，满足经济高速发展条件下城市快速发展对生态环境维护优化的需求。

在生态发展战略研究中，通常涉及生态环境评价、城市生态安全评估、生态发展目标制定、城市生态安全格局规划等内容，而城市生态安全格局规划已成为新兴的重要研究内容。

城市生态安全格局是城市用地增长过程中，城市复合生态系统中某种潜在的空间格局，由一些点、线、面的生态用地及其空间组合构成，是对维护城市生态水平和重要生态过程起着关键性作用的空间格局。城市生态安全格局规划以城市生态系统的空间结构为研究对象，通过空间格局的优化，建立健康的系统空间格局，保护城市生态系统的生态过程及其服务功能，并满足城市发展的需要。以战略性、基础性、约束性的规划，保障城市生态系统的健康和服务功能，适应城市发展对空间资源的需求，科学引导、控制城市空间发展，使土地资源在城市规模、社会经济和生态环境三个约束条件下实现永续利用。

城市生态安全格局规划将建设用地视为城市景观生态格局中最为活跃的生态斑块，将城市空间增长视为改变城市生态格局的主要干扰源，通过以城市空间干扰为策动力的社会——生态过程的研究，识别城市生态系统的基本生态格局和关键地段；分析当前城市生态问题的空间诱因和潜在的生态风险；用空间规划的手段对保证系统生态安全的基本格局及其组分进行针对性的保护、优化。内容主要包括以下几点：

1.城市生态环境问题的分析。以主动性、针对性、等级性为指导原则，通过城市生态格局、生态过程与功能的分析，对城市生态环境问题存在的范围、强度、起因、过程等进行分析。

2.预测和评价。综合生态功能恢复对策、干扰控制对策以及社会经济对策，对城市空间增长的不同的干扰水平变化情况下的生态安全水平进行预测和评价。

3.确定城市安全格局的规划目标。对城市生态安全现状进行综合定位，提出规划设计的总体目标。这一规划环节需要平衡生态环境保护与城市空间发展的各种矛盾。随着城市生态安全格局规划方案的实施，城市生态安全规划目标也有适应性的变化。

4.城市生态安全格局规划。基于格局与过程原理和空间规划目标，创建能够不断优化的城市生态安全格局。这个空间格局应尽可能从根本上控制人为干扰、诱导有利的自然干扰。

5.适应性管理。基于城市生态环境持续改善的思路，需要对城市生态安全格局方案的实施进行适应性管理，这是一个动态、综合的过程，是不断优化城市生态安全的重要保障。

5.7 城市发展战略研究相关案例

国外城市发展战略规划形成于 20 世纪 60 年代，由于西方市场经济条件下区域与区域之间、区域与城市之间，城市与城市之间的经济竞争日趋激烈，区域发展和大都市区发展迫切需要制定发展规划的载体，城市发展战略规划扮演了此角色。初端以澳大利亚首都堪培拉发展战略研究报告《明日的堪培拉》为典型，至 20 世纪 70 年代，世界许多国家及城市相继完善和发展了城市发展战略规划，英国更以立法的形式确定其法律地位。但各国及城市在对待城市发展战略规划的理解、法律地位及理论方法上也不尽相同。

国内城市发展战略规划以 2000 年广州城市总体概念规划为标志（20 世纪 90 年代上海曾进行了细致的战略研究——《迈向 21 世纪的上海》），相继有南京、杭州、厦门、沈阳、哈尔滨等多个城市开展了城市发展战略规划研究。各城市均根据城市自身条件和所在的区位和背景，编制城市发展战略规划来解决城市发展中出现的矛盾和问题。本节收录了部分国内外城市发展战略规划研究的典型案例并对其进行了必要的整理和梳理，以供教学及研究参考。

二维码 5-1

具体详见二维码中内容。

本章参考文献

[1] 谢文蕙 . 城市发展战略与城市规划和建设的相关性 [J]. 城市发展研究，1997（1）：32–34.

[2] 饶会林，程鑫 . 城市发展战略的重要意义 [J]. 城市问题，1987（2）：6–9+20.

[3] 梁兴辉 . 城市发展战略的理论与方法探讨 [D]. 大连：东北财经大学，2005.

[4] 罗震东，赵民 . 试论城市发展的战略研究及战略规划的形成 [J]. 城市规划，2003（1）：19–23.

[5] 高雁鹏 . 试论城市发展战略规划编制的理论与方法 [D]. 长春：东北师范大学，2004.

[6] 郭志刚 . 城市发展战略规划的编制研究 [J]. 天津城建大学学报，2006，12（2）：86–88.

[7] 吴志强，于泓，姜楠 . 论城市发展战略规划研究的整体方法——沈阳实例中的理性思维的导入 [J]. 城市规划，2003，27（1）：38–42.

[8] 赵民，栾峰 . 城市总体发展概念规划研究刍论 [J]. 城市规划汇刊，2003（1）：1–6+95.

[9] 王雅娟，张尚武 . 空间战略规划：在实践中寻求超越 [J]. 城市规划汇刊，2003（1）：7–12+95.

[10] 苏燕羚，易晓峰，顾朝林，等 . 基于"竞争力导向"的城市发展战略研究——以"哈尔滨城

市发展战略规划"为例 [J]. 城市规划汇刊，2003（5）：68-72+97.

[11] 盛鸣. 城市发展战略规划的技术流程 [J]. 城市问题，2005（1）：6-10.

[12] 张复明. 城市定位问题的理论思考 [J]. 城市规划，2000，24（3）：54-57.

[13] 黄荣，戴俭. 以发展目标为导向的首都城市评价体系构建研究 [J]. 北京规划建设，2017（1）：
91-96.

[14] 马利波，席广亮，盖建，等. 城市总体规划评估中的指标体系评估探讨 [J]. 规划师，2013，29
（3）：75-80.

[15] 尹来盛. 国际比较视角下我国新型城镇化战略的路径选择 [J]. 城市学刊，2017，38（3）：6-11.

[16] 张维平. 秦皇岛市城市发展战略研究 [D]. 天津：天津大学，2007.

[17] 任西锋，任素华. 城市生态安全格局规划的原则与方法 [J]. 中国园林，2009，25（7）：73-77.

[18] 郐艳丽，田莉. 城市总体规划原理 [M]. 北京：中国人民大学出版，2013.

[19] 陈洋. 巴黎大区 2030 战略规划解读 [J]. 上海经济，2015（8）：38-45.

[20] 马祥军，李朝阳. 香港 2030 年远景规划及启示 [J]. 规划师，2009，25（5）：67-72.

[21] 吕传廷，吴超，黄鼎曦. 从概念规划走向结构规划——广州战略规划的回顾与创新 [J]. 城市规
划，2010（3）：17-24.

[22] 庄少勤. 迈向 2040：上海城市规划战略思考 [J]. 上海城市规划，2014（6）：1-4.

[23] 中共武汉市委，武汉市人民政府. 武汉 2049 远景发展战略 [M]. 武汉：武汉出版社，2014.

[24] 徐泽，张云峰，徐颖. 战略规划十年回顾与展望——以宁波 2030 城市发展战略为例 [J]. 城市
规划，2012，36（8）：73-79.

第二篇

市（县）域规划

第6章

市（县）域"三生"空间规划

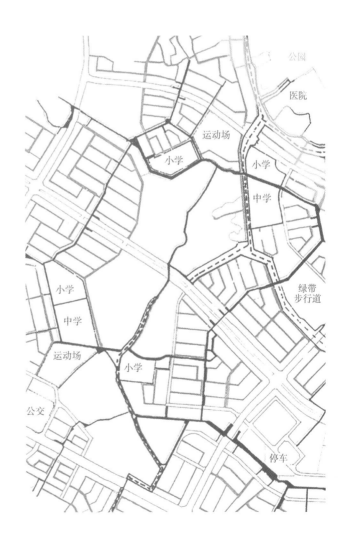

当前我国全面贯彻党的十九大精神，以习近平新时代中国特色社会主义思想为指导，紧紧围绕统筹推进"五位一体"总体布局和协调推进"四个全面"战略，牢固树立和贯彻落实新时期发展理念。为了加快推进新时期我国市（县）域生态文明建设，实现我国市（县）域国土空间资源可持续健康发展和多规融合目的，以人为本，科学合理地优化利用和保护市（县）域国土空间资源，全面加强市（县）域国土空间管控；统筹协调市（县）域生产、生活和生态空间。因而，市（县）域"三生"空间规划制定已成为新时期我国市（县）域城乡总体规划中新增的规划技术内容，是我国城乡规划制定十分重要的工作任务。

6.1 "三生"空间基本内涵

6.1.1 "三生"空间系列新政策

2000年以来，国家发展和改革委员会要求各级政府在制定规划时，不仅要考虑产业分布，还要考虑空间、人、资源、环境的协调。2008年10月国务院印发的《全国土地利用总体规划纲要（2006—2020年）》明确规定生态用地与生活、生产用地并行，提高城镇发展中生态用地比例。2010年12月国务院印发的《全国主体功能区规划》按开发方式和开发内容划分为不同主体功能区，按照生产发展、生活富裕、生态良好的要求，通过保证生活空间、扩大绿色生态空间、保持农业生产空间、适度压缩工矿建设空间来调整优化国土空间。

2012年11月，中共十八大报告明确提出"促进生产空间集约高效、生活空间宜居适度、生态空间山清水秀"的总体要求，将优化国土空间开发格局作为生态文明建设的首要举措。随后，2013 年 11 月十八届三中全会通过《中共中央关于全面深化改革若干重大问题的决定》进一步提出建立空间规划体系，划定生产、生活、生态空间开发管制界限，落实用途管制以及划定生态保护红线、建立国土开发空间开发保护制度。2013 年 12 月中央城镇化工作会议延续上述总体要求，并将提高城镇建设用地利用效率，形成生产、生活、生态空间的合理结构作为推进新型城镇化主要任务。2015 年中央城市工作会议再次提出城市发展要依据生产、生活、生态空间的内在联系统筹布局，提高城市发展的宜居性。2016 年 3 月第十二届全国人大四次会议通过的《中华人民共和国经济和社会发展第十三个五年规划纲要》强调，建立由空间规划、用途管制、差异化绩效考核等构成的空间治理体系，推动城市、农业和生态安全战略格局的主体功能区布局。

2017 年 1 月中共中央办公厅国务院办公厅印发的《省级空间规划试点方案》以主体功能区规划为基础，科学划定城镇、农业、生态空间及生态保护红线、永久基本农田、城镇开发边界。2017 年 1 月国务院印发的《全国国土规划纲要（2016—2030 年）》要求，坚持国土开发与资源环境承载能力相匹配、人口资源环境相均衡，根据资源禀赋、生态条件和环境容量，明晰国土开发的限制性和适宜性，划定城镇、农业、生态空间开发管制界限，科学确定国土开发利用的规模、结构、布局和时序。

2018 年 11 月，中共中央　国务院正式印发《关于统一规划体系更好发挥国家发展规划战略导向作用的意见》（中发〔2018〕44 号）明确提出"强化空间规划的基础作用，国家级空间规划要聚焦空间开发强度管控和主要控制线落地，全面摸清并分析国土空间本底条件，划定城镇、农业、生态空间以及生态保护红线、永久基本农田、城镇开发边界"。

2019 年 5 月，中共中央　国务院正式印发《关于建立国土空间规划体系并监督实施的若干意见》（中发〔2019〕18 号）明确提出"综合考虑人口分布、经济布局、国土利用、生态环境保护等因素，科学布局生产空间、生活空间、生态空间"。

上述系列国家政策文件标志着新时期我国国土空间开发利用、保护和管控将从以生产、生活空间为主，生态空间为辅，转向生产空间、生活空间、生态空间（以下简称"三生"空间）全面协调发展的新方向。

6.1.2　市（县）域"三生"空间规划基本概念

当前，国家《关于建立国土空间规划体系并监督实施的若干意见》明确提出了我国"五级三类"国土空间规划体系，其中"五级"是指国家、省、市、县和乡镇五级自上而下的国土空间总体规划层级。本章所讲"三生"空间规划主要是指市（县）域级"三生"空间规划。主要是针对性地解决我国县（市、区）级行政区划范围内国土空间资源保护、开发利用和管控以及生产、生活和生态空间相协调的科学合理性问题。市（县）域"三生"空间规划原则上应依据新时期国家、省、市、县域国民经济和社会近远期发展需求和上位规划要求等，坚持推进新型城镇化和乡村振兴两大战略实施，坚持创新、协调、绿色、开放和共享国家新时期发展理念，以人为本，集约节约利用资源，统筹协调布局生产、生活、生态空间。

本章所讲市（县）域"三生"空间规划是指以县（市、区）全域国土空间为对象，在一定时期内以实现市（县）域国民经济和社会可持续健康发展为目的，以人为本，统筹协调城乡生产、生活和生态空间关系，加强生态环境和历史文化保护，保障公共安全和综合防灾，科学合理地部署市（县）域国土空间的城镇空间、农业空间和生态空间三类空间，并划定生态保护红线、永久基本农田和城镇开发边界"三线"和禁止建设区、限制建设区、适宜建设区"三区"以及明确其管制要求。市（县）域"三生"空间规划是新时期我国市（县）域城乡总体规划的重要组成部分。

6.2 "三生"空间功能特征及其构成要素

一般来讲，市（县）域"三生"空间泛指市（县）域国土空间所承载的生产、生活和生态三类空间；从国土空间资源的保护、开发利用和管控角度来看，主要是指市（县）域国土空间划分为城镇空间、农业空间和生态空间三类空间。

6.2.1 "三生"空间基本功能内涵

生产、生活和生态三种功能空间，是自然生态环境系统和社会经济系统协同耦合的产物。其中，生产空间主要与产业发展有关，是以提供工业产品、农产品和服务产品为主导功能的区域，主要含城市工业区、城镇工业区、工矿建设区域和农业生产区域等；生活空间是以提供人类居住、消费、休闲和娱乐等为主导功能的区域，含城市、城镇和农村居民点空间；生态空间是以提供生态产品和生态服务为主导功能的区域，在调节、维持和保障区域生态安全中发挥重要作用。在"三生"空间中，生态空间是"三生"空间的基础，支撑生产和生活空间实现自身功能，是协调人地关系乃至实现区域可持续健康发展的关键。一般来说，生产、生活和生态空间的目标导向和发展效应各异，总体上追求合适比例和空间优化，具有共生融合效应。

生态功能通常包括生态系统服务功能和生态防护功能两种类型。将生态系统服务功能细分为水源涵养、地下水补给、土壤保持、生物多样性保护、低碳、自然景观保护等，将生态防护功能细分为洪水调蓄、防风固沙、石漠化预防、地质灾害防护、铁路道路和河流防护、海岸带防护等。

生产功能由生态系统功能分类和人类活动的利用功能相结合而划分，按照人类的需求从基础层次到高级层次将生产功能划分为生存物质供给、基础生产、能矿生产和间接生产4个二级功能。其中，生存物质供给功能参考生态系统功能分类包括淡水供给、食物供给、基因资源3个三级功能；基础生产功能参考人类的农业活动包括木材供给、纤维供给、药物供给、装饰资源4个三级功能；能矿功能包括能源生产和矿产生产2个二级功能；间接生产功能包括工业产品生产和服务业产品生产2个三级功能。

生活功能则被多数学者按照人类活动的需求层次划分为生活承载、生活保障和文化休闲3个二级功能。其中，生活承载包括居住承载、交通承载、公共服务承载3个三级功能，生活保障包括基本生活配套和就业保障2个三级功能，文化休闲包括科学与教育、娱乐休闲2个三级功能。

6.2.2　生态空间功能特征及其主要要素

生态空间，是具有自然属性的，主要承担生态服务和生态系统维护功能的地域，以自然生态为主，以提供生态服务或生态产品为主体功能的国土空间。生态空间要加强林地、河流、湖泊、草原、湿地、海洋等生态空间的保护和修复，提升生态功能。生态空间要实行严格的产业和环境准入制度，严控开发活动，控制开发强度。对其中的禁止开发区域，要划定生态保护红线，实施强制性保护措施。

生态空间主要包括森林、草原、湿地、海域及海岸带、河流、湖泊、滩涂、荒地、荒漠、岛屿以及一些零散分布其中的村落等。

6.2.3　农业空间功能特征及其主要要素

农业空间，是以农业生产和农村居民生活为主体功能，主要承担农产品生产和农村生活功能的地域。以山水林田风光为主，分布着一定数量的集镇和村庄。农业空间重点强化农林用地保护，推动农林用地整理，促进农林用地规模化、标准化建设。要严格加强农林用地转为建设用地管控，优化整合农村居民点，繁荣历史文化村落，保护农村山水林田自然景观。

农业空间主要包括永久基本农田、一般农田、园地、林地等农林生产用地以及村庄等农村生活用地。

6.2.4　城镇空间功能特征及其主要要素

城镇空间是重点进行城镇建设和发展城镇经济的地域，以城镇居民生产、生活为主体功能的区域。着力提高土地集约利用水平，提升单位国土面积的投资强度和产出效益；以强化盘活存量和优化控制增量为导向，优化城镇用地结构，并控制工矿建设空间和各类开发区用地比例，促进产城融合和低效建设用地的再开发；尤其是对旧城更新等优化开发区域的城镇空间，要进一步控制开发强度，着力促进存量空间的创新调整和提升。

城镇空间主要包括城市建设空间、开发区、工矿建设空间以及部分镇（乡）政府驻地的开发建设空间，即指已经形成的城镇建成区和规划的城镇建设区以及一定规模的开发园区等。

总体来讲，科学布局生态、农业、城镇三类空间，是对市（县）域国土空间开发利用、保护与管控的总体部署，是未来国民经济社会可持续健康发展的重要载体。

6.3 市（县）域"三生"空间规划主要阶段、内容与方法

6.3.1 "三生"空间规划主要工作阶段

市（县）域"三生"空间规划制定主要工作阶段分为五个阶段。首先，开展市（县）域生态、农业和城镇"三类空间"现状调查、基础资料收集整理和实施评估等工作；其次，结合规划研究对象，开展生态、农业和城镇"三类空间"的功能体系分类和属性识别等研究分析工作；第三，按照相关技术指南、规范和标准等要求，开展市（县）域国土空间资源环境综合承载力和土地适用性"双评价"基础工作，有必要还需开展关键问题的专题研究工作；第四，结合规划研究对象，在前期研究工作基础上，开展生态保护红线、永久基本农田和城镇开发边界划定以及底线管制要求的编制工作；最后，开展编制市（县）域生态、农业和城镇"三类空间"科学合理的空间格局规划方案，在此基础上，研究细化城镇组织、产业发展、公共服务、基础设施、生态环境保护等的空间布局，进一步优化生态、农业和城镇"三类空间"布局规划等。

6.3.2 "三生"空间规划主要技术内容

在国家层面和省级层面，在保障国家生态安全、粮食安全、城乡安全的基础上划定生态、农业和城镇"三类空间"和生态保护、永久基本农田和城镇开发"三条红线"。因而，市（县）域"三生"空间规划首先应落实国家和省域国土空间总体规划、国家级专项规划和区域规划等相关上位规划要求；其次依据市（县）域国民经济和社会发展规划等宏观规划和政策依据，在市（县）域国土空间资源环境综合承载力和土地适用性的"双评价"基础上，主要依托市（县）域国土空间行政边界和自然边界等要素相结合，将市（县）域国土空间划分为城镇、农业、生态三类空间，通过三类空间的科学合理布局，形成统领市（县）域国土空间管控和指导发展的全局蓝图，形成市（县）域国土空间多规合一的、科学布局的"一张图"。主要技术内容具体来讲如下：

1. 梳理相关上位规划要求。即指梳理国家相关政策和专项规划以及区域规划、国家和省域国土空间总体规划以及市（县）域国民经济和社会发展规划等上位规划要求。

2. 采用相关新技术和新方法，开展市（县）域国土空间的资源综合承载力和土地适用性的"双评价"基础分析和有关关键问题的专题研究。

3. 采用定量和定性相结合，开展市（县）域国土空间资源的生态、农业和城镇"三类空间"功能用途、分类、识别以及体系建构等专项研究。

4. 采用目标导向和问题导向相结合，划定市（县）域国土空间的"三区三线"，即划定生态保护红线、永久基本农田、城镇开发边界和禁止建设区、限制建设区、适宜建设区，并制定"三区三线"的规划管制要求和负面清单。

5. 采用功能引领与实施管控相结合，制定市（县）域国土空间的生态、农业和城镇"三类空间"的规划布局方案。

6. 明确市（县）域国土空间总体规划实施与管理建议。

6.3.3 "三生"空间规划布局主要原则

一般来讲，市（县）域"三生"空间规划布局主要遵循以下原则：

1. "三类"空间范围连绵成片且相对稳定。

2. 严格落实国土空间底线管控的要求，优先划定"三区三线"（生态保护红线、永久基本农田、城镇开发边界和禁止建设区、限制建设区、适宜建设区）。

3. 生态空间划分为用于生态服务和生态保护两类，并对应建立差异化的生态资源使用、生态补偿等方面的扶持政策和制度。

4. 生产空间以工商业和农业生产功能为主，坚持效益优先原则，在用地适应性和资源综合承载力双评价的基础上综合划定。

5. 生活空间以居住和休闲为主，包括必要的公共服务和日常生活服务功能。

6.3.4 "三线"规划管控主要要素与一般要求

一般来讲，市（县）域"三线"是指针对市（县）域内特殊的、涉及生态底线、永久基本农田保护和城镇开发控制的国土空间资源依法严格管控而划定的"三条红线"。

市（县）域"三线"所管控的空间区域，主要包括需保护的自然生态和法定禁止开发区两类保护性资源要素以及优先开发利用的资源要素。具体如下：

1. "三线"规划管控主要要素

在生态保护红线范围内，主要包含有国家森林公园和湿地公园、省级以上风景名胜区的核心保护区、城乡生活饮用水源地（含备用水源地）一级保护区及其相关水域、候鸟保护区等法定禁止开发区域和自然生态湿地、滩涂、原始森林、一级保护林地、有坡度大于 35% 以上的或植被覆盖较好的山体、荒漠、江河湖泊、溪流、中大型以上水库、海洋及生态优良的海岸带、生态岛屿等对象。

在永久基本农田保护红线范围内，主要包含有国务院有关主管部门或者县级以上地方人民政府批准确定的粮、棉、油生产基地内的耕地，有良好的水利与水土保持设施的耕地，正在实施改造计划和可以改造的中、低产田，蔬菜生产基地和农业科研、教学试验田以及分布在上述区域的农村居民点等对象。

在城镇开发边界控制红线范围内，主要包含有城市建设空间、开发园区、工矿建设空间以及部分镇（乡）政府驻地的开发建设空间等，即指已经形成的城镇建成区和规划的城镇建设区以及一定规模的开发园区等对象。

2. "三线"规划管控一般要求

在"三线"区域内，除应遵守我国现行相关法律法规、部门规章以及行政法规等要求，"三线"规划管控一般要求如下：

在生态保护红线内，尊重自然、顺应自然、保护自然，突出生态文明建设，严守红线意识，加强生态环境综合治理，积极调整生态用地结构，提倡保护与利用并举，提升生态服务价值。坚持生态优先保护原则，明确山体、二级保护林地、江河湖、海域及海岸带、湿地等自然生态空间主体责任，保留其中包含的原有乡村原有风貌和自然原生态景观。慎砍树、禁挖山、不填保护水域，优化水系、林网等生态空间格局。任何单位和个人不得开展对主导生态功能产生影响的生产生活行为和开发建设活动。在生态保护红线范围内严禁开发建设，并建立各级政府和管理部门生态保护责任考核机制。

在永久基本农田保护红线内，严格遵守《基本农田保护条例》等国家法律法规和行政法规。禁止任何单位和个人在基本农田保护区内建窑、建房、建坟、挖砂、采石、采矿、取土、堆放固体废弃物或者进行其他破坏基本农田的活动。禁止任何单位和个人闲置、荒芜基本农田。经县级以上人民政府批准的重点建设项目占用基本农田的，满 1 年不使用而又可以耕种并收获的，应当由原承包该幅基本农田的集体或者个人恢复耕种，也可以由用地单位组织耕种；连续 2 年未使用的而又可以耕种并收获的，由县级以上人民政府无偿收回用地单位的土地使用权；该幅土地原为农民集体所有的，应当交由原农村集体经济组织恢复耕种，重新划入基本农田保护区；1 年以上未动工建设的，应当按国家和地方政府相关规定缴纳闲置费；未建建设项目占用基本农田而又被破坏的，应由该建设项目所有权单位恢复为基本农田。

在城镇开发边界控制红线内，合理优化城镇建设空间，引导城镇建设用地相对集中布局，引导工业向城镇产业空间集聚，集约紧凑发展。优化城镇建设用地结构，原则上以优化控制增量，强化盘活存量为主，明确各类城镇建设用地用途、开发强度等要求。提升城镇公共服务设施建设水平，完善城镇基础设施建设，严格保护历史文化，保障公共安全和综合防灾。严禁在城镇开发边界控制红线范围外设立各类开发区，不得擅自在城镇开发边界控制红线范围外开展大规模开发建设活动。

6.3.5 "三区"规划管控主要要素与一般要求

空间管制作为一种有效而适宜的资源配置调节方式，已成为重要的规划管控方式和必不可少的规划内容。通过划定区域内不同建设发展特性的类型区，制定其分区开发标准和控制引导措施，统筹协调生产、生活和生态空间资源，可协调社会、经济与环境可持续发展。空间管制分为政策性分区和建设性分区两类。政策性分区指根据区域经济、社会、生态环境与产业、交通发展的要求，结合行政区划进行次区域政策分区，不同政策分区实施不同的管制对策，实施不同的控制和引导要求；建设性分区为禁止建设区、限制建设区、适宜建设区。

1."三区"规划管控主要要素

为了更科学合理地保护和开发利用市（县）域国土空间资源，加强对市（县）域国土空间资源依法管控，在制定市（县）域"三生"空间规划中，还需编制市（县）域国土空间管制规划内容。即划定市（县）域国土空间的建设性分区，即为禁止建设区、限制建设区、适宜建设区三大建设性政策管控区。具体来讲：

禁建区即禁止建设区域。一般在规划中为了起到保护、安全、景观等目的，实施的一种规划手段。主要包括生态保护红线区、基本农田保护区、历史文化保护区的核心区和零散的一定级别以上历史文物等。

限建区指生态重点保护地区和根据生态、安全、资源环境等需要控制的地区。城市建设用地需要尽量避让，如果因特殊情况需要占用，应做出相应的生态评价，提出补偿措施。或做出可行性、必要性研究，在不影响安全、不破坏功能的前提下，可以占用，但是程序严格。主要包括水源地二级保护区、地下水防护区、风景名胜区自然保护区森林公园的非核心区、文保单位的建设控制地带、文物地下埋藏区、机场噪声控制区、基础设施廊道和道路红线外控制区、除生态保护红线区外的生态保护区、采空区外围、地质灾害中易发区和低易发区、工程地质条件较差的三类用地、坡度在25°~35°之间的山体、行洪河道外围一定范围等。

适建区是指优先建设区域，可用于房屋开发或其他建设。主要包括城市（镇）可建建设发展的区域、农村居民点适宜建设区域以及国家和地方重要项目建设区域等。

2."三区"规划管控一般要求

禁止建设区内严禁进行开发建设，实行严格依法的底线管控；特殊建设项目坚持实行"一事一议"和分级审批的管理制度;严格执行项目门槛准入制度;禁止占用该区域内一级保护山体和林地、江河湖泊和水库等水体以及生态湿地等用地;大力鼓励在区域内植树种草造林,加强生态环境涵养和保育;禁止各类污染源进入一级饮用水源地保护区,不得在水源保护地及其附近进行开发建设,不得随意向河流、湖泊和水库等水体排放污染物;严禁取土制砖、修墓、乱砍滥伐、倾倒废物等各种破坏活动发生,严防生态植被遭到破坏。

限制建设区内一切社会经济发展活动必须服从保护和发展协调需要,严格执行有关法律法规和法定规划,严格执行项目门槛准入制度;鼓励发展农田林网化工程,鼓励发展经济林、水土保持林、水源涵养林,促进种植业生态环境保护;严禁进行可能导致农业污染、破坏土地环境的经营活动;土地确实需改变为非农建设用地的,必须按照有关程序审批;鼓励发展高效种植业和果品业,积极支持粮、果、饲等农业生产,促进农业资源可持续利用和农产品商品率提高;提倡和鼓励节水灌溉设施建设和节水农艺技术的推广使用,不断提高水资源利用率。

适宜建设区内一切建设开发活动必须严格执行有关法律法规和法定规划,严格执行建设项目审批管理的法定程序;以人为本,本着"集约、节约和高效"原则,高效利用建设用地,优化控制增量,强化盘活存量,严格控制人均建设用地;鼓励发展水土保持林和水源涵养林,促进城镇生态环境保护;严禁进行破坏生态环境的经营活动;严禁占用基本农田,占用其他农用地确实需改变为非农建设用地的,必须按照有关规定审批,农用土地在批准改变用途前,应按原用途使用,不得提前废弃、撂荒;对于占有而不建的用地必须依法收回。

6.3.6 "三生"空间规划主要工作方法

当前,我国市(县)域"三生"空间规划主要方法大多是基于或参考自然资源、住房和城乡建设部门的土地利用规划和城乡规划两大领域的相关研究工作方法,或借鉴经济地理学、生态环境学、景观学等领域的研究工作方法。具体来讲,我国市(县)域"三生"空间规划主要方法有目标导向与问题导向相结合、定性和定量相结合、需求导向与实施管控相结合、量化测算和归并分类相结合等方法。一般采用GIS、RS、CAD和大数据等信息化新技术辅助手段。

伴随着科学技术的快速发展,我国市(县)域国土空间资源保护利用和管控工作精准化等要求在不断变化,在市(县)域"三生"空间规划工作中的不同技术工作阶段,针对不同区域尺度的研究对象,也出现了一些新方法、新技术的实践和创新,主要有核密度分片法、基本单元分析法、单一空间识别法等,虽然这些方法都还处在个案实践探索总结研究阶段,但具有较强的借鉴和学习意义。

例如:在"三生"空间功能识别阶段,国内外学者对"三生"空间使用的基本分析单元划分方法，主要有用地行政区和类型区两类。行政区常用于全国、省、城市群等宏观尺度和市县中观尺度的"三生"功能空间识别。如马世发等学者以县级行政区进行一定的拆分或重组，构建空间可比单元进行研究；赵中华学者按照主体功能区战略，以行政村为基本分析单元进行研究。用地类型区常用于县市城区、乡镇镇区等微观尺度的"三生"功能空间识别，如白如山等、扈万泰等学者分别基于第二次全国土地调查和《城市用地分类与规划建设用地标准》GB 50137—2011，对不同的用地类型逐一确定其"三生"功能空间划分。朱媛媛等学者先以行政村为基本单元，划定各村的主导功能，然后以用地类型为基本单元，对识别结果进行细化研究。目前上述两类基本单元分析方法相结合的研究方法呈主流趋势。

又如针对单一功能的空间识别，目前对生态空间的划分共识较强，认为林地、灌丛、草地、水体、湿地、苔原、沙地、盐碱地、裸岩、冰川及永久积雪等用地类型具有显著的生态价值，应划分为生态空间。然而，生产空间和生活空间的划分往往随着研究尺度和具体区域的变化而差别较大。在宏观、中观尺度下，生活空间指城镇用地和农村居民点用地，生产空间指农业用地和工矿用地。而在乡镇村、开发区等微观尺度下，生活空间仅指农村居民点和城镇用地中的住宅用地、公共生活用地、教育用地等，生产空间除农业用地和工矿用地外，还包括城镇用地中的工业用地、仓储用地和商业服务用地等与生产活动相关的用地类型。即便是基于《城市用地分类与规划建设用地标准》GB 50137—2011的"三生"功能划分，不同学者也存在不同的理解。扈万泰等学者以《城市用地分类与规划建设用地标准》GB 50137—2011为基础，分别从城乡、城镇、乡村等不同空间区域视角探讨"三生"空间的对象内容，进而结合城乡规划体系识别"三生"空间。舒沐晖等学者认为，《城市用地分类与规划建设用地标准》GB 50137—2011中的B类用地（商业服务业设施用地）可分为生产性和生活性两类，分别归属于生产空间和生活空间，但B2中类（商务用地）既包括生产性商业用地又包括生活性商业用地，因此无法从更小尺度划分。李广东学者则认为第三产业全都属于生产空间，因此将B1中类（商业用地）和B2中类（商务用地）划分为生产空间。

上述基于对研究对象尺度和视角等方面认识不同，虽然国内学者研究结果有些差异，但是也启迪我们对市（县）域"三生"空间更深入、更精准化地理解和思考。

6.4 案例：湖北省谷城县县域"三生"空间规划

湖北省谷城县县域"三生"空间规划扫码阅读。

二维码6-1

本章参考文献

[1] 黄金川，林浩，漆潇潇．面向国土空间优化的三生空间研究进展 [J]. 地理科学进展，2017，36（3）：378–391.

[2] 扈万泰，王力国，舒沐晖．城乡规划编制中的"三生空间"划定思考 [J]. 城市规划，2016（5）：21–26，53.

[3] 冯艳，黄亚平．大城市都市区簇群式空间发展及机构模式 [M]. 北京：中国建筑工业出版社，2013.

[4] 刘志超．新型空间规划体系下的县级"三生空间"布局与"三线"划定 [J]. 规划师 2019，35（5）：27–31.

[5] 江曼琦．城市"三生空间"优化与统筹发展 [J]. 区域治理，2019（14）：11–17.

[6] 刘刚，刘坤，雷锦洪，等．谷城县城乡总体规划（2018—2035）（规划纲要成果）[Z]. 襄阳：襄阳市城市规划设计研究院，2018.

第 7 章

城乡统筹与
市域城镇体系规划

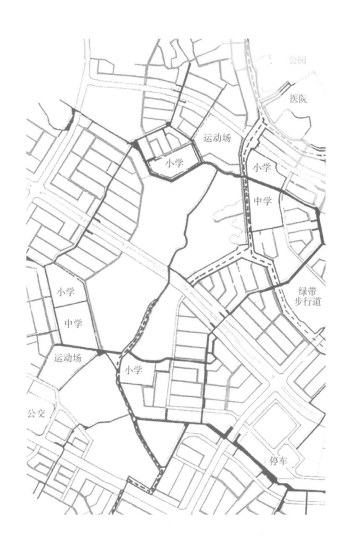

新型城镇化是以城乡统筹为手段，最终实现城乡一体化发展目标的过程。中国的新型城镇化进程已进入到全新的阶段，具有新的阶段特征、问题和发展目标。在这一背景下，城市总体规划和城镇体系规划需要根据新的发展要求对目标、内容方法和技术进行调整。市域城镇体系规划的核心包括城镇职能分工结构、城镇等级规模结构、地域空间结构、基础设施和社会设施规划五大方面的内容。本章着重探讨与介绍了市域城镇体系规划六大核心内容的规划理论模式、规划思路方法和规划技术内容。值得注意的是，我国的城市类型具有多样性，处于不同区域的城市由于地理条件、经济发展水平、社会政策等方面的差异，规划的方法与内容也具有一定差异性。

7.1 城镇化与市域城乡统筹发展战略

7.1.1 城镇化与城乡统筹发展新要求

　　新型城镇化是现代化的必由之路，是最大的内需潜力所在，是经济发展的重要动力，也是一项重要的民生工程。新型城镇化是一个综合载体，不仅可以促进农业现代化、提高农民生产和收入水平，而且有助于扩大消费、拉动投资、催生新兴产业，释放更大的内需潜力，为中国经济平稳增长和持续发展增动能。基于我国当前的发展现状及发展需求，城镇化与城乡统筹发展应秉持高质量发展和生态文明的特色化道路，以人的城镇化为核心，以提高质量为关键，以体制机制改革为动力，紧紧围绕新型城镇化目标任务，加快推进户籍制度改革，提升城市综合承载能力，制定完善土地、财政、投融资等配套政策。

1. 以人为核心，推进农业转移人口市民化

推进城镇化的首要任务是促进有能力在城镇稳定就业和生活的常住人口有序实现市民化，推进城镇基本公共服务常住人口全覆盖。

2. 提升城市功能，倡导包容、健康、可持续发展

加快城镇棚户区、城中村和危房改造；统筹道路交通、地下管网等基础设施规划建设；在城市新区、各类园区、成片开发区全面推进海绵城市建设；提升城市教育、医疗、养老等公共服务水平，均衡配置城乡公共服务资源；加强城市抵御自然灾害的承载力，提高处置突发事件和危机管理能力。

3. 增强区域统筹，培育中小城市和特色小城镇

十九大报告中明确指出要"以城市群为主体构建大中小城市和小城镇协调发展的城镇格局"。未来区域城镇化发展应充分发挥市场主体作用，推动小城镇发展与疏解大城市中心城区功能相结合、与特色产业发展相结合、与服务"三农"相结合。发展具有特色优势的休闲旅游、商贸物流、信息产业、先进制造、民俗文化传承、科技教育等魅力小镇；培育发展一批中小城市；加快城市群建设，推进城市群基础设施一体化建设。

4. 城乡均衡发展，辐射带动新农村建设

推动基础设施和公共服务向农村延伸，推进城乡基本公共服务均等化；带动农村一、二、三产业融合发展，特别是农村电子商务的发展。

5. 参与城市治理全过程，完善土地与住房制度

规范推进城乡建设用地增减挂钩，高标准、高质量推进村庄整治，完善土地经营权和宅基地使用权流转机制；建立购房与租房并举、市场配置与政府保障相结合的住房制度，健全以市场为主满足多层次需求、以政府为主提供基本保障的住房供应体系。

7.1.2 市域城乡统筹发展战略目标

1. 统筹空间、规模、产业三大结构，提高城市工作的全局性

在《全国主体功能区规划》《国家新型城镇化规划（2014—2020年）》的基础上，结合实施"一带一路"建设、京津冀协同发展、长江经济带建设等战略，明确城市发展空间布局、功能定位。强化城市和小城镇产业协作协同，逐步形成横向错位发展、纵向分工协作的发展格局。加强创新合作机制建设，构建开放高效的创新资源共享网络，以协同创新牵引城市协同发展。城市工作必须同"三农"工作一起推动，形成城乡发展一体化的新格局。

2. 统筹规模、职能、结构三大任务，提高城市发展的协同性

合理安排市域内各城镇的等级规模、职能定位，形成分工有序又协同一体的城

镇体系结构，使城市定位更明确，要素配置更合理，发展优势更突显。各城镇之间通过资源和生产要素的自由流动和优化配置，相互协作，优势互补，以城带乡，以乡促城，互为市场，互相服务，实现持续趋优的动态发展。

3. 统筹生产、生活、生态三大布局，提高城市发展的宜居性

城市发展要把握好生产空间、生活空间、生态空间的内在联系，实现生产空间集约高效、生活空间宜居适度、生态空间山清水秀。关注城市布局合理性，提高城镇住房保障力，提升城镇环境适灾性，推动工程设施网络化，加强公共服务配置精准化。始终将集约发展和绿色低碳理念融入规划建设中。

4. 统筹规划、建设、管理三大环节，提高城市发展的系统性

调动各方面的积极性、主动性、创造性，集聚促进城市发展正能量。要坚持协调协同，推动政府、社会、市民同心同向行动，使政府有形之手、市场无形之手、市民勤劳之手同向发力。要创新政府城市治理方式、拓展企业规划参与路径、提高市民规划参与兴趣，实现城市共治共管、共建共享。要推进规划、建设、管理、户籍等方面的改革，确定管理范围、权力清单、责任主体。

7.1.3 市域城乡统筹发展战略内容

1. 区域协调

明确本城市在区域中的定位，落实跨区域协调要求以及市域内市区与外围县、市的协调要求，在功能布局、重大设施建设、资源利用和生态环境保护等方面进行统筹协调。

2. 城镇化和城镇发展

制定城镇化目标和策略，预测市域总人口和城镇化水平。合理安排市域城镇空间结构，明确重点城镇功能定位和规模，提出市域各级城镇空间、职能、规模，对市域内县级市、县城和不同类型镇及特色小城镇进行规划建设指引。科学进行市域重大交通、水利和市政基础设施网络布局和通道控制。

3. 空间分区

明确生态空间、农业空间、城镇空间格局。在农业空间中，明确耕地保护线及永久性基本农田；综合各类保护要素、保护区名录，划定生态红线，提出各类空间区划的管控要求。

4. 城乡统筹

以城乡基本公共服务均等化为目标要求，结合市域城镇体系，分级分类提出城乡基础设施、公共服务设施配置标准。根据乡村统筹发展建设要求，提出农村居民点布局优化方案，明确生态空间中现有村庄的环境整治和建设控制要求。

7.2 市域城镇体系职能分工结构规划

市域城镇职能类型规划是针对城镇现状职能构成的特点，结合区域社会经济发展环境与发展战略，确定城镇的性质、特色、地位、作用和发展方向，其实质是使体系中每个城镇具有明确合理的分工，使其优势得到充分发挥，以取得最佳的整体效益（彭震伟，1998）。

7.2.1 城镇职能分工类型

城镇的三大基本职能是：社会政治、经济和文化，可按行政职能、交通职能和经济职能进行分类，中国城镇的基本职能类型见表7-1。

中国城镇的基本职能类型　　　　　　　　表 7-1

主导功能	城镇基本职能	
以行政职能为中心的综合性城市	行政中心城市	全国性中心城市
		区域性中心城市
		地方性中心城市
以交通职能为主的城市	综合交通枢纽城市	水陆运输枢纽城市
		陆运枢纽城市
	部门交通型城市	铁路枢纽城市
		公路枢纽城市
		港口城市
以经济职能为主的城市	矿业城市	煤矿城市
		石油工业城市
		有色金属矿业城市
		非金属矿业城市
	工业城市	钢铁工业城市
		电力工业城市
		化学工业城市
		建材工业城市
		机械（电子）工业城市
		食品、纺织工业城市
		林业城市
		轻工业城市
		水利枢纽城市

续表

主导功能	城镇基本职能	
以流通职能为主的城市	贸易中心城市	地方贸易城市
		对外贸易中心城市
		边境口岸城市
以文化职能为主的城市	旅游城市（含历史文化名城）	—
	科学城	—
	纪念性城市	—

资料来源：顾朝林 . 中国城镇体系——历史、现状、展望 [M]. 北京：商务印书馆，1992.

1. 按行政职能分类

可分为国际性城市、首都、直辖市、省会、地区、县城和镇。国际性城市是指在某一方面的功能突出，超越了地域与国家的界限，在国际交往中发挥了重要作用的城市。从国际性城市的主导功能来看，可以分为政治型国际城市、经济型国际城市、交通型国际城市、文化型国际城市、旅游型国际城市和宗教型国际城市等（张沛，2006）。

2. 按交通职能分类

现代交通已经成为推动城市经济社会发展的重要因素，按交通职能分类，城镇体系职能可分为铁路枢纽城市、公路枢纽城市和港口城市。铁路枢纽城市既是铁路运量的集中地和列车交接站，又是组织铁路运输生产的中心环节。它们大多形成具有全国和省区意义的政治、经济和文化中心，工业基地或水路联运中心。自20世纪初公路开始修筑以来，我国已逐渐形成以北京为中心，各城镇为节点，国家、省际和县乡三级公路相连的全国公路网。我国港口城市是以众多的港口城市与江河干、支流和滨海地带相连，从广大内陆腹地到沿海出口，共同联结且有机组合而成的。

3. 按经济职能分类

一般而言，以经济职能为主的城市都有自己的主导优势产业，如工业、旅游业、物流业等。具体可分为：①工业型：根据城市主导工业的不同，又可分为能源工业城市、原材料及重加工工业城市、轻加工工业城市，如果城镇的现状工业专业化职能比较明显，则需要进行工业职能的组合类型规划（杜宁睿，2004）。②旅游型：市域内进行旅游资源开发具有经济、社会双重意义，随着全国旅游路线和旅游景区的不断开辟和设计规划，这一城镇职能体系将不断得到完善和优化。③商贸集散型：这类城镇的市场吸引和辐射周边众多县（镇），其批发市场占重要地位，且一般区位条件较好，交通条件具有优势，城市的第三产业较为发达。

7.2.2 市域城镇体系职能分工结构规划思路

1. 明确职能现状差异

要针对市域城镇体系现状职能结构的特点和问题，根据现状自然禀赋、社会经济、发展战略、既有政策等建立更为合理的职能分工体系。把许多相似的内向型城镇职能转变为分工协调的外向型城镇职能结构，充分展现市域内各城镇的特色与优势。

2. 完善职能层次分级

地级市域一般可将城镇的职能分为六级：市域中心城市—市域次中心城市—县域中心城市—县内中心城市—职能分工明确的小城镇—发展水平低的乡集镇。城镇职能的等级不同，职能的类型组合就会有差异（张沛，2006）。

3. 形成职能类型组合

进一步确定规划期市域各城镇的职能类型组合。对市域中心城市而言，对内发展二产优势专业职能和三产广义服务职能，优先发展交通、科技、教育、商贸、物流等中心作用，对外与省会城市和大区域中心城市接轨，扩大其辐射和影响范围。市域次中心城市的部分职能具有超出辖区范围影响周边县镇的作用，可分担市域中心城市的部分职能，需要有明确的优势专业化职能和齐全的基础设施和社会服务设施。县域中心城市应据现状条件，建立起若干专业化部门，将综合和专业化相结合作为发展方向。县内中心城市一般影响范围涉及几个镇，使之具有较突出、有优势的专业化职能，且综合发展。近年来，现有的建制镇和规划的建制镇都有着明确的职能分工，通过完善基础设施和社会服务设施，可吸引农村剩余劳动力，突出了镇域中心的职能。发展水平低的乡集镇通常具有区位条件较差、交通条件落后、聚居人口少、人口外流等特点，在规划发展期间，难以形成突出或具有优势的专业化职能部门。

7.2.3 市域城镇体系职能分工结构规划内容

1. 认识现状特点和问题

通过对现状市域城镇体系职能类型结构的特点与存在问题的认识，在规划中采取针对性的措施予以改进和完善。

2. 确定发展方针与目标

通过对市域城镇职能类型结构和问题的分析，明确市域城镇职能分工结构的发展方针，从而使得市域城镇职能分工结构有一个确定的发展目标。

3. 划分等级序列与类型

这是市域城镇体系职能分工结构规划的主要内容，包括等级序列和职能类型两方面。划分等级序列是面向职能分工结构的现状问题，使其层次分明；明确分工类型是针对城镇职能分工结构的未来优化，使其分工明晰。确定职能类型、城镇数量及对应城镇名称。

4. 选择重点发展城镇（地区）

在市域城镇体系中选择重点发展城镇，目的是为了集中力量，由点带面，将有限资源集聚在市域城镇体系的关键节点。每一个市域城镇体系应在体系内部条件和外部环境的全面权衡和把握的基础上，确定重点发展城镇的选择依据。

5. 明确主要城镇的职能分工和发展方向

主要城镇的发展是市域城镇体系发展的重要因素，因此其分工对整个市域城镇体系的职能与性质起着至关重要的作用。由此可见，市域城镇体系职能分工结构规划应对主要城镇的职能分工与发展方向做出详细的分析与阐述。

如《苏州市城镇体系规划（2000—2020）》中对苏州市区、吴江、常熟、昆山、太仓、张家港等城市分别进行城镇职能定位。苏州市区是江苏省对外开放的前沿与先导，现代制造业与技术创新基地，长江三角洲地区的中心城市之一；吴江改造传统工业，发展旅游、房地产等第三产业，加快城市基础设施建设，建设苏、沪、浙交界地区的丝绸之都、新兴工贸城市；常熟是江苏重要的工商、旅游城市，国家历史文化名城，利用国家级历史文化名城资源和虞山尚湖风景区自然景观资源，发展旅游产业；昆山突出外向型经济发展，提升产业结构，加强开发区的建设，保持城乡协调，建设苏、沪接壤地带以外向型经济为主的工贸城市；太仓加强与上海的联系，以承担上海国际航运副中心职能为目标，积极建设中远国际城，改造传统产业，发展新兴产业，全面提高经济和城市发展质量；张家港充分发挥沿江港口优势和全国唯一内河保税区的政策之利，加快工业的现代化、国际化进程，全面提高市域经济的发展层次。

再如，《六安市城市总体规划（2008—2030）》中将市域城镇职能等级划分为市域中心城市—市域次中心城市—重点镇——般镇四个类型。市域中心城市为综合型城市；市域次中心城市包含综合型、商贸型和工业型共7个城镇；重点镇包含综合型、工业型、旅游型和交通型共36个城镇；其余城镇分为一般商贸和农业型城镇，同属于一般城镇。《麻城市城市总体规划（2012—2030）》中规划形成以中心城区为中心，以工贸综合驱动型的乡镇、物流市场带动型为主的乡镇，旅游开发促动型的乡镇及农业产业化带动型乡镇为支撑的城市职能结构。

7.2.4 市域城镇体系职能分工结构规划方法

1. 首先对现状市域城镇体系职能分工进行分析，结合市域各个城镇的经济社会统计资料，定性、定量实现市域城镇的职能分工。

2. 分析各个城镇的现状职能类型组合。分别计算各城镇的三大产业结构（包括产值和就业结构）、工业部门结构、第三产业部门结构，还需要了解大、中型骨干企业的基本情况及收益，以及城镇的现状职能分工类型。

3. 对于主要城镇，应进一步分析其职能分工在市域中的地位和作用。计算主要城镇的国民生产总值、工业总产值、财政收入占比；比较国民生产总值、人均国民生产总值、人均财政收入、劳动生产率等核心效益指标；计算主要城镇工业部门的区位商和主要工业产品的比例。

4. 对于市域中心城市和次中心城市，还需分析其在市域乃至更大区域的地位与作用。进一步规划拟定城镇的发展性质、规模和方向，分析市域城镇发展的有利条件和制约因素；城镇地位、作用和影响范围；城镇现状性质和职能、产业结构和主导产业等（张沛，2006）。

5. 规划期间发展条件变化分析。由于城镇发展条件会受到资源开发利用、重大设施建设、重点项目布局的影响，进而影响城镇的职能分工结构。因此需要在市域城镇体系职能分工结构规划中进行重点研究。

7.3 市域城镇体系等级规模结构规划

市域城镇体系等级规模结构规划是对市域城镇体系内所有城镇之间的数量关系的确定。具体而言，包括各个城镇的人口与用地规模，城镇之间的分级标准，各个级别的城镇的数量级配等（彭震伟，1998）。

7.3.1 城镇等级规模结构类型与特征

城镇等级规模结构大致可以分为两种类型：序列式和首位式类型。

1. 序列式

序列式等级规模结构最早由西蒙（Simon，1995）提出，又称为西蒙型等级规模结构，是指城市的规模由大到小，有规律地变化，相对应地城市数量由少到多逐渐增加。随着人口规模的增加而城市数目相应减少，这种规模等级城市的数量分布特征，类似于金字塔结构，西蒙从概率分布的角度，对城市金字塔结构特征进行了一般的概括性描述，最后得出位序—数量分布规律。根据我国目前城市发展的情况，一些学者建议采用七级城市规模分类体系，即超巨型城市、巨型城市、超大城市、特大城市、大城市、中等城市和小城市（程道平，等，2004）。

2. 首位式

首位式等级规模结构是指区域中首位城市的规模特别大，缺乏中等规模的城市，而由特大城市直接支配许多小城市。首位式等级规模结构中的首位度是衡量该城镇体系是否为首位式的重要指标，首位度是用首位城市的人口与第二大城市的人口的比值来判断城镇体系等级规模关系。按照我国省区城市首位度指数的大小，可将省区城镇体系划分为双极型、均衡型、极核型三种类型。双极型如宁夏的银川—石嘴山、山东的济南—青岛等；均衡型如江苏、辽宁等；极核型如湖北、陕西等。

7.3.2 市域城镇体系等级规模结构规划思路

1. 自上而下的市域城镇总人口分配

在已经规划预测的区域城镇化水平目标的宏观控制下，根据各城镇的发展潜力综合评价结果、城镇职能分工类型，确定不同评价等级城镇的人口增长速度，将已预测的城镇总人口数分配到各级城镇。

2. 自下而上的市域城镇规划人口汇总

以各城镇总体规划提出的人口规模指标为基础，同时参考各城镇的发展潜力综合评价及其职能、等级规模进行适当调整和补缺，然后汇总为区域城镇总人口数。

3. 调整平衡数据，确定市域城镇等级规模结构规划方案

调整人口数据，就是要使自上而下分配与自下而上汇总的两种预测结果衔接吻合，从而确定市域城镇体系等级规模结构规划方案。

4. 对市域城镇体系等级规模结构规划方案进行分析论证

规划的市域城镇体系等级规模结构要体现出市域城镇位序等级、数量规模的合理分布，将其对照市域城镇现状进行分析论证，而后进行方案调整。

7.3.3 市域城镇体系等级规模结构规划内容

1. 分析现状条件与问题

市域城镇体系等级规模结构的现状特点与存在问题是进行等级规模结构规划的基础。

2. 分析市域城镇体系等级规模结构影响因素

市域城镇体系内外因素共同作用将导致其等级规模结构发展变化。这些影响因素主要包括：原有城市或建制镇人口的变化，市域城镇等级规模结构规划新增的建制镇；市域城镇职能分工的变化——一般而言，市域内城镇职能优势越明显，其在市域内的地位也就越重要，等级也越高，规模也越大，反之亦然；不同的市域城镇发展策略亦是因素之一。

3. 制定市域城镇体系等级规模结构发展方针

在分析了现状城镇等级规模结构的特点与问题，并了解影响现状等级规模结构变化的因素的基础上，制定市域城镇体系等级规模结构发展方针，有利于市域城镇体系的有序发展。

4.预测市域各级城镇人口规模

市域城镇体系等级规模结构规划中包含每个城镇未来一定时期的人口规模以及等级层次，因此应对各级城镇进行人口规模预测。

5.确定市域城镇体系等级规模结构

市域城镇体系等级规模结构的具体内容包括：新的城镇体系等级规模结构的等级设置、各等级的人口规模确定、城市（镇）数量的确定、规划城镇人口数占市域总人口的比重等。

如《重庆市市域城镇体系规划（2003—2020）》全市形成市域中心城市—区域中心城市—次区域中心城市—中心镇——一般镇五个层次的等级结构；《六安市城市总体规划（2008—2030）》中市域城镇体系规划六安市域形成"一级城镇—二级城镇—三级城镇—四级城镇"的四级城镇等级体系；《南昌市近期建设规划（2013—2025）》将市域城镇等级结构分为中心城市—次中心城镇—重点建制镇——一般建镇制四级结构；《麻城市总体规划（2012—2030）》中将市域城镇规模等级体系划分为四个层次：中心城区—重点镇—特色镇——一般乡镇。

7.3.4 市域城镇体系等级规模结构规划方法

市域城镇体系等级规模结构规划中重要的两个指标预测是城市人口规模和城镇化水平，且两者是相关的。一般而言，在进行城市规模预测时，最先从人口规模的预测开始着手，再根据城市性质和现状条件来推算城市的城市化水平。

1.城市人口规模预测方法

（1）综合增长率法

综合增长率法主要适用于人口增长率相对稳定的城市，对于新建或发展受外部条件影响较大的城镇则不适用。根据人口综合年均增长率预测人口规模,按式（7-1）计算：

$$P_t = P_0 (1+r)^n \qquad (7-1)$$

式中，P_t 为预测目标年末城市人口规模；P_0 为预测基准年城市人口规模；r 为人口综合年均增长率；n 为预期年限（t_n-t_0）。

人口综合年均增长率 r 应根据多年城市人口规模数据确定，缺乏多年城市人口规模数据的城市可以将综合年均增长率分解成自然增长率和机械增长率，分别根据历史数据加以确定。

（2）时间序列法

时间序列法适用于城市人口有长时间的统计，人口数据起伏不大，未来发展趋势不会有较大变化的城市。其通过建立城市人口与年份之间的相关关系预测未来人口规模，在城市规划人口规模预测时，一般采用线性相关模型，按式（7-2）计算：

$$P_t = a + bY_t \qquad (7-2)$$

式中，P_t 为预测目标年末城市人口规模；Y_t 为预测目标年份；a、b 为参数。

（3）增长曲线法

增长曲线法适合于较为成熟的城市的人口预测，并不适用于新建城市或者发展存在较大不确定性的城市。该模型拥有众多形式，常见的有多项式增长曲线、指数型增长曲线、逻辑（Logistic）增长曲线和龚珀兹增长曲线。在城市规划中进行人口预测时，采用增长曲线法则一般使用逻辑增长曲线。其计算公式为：

$$P_t = \frac{P_m}{1 + aP_m b^n} \qquad (7-3)$$

式中，P_t 为预测目标年末城市人口规模；P_m 为城市最大人口容量；n 为预测年限；a、b 为参数。

参数 a、b 可利用软件从历史数据回归中求得。曲线中人口容量 P_m 一般需结合城市的资源承载力、生态环境容量、经济发展潜力等来确定。

2. 城市化水平预测方法

（1）回归分析法

该方法主要选取与城镇人口（城市化水平）密切相关的因素，通过回归分析法求解有关国家与城镇人口增长（城市化水平）之间的回归方程，再用其来预测区域未来的城镇人口规模及其城市化水平。按式（7-4）计算：

$$y = b\lg x - a \qquad (7-4)$$

式中，x 为人均国民生产总值；y 为城镇人口比例。

式中 a、b 可利用足够长年份或足够多地区的 x 和 y 的实际资料，通过回归分析法求得。

（2）农村剩余劳动力转移法

在我国城市化发展过程中，城市人口中除了城镇人口自然增长之外，还有很大一部分是由农村人口向城镇转移组成，尤其是农村剩余劳动力向城市的第二产业和第三产业的转移。按式（7-5）计算：

$$N = A_1(1+K)^t + [FA_2(1+K)^t - S/G] ZB \qquad (7-5)$$

式中，N 为城市化预测水平；A_1 为现状城镇人口；A_2 为现状农业人口；K 为自然增长率；F 为农村劳动力占总农业人口的比例；S 为耕地面积；G 为每个农村劳动力所负担的耕地；Z 为农业剩余劳动力转移至城镇的比例；B 为转移的农村剩余劳动力的带眷系数；t 为预测年份 – 基础年份。

（3）非农业人口预测转移法

该方法根据对区域未来非农业人口及其占总人口比例的预测，将区域非农业人口所占比例换算成实际城镇驻地人口比例（城市化水平）。按式（7-6）计算：

$$UL = \frac{C}{1-K} \sigma \qquad (7-6)$$

式中，UL 为预测城市化水平；C 为城镇驻地非农业人口占区域非农业人口的比例；K 为城镇驻地人口中自理口粮人口和非农业人口比例；σ 为非农业人口占总人口的比例。

7.4 市域城镇体系地域空间结构规划

市域城镇体系地域空间结构规划是指体系内各个城镇在地域空间中的位置分布、组合形式的特征，是市域城镇体系职能分工结构与等级规模结构在市域内的空间组合和空间表现形式，因此市域城镇体系地域空间结构很大程度上受上述两种结构的影响，同时也受自然地理条件、社会经济条件、文化因素的影响。

7.4.1 市域城镇体系地域空间结构类型

依据不同的划分标准，城镇体系地域空间结构可以划分出不同的类型。

1.依据核心城市多寡可以分为单中心体系、多中心体系类型

单中心体系类型：该类型是以特大城市为中心，与郊区工业区和外围城市以及广大中小城镇共同组成有机联系的城镇体系。拥有城市主次分明、核心城市突出并占绝对主导地位、城市首位度高、城镇联系较密切等特征。形成的条件是，中心城市区位条件特别优越并伴随着强有力的外向推动力，经济社会发展水平远远高于周边城市，该类型城镇体系在我国占大多数（崔功豪，等，2006）。

多中心体系类型：在一个特定地域范围内，以城市为核心，由郊区工业区、小城镇及其影响范围的许多城镇和广大农村集镇组成。其特征表现为中心城市的主从关系不明确、城市间相互依存又相互制约，主要体现在区域原材料、能源供求关系及城镇产业结构等各个方面。形成条件多为区域禀赋相近、发展协调，多中心孕育。如苏锡常地区、湘东地区（崔功豪，等，2006）。

2.依据行政—经济区域或自然资源类型划分的城镇体系空间结构类型

行政—经济区域城镇体系空间结构类型：有等级序列明显、不同等级城镇的职能分工明确等特征。中心城市地位凸显，小城镇发展多依赖农副产品的开发与利用。

以自然资源综合开发利用为主的城镇体系空间结构类型可大致细分为两类：其一是以某种丰富的自然资源综合开发利用为主的类型，形成一城多镇或多中心城市组群式的空间布局；其二是以多种丰富自然资源综合开发为主体的类型，城市间经济技术协作联系密切，职能分工明确，经济效益较好。

7.4.2 市域城镇地域空间结构的影响要素分析

市域城镇地域空间结构的影响要素包括：

1.在规划期限内，市域中心城市的发展战略和空间发展方向。

2.市域内优势资源如大型矿产、旅游、海洋、水电等资源分布和大规模开发利用。

3.市域性基础设施分布与建设，尤其是高速公路、铁路、大中型港口、航空港、大型水利工程、大型电厂等设施的建设布局。

4.市域内各类高新技术开发区、经济开发区、商贸区、工业区、大学城的空间发展布局，工业项目的选点布局等。

5.经济全球化、信息技术的发展及跨国公司投资企业的影响。

7.4.3 市域城镇地域空间结构模式

市域城镇地域空间结构模式有分散和集中，其中，集中又可分为集中型（包括单心圈层式、紧凑集中封闭式）、集中—分散型（包括均衡分散封闭式、多中心组团式）；分散也可分为分散型（包括带形开敞式、定向带形开敞式、分散放射开敞式）和分散—集中型（星座组成群式、双磁极式）（聂华林，等，2009）。在市域城镇地域空间结构规划中，需要考虑"点、轴、面"要素，如城市生长点、增长极、发展轴等（图7-1）。

通常情况下，市域城镇发展是点、轴、面要素的组合模式：点与点要素结合形成节点系统，节点要素的空间运行形式呈集聚发展，空间组合模式表现为条状城镇带和块状城镇群；点与轴要素结合形成交通、工业等经济枢纽系统，其要素的空间运行呈枢纽发展；点与面要素结合形成城市—区域系统，区位要素的空间运行形式呈结节性发展；轴与轴要素结合形成网络设施系统，区位要素的空间运行形式呈网络状发展；轴与面要素结合形成产业区域系统，区位要素的空间运行形式呈地带性发展；面与面要素结合形成宏观经济地域系统，区位要素的空间运行形式呈区域相互作用或协调发展。

7.4.4 市域城镇地域空间组织规划内容

1.地域空间的现状特点与问题

一般而言，主要从市域城镇地域空间分布、分布密度、地域差异等方面进行分析。

2.分析地域空间结构影响因素

市域城镇体系地域空间结构一般受自然地理条件、经济发展水平、人口分布状况、城市化水平、交通运输条件等因素的影响，需要对上述影响因素进行分析，并制定有针对性的空间结构规划。

集中型——单心圈层式

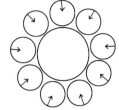

集中型——紧凑集中封闭式

集中—分散型——均衡分散封闭式

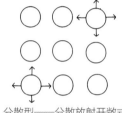

集中—分散型——多中心组团式

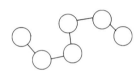

分散型——带形开敞式

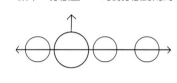

分散型——定向带形开敞式

分散型——分散放射开敞式　　　分散—集中型——星座组成群式　　　分散—集中型——双磁极式

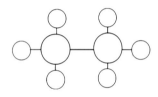

图7-1　市域城镇地域空间结构模式

3. 确定地域空间结构规划的指导思想

在分析了市域城镇体系地域空间结构规划的现状空间分布特点及影响因素的基础上，充分考虑自然条件及经济社会发展战略，提出市域城镇体系地域空间结构规划方案。

4. 市域城镇区域划分

由于自然条件、经济社会发展水平、发展战略与方向的差异，市域城镇体系内若干中心建制镇会因辐射带动、经济联系等作用形成若干城镇区域。为了使中心城市能够带动周围地区发展，有必要按照市域城镇体系发展所制定的远期目标调整市域城镇区域划分。

如《麻城市城市总体规划（2012—2030年）》的市域城镇体系规划中，首先对城镇的人口、城镇化水平进行现状分析，并通过分析现状自然地理条件、交通情况与各城镇现状的等级、规模、职能等，得出整个市域城镇空间布局表现为典型的山区城镇依赖交通干线集聚和沿河谷平原分布的特征；然后通过分析全市的经济结构、各乡镇经济发展水平以及人口就业结构与经济结构的关键，提出了麻城掌心极化经济区与外围指状经济区。

基于以上分析提出麻城市域城镇地域空间结构为"一心两轴、手掌状结构"，一心为麻城市中心城镇组团，包括中心城区和东西两翼的阎家河镇区与中馆驿镇区；两轴即沿 106 国道、沪合武高速城镇东西向的综合发展轴和沿省道麻新线、麻胜线的南北向发展轴；手掌状结构即由市域中部和西部平坦的掌心区域与外围五条河谷平原带的指状放射所构成（见黄冈市人民政府公示文件《麻城市城市总体规划（2012—2030 年）》空间结构规划图）[①]。

7.5　市域基础设施规划

7.5.1　市域基础设施类型

基础设施是城市正常运行和健康发展的物质基础，对于改善人居环境、增强城市综合承载能力、提高城市运行效率、稳步推进城镇化、促进城市发展具有重要作用。基础设施由城市交通、给水、排水、供电、通信、燃气、供热、环境卫生、防灾等工程组成，是城市建设的主体部分（戴慎志，2008），也有学者将其总结为四大系统，即交通运输系统、给水排水系统、动力系统和通信系统（崔功豪，2006）。城市各项工程的完备程度直接影响城市生活、生产等各项活动的开展。滞后或配置不合理的城市基础设施将严重阻碍城市的发展。适度超前、配置合理的城市基础设施不仅能满足城市各项活动的要求，而且有利于带动城市建设和城市经济发展，保障城市健康持续发展（杨宝歧，2006）。

7.5.2　市域基础设施规划思路

1. 坚持多规协调

整合协调对基础设施建设有重大影响的多种规划类型，推动总规的基础设施规划与重大基础设施专项规划和土地利用总体规划相统一，与国民经济和社会发展规划相协调，与控制性详细规划相对接，形成发展合力。

2. 坚持统筹协调

既要坚持问题导向，着重解决好交通拥堵、环境污染等发展难题，推进基础设施建设与城市发展相协调，又要加强基础设施薄弱区域和薄弱环节建设，提高城乡一体化水平，实现城乡基础设施协调发展（聂华林，2009）。

3. 坚持建管并重

既要加快基础设施体系建设，着力提升基础设施规模和服务能力，化解基础设施供给不足问题，又要突出加强基础设施管理，着力提升基础设施服务和管理精细化水平，更好地为市民生活服务。

[①]　见黄冈市自然资源和规划局网站：http://gtj.hg.gov.cn/art/2018/3/2/art_14209_304.html。

4.坚持一流标准

以人民为中心，突出百姓获得感，既要着眼当前，集中精力建设一批市民关心、群众需要的重大基础设施，又要谋划长远，向国际一流标准看齐，崇尚绿色循环低碳理念，形成适度超前、相互衔接、满足未来需求的基础设施功能体系。

5.坚持改革创新

加大基础设施供给侧结构性改革力度，增加有效供给，提升供给质量和效率，努力补齐短板，健全基础设施综合协调管理机制，优化基础设施治理方式，提升基础设施管理和服务水平。持续释放改革红利，优化政企合作机制，发挥市场对资源配置的决定性作用，充分依靠市场力量，创新基础设施投融资方式，倡导多元主体共建共治共享（北京市发展改革委员会，2016）。

7.5.3 市域基础设施规划内容

市域基础设施规划包括城市给水工程规划、城市排水工程规划、城市供电工程规划、城市燃气工程规划、城市供热工程规划和城市通信工程规划六部分内容（吴志强，2010；戴慎志，2008；徐循初，2005）。

1.城市给水工程规划

步骤主要为：计算用水总量，确定规划区供水规模；确定供水水质目标，选定自来水厂大致位置；确定集中供水、分区供水方式，确定加压泵站、高位水池（水塔）位置、标高、容量；确定输配水管走向、管径，进行必要的管网平差；选择输水管网管材及敷设方法；对详细规划进行工程估算，预测投资效益；对近期规划部分进行规划设计、工程估算、效益分析。

如《麻城市城市总体规划（2012—2030年）》在市域基础设施规划中给水工程规划的内容包括确定用水量的标准、选定自来水厂和输配水管线走向。

2.城市排水工程规划

步骤主要为：确定排水体制；预测排污量，划分排水区域，对污水排放量和雨水量进行具体的统计计算，制定不同地区污水排放标准；进行排水管、渠系统规划布局，确定雨、污水主要泵站数量、位置，以及水闸位置；确定污水处理厂数量、分布、规模、处理等级以及用地范围，对污水处理工艺提出初步方案；对排水系统的布局、管线走向、管径进行计算复核，确定管线平面位置、主要控制点标高；提出污水综合利用措施，尽量提出基建投资估算。

如《麻城市城市总体规划（2012—2030年）》，在市域基础设施规划中排水工程规划的内容包括确定排水体制（老城区近期采用截流式合流制，远期逐步改造为雨、污分流；新区采用分流制排水体制）、排污量预测和污水处理厂选址。

3. 城市供电工程规划

包括采用用电指标法进行负荷计算。如进行城市电网改造规划，应按负荷密度法预测各片区负荷分布，并绘出电力负荷分布图；选择供电电源来源；确定供电变电站容量、数量、占地面积、建筑面积、平面布置形式；进行中、低压配电网设计（含路灯网）；绘制中、低压配电网（含路灯网）平面布置图；进行投资概算等。

如《麻城市城市总体规划（2012—2030年）》，在市域基础设施规划中电力工程规划的内容包括电力负荷预测、电源选择与建设、输配电设施规划和电网规划四方面的内容。

4. 城市燃气工程规划

包括计算燃气用量，选择城市气源种类，规划布局燃气输配设施，确定其位置、容量和用地，选择城市燃气输配管网的压力等级，布局城市输气干管，计算燃气管网管径，进行造价估算等。

5. 城市供热工程规划

包括计算规划范围内热负荷，选择城市热源和供热方式，确定热源的供热能力、数量和布局，布置供热设施和供热管网，计算供热管道管径，估算规划范围内供热管网造价等。

6. 城市通信工程规划

（1）邮政系统工程规划：包括邮政需求量预测，邮政设施布置、邮政局所选址，邮政通信枢纽选址。

（2）城市通信工程规划：包括预测电信业务量、确定发展目标，城市电信枢纽所选址，无线基站设置布局，地下线路布置规划，微波通信规划，电视广播线路规划等。

7.6 市域社会设施规划

7.6.1 市域社会设施类型

随着城市政府的职能逐步从管理型向服务型转变，增强政府职责、注重机会公平、保障基本民生是提高社会服务共建能力和共享水平的核心与关键。2011年版《城市用地分类与规划建设用地标准》GB 50137—2011将原标准中的"公共设施用地"划分为"公共管理与公共服务设施用地"与"商业服务设施用地"，将以营利为目的的商业服务设施分离出来，强调政府对基础民生需求与社会服务保障的关注（表7-2）。

基于用地分类与标准内容的改革，并结合"公共服务设施""社会基础设施"等相似的概念与内涵（孙德芳，等，2013；李阿萌，等，2011；董光器，2014），对市域社会设施进行定义：指通过国家权力介入、为满足公共需求而向社会提供的具有公益性的公共设施和服务的统称，主要包括文化、教育科研、医疗卫生、体育、社会福利等类型。投资运营的主体一般为政府机关，所供给的社会设施具有服务性、公益性和广泛性等特点（表7-3）。

与城市社会设施相关概念的国家标准与分类类型　　　　表7-2

国家标准	研究对象术语	分类类型
《城市居住区规划设计规范》GB 50180—1993	居住区公共服务设施	教育设施、医疗卫生设施（含医院）、文体设施、商业服务设施、社区服务设施、金融邮电设施（含银行、邮电局）、市政公用设施（含居民存车处）、行政管理和其他设施
《镇规划标准》GB 50188—2007	公共服务设施	行政管理、教育机构、文体科技、医疗保健、商业金融和集贸市场
《城市用地分类与规划建设用地标准》GB 50137—2011	公共管理与公共服务设施用地	行政办公、文化设施、教育科研、体育、医疗卫生、社会福利设施、文物古迹、外事用地、宗教设施

资料来源：根据相关标准整理.

市域社会设施类型及具体设施　　　　表7-3

市域社会设施类型	具体涵盖的设施
行政办公	党政机关、事业单位、社会团体单位
文化	图书馆、博物馆、科技馆、文化馆、文化活动中心、文化活动站
教育	幼儿园、小学、初中、普通高中、九年制学校
体育	体育馆、体育场、社区体育活动中心
社会福利	养老院、儿童福利院、社会福利中心、社会救助站
医疗卫生	综合医院、卫生院、疗养院、诊所、卫生所（室）

7.6.2　市域社会设施规划思路

1. 合理制定服务设施配置标准

以提升市域整体的社会服务等级为目标，在国家的城市公共设施规划标准、省域城镇体系规划的社会设施配置标准、相似城市的相关规范与标准等基础上，进一步深化、统筹、完善城乡一体的社会设施配建标准，使得规范与标准能够兼顾效率与公平。同时，新时期背景的社会设施的转型需求与城市经济建设、个人收入、文化价值取向及年龄结构等息息相关，需要灵活设计与控制设施的配建标准，使之适应经济与社会的发展要求。如城市边缘地区、近郊社区等，因区位特殊性使得服务设施需要针对性配置，不同类型的设施如居住区公共设施、医疗卫生设施等，其配置标准也各有所异（张磊，等，2014；王纪武，等，2014；赵安国，2017）。

2. 健全社会设施的服务系统

按基础现状及实际需要，综合配置与完善市、县、街道（乡镇）和社区（中心村）级的各类社会设施。一方面确定各级各类设施的合理规模，创建公共服务优质化平台；另一方面提供良好的基层社会服务载体，在薄弱地区和重点领域进行有效的社会设施尤其是优质设施资源的空间配置，实现城乡社会设施的全网络覆盖。例如在《北京城市总体规划（2016年—2035年）》中，提出建成医养结合、服务均等的养老服务体系，立足"9064"养老服务发展目标（90% 居家养老、6% 社区养老、4% 机构养老），全面建成以居家为基础、社区为依托、机构为补充、医养相结合的养老服务体系，将养老资源向社区、农村倾斜，体现了社区单元在社会网络中的基础性地位。

3. 实现资源均等化、空间复合共享

一是需加强各类社会设施的空间集聚与资源整合，从而提高管理效率，达到设施服务的最佳效益和辐射能力。二是强调保证基本的社会设施城乡均等、均衡，尤其是针对弱势群体的服务和设施供给。比如英国伦敦的《大伦敦空间发展战略（2011）》中，从总体规划层面提出要满足弱势群体和少数群体的设施需求，强调为儿童保育、妇女哺乳与老年人养老等提供便捷、合理的福利设施与场所，并提出相应的重点设施配置导向、开发计划与规划、设施供给的落实监督等（Mayor of London，2011）。另外，通过合并、改建、租用等引导与管理措施，来完善社会设施资源的交互运用，并加强政府部门与企业、社会组织之间的联系来保证设施的良性运转，在充分发挥设施潜力的同时争取资源利用效率最大化。

4. 创新特色服务与提供方式

根据市域总体规划的发展定位，确定其社会设施的需求方向，因地制宜地借助资源优势，打造具有地方特色的服务设施。并且，扩展社会设施的公共产品属性，推行特许经营、定向委托、战略合作、竞争性评审等竞争式方法，积极引导政府部门与企业、公益组织等社会资本的合作，使其建设投资主体和融资渠道多元化，将社会设施的规划与建设转变为公众责任。比如《大伦敦地区空间战略规划（2004）》中将东部地区的下利河谷区（Lower Lea Valley）作为2012年奥运会的选址地，该地区曾是严重衰败的传统工业区，通过大型公共设施入驻规划来提高各类社会资本在公共交通、教育、环境、文化、住房等方面大规模改善性的开发投入，从而改善当地的社区环境与社会服务水平。

7.6.3 市域社会设施规划内容

1. 现状调查与分析

通过文献资料整理、现场勘察与走访等了解市域范围内的现有社会设施情况，包括社会设施的服务体系是否完善、配置标准是否达标、服务范围是否覆盖、空间布置是否合理、设施利用是否高效等。基于现状存在问题的分析可为下一步提出改善与提升措施提供科学依据。

2. 配置标准与规模确定

社会设施配置可分为两大类：现有设施完善与新建设施配置。

针对现有的社会设施，考虑地方经济发展与居民生活水平提高的需求，可在现状基础上进行修缮，或提高原有的配置标准进行改建与扩建，保障其各类社会设施完备，功能齐全。

新建设施配置应在基本公共服务均等化标准的基础上，依据现行的国家相关规范标准文件、上级规划指导的控制标准，结合地区的规划人口规模、人口年龄比重等差异性需求来判断数量和方向，从而确定社会设施的建设规模与配置指标，体现科学规划的前瞻性与动态性。此外，由于不同社会设施具有不同的公共属性，应根据其特征在特殊情况下进行区别对待，如教育和医疗卫生设施应进行分等级的均衡设置，需要建设健全、完善的城乡基础教育体系和医疗预防保健网络。以《上海市城市总体规划（2016—2040）》为例，规划从设施规模方面提出构建步行 15min 可达、适宜的城镇社区生活圈网络，平均规模约 3~5km^2，服务常住人口约 5 万 ~10 万人，配备生活所需的文教、医疗、体育、商业等基本服务功能与公共活动空间。以 500m 步行范围为基准，配置满足老人、儿童、残障人士等弱势群体基本需求的日常生活服务设施。乡村社区结合村庄布局，集中配置符合农村生活生产特点的各类服务设施，构建社区生活圈网络，从而提升城乡统筹的综合社会设施服务水平。

3. 设施布局规划

作为一种具备共享、公益特性的社会资源，市域的社会设施布局规划应遵循网络建构、综合协调的思路，结合便捷交通、开放空间效应等有利条件，构建合理布局的社会设施网络体系。

市级的社会设施规划布局，需要考虑与城市未来发展方向、城市形象提升以及与周边地区相协调。通过形成具有一定规模的城市服务设施中心来带动其周边地区发展，同时对城市空间结构起到积极的优化作用；设施建设应充分依托现有资源进行改建、扩建、增建，提高设施的利用率以节约建设投资成本；新建设施应尽量选择单独占地且土地资源充裕地区，同时尽量预留备用地，以备未来发展需要。区级的社会设施规划需要以组团为单位进行布局，均衡布点，体现层次性。结合区际公共交通线路布局促进各区之间设施共享；区级设施应形成综合性较强的社会服务中心，可与区级行政中心结合布局，提升本区域吸引力。社区级的社会设施具有覆盖面广、使用频率高、基础性强等特征，其布局需符合合理的服务半径、服务人口规模以及设施使用功能要求。城市的社会设施以功能混合的集中布置为主，有利于居民各类活动的开展与各项设施之间的相互协调：如体育设施可与中小学等教育设施结合，文化设施可与社区会所、服务中心等结合，在满足社区基本休闲健身需求的同时也能辅助与支持城市设施更好地服务社会。村镇的社会设施布局主要取决于居民点的布局结构和空间形态。其布局应重视设施的合作共享，尤其是部分村镇规模较小，不足以支撑社会设施的正常运作。因此，村镇之间的社会设施可以进行联合分享与协同配置，构建复合型服务设施体系（耿健，等，2013）；同时，临近城市边缘地带的村镇可利用区位优势，加强与城市各类服务设施的联系与互动，延伸城市社会设施的服务与辐射能力，从而降低城乡设施配置的差距（见《上海市城市总体规划（2017—2035）》上海市域公共活动中心体系规划图）[①]。

4. 实施评估与设施管理

关于社会设施规划的实施评估在市域层面应用不多，目前多在控制性详细规划、中心城区规划、小城镇规划中开展评估工作（李果，2017；石丹，2014；蒋婧，2013）。以城市公共空间资源配置效率、面向公众服务效能为目标，通过宏观与微观评估、结构与布局评估、设施服务能力与服务水平评估、设施实施进度评估等进行全面的实施评估，为下一步调整与管理做出科学依据。

社会设施管理需要政府与社会开展合作与良好互动，通过规划手段实现合理的资源配置、空间划分、建设推进、民生改善等。在规划审核与管理方面，或是对规划相关规范的掌握程度和社会设施设置的了解程度不够，或者是在实际操作中，规划编制的控制指标弹性较大，加大了规划审核的主观性。需要对社会设施规划的审核方面严谨对待，确保拟定科学的规划管理方案。在服务监管方面，需要引入市场运作机制，通过政府和相关管理机构制定的行业标准来规范社会设施的经营与发展，并鼓励多种投资经营主体进入公共服务的管理市场，通过市场竞争机制的自动调节，优化资源配置。在政府监管方面，广泛吸引社会资本投入到社会设施建设当中的同时存在多种利益群体的需求冲突，需要政府在规划阶段进行科学统筹与严格把关，通过强制性措施来保证社会设施落实到下一层面规划。比如《北京城市总体规划（2016—2035）》针对社会设施中的教育、医疗等重点方面，提出了学区制改革和九年一贯制办学、来京务工人员随迁子女接受义务教育保障机制、分级诊疗制度、覆盖城乡的基本医疗卫生制度等管理机制与措施，来促进城乡地区的教育资源均衡配置，并进一步推进现代医院管理制度建设。

本章参考文献

[1]　彭震伟. 区域研究与区域规划 [M]. 上海：同济大学出版社，1998.

[2]　顾朝林. 中国城镇体系——历史、现状、展望 [M]. 北京：商务印书馆，1992.

[3]　张沛. 区域规划概论 [M]. 北京：化学工业出版社，2006.

---

① 参见上海市人民政府网站：http://www.shanghai.gov.cn/newshanghai/xxgkfj/2035001.pdf，P74。

[4] 杜宁睿 . 区域研究与规划 [M]. 武汉：武汉大学出版社，2004.

[5] 程道平，等 . 现代城市规划 [M]. 北京：科学出版社，2004.

[6] 沈清基 . 城市生态规划若干重要议题思考 [J]. 城市规划学刊，2009（2）：23-30.

[7] 崔功豪，魏清泉，刘科伟 . 区域分析与区域规划 [M]. 北京：高等教育出版社，2006.

[8] 戴慎志 . 城市工程系统规划 [M]. 北京：中国建筑工业出版社，2008.

[9] 崔功豪，魏清泉，刘科伟 . 区域分析与区域规划 [M]. 北京：高等教育出版社，2006.

[10] 杨宝歧 . 北京城市基础设施规划建设思路探索 [J]. 北京规划建设，2006（1）：101-102.

[11] 聂华林，李光全 . 区域规划导论 [M]. 北京：中国社会科学出版社，2009.

[12] 北京市发展改革委员会 . 北京市"十三五"时期重大基础设施发展规划 [EB/OL]. http：// zhengwu.beijing.gov.cn/gh/dt/t1449303.htm.

[13] 吴志强，李德华 . 城市规划原理 [M]. 北京：中国建筑工业出版社，2010.

[14] 徐循初 . 城市工程系统规划 [M]. 3 版 . 北京：中国建筑工业出版社，2015.

[15] 孙德芳，秦萧，沈山 . 城市公共服务设施配置研究进展与展望 [J]. 现代城市研究，2013，28（3）：90-97.

[16] 李阿萌，张京祥 . 城乡基本公共服务设施均等化研究评述及展望 [J]. 规划师，2011，27（11）：5-11.

[17] 董光器 . 城市总体规划 [M]. 南京：东南大学出版社，2014.

[18] 张磊，陈蛟 . 供给需求分析视角下的社区公共服务设施均等化研究 [J]. 规划师，2014，30（5）：25-30.

[19] 王纪武，顾怡川 . 新型城镇化背景下城市边缘区基本公共服务均等化对策框架研究 [J]. 西部人居环境学刊，2014，29（2）：5-9.

[20] 赵安国 . 小城镇边缘区农村新型社区规划研究 [D]. 济南：山东建筑大学，2017.

[21] 张敏 . 全球城市公共服务设施的公平供给和规划配置方法研究——以纽约、伦敦、东京为例 [J]. 国际城市规划，2017，32（6）：69-76.

[22] Mayor of London. The London Plan：Spatial Development Strategy for Greater London[R]. London：London City Hall，2011.

[23] 耿健，张兵，王宏远 . 村镇公共服务设施的"协同配置"——探索规划方法的改进 [J]. 城市规划学刊，2013（4）：88-93.

[24] 李果，马佳琪 . 公共政策视角下城市公共设施规划实施评估方法研究——以成都市中心城区公共文化设施专项规划为例 [J]. 规划师，2017，33（11）：148-153.

[25] 石丹 . 小城镇公共服务设施空间配置效率评估模型及优化配置研究 [D]. 武汉：华中科技大学，2014.

[26] 蒋婧 . 杭州市西湖区城市边缘区公共服务设施规划实施评估研究 [D]. 杭州：浙江大学，2013.

第 8 章

市域综合交通规划

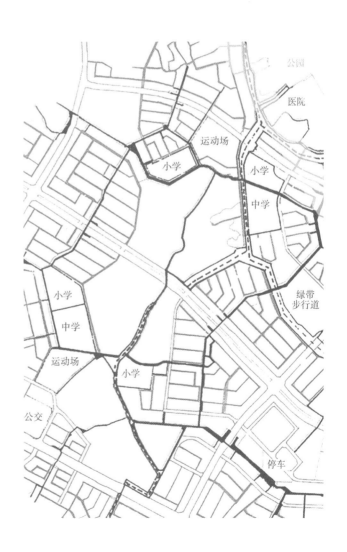

8.1 城市综合交通规划目标与原则

8.1.1 基本概念

城市综合交通是指存在于城市中及与城市有关的各种交通形式，城市综合交通规划要根据城市规划确定的土地利用形式及背景交通需求，提出交通系统规划实施方案。城市综合交通规划的目的是为城市交通系统投资、建设、管理等决策提供各种信息及依据，规划对象包括城市对外交通、城市道路网络、城市公共交通、静态交通、交通枢纽等。

城市综合交通规划一般与城市总体规划阶段同步编制，是对城市交通发展战略规划的具体落实。城市综合交通规划编制主旨是以城市总体规划为基准，分析判断城市交通发展趋势与特征，提出城市交通发展的目标与方向，建立适宜的交通发展模式，提出实现交通系统健康发展的策略措施。在依据城市规划布局和土地利用下，确定各交通体系的功能定位，合理组织各交通系统框架，协调专项交通系统规划的编制，并就城市交通系统的重要基础设施提出布局及用地控制建议。

8.1.2 规划思路与方法

城市综合交通规划的整体技术路线遵循宏观与微观、区域与局部、定性与定量相结合，充分反映城市社会经济发展目标方向和个性交通特征。规划要与国家和省级层面的公路、水运、铁路、城际轨道、机场等规划相衔接，落实和优化上位规划确定的重大设施布局，同时要关注与周边地区的衔接，明确跨行政区域的交通设施接口位置、建设标准和建设时序。规划要处理好过境、出入境和境内的交通，客运和货运交通，城际交通与交通枢纽集散交通之间的关系，明确交通功能，保证有序运行。规划要引导城乡统筹发展，研究城际轨道交通、快速公交、快速路等重要道路交通设施建设的必要性和可行性，提出区域快速交通系统概念性方案。

8.1.3 城市综合交通的规划目标

建设可持续发展的城市交通系统，是进行城市综合交通规划的根本目标。所谓可持续发展的城市交通系统，是指在满足城市经济、社会发展所产生的必要交通需求的前提下，能够尽可能有效地利用城市土地资源、产生最小环境影响的以人为本的城市综合交通系统。这一系统应具有安全、畅通、高效、舒适、资源消耗低、环境影响小、交通参与者可选择性较大等特征。也就是说，可持续发展的交通模式是资源友好交通模式、环境友好交通模式、居民出行友好交通模式的有机结合。可持续发展的交通的主要内涵包括三方面：经济可持续性（机动性目标）、社会可持续性（可达性目标）、环境可持续性（资源环境目标）。

城市交通可持续发展理念的确立，对城市交通运输系统的发展提出了新的要求，比如强调交通的外部效应，包括环境效应和生态效应，强调土地资源和能源利用的合理性和可持续性；强调运输效率、运输质量与交通公平性等。

8.1.4 城市综合交通规划的规划原则

城市综合交通规划要打造便捷、高效、安全和低碳的交通系统，统筹城市快速路与骨架路网建设，确保城市综合交通路网结构与道路建设的统一协调性，保证城市内部的便捷高效连接。

1. 提高交通顺达。充分考虑城市交通设施建设特点，建立适度分级及分功能的交通系统。过境交通与中心城区内部交通互不干扰，货运交通与客运交通相对独立，快速交通与慢行交通适度分离。

2. 道路形态与地形、地貌、地质条件充分结合，保护城市环境。

3. 公交优先。加强公交基础设施建设，鼓励城市沿公共交通走廊开发，建设公交无缝换乘系统。

4. 发展慢行交通。引入慢行交通概念，利用多元化慢行交通模式，建构舒适的慢行交通系统。

8.2 市域交通系统分类与组织

8.2.1 市域交通系统分类

市域交通根据运输对象的不同可分为客运交通和货运交通两大类，客运交通又可细分为公共交通和个体交通两部分。公共交通由常规公共交通、快速轨道交通和准公共交通三部分组成；个体交通则由个体机动交通、自行车交通和步行交通三部分组成。此外，还有城市出入口交通和城市过境交通等。

市域客运交通是指在城市及其近郊范围内，为方便居民出行，使用各种工具的城市交通系统。它是整个市域交通的重要组成部分，对城市的政治经济、文化教育、科学技术和居民的日常生活等方面均具有很大的影响，是城市建设与城市功能正常运转的重要保障。

市域货运交通通常是指为满足城市社会生产和生活需求，使用各种货运工具运送货物的交通方式。它包括满足社会生产需求的重货运交通和满足社会生活需求的轻货运交通。

城市出入口交通是指在城市边缘地区或称为城乡结合部地区所产生的市区和城市外围地区相互之间的客货运交通形式。

城市过境交通一种是指城市之间的交通运输，如从甲城经由乙城到达丙城；另一种是大城市本身边缘地区之间的交通运输，如东西向、南北向或对角线方向的交通形式。通常分为市区外围过境交通和深入市区过境交通两类。

8.2.2　市域交通系统组织

市域交通系统主要包括城市交通基础设施、城市交通结构体系以及城市交通管理系统，三者相互作用、相互联系，支配和决定着市域综合交通的形式、结构和功能。

以下分别介绍铁路系统、公路系统、水路系统、航空系统以及管道系统。

8.2.2.1　铁路系统

铁路系统运输能力大，能够负担大量的客货运输，适合大商品的长距离运输；运输成本低，比公路运输和航空运输低得多，但是比河运和海运成本高一些。铁路运输的环境污染较小，特别是电气化铁路影响更小；铁路运输适应性较强，受气候条件限制很小，具有较高的连续性和可靠性；同时几乎可以运送所有不同性质的货物，还可以方便地实现集装箱运输和多式联运，是中、长途客货运输的主力。但铁路运输也有其缺点：由于铁路线路是专用的，因此其固定成本很高，需要大量的资金和金属；铁路建设的周期较长；铁路运输过程中需要有列车的编组、解体和中转改编等作业环节，因此占用的时间较长，增加了货物的在途时间；铁路运输受轨道的限制，因此不能实现"门到门"的运输；铁路运输中的货损率比较高，而且由于装卸次数多，货物毁坏或丢失事件也比其他运输方式多。

8.2.2.2　公路系统

公路系统的建设比较容易，资金投入少，同时回收期较短。公路系统机动灵活，可以实现门到门的直达运输，减少中间作业，在时间上具有较大的机动性，是短途客货运输的中坚力量。但公路系统的运输成本高，劳动生产率低、运载量小而且能耗大。

8.2.2.3　水路系统

水运系统运输成本是五种运输方式中最低的；水路运输的劳动生产率高，船舶的载运能力大，可实现大吨位运输，所需的劳动力与载运量并不成比例增加，所以劳动生产率相对较高；水路运输投资省，大多是利用天然的航道，线路投资较少，而且比起陆上运输，还节约土地资源；由于江、河、湖、海是相互贯通的，因此沿水道可实现长距离运输，是大宗货物和散装货物长途运输的重要方式之一。但是水路运输容易受气候条件的影响，且影响较大，在冬季常存在断航之虞；船舶的平均速度较低；水路运输的可达性比较差，一般还要依靠汽车或铁路运输进行转运；而且同其他的运输方式相比，水路运输对货物的载运和搬运有更高的要求。

8.2.2.4 航空系统

航空系统速度快，运输距离短，除了特殊需要之外，飞机一般是在运输两点之间作直线飞行，不受地面条件限制；安全性是最高的，并且舒适；货物空运过程中的包装要求比其他运输方式低，因为空中航行的平顺性和自动着陆系统减少了货物损坏的可能性，适合于鲜活易腐特种货物，以及价值较高或紧急物资的运输，同时也适用于邮政运输和长途客运。但是航空系统受气候条件影响大，飞机条件要求很高，因此往往会影响运输的准点性与正常性，且运载能力低，运输成本较高，可达性差。航空运输一般很难实现"门到门"的运输，必须借助其他运输工具转运。

8.2.2.5 管道系统

管道运输是指利用管道，通过一定的压力差而完成商品运输的一种运输方式。运输的商品多为液体货物。管道系统投资省、建设周期短、运输能力大、占地少、受自然力影响小，一般适用于天然气和流向比较集中的原油和成品油运输。

8.3 市域交通系统规划

8.3.1 铁路规划

8.3.1.1 铁路线路的分类、等级和一般技术要求

1. 铁路线路的分类

铁路线路一般可分为三类：

干线——是组成全国铁路网的线路，具有全国性的意义，如京广、陇海等线；

支线——一般是地方性质的，如胶济铁路上的张（店）博（山）线；

专用线——是通向工矿企业、仓库、码头、机场等专用的铁路线。

铁路线路按其用途可分为正线、站线、段管线、岔线及特别用途线等。

正线——指连接车站并贯穿或直股伸入车站的线路；

站线——指到发线、编组线、牵出线、货物线及站内指定用途的其他线；

段管线——指机务、车辆、工务、电务等段内的线路；

岔线——指在区间或车站内接轨，通向路内外单位的专用线，并在该线内未设车站；

特别用途线——指安全线和避难线等。

2. 铁路线路的等级

铁路线路根据其在路网中的作用、性质和远期客货运量分为三级：

Ⅰ级铁路——在铁路网中起骨干作用的铁路,远期年客货运量大于等于20Mt者；

Ⅱ级铁路——在铁路网中起骨干作用的铁路，远期年客货运量小于 20Mt 者；或在铁路网中起联络、辅助作用的铁路，远期年客货运量大于等于 10Mt 者；

Ⅲ级铁路——是为某一区域、具有地区运输性质的铁路，远期客货运量小于 10Mt 者。

3. 铁路线路的一般技术要求

铁路线路的一般技术要求如下：

（1）轨距

轨距是指一条线路两钢轨轨头内侧之间的距离（图 8-1）。

线路按轨距的大小不同分为标准轨、窄轨、宽轨三类。为了运行上的便利，一个国家的铁路系统应采用统一的轨距，我国基本上采用标准轨距，标准轨距为 1435mm。

（2）路基与正线的用地宽度

路基是支承铁路线路上部建筑（钢轨、轨枕与道床）的基础。因线路与地面标高的差距，路基的横断面有路堤、路堑、半路堤和半路堑等类型。路基面宽度与铁路等级、断面类型、土质、文、气候等因素有关。一般单线铁路（黏土性土质的）路基面宽度在 6~7m，如系双线，则需再加 4m。

正线用地宽度一般可参考图 8-2 进行推算。在遭受雪埋或砂埋的地带决定铁路线路用地宽度时，应考虑栽种防护林的宽度或进一步固定砂丘所需要的用地宽度。

（3）限界

为了列车行车的安全，规定了机车车辆限界和建筑接近限界，以保证邻近线路的设备或建筑与机车、车辆间保持一定的距离（图 8-3）。

（4）线间距

线间距是指两条铁路中心线之间的距离，这一距离，一方面须满足建筑接近限界的要求，另一方面还需满足在两线间装设行车设备（如信号、照明等）的需要，以保证行车与工作人员进行工作的便利与安全。图 8-4 所示为一般区间直线地段线路间距尺寸，站内线间距较大，一般到发线间距在 5m 左右，具体距离还需根据不同站线的性质而定。

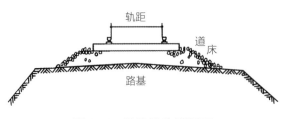

图 8-1　铁路线路横断面

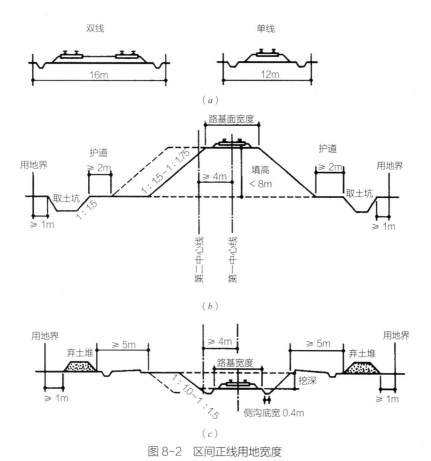

图 8-2　区间正线用地宽度

（a）平地上用地宽度；（b）土质路堤标准断面图；（c）土质路堑标准断面图

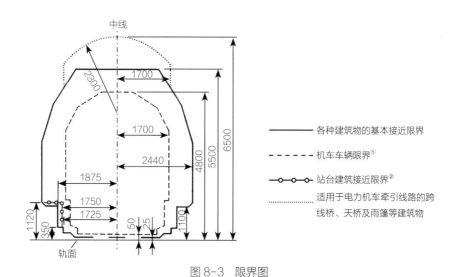

图 8-3　限界图

①机车车辆限界——能够通过机车车辆的，垂直于线路中心线平面上横向最大轮廓线。机车车辆无论空、重状态，均不得超出该限界范围。

②建筑接近限界——供机车车辆通过所用的，垂直于线路中心线平面上横向极限轮廓线。一切建筑物、设备，在任何情况下均不得侵入该限界范围。

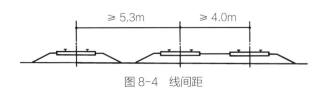

图 8-4 线间距

（5）线路技术标准

铁路线路平面由直线与圆曲线（及缓和曲线）组成。线路纵断面由平道、坡道与连结两相邻坡道的竖曲线组成。其主要技术标准包括最大限制坡度、最小平曲线半径和竖曲线半径等，应根据铁路等级来确定。

从行车效率而言，坡度越小越好，只有在地形条件受到限制时，才允许采用较大坡度。最大限制坡度在我国铁路网中，大致可分为 4‰、6‰、9‰、12‰ 四个系统，其中 6‰、12‰ 占大部分。当铁路加力牵引时，一般不超过 20‰，在特殊困难情况下，各种牵引的加力牵引坡度最大值为：电力牵引 ≤ 30‰；内燃牵引 ≤ 25‰；蒸汽牵引 ≤ 20‰。

我国铁路平曲线半径有 10000、8000、6000、4000、3000、2500、2000、1800、1600、1400、1200、1000、800、700、600、550、500、450、400 和 350m 等尺寸，从有利于行车速度和平稳度来讲，平曲线半径越大越好，一般应按"由大到小"的原则，尽量采用较大的半径（一般在 1000m 以上），只有在特别困难条件下才允许采用最小平曲线半径。

当相邻坡段的坡度代数差大于 3‰（Ⅰ、Ⅱ级铁路）或 4‰（Ⅲ级铁路）时，应以竖曲线连接。竖曲线半径一般用 10000m（Ⅰ、Ⅱ级）或 5000m（Ⅲ级）。

8.3.1.2 铁路车站类型及其布局形式

铁路车站因其工作性质不同，可分为中间站、区段站、客运站及客车整备所、货运站、编组站等。

1. 中间站：中间站除了办理列车的交会、越行和沿零摘挂列车的调车作业外，也办理客、货运作业，在某些中间站还要办理机车加水及部分检修作业。它除了布置旅客站台、站房外，还布置有货场（仓库）及水鹤、灰坑等设备。

2. 区段站：区段站除了办理中间站的作业外，还要进行更换机车、乘务组以及机车的整备、修理、检查和车辆的修理等。因此，区段站多设有机务段或机务折返段、调车场、到发场的中间站。

3. 客运站及客车整备所：客运站主要办理旅客乘降、行李、包裹的收发和邮件的装卸。它是由站房、站前广场以及站场客运设备等三部分组成。

4. 货运站：货运站是专门办理接发货物列车、装卸货物以及编组选配货物列车等作业的车站。

5. 编组站：办理大量货物列车的解体、编组作业，并设有比较完善的专门调车设备的车站，叫作编组站。

8.3.1.3 铁路在城市中的布局

1. 铁路站场位置选择

在城市铁路布局中，站场位置起着主导作用，线路的走向是根据站场与站场、站场与服务地区的联系需要而确定的。

铁路站场的位置与数量和城市的性质、规模，铁路运输的性质、流量、方向，自然地形的特点，以及城市总体布局等因素有关。

（1）中间站的位置选择

中间站在铁路网中分布普遍，它是一种客货合一的车站，多采用横列式布置，一般都设在小城镇。在城市中，它与货场的位置有很密切的关系。为了避免铁路切割城市，铁路最好从城市边缘通过，并将客站与货场均布置在城市一侧，使货场接近于工业、仓库区，而客站位于居住用地的一侧（图8-5）。这种布置虽然比较理想，但是由于客货同侧布置的方式对运输量有一定的限制，因此这种布置方式只适用于一定规模的小城市及一定规模的工业。否则，由于在城镇发展过程中布置了过多的工业，运输量增加，专用线增多，就必然影响正线的通过能力。此外，还应当注意在车站、货场之间要适当留有发展余地。

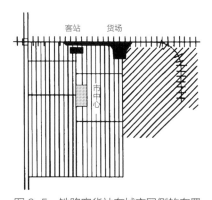

图8-5　铁路客货站在城市同侧的布置

当货运量大而同侧又受用地限制而必须采取客货对侧布置时，应将铁路运输量大、职工人数少的工业企业有组织地安排在货场同侧，而将城市市区的主要部分仍布置在客站一边，同时还要选择好跨越铁路的立交道口，以尽量减少铁路对城市交通运输的干扰（图8-6）。

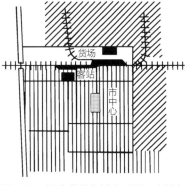

图8-6　铁路货站在城市对侧、客站与城市同侧的布置

当工业企业货运量与职工人数都比较大时，也可采取将城市市区主要部分设在货场同侧，而将客站设在对侧（图8-7）。这样，大量职工上下班不必跨越铁路，主要货源也在货场同侧，仅占城市人口比较少的旅客上下火车时跨越铁路。总之，由于多种原因，当车站必须采取客货对侧布置，城市的交通将不可避免地要跨铁路两侧时，应保证城市用地布置以一侧为主，货场与地方货源货流同侧，以充分发挥铁路运

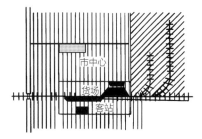

图8-7　铁路客站在城市对侧、货站与城市同侧的布置

输效率，并在城市布局上尽量减少跨越铁路的交通量。

在大、中城市的铁路枢纽，由于铁路运输业务比较复杂，须根据服务性质设各种类型的专业车站。它们在城市的位置也应该按其性质特点来选择。

（2）客运站的位置选择

客运站的位置要方便旅客，提高铁路运输效能，并应与城市的布局有机结合，因此应靠近市中心。如果客运站距离城市中心在 2~3km 以内，不论是位于市中心边缘和市区边缘（城市用地过于分散的情况除外），使用都是比较便利的。

1）客运站的数量

我国绝大多数城市只设一个客运站，这样管理、使用都比较方便。但是在大城市和特大城市，由于用地范围大，旅客多，只设一个客运站，旅客过于集中，且影响到市内交通；另外，在因自然地形（如山、河）的影响，城市布局分散或呈狭长带形时，只设一个客运站也不便于整个城市的使用。因此，这类城市客运站宜分设两个或两个以上，或者以一个客运站为主，再加其他车站（如中间站或货运站兼办客运）作为辅助（图8-8）。

2）客运站与城市道路交通的关系

对旅客来说，客运站仅是对外交通与市内交通的衔接点，到达旅行的最终目的地还必须由市内交通来完成；因此，客运站必须有城市的主要干道连接，直捷地通达市中心以及其他联运点（车站、码头等）。但是，也要避免交通性干道与车站站前

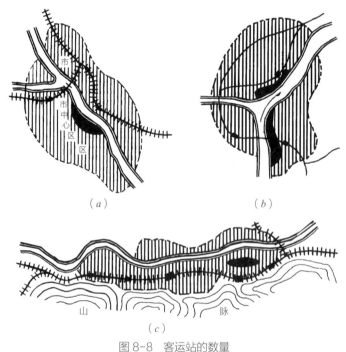

（a）

（b）

（c）

图 8-8　客运站的数量

（a）特大城市；（b）江河分割的城市；（c）狭长带状城市

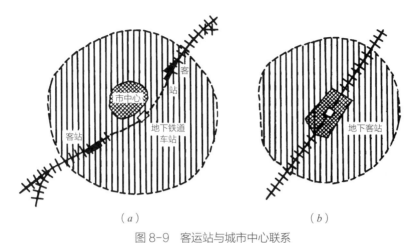

图 8-9　客运站与城市中心联系

（a）以地下铁道连接引入市中心；（b）铁路直接伸入市中心地下设客运站

广场的互相干扰。为了方便旅客、避免干扰，国外甚至有把地下铁道直接引进客运站或者将客运站深入市中心地下的案例（图 8-9），或者将国有铁路、市郊铁路、地铁、公共汽车终点站以及相关服务设施集中布置在一幢大楼里。

3）提高铁路运输效能

在城市布局时要考虑到主要铁路干线的旅客列车便捷地到发与通过，避免迂回与折角运行。为了提高客运站的通过能力，适应旅客量增长的需要，近年来兴建与改建的一些重点客运站也都趋向于采用通过式的布置，这样，客运站就不宜再深入城市，而宜于在城市市区边缘切线通过，否则容易造成铁路干线对城市的分割而产生严重的干扰。对于大城市通过式客运站深入市区而将市区分割时，考虑客运站面对两个方向，双向都可出入，如上海新客站（图 8-10）。

4）反映城市大门的面貌

客运站作为城市的大门，反映城市的面貌绝不是单纯依靠车站站屋本身所能达

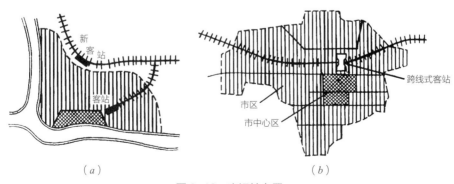

图 8-10　客运站布置

（a）通过式客运站布置在市区边缘；（b）跨线式客站布置示意图

到的，它必须与广场周围的城市公共建筑有机结合成为一个建筑群体。此外，还应该利用城市特有的自然环境，组成既反映社会主义的现代化建设，又体现地方风格的独特景色。我国近几年来新建的一些车站在这方面取得了较好的效果。国外有些城市还把客运站与城市公共建筑结合在一起建成一座多层的综合交通、服务中心，不但布置紧凑，使用便利，而且在面貌上也很突出，成为出入城市的一个明显标志。

（3）货运站的位置选择

在小城市，一般设置一个综合性货运站和货场即可满足货运量的要求。在大城市，则要根据城市的性质、规模、运输量、城市布局（如工业、仓库的分布情况）等实际情况，分设若干综合性与专业性货运站以及综合、专业性相结合的货运站。其位置一方面要满足货物运输的经济合理性要求，即加快装卸速度，缩短运输距离；另一方面也要尽量减少对城市的干扰。

1）货运站应按其性质分别设于其服务的地区内。

2）货运站应与城市道路系统紧密配合，应有城市货运干道联系。

3）货运站应与市内运输系统紧密配合，在其附近应有相应的市内交通运输站场、设备与停车场。

4）货运站与编组站之间应有便捷的联系，以缩短地方车流的运行里程，节省运费并加速车辆周转。

5）货运站应充分利用城市地形、地貌等条件，并考虑留有发展余地。

（4）编组站的位置选择

编组站是铁路枢纽的主要组成部分，应根据路网规划的要求，结合地区自然条件与城市规划布局，在城市外围合理地布置。一般应考虑以下几个方面：

1）妥善处理与城市的关系，避免与城市相互干扰。

2）编组站位置应便利集纳车辆。主要为干线运输服务的路网性编组站大部分为中转车流，应远离城市设在主要干线车流顺直的地点；肩负干线与地方运输双重任务的区域性编组站，不仅要设在主要干线车流顺直的地点，而且要靠近城市车流产生的地点；主要为地区服务的工业和港湾编组站，则应设在车辆集散的地点附近，不可远离城市。当铁路枢纽是路网的终端时，则应设在铁路干线引入方向的市郊（图8-11）。

3）密切结合地形、地质、水文等自然条件，以节省土方工程量并尽量少占农田，保证建筑物的基础稳固及防止洪水和内涝的侵害，并预留将来发展的可能。

2. 铁路枢纽与城市的关系

在铁路网的交叉点或铁路网的尽端，由几个协同作业的专业车站与线路组成的整体，叫做铁路枢纽。它是随着铁路网以及城市建设的发展逐渐形成的。

根据铁路枢纽任务的不同、城市的特点与自然条件地理条件的差异等因素，铁

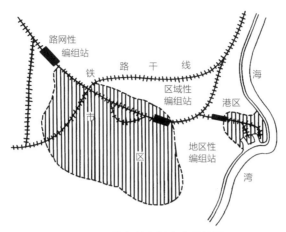

图8-11 编组站在城市中的位置

路枢纽逐步形成了各种布置形式。

铁路枢纽的布置形式变化很多，它与城市布局的关系也很复杂，在处理这些关系的时候，需作具体分析。而且，城市布局与铁路枢纽的形式都在不断地发展变化，因此，不可能有固定不变的布局模式，但其基本原则应该是既充分考虑枢纽本身的作业需要与发展，又要力求避免对城市的干扰。一般可归纳为下列几种情况：

（1）一站枢纽

它与城市的关系比较简单，但是如不加注意仍然会产生铁路干线分割城市主要地区的问题（图8-12）。

（2）三角形、"十"字形枢纽

它与城市的位置关系有三种可能：

1）城市基本上位于铁路枢纽的某一象限，这种布置互相干扰较小，也都有发展余地（图8-13）。

2）城市跨铁路枢纽的两个象限发展，被分割为二，受到了较大的干扰（图8-14）。

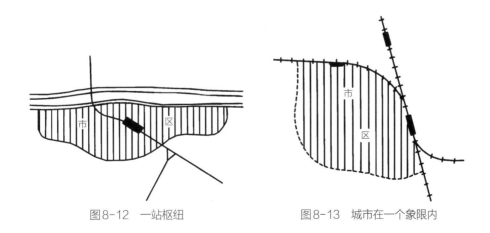

图8-12 一站枢纽   图8-13 城市在一个象限内

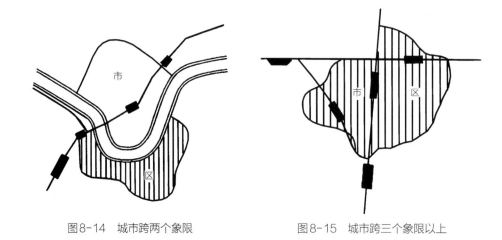

图8-14　城市跨两个象限　　　　　　　　图8-15　城市跨三个象限以上

3）城市跨三个象限以上,被铁路枢纽的三边或"十"字枢纽的交叉干线所分隔,受到严重干扰（图8-15）。

（3）顺列式枢纽

在受地形限制、城市用地呈狭长带形发展时,其枢纽形式也往往沿城市纵向延伸成顺列式布置（图8-16）。它的最大特点是与城市有较长的接触线,因而有利于各专业站在城市范围内分布和服务。由于各方面通过的车流以及地方产生的车流均集中在干线上,为了减少地方车流对干线的冲击,可建局部环线来调节,另外还往往修建平行线。这种形式的干线必须在城市边缘通过,以防止分割城市,带来严重干扰。

（4）枢纽的环线布置

环线能提高枢纽的通过能力,增加运营的灵活性,便于更好地为城市客、货运服务。有的环线可利用专用线作为其组成部分。

因此,环线的位置既不宜布置于市区内影响城市发展（图8-17a）,也要防止将环线移出离城市过远,不便于城市使用（图8-17b）。另外,还要防止环线穿越市郊风景疗养区,以免产生干扰。

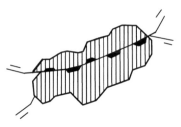

图8-16　顺列式枢纽与城市的关系

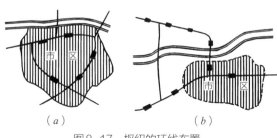

（a）　　　　　　　（b）

图8-17　枢纽的环线布置

（5）跨越江河城市的铁路枢纽布局

它的布置既要配合河流的自然条件，又要照顾到城市规划（如工业区分布）及枢纽布局的合理性。枢纽的桥位选择要考虑到枢纽的布局能通过桥头引线为江河两岸的城市地区分别提供设置客运、货运设备的条件，并有利于减轻大桥通过能力的负荷。

图8-18为两个跨江大城市枢纽布置示例。例（a）城市及工业主要集中在右岸，线路引入方向不多，车流以东西向为主。因而在右岸集中设置了一个主要编组站，一个主要客运站在左岸仅是一辅助编组站。它与城市及港口关系也较协调，干扰较小。例（b）城市两岸具有相当工业布置，而且具有较主要方向的线路引入，故其枢纽在两岸各设置一个编组站与客运站，并利用桥头引线连接各引入线路形成两个环线，为城市各区服务。但其沿岸的部分环线对城市干扰较大，以后需要改造。

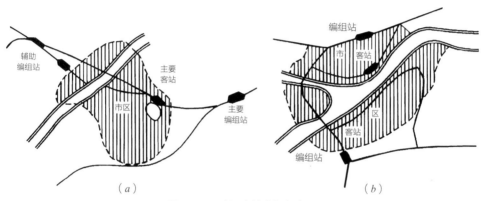

图8-18　跨江大城市枢纽布置

（6）尽端式枢纽布局

一般是位于路网的终端，如海港、大型矿区等城市。它的布局必须首先服务于港湾、矿区的布置。在枢纽的出入口处设编组站以控制枢纽车流，再沿城市边缘枝状深入城市各分区，设尽端式专业车站为之服务。

8.3.2　港口规划

所谓港口，指具有供船舶进出、停泊、靠泊，旅客上下、货物装卸、驳运、储存等功能和相应的码头设施，由一定范围的水域和陆域组成的区域。港口是水路运输的枢纽、水陆联运的咽喉，在整个交通运输中占有十分重要的地位。

内河运输具有运量大、运费低廉、投资少等特点，在交通运输中起着重要的作用。江河不仅提供了优越的运输条件，并为工业、农业和居民生活提供了水源。一些有内河航运条件的国家，常把运输量大、用水多的工厂沿河修建，建设工业港，甚至开挖运河引向已有工矿区。我国河湖众多、河道纵横，为了适应国民经济发展和战备需要，必须大力发展内河航运。正确选择港口位置、建设和改造港口、合理布置各项设施是发展内河航运的前提，也是港口城市总体规划中一项重要的工作。

海港是货物和旅客的集散点，也是各种运输工具装换的地方。它由水路与海洋、内河相沟通；从陆上又可与全国铁路网及公路网相连接，是水陆交通运输的枢纽。海港还具有商业流通的职能，所以它的形成一般是带有区域性的，特别是与港口所在的城市有密切的关系。

8.3.2.1 港口分类、组成及其一般技术要求

1. 港口分类

（1）河港

1）按装卸货物种类分类

①综合港（普通港）——装卸各种不同包装的货物（包装、袋装、捆装）、件货（五金、机械、农具）、散堆货物（煤、矿石、粮食、肥料），木材及溶体、油类等的港口。

②专业港——装卸某种单一货物的港口。如矿石港、煤港、油港等。

③客运港——专门停泊客轮和转运快件货物的港口。

④其他港口——如军港、渔港。

2）按设置地点分类

①河港——沿河修建的港口。如武汉港、南京港等。

②运河港——沿人工开挖的河流修建的港口。如京杭运河上的苏州港、常州港等。

③湖港（水库港）——沿湖边或水库边的港口。如岳阳港、丹江港等。

3）按修建形式分类

①顺岸式河港——码头线沿河布置，靠船构筑物采用岸壁、特殊的水工结构形成或浮码头，停泊区位于河道中。这种码头形式简单，工程量小，是常用的一种码头形式。缺点是由于码头沿河道设置，占用岸线较长，作业区分散，经营管理不便。

②挖入式河港——当河道宽度或可供利用的岸线长度不够时，可利用天然河汊或开挖人工运河修建港池。特点是停泊区布置在独立的港池内，港池设有单独的出口通向航道，可在较短的岸线内获得需要的码头线长度，港区布置紧凑，分区合理。但也存在着不少缺点，如工程量较大、出入口处船舶进出较不便、易淤积；港池内船舶调头较困难，遇火灾时船只不能很快疏散；港池内水易发臭影响卫生等。一般适用于水位变化小、淤积少的河道上。

一个河港中也可以采用上述两种形式混合布置。

（2）海港

1）按用途分类

①商港——是供客货运输的港口。一般商港都兼运各种货物——各种包装的件杂货、散装货等，但也有以某种货运为主的专用商港。

②军港——是供军事需要的港口。专供舰艇停泊、补给、修理或制造，以及沿岸防守之用。

③渔港——是供渔船停泊、卸鱼、冷藏、加工、转运和渔具修理等用而设的港口。

④工业港——是工矿企业专用的原料或产品装卸的港口。

⑤避风港——是供船舶在航行途中躲避突然遇到的风暴、海浪和取得补给、进行小修等用途的港口。

2）按修建地区分类

按修建地区及所服务的对象，港口可分为海港和河口港两种类型。

①海港——沿海修建，为远洋和各种海船服务的港口。一般有下列三种情形：

A. 在海港中或海岸前有天然岛屿沙礁掩护的港口，如汕头港、厦门港。在这种地点建港不需要建造价值昂贵的外堤，是最经济的。

B. 在海港中，如天然掩护不够，则需加筑外堤，如烟台港。

C. 位于一般海岸上，需要筑外堤来掩护，形成人工停泊区。

②河口港——是海港的另一种类型，一般位于通航河道的入海口或受潮汐影响的近海河段。这类海港可兼为内河船舶服务，与腹地联系方便，天然的掩护也往往比较好，常发展成为大港，如天津港、上海港、广州港等。

2. 港口的组成及其一般技术要求

港口由水域和陆域两部分组成。水域是船舶航行、运转、锚泊和停泊装卸的场所，包括航道、码头前水域和锚地，要求有合适的深度和面积，适宜水上作业；陆域包括码头及用来布置各种设备的陆地，供旅客上下船、货物装卸、堆存和转载之用，要求有一定数量的岸线和纵深。陆域作业区包括码头前沿、装卸设备、仓库、堆场、客运站、港内交通设施等，陆域后方包括各种辅助性和服务性建筑，如机修车间、消防站、办公楼、食堂、宿舍、车库等。

（1）航道和水深

1）航道

在河流和海中具有一定水深和宽度，可供船队行驶的水道称为航道。航道可以是天然的或者人工的，人工开挖的航道一般要求短、直、宽、深。我国以通航的代表船型的尺度和吨位，把内河航道划分六级，见表8-1。

驶进港口的航道叫作进港航道。航道、进港航道和码头前沿，均应在低水位时（一般采用多年历时保证率90%~98%的水位）仍有一定的宽度和深度，使船舶能顺利通行。

内河航道等级 表 8-1

航道等级			一	二	三	四	五	六
通航船只吨位（t）			3000	2000	1000	500	300	5~100
船型尺度（m）		型长	90	86	70	58	45	32
		型宽	14	14	12	9	8	5
		满载吃水	3.2	2.5	1.8	1.5	1.2	1.0
船队尺度（m）		长	230	216	180	150	121	94
		宽	14.5	14.5	12.5	9.5	8.5	5.5
		吃水	3.2	2.5	1.8	1.5	1.2	1.0
枯水期最小航道尺度（m）	天然及渠化河流	浅滩水深	>3.2	2.5~3.0	1.8~2.3	1.5~1.8	1.2~1.5	1.0~1.2
		底宽	75~100	75~100	60~80	45~60	35~50	20~30
	人工运河	水深	5.0	4.0	3.0	2.5	2.5	2.0
		底宽	60	60	50	40	30	15
桥梁净空尺度（m）	净跨	天然及渠化河流	70	70	60	44	32~38.5（40）	20（28~30）
		人工运河	50	50	40	28~30[①]	25（28）	13（25）
	净高		12.5	11	10	8~8	4.5~5.5	3.5~4.5

① 本标准不适用通海轮的航道、长江干流宜宾至海口段六级以上航道。

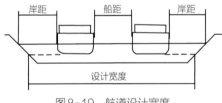

图 8-19 航道设计宽度

航道宽度以保证两个对开船队安全错船为原则。内河航道宽度指在船底处的断面净宽（图 8-19）。

2）水深

水深是港口的重要特征之一，应保证船舶在港内航行和停泊安全的需要。确定港口水深前，先要确定来港最大船舶的吃水深度。在调查研究的基础上，结合考虑远景发展的需要。不同吨位的船舶所要求的水深见表 8-2。

不同吨位的船舶所要求的水深 表 8-2

船舶吨位（万t）	1	4	5	10	20	30
吃水深度（m）	9	12	13	16	19	21

现代化港口的水深一般要求在 12m 以上，停泊巨型油轮的深水港水深有的可达 30m。另外，随着船舶尺度的增加，航道及港池宽度、泊位长度以及仓库堆场面积也都要相应加大。

河港进港航道和码头前沿水深，应保证设计标准船舶在设计低水位时安全通过、靠离和装卸作业的需要。设计低水位一般根据通航期内实测每日低水位的多年历时保证率曲线，选取保证率 90%~98% 的水位。

海港确定航道及港口水域尺度以及进行港口平面布置等，均要满足船舶外形尺度与使用性能。船舶的全部尺度包括全长、全宽或型宽、全高、吃水。

（2）码头前水域及港池

1）码头前水域

为了便于船只直接靠离码头，码头前沿应有一定范围的水面。顺岸码头前沿水域，一般在航道外有 3~4 倍设计船舶宽度（Bc）的水面作为船舶停靠用，但不应占用主航道（图 8-20）。

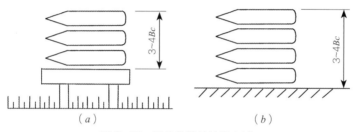

图 8-20 码头前船舶停靠水域

（a）斜坡及浮码头；（b）直立式码头

当河道水流流速较大时，顺水行驶的船舶，通常须回转逆流靠岸，码头前沿水域需保证船舶靠岸时顺利回转停靠和调头下行。此范围应自船位端部与码头前沿线成 30°~45° 交角向外扩展，其长度不小于船舶长度的 2.5~4.0 倍，宽度不小于 1.5 倍。当河道狭窄，调头水域不够时，可在接近码头上、下游河段处，选择调头水域。

当河道狭窄、运输繁忙时，为了避免船舶停靠装卸占用主航道，影响船只通行，可利用天然河汊、洼地，修建挖入式港池；或在码头区把河道拓宽，辟成船舶停靠区（图 8-21）。

图 8-21 拓宽的顺岸直立式码头

2）港池

港池是船舶直接靠近码头装卸货物用的水域。港池设计要使船舶安全停靠、货物装卸方便，同时使港池水域和陆域能互相配合，为提高码头运输能力而提供有利

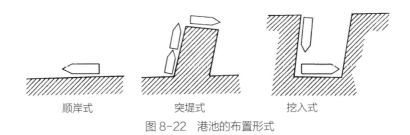

顺岸式　　　　　　突堤式　　　　　　挖入式

图 8-22　港池的布置形式

条件。港池形式除顺岸式外，还有突堤式和挖入式两种，如图 8-22 所示。港池布置以不妨碍船只航行和水流通畅为原则。港池尺寸应根据使用要求，按港区总体规划所预计的船位数决定。

顺岸式码头的水域宽度，考虑船舶需要在此调转，要求不得小于 1.5 倍最大船长。突堤式港池长度，一般以 2~3 个泊位为宜，最长不宜超过 5 个泊位。挖入式港池长度不应小于一个泊位长度，也不宜过长或大于 1.5km，以便于船舶出入和有利于港池两侧的交通联系。港池宽度决定于停靠船舶的数量、类型和停靠方法，并考虑船舶进出和是否需要船舶在港池内调转，应符合港口工程设计标准和技术规范的要求。

码头岸线的布置，不论采用哪种形式，为了船舶安全便利地离靠码头，相邻泊位之间应留有适当间距。其大小与船舶长度有关，一般可采用表 8-3 中的数值。

船舶间距 d 值（m）　　　　　　　　　　　　　表 8-3

船长	≤ 40	41~85	86~150	<150
船舶间距	5	10	15	20

对于石油等危险品码头，船舶间距应适当加大。

在港池内进行水上过驳时，港池应按船舶停泊及过驳作业方式适当加宽。

（3）码头岸线

码头系供船舶停靠及装卸货物之用，其形式根据货物运输量、货物特性、码头负荷、当地河床断面、地质情况、水深及水位变化等决定，常见的有浮码头和固定码头（图 8-23）。

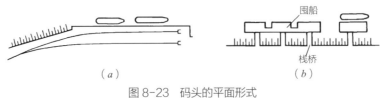

（a）　　　　　　　　　　　　　（b）

图 8-23　码头的平面形式

（a）固定码头；（b）浮码头

（4）前方作业地带

直立式码头由码头前沿线至前方仓库前墙或堆场前沿线（斜坡式码头由坡顶至前方仓库前墙或堆场前沿线）地带称为码头前方作业地带。地带内根据货种的不同要求，配置各种类型的起重和传递机械，并有一定范围的待运货物临时堆放场地。合理安排前方作业地带宽度，有助于加快前方货物的集散和周转。

（5）仓库与堆场

仓库和堆场是储存等待转运到发货物的建筑物与场地。堆场主要用来存放不怕雨淋、日晒和气温变化影响的货物，如煤、矿石、建筑材料等。仓库用来保管不能露天放置的货物，按货种不同分件货仓库、散货仓库和液体仓库；根据需要，有的仓库还设有保温、通风设备。

（6）铁路和道路

港区内货物通过铁路、道路，由陆路中转。港口铁路和道路设备属于港口疏运系统，是港口的重要组成部分。

（7）锚地

锚地是供进出港待装、待卸船舶，过境换拖船舶，物资供应、加水、加煤船舶临时停泊和编解船队的水域。因此，选择和布置锚地必须保证船泊停泊稳妥、调度和交通供应方便，尽量减少与主航道及其他水上设施的干扰。

（8）码头布置

码头布置形式一般可分顺岸式、突堤式和离岸式码头以及挖入陆域的港池式码头，它与港口所在地段的地形、水文、地质特点以及装卸工艺等方面的要求有关，如图 8-24 所示。

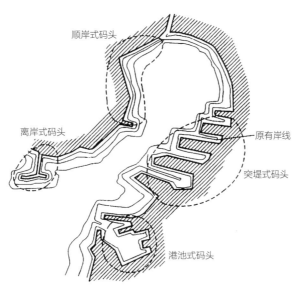

图 8-24　各类码头的布置形式

1）顺岸式码头

顺着天然岸线建造的码头叫作顺岸式码头。一般顺岸式码头前水域比较宽敞，船舶进出港区、靠离码头比较方便，陆域沿纵深发展一般也有较大的可能，有港区平面布置合理、铁路与道路交叉少等优点。在海港中，当有天然防护的水域内有足够的岸线时，也可采用这种布置形式。这种形式可使建筑工程的土方量大为减少，建筑费用较省。

2）突堤式码头

突堤式码头又称直码头，码头自岸边伸入水中，利用两突堤之间的水面构成较大的港池。突堤式码头占用岸线较少，港口布置易紧凑，在海港中常采用。过去狭长的突堤式码头在国外曾风行一时，它的主要优点是当岸线不足时可提供较多的泊位。如纽约港过去建造的某些突堤式码头宽度仅30m，使船舶装卸效率低，以致船舶在港停滞时间长，已不适应现代化港口的需要。新建突堤式码头时，应将泊位和前方仓库布置在突堤的两侧，铁路、道路运输布置在中间，因此，对突堤式码头特别强调有足够的宽度。现代化突堤式码头的宽度，一般为160~270m，甚至达400m以上。为了减少调车作业的相互干扰，突堤式码头长度不宜超过700m。

3）港池式码头

为了在有限的、可资利用的岸线范围内，建设较多的码头泊位，人为地增加岸线长度而建立港池式码头。港池水域的掩护条件较好，可避免遭受风浪侵袭。在潮差较大的地段，港池式布置有利于形成单独的水域，以减小潮汐对港区日常运营的影响，减少港口的基建投资。缺点是土方开挖工程量大。同时封闭挖入式港池还需建造船闸，影响船舶进出的通过能力。另外，港池水域或连接港池的进港航道常受泥沙淤积的威胁，以及港池内积存的污水可能不易流出，影响港区环境卫生。

4）离岸式码头

离岸式码头是现代大型原油码头或散货码头的一种主要形式。由于原油和散货可利用管道或皮带机等输送，使装卸泊位可与库场有一定距离。所以可将大型深水泊位建到离岸较远的深水区，通过栈桥架设输油管或海底输油管与岸边贮油区联接。

3.港口陆域

（1）港口陆域交通运输线路的布置

港口是各种运输工具的汇集点。出口货物由铁路或道路运输到港口装船，或暂存港口仓库待运；进口货物同样由铁路或道路运走或进入仓库。总之，铁路、道路负担着港口与其广阔腹地间的运输任务，仓库间及港区、城区附近的转运也需要通过一定的运输方式来完成货物搬运。港区内铁路、道路设置的合理与否及通行能力的大小，都直接影响港口的吞吐能力。

（2）港口陆域纵深

港口陆域分港口作业区和港口后方两部分。在港口作业区内布置各种港口设备——装卸机械、前方铁路、道路、货棚或仓库，后方铁路、道路及后方仓库等，所有港区货物的装卸及运输均在此区内进行（图8-25）。港口的各种辅助设备（机具修理厂、车库、消防站、办公室及各种生活文化福利设施等），通常设置在港口作业区的后方，以免与作业区干扰。

影响陆域纵深的因素是多方面的，纵深大小直接关系到港区的利用。

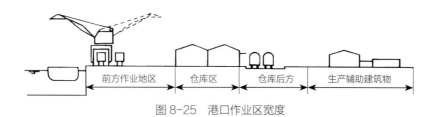

图 8-25　港口作业区宽度

4.客运站

客运站主要办理旅客上下，行李、包裹收发和邮件的装卸。客运站的建筑规模和建筑标准，按港口所在城市的政治、经济地位，客运量大小，航线特征等条件分为三级。一等站位于水陆交通枢纽上的省会或省内主要城市，以远程航线的旅客为主。二等站位于干线河流上的地区、省辖市所在地。三等站位于县及县以下乡镇所在地，以近程的旅客为主。在客运量不大的港口，可设置客货联合码头。

客运站由站房、站前广场以及站场客运建筑等三部分组成。站房设有旅客和运营管理工作所需的各种房间；站前广场是与城市道路联系的"纽带"，市内交通车辆在此到发；站场客运建筑设施，主要是为旅客上、下船，行李包裹运送，以及站内工作人员作业的需要而设置的，如站台与廊道设备等。

客运站应选在交通便利的地方，一般建在沿江大道的外侧近码头入口处，旅客可直接由候船大厅经走廊或栈桥（固定的或活动的）上下船舶（图8-26）。

8.3.2.2　港口在城市中的布置

港口是所在城市的重要组成部分。在城市总体规划中需要全面综合考虑，城市规划部门要与航运部门密切配合，全面分析，合理地部署港口及其各种辅助设施在城市中的位置，妥善解决港口与城市其他组成部分的联系。只有在港口位置首先确定后，组成城市的其他各项要素才能合理地进行规划与布置。

1.港口位置选择

（1）港址选择的基本要求

港址选择是按照内河流域规划或沿海航运区规划，在新建港和扩建港的地理位置基本确定的基础上，根据船舶航行、港口经营管理、工程建设、战备要求，综合

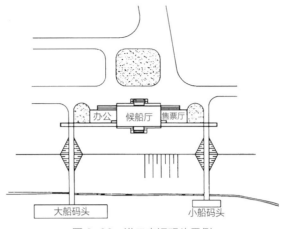

图 8-26 港口客运码头示例

考虑港口所在地区的自然条件、货物流向和装卸作业要求、进出港口的主要船型以及和城市中心、工业及仓库区的联系等因素，从政治、经济、技术上全面比较后选定。

（2）港址选择的基本类型

1）平原河流的港址选择

平原河流绝大部分是冲积性河流，水流基本上在它自己所带来的冲积物上流动。可分为顺直微弯、弯曲及分汊三种类型河段。

①顺直微弯型河段（也称边滩型河段）。这种河段多见于中小河流。河底系中细砂。其形态特点是洪水时河水漫滩、顺直微弯，枯水时边滩与深槽相间出现，水道弯曲；洪水时河床上有斜向大砂垄向下游移动，枯水时砂垄的近岸较高部分出水，形成边滩及弯曲的河床（图 8-27），河岸冲刷不一定发生在原来的地方，往往会冲刷某个边滩，而一个边滩的变化就会导致上下相邻边滩的变化，原来深槽的地方会变成边滩，边滩的地方变成深槽。

在这种河段选择港址时，应选在深槽稍下游一点的 A 处，但要注意上游边滩口的移动，必要时采用整治措施。一般是在码头上游 B 及上游深槽 C 处做护岸工程，因深槽稳定，边滩也相对稳定，有时还需在边滩口的迎水流面上修建顺坝、丁坝来固定边滩。

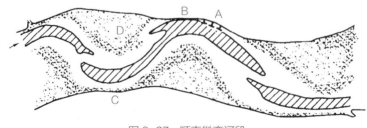

图 8-27 顺直微弯河段

②弯曲型河段。弯曲型河段可分为有限弯曲河段及蜿曲河段两种。有限弯曲河段是由一个或几个弯曲有限制的河段组成。在这种河段上，洪水时弯道的凹岸发生冲刷，凸岸淤积，弯道顶点向下游缓慢移动（图 8-28）；枯水时弯道深槽略有淤积。在正常的弯道上，凹岸水深较好，港址应选择在凹岸一边，不宜放在凸岸，以免淤积。

码头应设在凹岸弯顶下游一些的 A 处，因该处河水较深。但港区及上游河岸 B 处必须做护岸工程，否则有顶冲崩塌的可能。

蜿曲河段，蜿蜒曲折，由很多不对称的河弯组成。由于两岸为无限制冲刷的地质构造，河流能在其上自由发展。河床不断向不对称的弯曲发展，终于形成几乎封闭的河环，河环的起点和终点相隔很近，称为曲颈。曲颈处往往有雏形串沟，遇特大洪水或其他有利条件，水流就会冲溃曲颈，发生自然截弯（图 8-29）。

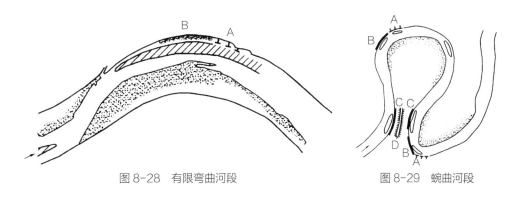

图 8-28 有限弯曲河段　　　　　　图 8-29 蜿曲河段

港址选择的原则与有限弯曲河段相同，在 A 处建港，B 处护岸。但如有自然截弯或切滩的可能，应在曲颈处建护岸 C，以阻止曲颈的进一步发展，如曲颈已很靠近，河滩淹水又很深时，则应在曲颈处建造横堤 D，以阻止自然截弯的发生。这种河段一般不宜建港。

③分汊型河段。河身较宽广，有的呈宽窄相同的连藕状。宽段河槽中有江心洲（洪水淹没或不淹没），将整个河道分成两个或几个汊道。只要有两个汊道存在，其中必有一汊在发展，另一汊在衰亡（图 8-30）。

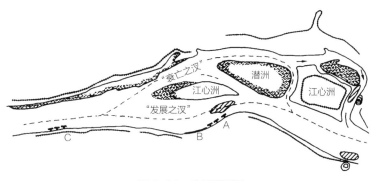

图 8-30 分汊型河段

在这种河段上,港口不宜建在衰亡的汊道内,应在发展的一汊内建港,如图 8-30A 处,并且仍需进行汊道整治,包括 B 处的护岸工程及固定汊道流量、砂量分配的工程等,以求固定有利的趋势。汊道口门前的单一河底如图 8-30C 处,也宜于建港,但应注意上游有无边滩下移以及上游汊道变迁的影响。如有冲岸可能,应进行护岸;若有淤积可能,则应进行整治工程。具体工程布置需因地制宜。

2)山区河流的港址选择

山区河流按河床的特性分为非冲积性及半冲积性河段。港址选择一般决定于航行条件。

①非冲积性河段。这种河段水流湍急,流象险恶,河床及河岸为原生基岩,抗冲性强,河底很少淤积。因河床形态十分复杂,急弯卡口比比皆是,合适的建港地点很少。在较大弯度的弯曲段往往有深沱,沱内是缓水,利于船只停靠。

②半冲积性河段。其特点是河岸不易冲刷,河床往往有相当厚度的覆盖层,每年洪汛仍有冲刷或淤积,有时很剧烈,浅滩及深槽的位置有一定规律。这是山区河流与平原河流之间的一种过渡性河型。

3)河网、湖泊、水库港的港址选择

①河网地区水位变化幅度小,水流平缓,含砂量小,河道稳定,建港条件好。航道上船舶密度大,河段弯多狭窄时,宜采用挖入式港池或拓宽建港河段。

沿河厂区可分散修建码头。对于中转的大宗货物宜修建若干相对集中的作业区。

②在湖泊地区选港址时,除满足一般选址条件外,应考虑风浪对船舶靠离及装卸作业的影响,必要时,可根据水域条件设置防波堤或利用湖汊修建挖入式港池。当湖区边缘水深不能满足停泊要求时,可修筑突堤式码头伸入湖中。

③水库港选址条件同湖区港,但应考虑以下几点:因水库水位变化,港区水深不定;因风浪及水库水位升降而引起的码头岸坡的坍塌;因风浪或泄洪而影响在港和进出港口船舶的安全,港址应选在避风条件好和不受泄洪影响的地区;水库港一般位于山区,地形复杂,对港区陆域面积如何经济合理地安排,公路与铁路的进线及其与码头库场的相互配置协调等问题,均应充分注意。

4)海岸地区港址选择

海岸地区筑港的主要特点是:常须修建外堤围护水域,以保证港内水域平稳和减少泥沙淤积。沿岸的地质地貌对于海港建筑有重要的意义。岩石海岸一般水深浪大,泥沙来源少,港内没有严重的淤积问题。因此,主要是保证港内水域的平稳,故必须注意寻求有利的地形或利用海湾岛屿使所建外堤处水深最小,尽量缩短外堤的长度。这样就能大大节省海港工程中投资最大的外堤造价,同时应注意岸边地形,使修建码头、浚深水域土方工程量最小。

沙质平坦海岸深水线距离岸边较远,一般水浅、浪小、泥沙来源多,因此,除满足港内的平稳要求外，主要是保证减少港内回淤和维持所要求的水深。为此必须充分了解沿岸泥沙流动的规律，选择无大量沿岸泥沙流的地区，或新建港口建筑物能尽量少影响沿岸泥沙流的地区，这样可使所建港口回淤最小，并且可以大量节省日后浚深所需的费用。

5）入海河口地区港址选择

入海河口地区筑港的主要特点是：除了考虑选择合适的港址以减少港区的淤积外，必须注意河口地区航道淤积问题。由于河口外拦门沙的存在，航道必须在拦门沙上开挖，并采取疏浚与整治相结合的措施。而对于河汊分布的三角洲，则需选择河床较为稳定的汊河作为航道。因此，如何根据河口地区的自然特征，选择最恰当的航道位置和港址，是河口地区港址选择的中心问题。

2. 岸线分配

岸线地处整个城市的前沿，分配使用合理与否，是关系到城市全局的大问题。河港由于河道轮廓、河岸场地尺度的限制、现有建筑物的分布、主要货主的位置以及其他历史因素，往往使港区布局较为分散，岸线延伸较长。在规划河道，分配岸线时，应遵循"深水深用，浅水浅用，避免干扰，各得其所"的原则，将有条件建设港口的河段留作港口建设区，但城市岸线不宜全部为港口占用，应留出一定长度的岸线供城市绿化等使用。城市岸线通常按客运、煤、粮、木材、石油、大宗件货以及水陆联运等作业要求，分散成几个作业区，如件货作业区，民船作业区，煤、矿石作业区，建材作业区，木材作业区，危险品作业区及客运码头等。

3. 水陆联运

港口是水陆联运的枢纽，大量旅客集散、车船换装或过驳作业都集中于此，是城市对外交通的重要环节。在规划设计中，要妥善安排水陆联运和水水联运。

在水陆联运问题上经常给城市布局带来的困难是通往港口的铁路专用线往往分割城市。铁路、港口码头布置的好坏，直接关系到港区货物联运、装卸作业的速度以及港口经营费用的多少等。铁路专用线伸入港区的布置一般有沿岸线布置，铁路专用线从城市外围插入港区，绕过城市边缘延伸到港区以及穿越城市三种形式。前两种较好，后一种应尽量避免。

当货物需通过道路转运时，港区道路出入口位置应符合城市道路网规划的要求，避免把出入口开在城市生活性道路上。

沿河两岸建设和河网地区的城市，还应注意两岸的交通联系和驳岸规划（蓝线规划）。桥梁的位置、高度、过江隧道的位置、出入口、轮渡、车渡等位置，除应与城市道路网相衔接外，还要与航道规划统筹考虑，使之既能满足航运的要求，又方便市内交通联系。过江电缆等水下工程设施的位置也应统一规划，集中设置，以减少对水上交通的干扰。

4. 港口布置与城市布局的关系

在城市规划中要妥善处理港口布置与城市布局之间的关系，必须认真考虑以下各方面：

（1）港口与城市居住区的关系

为了给居民创造良好的生活环境，港区应在居住区的下游下风，以减少对居住区的干扰，也可减少繁忙的城市交通对港区的影响。沿河两岸发展的城市，还应注意使沿河两边有欣赏城市景色的可能，即留出一定范围的岸线，辟为居民文化生活用地。改造港口城市时，在可能条件下，应整顿港口建筑物，把部分沿岸地带辟作居民文化生活与休息的场所。有沿江城市，码头到仓库间可修建隧道，以减少沿江城市交通与港口运输的交叉干扰。

（2）港口建设与工业发展的关系

沿江靠河的城市，较易解决水运交通和用水问题，为工业发展创造条件。城市的工业布点，应充分利用这些有利条件，把货运量大的工厂，如钢铁厂、水泥厂、炼油厂等，尽可能靠近通航河道设置，并规划好专用码头。以江河为水源的工厂、供城市生活用水的水厂，取水构筑物的位置应符合有关规定设置。港区污水的排放，应考虑环境保护要求，不可将不符合排放标准的废水直接排入河中，以免影响环境卫生，污染水源。

某些必须设置在港口城市的工业，如造船厂，则须有一定水深的岸线及足够的水域和陆域面积，应合理安排船厂位置和港口作业区，以免相互干扰。

（3）岸线规划与城市总体规划的关系

岸线规划是海港城市总体规划中的一个重要组成部分。在不少海港城市中，长期以来，岸线使用上存在各种不合理的现象和矛盾。一方面有各种历史上形成的原因，另一方面是由对岸线缺乏通盘规划、合理分配而造成的。因而，在岸线规划中必须遵循"深水深用、浅水浅用、避免干扰、各得其所"的原则。深水岸线是宝贵资源，要深水深用，暂时不用的深水岸线要保留为将来使用，移作浅用会造成浪费深水岸线。

（4）港口通过能力与城市综合生产能力的关系

必须从多方面提高港口的通过能力，形成具有综合生产能力的现代化港口。

作为货物集散点的港口，其通过能力的大小，不能仅理解为航道水深、泊位数量以及装卸机械与储存设施数量和能力，而是与港口的疏散运输力密切相关。也就是取决于到港货物能否及时运走，不致造成港口的堵塞，应该将码头、仓库、堆场、铁路、公路、内河运输、水电、市政工程等以及生活服务设施综合配套，使港口具有综合性、高效率的生产能力。

（5）港口建设和城市用地的关系

港口建设和城市用地经常发生的矛盾表现在港区库场用地规模和交通组织两方

面，有些地方对于这些矛盾处理不当，往往成为港口与城市合理发展的障碍。如果对港内各装卸区能加以通盘考虑、全面安排，完全可以使之协调发展，而且成为互相促进的有利条件。

（6）港口建设与城市公共构筑物的位置

为了城市和港口建设的需要，在港区陆域和水域范围内有为数不少的管线、电缆和构筑物，必须统一规划，合理安排，加强管理，以利于港口事业的发展。

（7）港口建设与城市环境保护

对于船舶造成的石油污染应采取一些必要的防治措施，减少环境破坏。除此之外，其他如城市工业和生活废水的排放，也是导致港口污染的直接原因。因此，认真做好港口的环境保护并采取一切有效的技术措施，是港口城市规划应解决的问题。

8.3.3 公路规划

公路是指连接城市、乡村，主要供汽车行驶的具备一定技术条件和设施的道路。公路和道路的区别在于：道路是供各种车辆（无轨）和行人通行的工程设施。按其使用特点分为城市道路、公路、厂矿道路、林区道路及乡村道路等。道路的范畴更广，公路只是其中之一类。

为了充分发挥公路交通运输在城市对外交通中的作用，在城市规划中，应处理好公路与城市的关系，确定公路选线和场站选址及用地规模，规划好城市与公路及场站之间的交通联系。

8.3.3.1 公路的基本知识

1. 公路的分类分级

（1）根据公路的作用及使用性质划分

根据公路的作用及使用性质分为：国家干线公路（国道）、省级干线公路（省道）、县级干线公路（县道）、乡级公路（乡道）以及专用公路。一般把国道和省道称为干线，县道和乡道称为支线。

1）国道是指具有全国性政治、经济意义的主要干线公路，包括重要的国际公路，国防公路，连接首都与各省、自治区、直辖市首府的公路，连接各大经济中心、交通枢纽、商品生产基地和战略要地的公路。

2）省道是指具有全省（自治区、直辖市）政治、经济意义的主要干线公路，连接首府与省内各地市县、交通枢纽和重要生产基地的公路。省道由省公路主管部门负责修建、养护和管理。国道中跨省的高速公路由交通部批准的专门机构负责修建、养护和管理。

3）县道是指具有全县（县级市）政治、经济意义，连接县城和县内主要乡（镇）、主要商品生产和集散地的公路，以及不属于国道、省道的县际间公路。县道由县、市公路主管部门负责修建、养护和管理。

4）乡道是指主要为乡（镇）村经济、文化、行政服务的公路，以及不属于县道以上公路的乡与乡之间及乡与外部联络的公路。乡道由乡人民政府负责修建、养护和管理。

5）专用公路是指专供或主要供厂矿、林区、农场、油田、旅游区、军事要地等与外部联系的公路。专用公路由专用单位负责修建、养护和管理。也可委托当地公路部门修建、养护和管理。

（2）根据公路所适应的交通量水平划分

根据公路所适应的交通量分为五个等级：高速、一级、二级、三级和四级公路。

1）高速公路为专供汽车分向、分车道行驶并全部控制出入的多车道公路。高速公路的年平均日设计交通量宜在 15000 辆小客车以上。

2）一级公路为供汽车分向、分车道行驶，可根据需要控制出入的多车道公路，一级公路的年平均日设计交通量宜在 15000 辆小客车以上。

3）二级公路为供汽车行驶的双车道公路，其年平均日设计交通量宜为 5000~15000 辆小客车。

4）三级公路为供汽车、非汽车交通混合行驶的双车道公路，其年平均日设计交通量宜为 2000~6000 辆小客车。

5）四级公路为供汽车、非汽车交通混合行驶的双车道或单车道公路。其中，双车道四级公路年平均日设计交通量宜在 2000 辆小客车以下，单车道四级公路年平均日设计交通量宜在 400 辆小客车以下。

各级公路所适应的交通量见表 8-4。

公路分级表 表 8-4

等级	高速	一级	二级	三级	四级
AADT（辆/d）	≥ 15000	≥ 15000	5000~15000	2000~6000	≤ 2000（双车道） ≤ 400（单车道）
标准车	小客车	小客车	小客车	小客车	小客车
出入口控制	完全控制	部分控制	—	—	—
设计年限（年）	20	20	15	15	依情况而定

注：AADT 为标准车的年平均日设计交通量。

2.公路设计的主要控制标准

各级公路需满足不同的使用要求，为此，对于各级公路的设计应规定一些基本的控制标准或设计准则，以指导各项具体设计指标的制定。这些控制标准主要考虑以下几个方面。

（1）出入口的控制

出入口控制是限制车辆在指定出入口以外的地点出入道路路界。

出入口控制方式和数量，对于行驶的质量和安全有很大的影响：高速公路和收费公路应采用出入口完全控制的设施，仅允许车辆在规定的地点出入公路，这类公路同其他公路和铁路都不能采用平面交叉；一级公路一般设计成出入口为部分控制的，在交通量大、车速高的路口，应修建立体交叉，仅在影响通行能力不大的局部地方，允许修建少量的平面交叉。

（2）计算行车速度

计算行车速度即设计车速，是决定公路几何线形的基本要素，直接决定汽车行驶的曲线半径、超高视距等几何线形要素，同时又与公路的重要性、经济性有关，是用来体现公路等级的一项指标。各级公路的计算行车速度一般规定见表8-5。

各级公路计算行车速度 表8-5

公路等级	高速公路			一级公路			二级公路		三级公路		四级公路	
计算行车速度（km/h）	120	100	80	100	80	60	80	60	40	30	30	20

（3）设计车辆

路上行驶着不同类型的车辆，各具不同的几何尺寸和性能。公路的车道宽度和高度净空应能容纳这些车辆通过，因此车辆的外廓尺寸是公路几何设计的重要依据。公路设计所采用的各种设计车辆的基本外廓尺寸一般规定见表8-6。

设计车辆外廓尺寸 表8-6

车辆类型 \ 尺寸（m）	总长	总宽	总高	前悬	轴距	后悬
小客车	6	1.8	2	0.8	3.8	1.4
载重汽车	12	2.5	4	1.5	6.5	4
大型客车	13.7	2.55	4	2.6	6.5+1.5	3.1

注：自行车的外廓尺寸采用宽0.75m，高2.0m。

（4）设计交通量

交通量是公路分级和确定所需车道数的主要依据。高速公路、一级公路交通量是以小客车及四个车道（即单向双车道）为标准而确定的。二、三、四级公路则以中型载重汽车为标准来换算。设计中采用标准车的年平均日交通量（AADT）预测值作为依据。公路上不同的车辆组成按表 8-7 规定的换算系统折算成标准车的交通量。

各种车辆对标准车的换算系数 表 8-7

车辆类型	小客车	中型车	大型车	汽车列车
换算系数	1	1.5	2.5	4.0

（5）服务水平

服务水平是对车辆在交通流中的运行条件和驾乘人员所感受的行车质量的量度，能说明公路交通负荷状况。根据《公路工程技术标准》JTG B01—2014 的规定，将服务水平划分为六级，分别代表一定运行条件下驾驶员的感受。

一级服务水平：完全自由流状态，行车不受影响，可较自由地选择行车速度并以设计速度行驶，被动延误少。

二级服务水平：相对自由流状态，基本可按自己意愿选择驾驶速度。

三级服务水平：稳定流上半段状态，有拥挤感，车辆间有干扰，开始出现车队，被动延误增加，无法自由地选择行车速度。

四级服务水平：处于稳定流下限，接近不稳定流状态，流量稍有增长就会出现交通拥挤，服务水平显著下降，被动地选择行车速度。

五级服务水平：为交通流拥堵流的上半段，交通通行量不稳定，其变化范围从基本通行能力到零，时常发生交通阻塞。

六级服务水平：为拥堵流的下半段，是通常意义的强制流或阻塞流，车辆运行状态不稳，车流排队行驶。

原则上，高速公路、一级公路采用三级或三级以上服务水平进行设计；二、三级公路按四级服务水平设计；四级公路的服务水平不做规定。

3. 公路设计的技术要素

根据 2015 年 1 月 1 日实施的《公路工程技术标准》JTG B01—2014，公路的主要技术要素有：计算行车速度、行车道宽度、车道数、路基宽度、极限最小平曲线半径、停车视距、最大纵坡、桥涵设计车辆荷载及桥面车道数等。

（1）计算行车速度：即设计车速，是指在气候正常，交通密度小，汽车运行只受道路本身条件（几何要素、路面、附属设施等）的影响时，驾驶员安全而且舒适地行驶的最大行驶速度。它表明公路等级与使用水平的控制性指标，是公路几何设计所采用的车速。

（2）行车道宽度：公路上供车辆行驶的路面面层的宽度，车道宽度与汽车尺寸、行驶速度、道路服务水平和交通构成等因素有关。一个车道宽度一般为 3.5~3.75 米。见表 8-8。

车道宽度表							表 8-8
设计车速（km/h）	120	100	80	60	40	30	20
车道宽度（m）	3.75	3.75	3.75	3.50	3.50	3.25	3.00

（3）车道数：各级公路车道数应符合表 8-9 的规定。高速公路和一级公路各路段车道数应根据设计交通量、设计通行能力确定。当车道数为双车道以上时应按双数增加。

各级公路车道数				表 8-9
公路等级	高速、一级公路	二级公路	三级公路	四级公路
车道数	≥ 4	2	2	2（1）

（4）路基宽度：在一个横断面上两路肩外缘之间的宽度，也可称为公路红线宽度。公路路基标准断面见图 8-31。按《城市对外交通规划规范》GB 50925—2013 的规定，公路红线宽度和两侧隔离带规划控制宽度应符合表 8-10 的要求。

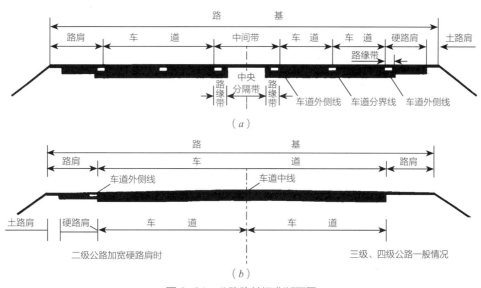

图 8-31 公路路基标准断面图

（a）高速公路、一级公路路基横断面；（b）二级、三级、四级公路路基横断面

城镇建成区外公路红线宽度和两侧隔离带规划控制宽度（m）					表 8-10
公路等级	高速公路	一级公路	二级公路	三级公路	四级公路
公路红线宽度	40~60	30~50	20~40	10~24	8~10
公路两侧隔离带控制宽度	20~50	10~30	10~20	5~10	2~5

（5）极限最小平曲线半径：在平面线型中，路线转向处曲线的总称包括圆曲线和缓和曲线，称作平曲线。为保证车辆按设计车速安全行驶，对平曲线半径所规定的最小值。

（6）停车视距：汽车行驶时，驾驶员自看到前方障碍物时起，至到达障碍物前安全停止，所需的最短距离。

（7）最大纵坡：根据公路等级与自然条件等因素所限定的路线纵坡最大值。最大纵坡是公路纵断面设计的重要控制指标，直接影响到路线的长短、使用质量、运输成本和工程造价。

（8）桥涵设计车辆荷载及桥面车道数详见《公路工程技术标准》JTG B01—2014。

8.3.3.2 公路网在城镇体系中的布置

城镇体系中的公路网络布局图式是以区域内产生交通量的城镇或独立大型工矿企业点为节点，节点间的公路为边线，由节点和表示边线基本走向的线条组成的图形。从功能上分析，公路网络布局图式一般由辐射公路、环形公路、绕行公路及并行公路、联络公路组成：

1. 辐射公路是指在公路网中，自某一中心向外呈辐射状伸展的公路。

2. 环形公路是指在公路网中，围绕某一中心呈环状的公路。

3. 绕行公路是指为使行驶车辆避开城镇或交通障碍路段而修建的分流公路。

4. 并行公路是指在公路网中，与某条公路呈平行状伸展的公路，又称并行线。

5. 联络公路是指在公路网中，联系两条主要公路间的连线公路，又称联络线。

一般来说，在平原和微丘地区，路网模式中的三角形（星形）、棋盘形（方格形）和放射形（射线形）较为普遍；而重丘和山区，由于受到山脉和河川的限制，路网模式往往形成并列形、树杈形或条形。当区域内的主要运输点偏于区域边缘时，有可能产生扇形或树杈形；条形有可能在狭长地带的区域公路网中出现。各种模式往往又相互组合而形成混合型，国家高速公路布局方案图基本能反映出上述典型模式。

8.3.3.3 公路的布置与城市的关系

从许多城市发展的历史演变过程来看，城市的新区往往是沿着公路两边低成本方式逐渐发展形成。城市规模较小时，公路与城市道路并不分设，它既是城市（镇）对外公路，又是城市（镇）的主要道路，两边商业、服务设施很集中，行人密集、车辆往来频繁、相互干扰很大。由于过境交通穿越、分割居住区，不利于交通安全，影响居民生活安宁。这种布置不能适应城市的规模扩大和交通现代化的要求。

1. 公路与城市连接的方式

在进行城市规划时，对于公路交通与城市的关系有以下三种情况：

（1）以城市为目的地的到达交通，要求线路直通市区，并与城市干道直接衔接；

（2）同城市关系不大的过境交通，或者是通过城市但不进入市区，或者是上、下少量客货做暂时停留（或过夜）的车辆，一般尽量由城市边缘绕行通过。

（3）联系市郊各区的交通一般多采用绕城干道。

采用哪种布置方式，要根据公路的等级、城市的性质和规模等因素来决定，也与过境交通或入境交通的流量有很大关系。现举几种公路与城市连接的基本方式如下：

（1）这是一种改造旧有城镇道路与一般公路合用的常用方式，它将过境交通引至城市外围通过，避免进入市区产生干扰，而将车站设在城市边缘的入口处，使入境的交通终止于此，不再进入市区。

（2）一般来说，公路的等级越高，经过的城镇规模越小，则在通过该城镇的车流中入境的比重越小，因而公路以离开城区为宜，其与城镇的联结采用入城道路引入。

（3）一般大城市往往是公路终点，入境的交通较多。虽然长途汽车站可设于城市边缘，但其他车辆仍要进入城市；或因城市规模较大，车站设于城市边缘旅客不便，希望引入市区。因此，采取城市部分交通干道与公路对外交通联结的方式。但应避免与城市交通密集的地区互相干扰，宜与城市交通密集地区相切而过，不宜深入市区内。

（4）在更大规模的城市内，设有城市环路环绕于城市中心区外围。环路是交通性干道，公路的过境交通可利用它通过城市，而不必穿越市中心。

（5）以公路组成城市的外环道路，兼作城市近郊工业区之间联系的交通性干道。为减少外环公路的交叉点，还可在外环内再设一环路（类似上例的内环），通过较少的交叉点引入内环，再进入城市道路系统。

（6）公路与城市道路各自自成系统，互不干扰。公路从城市功能分区之间通过，与城市不直接接触，而在一定的入口处与城市道路联结。

2. 高速公路与城市的连接

高速公路与城市道路的衔接及其在城市范围内的布置，应遵循"近城不进城，进城不扰民"的布置原则。具体来讲，高速公路的定线布置根据城市的性质和规模、行驶中车流与城市的关系，可分为环线绕行式、切线绕行式、分离式和穿越式四种布置方法（图8-32）。

（1）环线绕行式：该形式适用于主枢纽的特大城市。当有多条高速公路进入城市时，采用环线可拦截、疏解过境交通，如上海、广州。

（2）切线绕行式：当有两、三条高速公路进入城市时，采用切线绕行式可减轻过境交通对城市的干扰，如无锡。

（3）分离式：在高速公路上行驶的多数车

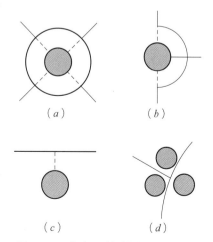

图8-32　高速公路与城市连接的方式

流如果与城市无关，则最好远离城市布线，用联络线接入城市，如昆山、镇江。

（4）穿越式：高速公路从城市组团间穿过，高速公路全封闭，或高架或地下或高填土穿过城市，过境交通与城市交通基本无干扰，如常州、苏州。

此外，还应特别注意高速公路与其他道路和其他设施的关系，合理选择高速道路的出入口及专用连接线，布置交叉点及决定交叉口形式等问题。高速公路在与其他公路干线相交时，必须采用互通式立体交叉，与铁路相交亦必须采用立体交叉。同时还要严格控制高速公路上的出入口，两个出入口间距一般为15km或更长。

在高速公路出入口与城市连接的部分应设公路客运枢纽，连接公共汽车、无轨电车车站或地铁车站，设置停车场、停车库、加油站、旅馆等其他服务设施，方便人们短暂停留和换乘其他交通工具到市中心区。

高速公路与城市道路的联系一般要求采用高等级的专用连接线（出入口干道）过渡。城市出入口干道数量受城市的区位、规模、性质、布局形态、地形地貌、交通量大小等因素影响。出入口干道对城市发展具有诱导作用，在城市规划中应给予特别的重视。

3. 公路快速干线网与城市发展的关系

（1）公路快速干线网的布置

公路快速干线网主要是指一级公路和高速公路组成的快速干道网，它是连接周边城镇、城市新开发区与中心城区的通道，是与城市的客货运场站设施或枢纽一同构成城市与周边地区联系的重要纽带，也是与铁路、航空港、港口等对外交通配套的基础设施。公路快速干线在城市郊区的布置要有利于城市与市域内各乡、镇之间的联系，也要有利于城市未来的扩展和综合防灾紧急状态下的安全畅通，每个城市的发展方向应设置有不少于两条的干线公路。

（2）在市域各城镇经济发展起步期，其连接应以一级公路和普通公路的修建为主要选择

一级公路可以看作是高速公路建设的先行方式，在时序上合理安排资金的投放，利用"交通—经济—交通"的相互促进循环发展方式促进区域发展，最终有可能发展成为高速公路。

（3）公路快速干线网的负面作用

公路建设有利于改善交通，促进经济和城市的发展，但是其负面作用往往被忽视。公路快速干线的建设，特别是高速公路的建设的负面作用主要表现为社会影响、大气和噪声污染、能源消耗、生态影响、地质水文影响、交通事故等。

8.3.3.4 公路汽车场站在城市中的布置

按照公路运输场站的使用功能不同，传统上一般分为客运站、货运站、技术站、公路过境车辆服务站。上述公路运输场站设施里，与城市布局联系较密切的是客运

站和货运站，根据客货流量的大小和实际运营的需要，客、货运站可以分别设置，也可以合并共处，见表8-11。

类别与布置原则　　　　　　　　　　　表 8-11

类别	布置原则
客运站	大城市和作为地区公路枢纽的城市，常为多个方向的长途客运设置相应的长途汽车站，将客运站设在城市中心区边缘，用城市交通性干道与公路相连。 中小城市一般设置一个客运站，或客运站与货运站合并，也可将技术站组织在一起。 可将长途汽车站与铁路车站、客运码头、民航站结合布置，形成城市对外客运交通枢纽。 长途汽车站应与城市公共交通有便捷联系，时空间上尽可能无缝结合，形成高效的客运交通枢纽
货运站	供应城市日常生活用品的货运站应布置在城市中心区边缘，注意避免对居住区的干扰影响；以工业产品、原料和中转货物为主的货运站宜在城市中心区外围、靠近工业区、仓库区或货物较为集中的地区布置，亦可设在铁路货运站、货运码头附近，以便组织水陆联运，并注意与城市交通干道的联系
技术站	技术站一般单独设在市区外围靠近公路线附近，与客、货运站有方便的联系，注意避免对居住区的干扰影响

1. 公路客运站

客运站在城市中地位很重要，客运站的位置与城镇规模大小有密切关系，其站址选择是否合理，对城市的总体规划、道路网的布置、发挥客运站的作用以及投资大小等都有显著影响。因此，在确定站址时，要对影响站址选择的各种因素进行仔细分析比较，择优而定，以期建成后产生良好的社会效益、经济效益和环境效益。

客运站的规模应由客运量决定，以建成使用后十年的客运量作为设计年度规模。客运站的规模要适中，过大或过小都不好，因此，客运站的规模，宜以日客运量1万人次为最大极限，正常日发车量控制在200班左右。若日客运量超过这个最大极限时，应按不同流向分站设置。

确定客运站规模的指标很多，如日客运量、设计年度旅客日发送折算量、旅客最高聚集人数、发车位数及驻站车辆数等。在客运站建筑设计时，通常以日客运量、设计年度旅客日发送折算量、旅客最高聚集人数为主要依据，见表8-12。

（1）当客运站按旅客日发送折算量分级时，要考虑该站所在地的政治、经济、文化等因素。公路客运站的等级一般划分为：一级站、二级站，三级站、四级站。具体划分标准如下：

1）具备下列条件之一者为一级站：

·旅客日发送折算量在7000~10000人次的客运站；

·人口稀少地区以及少数民族地区日客运量在5000人次及5000人次以上的客运站；

· 省、自治区、直辖市人民政府所在地的其中之一的主要客运站。

2）具备下列条件之一者为二级站：

· 旅客日发送折算量在 3000~6999 人次的客运站；

· 省（自治区）辖市、自治州（盟）及地区行署所在地的其中之一的主要客运站；

· 国家规定的重点旅游地区的客运站。

3）具备下列条件之一者为三级站：

· 旅客日发送折算量在 500~2999 人次的客运站；

· 地辖市及县级站；

· 一般旅游区的客运站。

4）具备下列条件之一者为四级站：

· 旅客日发送折算量在 500 人次以下的客运站；

· 乡级及乡级以下的客运站。

客运站用地规模参考表（m²）   表 8-12

日客运量 （人次/日） 项目	10000	7000	5000	3000	1500	500
生产服务建筑 占地面积	7000~ 7500	5300~ 5800	4200~ 4700	2900~ 3100	1700~ 1900	800~ 850
停车场占地面积	15000	10000	7500	4000	2000	500
站前广场占地面积	1600	1260	1050	750	420	150
占地面积总计 （不包括生活区）	23600~ 24100	16560~ 17060	12750~ 13250	7650~ 7850	4120~ 4320	1450~ 1500

（2）因为客运站发车情况在一定程度上能够反映出客运站的建筑规模、设施完善程度、建筑布局及建筑水平等，所以亦可按发车情况划分客运站的站级。一般按四类站分级：

1）始发站：车辆大部分由本站发出，并且具备接受外站到达车辆的能力。这类客运站站内设施比较完备，辅助用房齐全，建筑规模较大，多属于一级站。

2）中途站：车辆大部分是途经本站的，本站只发出少量车辆，站内设施较简单，辅助用房较少。这类客运站多属于四级站。

3）综合站：由本站发出的车辆数和途经本站的车辆数基本持平，站内设施完备程度及辅助用房齐全情况，虽因站不同而异，但是大都介于以上两类站之间。这类客运站一般属于二、三级站。

4）特殊站：当客运站位于边境、旅游地、纪念地时，由于外宾较多，在客运建筑中应增加贵宾室。

（3）城市客运站规模大小，决定了它与公路交通联系的方式，从而决定了客运站的位置。根据城市规模大小和城市的路网结构，客运站的位置通常有两种情况。

1）边缘布置式：小城市（含县城）道路与公路干道分开，公路运输车辆不穿插城区而又与城区联系方便，城区与公路干道的联系方式通常采用绕行式（公路干道沿城区一侧通过），其客运站的位置一般布置在城区边缘公路干线的一侧。

2）环绕布置式：大中城市往往是交通运输的枢纽，通常有几个方向的对外公路干线。在这种情况下，城市与公路联系及确定客运站的位置原则是，既要避免公路对城市的干扰，又要使城市中心区与对外公路干道有方便联系。为此，一般在中心城区外围设一条或多条环形交通干道，把城市对外公路干道连接起来，客运站沿着环形道路布置。这种公路干道及其客运站与城市的联系方式，称为环绕布置式。

2.公路货运站和技术站

公路货运站是专门办理货物运输业务的汽车站，一般设在公路货物集散点，设施相对较简单。

货运站的位置选择与货主的位置和货物的性质有关。如果货运站以供应城市居民的日常生活用品为主，那么以布置在市中心区边缘，与市内仓库有较为直接的联系的地点为宜；如果货物的性质以中转货物为主或者货物的性质对居民区有影响，则货运站应布置在仓库区；如果货物多为工业区货物，则货运站宜设在铁路货运站及货运码头附近，以便组织联运。

货运站的布置要充分利用城市中转仓库，尽量避免产生大量的重复运输和空驶里程。同时要与城市交通性干道有方便的交通联系，并且避免影响居民的生产和生活。

技术站主要包括停车场、保养场、汽修厂和加油站等。技术站或汽车保养修理厂的用地规模，取决于保养检修汽车的技术等级和汽车数量。职工生活区最好通过市场化安置为好，若远离市区无法安置，则按该站场的职工总数和有关用地指标进行计算。根据城市的具体情况也可以少设或不设置职工生活区。技术站一般用地要求较大，并且对居住区有一定干扰，因此，在特大城市和大城市中一般将它设在市区外围靠近公路线的附近。一方面，与客、货站联系方便，另一方面，与居住区有一定的距离，对居民的影响小。

在中小城市，因城市规模较小、车辆少，在考虑公路站场布置时，可以将技术站、客运站和货运站合并组织在一起。

8.3.4 航空港规划

航空交通运输的特点是：速度快、时间省，并能够到达地面交通方式难以到达的地区。在当今生活和生产节奏日益变快的情况下，航空事业在城市对外交通运输中的作用正变得越来越显著。一般认为出行距离在 500km 以上，则使用航空交通较为方便。

为了充分发挥航空交通运输在城市对外交通中的作用，在城市规划时应做到：安排好机场位置与城市的关系，选定机场用地和规模，处理好城市与机场之间的交通联系，规定机场的空域净空要求和邻近机场地区建筑物的高度限制。

8.3.4.1　机场的分类分级

1. 机场的分类

城市航空机场按自然条件不同，可分为陆上机场和水上机场两大类；按其使用性质分为军用机场、民用机场、专业机场和直升机场等；按机场在航空交通组织中的作用，还可以分为：基地机场、中途机场和备降机场等。机场的类型不同，其技术要求也不同。

我国民用机场都是陆上机场，民用机场可分为国际机场、国内干线机场和国内支线机场。

国际机场是供国际航线用的，设有海关、边防检查、卫生检疫、动植物检疫、商品检验等联检机构的机场。

国内干线机场是指省会、自治区首府及重要旅游、开放城市的机场。

国内支线机场又称地方航线机场，是指各省自治区内地面交通不方便的地方所建的机场，通常规模较小。

2. 机场的等级

为了使机场各种设施的技术要求与运行的飞机性能相适应，机场等级是按飞行区的等级划分的，包括两个指标。机场飞行区等级指标 I 是根据机场飞行区使用的最大飞机的基准飞行场地长度，分为 1、2、3、4 这四个等级。飞机的基准飞行场地长度是指在飞行标准下，即海拔为 0m、气温为 15℃、无风、跑道无坡的情况下，以该机型规定的最小起飞全重为标准的最短平衡跑道长度和最小起飞距离。

飞行区等级指标 II 是根据该机场飞行区所使用最大飞机的翼展和主起落架外轮外侧间的距离，由小到大分为 A、B、C、D、E 五个等级，具体规定见表 8-13。

机场飞行区等级指标　　　　　　　　　　　表 8-13

指标 I		指标 II		
等级	飞机基准飞行场地长度（m）	等级	翼展（m）	主起落架外轮外侧间距（m）
1	＜ 800	A	＜ 15	＜ 4.5
2	800~1200	B	15~24	4.5~6
3	1200~1800	C	24~36	6~9
4	≥ 1800	D	36~52	9~14
		E	52~65	≥ 14

8.3.4.2　机场的平面布置与用地规模

1. 机场的组成与平面布置

民用机场的规划主要包含两大部分的内容：一是机场空域规划，包括等待空域、进近净空；二是机场总平面规划。机场是一个复杂的交通枢纽，用以服务于飞机、旅客、货物和地面车辆，习惯上将机场分成空侧设施和陆侧设施两部分（图8-33）。空侧设施也称作航空作业面，是供飞机运行的场地，主要包括：供飞机起降的跑道、供飞机在跑道和滑行道之间滑行的滑行道、供旅客上下飞机和飞机停放的机坪和闸口区域。陆侧设施是机场服务于旅客的组成部分，包括航站楼和陆侧地面交通设施。

跑道是机场的重要组成部分。它的布置不仅影响机场本身的平面布置，而且影响机场在城市中的位置选择。跑道的布置直接影响到机场的用地规模、净空限制的范围、噪声影响的范围，也受到机型、风向、运量等因素的影响。

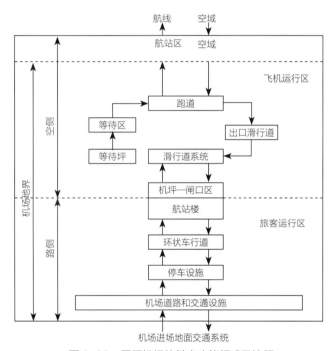

图8-33　民用机场的基本功能组成及流程

2. 跑道的数量和布置形式

跑道构形指跑道数量、位置、方向及使用方式。跑道构形主要取决于飞行服务需求量。此外，还受到当地气象条件、地形和周围环境等影响。

（1）单条跑道。是大多数机场跑道构形的基本形式。

（2）两条平行跑道。当单条跑道的小时容量或年服务量不能满足飞行交通需求量时，就应增加一条平行跑道。两条跑道中心线的间距，根据所需保障的起降能力确定（表8-14）。如用地条件许可，其间距宜大于1525m，以保证飞机能较好地同时精密进近。

两条平行跑道中心线的间距①　　　　表 8-14

两条平行跑道保障起降的能力		情　况	跑道中心线间距（m）
目视飞行	同时起降	供飞行区等级指标Ⅰ为 3 或 4 的跑道用	≥ 210 ①
		供飞行区等级指标Ⅱ为 E 类的飞机用	≥ 360
		考虑重型飞机尾流涡流的影响	≥ 760
仪表飞行	同时精密进近	不得已时	≥ 1035
		正常	≥ 1310
		有条件时	≥ 1525
	同时离场	有雷达	≥ 760
		无雷达	≥ 1000
	同时一条进近、另一条离场	两条跑道端部齐平	≥ 760
		两条跑道端部前后错开	≥ 760±d/5）②

①飞行区等级指标Ⅰ，为 2 的跑道中心线间距≥ 150m，为 1 的跑道中心线间距≥ 120m。

②d 为跑道端前后错开的距离。当进近是向着远的跑道入口时，式中"±"号取"+"，当进近是向着近的跑道入口时，取"—"，跑道中心线间距≥ 300m。

（3）两条不平行或交叉跑道。由于地形条件或其他原因无法设置平行跑道时，或因当地风向较分散，单条跑道不能保证飞机在机场起降的可能性大于 95% 时，采用此方式。不平行跑道与交叉跑道相比，不平行跑道的小时容量大一些，而且便于布置航站区的各项建筑物。因此，应尽量采用不平行跑道，少用交叉跑道。

3. 机场净空

为了保证飞机起飞着陆安全，沿着机场跑道周围要有一个区域，称为机场净空区。在净空区内不应有影响飞行安全的障碍物，并规定了其间各处地形地物的许可高度，对这些规定的高度限制，叫作机场净空要求（或净空标准）。

（1）影响机场净空要求的因素

影响机场净空要求的因素很多，主要有：飞机的起落性能；气象条件；导航设备；飞行程序。由此可知，为确保飞机起落安全，对机场净空要求必须从严保证。

（2）机场净空要求

目前，我国民航机场的净空要求主要参考国际民航组织建议的要求。

1）飞机起飞净空要求

飞机起飞，从滑跑起点开始至爬高到 10.7m 高处，就是起飞障碍物限制面的起端（它位于跑道端外规定距离处或净空道末端），然后继续爬升、加速、再爬升、完成起飞、进入航路。限制面起端宽度、位置、坡度和总长度等，见表 8-15 和图 8-34。

飞机起飞的净空要求[①]   表 8-15

障碍物限制面	机场飞行区等级指标 I		
	1	2	3 或 4
起端宽度（m）	60	80	180
距跑道端距离[②]（m）	30	60	60
两侧散开斜率（%）	10	10	12.5
末端宽度（m）	380	580	1200（或 1800[③]）
总长度（m）	1600	2500	15000
坡度（%）	5	4	2[④]

①表中尺寸均为水平度量。

②如设有净空道，且其长度超出规定距离，障碍物限制面从净空道端开始。

③在复杂气象条件和夜间简单气象条件下飞行，当拟用航道含有大于15°的航向变动时，用1800m。

④如机场的海拔标高和气温与标准条件相差悬殊时，应将坡度酌量减小。如现实情况并不存在超过坡度为2%限制面的障碍物，则应在端近净空范围内保持现有的实际坡度或1.6%的坡度。

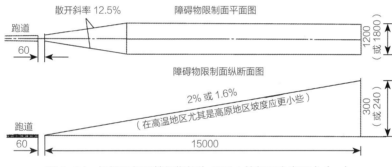

图 8-34　机场飞行区等级指标为 3 和 4 的起飞净空要求（m）

2）飞机进近净空要求

飞机进近净空要求，见图 8-35 和表 8-16。

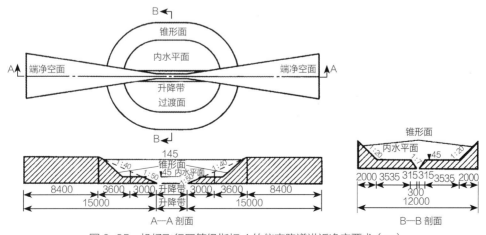

图 8-35　机场飞行区等级指标 4 的仪表跑道进近净空要求（m）

飞机进近的净空要求①

表 8-16

跑道类型	非仪表跑道				非精密仪表进近跑道				精密仪表进近跑道		
									I类		II、III类
飞行区等级标准	1	2	3	4	1	2	3	4	1、2	3、4	3、4
进近面 起端宽度（m）	60	80	150	150	150	150	300	300	150	300	300
起端距跑道入口（m）	30	60	60	60	60	60	60	60	60	60	60
侧边散开斜率（%）	10	10	10	10	15	15	15	15	15	15	15
第一段 长度（m）	1600	2500	3000	3000	2500	2500	3000	3000	3000	3000	3000
第一段 坡度（%）	5	4	3.33	2.5	3.33	3.33	2②	2②	2.5	2	2
第二段 长度（m）							3600②	3600②	3600②	3600②	3600②
第二段 坡度（%）							2.5	2.5	3	2.5	2.5
水平段 长度（m）							8400②	8400②	8400②	8400②	8400②
总长度（m）							15000	15000	15000	15000	15000
过渡面 坡度（%）	20	20	14.3	14.3	20	20	14.3	14.3	14.3	14.3	14.3
内水平面 高度（m）	45	45	45	45	45	45	45	45	45	45	45
内水平面 半径（m）	2000	2500	4000	4000	3500	3500	4000	4000	3500	4000	4000
锥形面 坡度（%）	5	5	5	5	5	5	5	5	5	5	5
锥形面 高度（m）	35	55	75	100	60	60	75	100	60	100	100
复飞面 起端宽度（m）									90	120	120
复飞面 距跑道入口距离（m）									③	1800④	1800④
复飞面 侧边散开斜率（%）									10	10	10
复飞面 坡度（%）									4	3.33	3.33
内进近面 宽度（m）									90	120	120
内进近面 起端距跑道入口（m）									60	60	60
内进近面 长度（m）									900	900	900
内进近面 坡度（%）									2.5	2	2
内过渡面 坡度（%）									40	33.3	33.3

①表中尺寸均为水平度量。

②此数据系可变的，因为进近面的水平段是从 2.5% 坡度面和下述两个面中较高的一个相交处开始：1. 高于跑道入口高度 150m 的水平面，或 2. 根据控制障碍物顶端确定的净空限制水平面。

③至升降带端的距离。

④1800m 或至跑道端的距离，取其中的小值。

3）净空限制面的组成

进近面——是在跑道入口前的一个倾斜平面或几个平面组成进近面的起端从跑道入口外 60m（1 级机场的非仪表跑道为 30m）开始，其计算标高为跑道入口中点的标高，按表 8-16 规定的宽度和斜率向两侧散开，并以规定的各段坡度和长度向上向外延伸，直到进近面的外端。其中：非仪表跑道进近面主要根据目视盘旋进近程序的下滑着陆要求确定；仪表跑道进近面主要根据仪表进近程序的中间进近和最后进近的要求，留有超障余度。

过渡面——是根据保证飞机正常复飞时的安全要求确定的。它是从升降带两侧边缘和进近面的部分边缘开始，按表 8-16 规定的坡度向上向外延伸，直到与内水平面相交的复合面。

内水平面——是高出跑道 45m 的一个水平面，其范围是以跑道两端入口中点为圆心，按表 8-16 规定的半径分别画出圆弧面，用平行跑道中线的两条直线与两个圆弧相切，形成一个近似的椭圆面。双跑道时，取四个端点为圆心画。内水平面主要根据目视盘旋进近程序的要求确定。

锥形面——是从内水平面的周边开始，以 5% 的坡度向上向外延伸，至表 8-16 规定的外缘高度止。锥形面是根据飞机沿目视盘旋进近程序平行跑道方向飞行时，与飞行高度相同的障碍物有足够的距离来确定的。

复飞面——用于精密进近跑道，为梯形斜面，其起端位于入口后，按表 8-16 规定的距离并垂直于跑道中线，其起算标高为该处跑道中线的标高，按规定的起端宽度和斜率向两侧展开，并以规定的坡度向前向上延伸，直至与内水平面相交（图 8-36）。

内进近面——用于精密进近跑道，呈长方形。其起端与进近面起端重合，按表 8-16 规定的宽度、长度和坡度，向上向外延伸至内进近面的终端。

内过渡面——用于精密进近跑道，是限制那些必须设在接近跑道的助航设备、飞机、车辆等物体的高度，一律不得高出这个限制面。这是根据飞机复飞的要求确定的。

此外，在障碍物限制面界限以外的机场附近地区，高出地面 150m 或更高的物体，

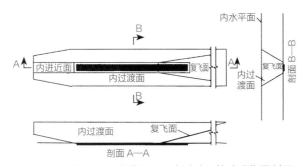

图 8-36 复飞面、内进近面和内过渡面的障碍物限制面

应认为是障碍物,除非经过航行部门研究,表明它们不危及飞行安全。

4. 机场的用地规模

机场的用地规模与其类型、级别以及服务设施的完善程度有关,如跑道数量及布局形式、航站楼及附属设施、经营体制和管理水平等。即使是同一类、级的航空港,其用地大小也未必一样,很难用统一的指标来进行计算,其差别较大。最简单的机场是在一条跑道旁配置一座小型航站楼,用地不过几十公顷;而一个大型的国际航空港,除了本身庞大的设施外,还有大量的为航空港服务或由于航空港设置而带来的相关功能,如旅游服务、职工生活、商业贸易、工业加工等,实际上形成了一个以航空交通为中心的航空港城市,其用地可达上千公顷以上。

任何大型机场的建设都是百年大计,因此应在建设之初就为机场的发展预留足够的发展空间。由于机场建设历史背景、最初定位等方面的差异,造成目前机场的用地差异较大,大多在 1000~3000hm^2 之间。结合我国国情和经济发展状况,国内大型枢纽机场的规划用地应在 2500hm^2 左右为宜,为未来发展留有足够的余地和灵活性。

8.3.4.3 机场在城市中的布置

1. 机场在城市的选址

机场选址是整个机场规划设计工作中最重要的一环,对机场使用性能和造价有很大影响。机场位置常选择在海滩、湖泊或草地附近,以争取机场净空不受限制。此外,还要在这个地区采取各种措施切断其间的生态链,以确保机场空域的飞行安全。

在选择机场位置时,还要尽量满足下列使用上以及环保和经济上的要求。

(1)使用上的要求

机场位置应能长期保证飞机安全、正点、高效运行而且便于旅客进出,为此应符合下列要求。

1)尽量使跑道两端两侧净空良好;

2)相邻两个机场的飞机起飞着陆不会互相干扰;

3)飞机起飞着陆不穿越国境线和禁区;

4)与公共设施应有足够的安全距离;

5)便于设置引导飞机着陆的导航设施;

6)飞机起飞着陆受气象条件影响很少;

7)跑道不被洪水淹没和飞行区不内涝;

8)远离候鸟群习惯迁徙的路线和吸引鸟类聚集的地区;

9)场地开阔而且跑道端安全地区以外的地势较平坦,便于机场发展;

10)机场与城市距离适中,且便于联系;

11)水源充足,水质良好。

（2）环保和经济上的要求

机场位置必须符合环保要求，使机场建设和营运不会对环境造成明显污染，对社会环境和生态环境也不会产生不良影响，达到机场与环境长期协调发展的目的。此外，机场位置应选在造价低、营运费用和维护费用少的地方。为此机场位置应符合下列要求。

1）对周围环境不会造成明显的飞机噪声污染；

2）防止对社会环境产生不良影响；

3）防止对生态环境产生不良影响；

4）经济。

在具体选择机场位置时，往往有些要求不能满足，因为有些要求之间是相互矛盾的。对于这些矛盾，必须具体问题具体分析，找出主要矛盾和矛盾的主要方面，然后进行解决。

2. 机场与城市的交通联系

民用航空交通运输的全程包括航空港之间的空中航线交通和航空港与城市的交通两部分。从城市的角度来看，要充分发挥航空交通的优势，解决好航空港与城市的交通联系是至关重要的。

（1）航空港与城市交通的意义

随着现代航空技术的发展，航空港对城市带来如下的影响：

1）由于机场对城市的噪声干扰越来越大，净空限制要求越来越高，航空港与城市的距离在增长；

2）由于航空交通量的不断增长，航空港的规模越来越大，地面交通量也迅速增长，给城市地面交通带来巨大的压力；

3）空中交通的速度不断提高，航时不断缩短。

以上造成了地、空交通时间的比例差距不断扩大。即空中交通时间不断缩短，而地面交通时间不断增加，其所占全程时间的比重在不断增加，因而大大削弱了航空技术发展所带来的优势。

在我国，虽然航空交通量还没有到达国外大型机场的水平，但由于地面交通设施相对落后，地面交通时间往往超过空中交通时间。因此，地面交通问题已成为航空交通的突出矛盾。有效地解决航空港与城市的交通联系，对于发展现代航空交通具有重要意义。

（2）进出机场的交通模式

为使航空港与城市间的联系比较方便，应在满足合理选址的各项条件下，使航空港不过于远离城市。从地面交通的条件来讲，航空港与城市间的距离控制在30公里比较合适，这样可保证地面交通的时间控制在30min左右。

　　随着民用航空运输的发展和机场规模的扩大，进出机场的交通也呈现多元化趋势，除了常规的公路运输，还有轨道交通（铁路、地铁、轻轨等）、水路等方式。

　　目前，世界上大型机场都趋向于采用轨道交通作为主要的集疏运模式，并积极地开发多式联运，为航空旅客提供便捷、舒适的海陆空联程服务。通常说来，航空旅客对地面旅行时间和速度的要求相对较高。据有关分析，根据不同的舒适程度等因素，航空旅客可以忍受的地面旅行时间为 2~3h；在这一基本定论下，如果采用常规的道路交通和城市轨道交通作为机场的集疏运系统，机场的辐射范围相当有限，最多可辐射到 200km 的范围。我国磁浮和高铁等高速交通技术的出现，使机场的辐射范围大大增加，为大型机场开展大都市区域的空铁联运服务提供了现实可能性；并预示着我国机场"飞机 + 高速轨道"的交通发展模式有很大的发展空间。

8.4 市域交通系统规划案例

二维码 8-1

厦门市城市综合交通规划扫码阅读。

本章参考文献

[1]　徐循初 . 城市道路与交通规划（下册）[M]. 北京：中国建筑工业出版社，2013.

[2]　郭亮 . 城市规划交通学 [M]. 南京：东南大学出版社，2010.

[3]　边经卫 . 当代城市交通规划研究与实践：以厦门市为例 [M]. 北京：中国建筑工业出版社，2010.

[4]　陆化普，等 . 城市交通规划案例集 [M]. 北京：清华大学出版社，2007.

[5]　王炜 . 城市交通管理评价体系 [M]. 北京：人民交通出版社，2003.

第 9 章

城乡产业发展规划

9.1 产业类型

9.1.1 一、二、三产分类

为了便于分析、研究和管理产业活动，有必要对产业进行分类。在城市总体规划编制对产业的分析中，常采用三次产业分类法（苏东水，2015；王俊豪，2012）。

许多国家在研究经济增长，分析经济增长过程中各项社会经济指标及其结构变动时，以经济活动与自然界的关系为标准将全部经济活动划分为三大类。通常将直接从自然界获取产品的物质生产部门划分为第一产业（Primary Industry），将加工取自自然界的产品的物质生产部门划分为第二产业（Secondary Industry），将从第一、二次产业的物质生产活动中衍生出来的非物质生产部门划分为第三产业（Tertiary Industry）。

根据以上划分标准，第一产业主要是指广义上的农业，一般包括种植业、畜牧业、渔业和林业。第二产业是指广义上的工业，包括制造业、建筑业、采矿业以及电力、燃气、供水等产业。第三产业是指广义上的服务业，包括流通和服务两大部门，具体分为四个层次：一是流通部门，包括交通运输业、邮电通信业、批发零售业、餐饮业、仓储业等；二是为生产和生活服务的部门，包括金融业、保险业、房地产管理业、旅游业以及信息咨询服务业和各类技术服务业；三是为提高科学文化水平和居民素质服务的部门，包括教育、文化、广播、电视、科学研究、卫生、体育和社会福利事业等；四是为社会公共需要服务的部门，包括国家机关、党政机关、社会团体等。

虽然三次产业分类法是一种有效的产业经济理论分析工具，但在实践中也存在着一定缺陷。首先，有些产业存在归属分歧。例如采矿业明显属于取自于自然的产业，按理应该划入第一产业，但在实践中它更接近于制造业，因而一般将它列入第二产业。又如供水、电力、燃气等公共产业似乎介于第二产业和第三产业之间。其次，第三产业范围最为宏大，内容繁杂，难以科学地总结出它们的特点和规律。尽管如此，由于三次产业分类法的实用性，许多国际组织、政府部门和产业研究部门仍广泛地采用这种分类方法。城市总体规划编制也采用这种分类方法来研究城市三次产业构成，第一、二、三产业的发展情况和内部构成，经济和产业发展阶段分析等。

9.1.2 传统产业与现代产业

9.1.2.1 传统产业的概念

传统产业是指在历史上曾经高速增长，但目前发展速度趋缓，进入成熟阶段，资源消耗大和环保水平低的产业。赵强、胡荣涛（2002）认为，所谓传统产业，一般是指应用不具有自主知识产权的传统技术占所有技术的比重较大，并以传统产品为主要产品的产业。从生产要素密集度来看，传统产业大多是劳动密集型或资本密集型的产业。

当前我国的传统产业，主要是指在工业化初级阶段发展起来的一系列产业群，在产业分类上包括传统农林牧副渔业，第二产业中的传统工业如采掘业、制造业、建筑业和电力行业等，以及部分第三产业如交通运输业和房地产等。随着我国经济新常态的发展，传统产业依赖自然资源和低成本发展模式的弊端显现，因此迫切需要向智能、环保和高效的方向转型。

9.1.2.2 传统产业的转型

传统产业的转型指的是资源存量在产业间的再配置，也就是将资本、劳动力等生产要素从传统产业向现代产业转移的过程。

9.1.2.3 现代产业体系

现代产业体系就是农业基础地位不断得到巩固，现代农业在第一产业中逐渐占据主导地位；装备制造业规模不断壮大，并逐步成为第二产业的主体；高新技术产业的先导作用显著，对拉动经济增长的贡献越来越大；传统优势产业的技术改造和技术进步明显提升，实力和竞争力显著增强；第三产业迅速发展，现代服务业逐步成为新的增长点；三次产业比例合理，产业核心竞争力不断增强。

现代产业体系是不同历史时期，相应区域产业体系相对优化的产业关系的外在表征。产业网络化、产业集群化、产业融合化推动产业组织向网络化演进，使得产业链和产业集群等新型产业组织形式成为现代产业体系的主要组织形式，并表现出明显的竞争优势。现代产业体系是在产业创新的推动下，由新型工业、现代服务业、现代农业等相互融合、协调发展的以产业集群为载体的产业网络系统，是我国转变经济发展方式的产业载体（刘钊，2011）。

9.1.3 生产性服务业和生活性服务业

9.1.3.1 生产性服务业概念和分类

生产性服务业是指为保持工业生产过程的连续性、促进工业技术进步、产业升级和提高生产效率提供保障服务的服务行业。它是与制造业直接相关的配套服务业，是从制造业内部生产服务部门独立发展起来的新兴产业，本身并不向消费者提供直接的、独立的服务效用。它依附于制造业企业而存在，贯穿于企业生产的上游、中游和下游诸环节中，以人力资本和知识资本作为主要投入品，把日益专业化的人力资本和知识资本引进制造业，是二、三产业加速融合的关键环节。

根据国家统计局、国家发展和改革委员会关于印发《生产性服务业分类（2015）》的通知，本分类的范围包括，为生产活动提供的研发设计与其他技术服务、货物运输仓储和邮政快递服务、信息服务、金融服务、节能与环保服务、生产性租赁服务、商务服务、人力资源管理与培训服务、批发经纪代理服务、生产性支持服务。

本分类采用线分类法和分层次编码方法，将生产性服务业划分为三层，分别用阿拉伯数字编码表示。第一层为大类，用2位数字表示，共有10个大类；第二层为中类，用3位数字表示，共有34个中类；第三层为小类，用4位数字表示，共有135个小类。

9.1.3.2 生活性服务业概念和分类

生活性服务业是服务经济的重要组成部分，是国民经济的基础性支柱产业，它直接向居民提供物质和精神生活消费产品及服务，其产品、服务用于解决购买者生活中（非生产中）的各种需求。生活性服务业主要包括餐饮业、住宿业、家政服务业、洗染业、美发美容业、沐浴业、人像摄影业、维修服务业和再生资源回收业等服务业态。

根据《国务院关于印发服务业发展"十二五"规划的通知》（国发〔2012〕62号），大力发展生活性服务业的重点内容包括九类：商贸物流业、文化产业、旅游业、健康服务业、法律服务业、家庭服务业、体育产业、养老服务业和房地产业。

9.2 产业发展相关理论

9.2.1 产业结构演变理论

产业结构演变与经济增长具有内在的联系。产业结构的演变会促进经济总量的增长，经济总量的增长也会促进产业结构的加速演进。因此，研究经济增长不能不研究产业结构的演进。决定和引起产业结构变动的因素有经济和非经济因素，其演进过程也会因地因时而异，但仍然存在着共同的发展趋势。国内外学者对产业结构变动规律进行了大量研究，从而总结出产业结构变动的一般规律（苏东水，2015）。

9.2.1.1 配第—克拉克定律

英国古典经济学创始人威廉·配第在其1690年出版的名著《政治算术》中，研究了英国、法国、荷兰的经济结构及其形成的原因和政策，指出"工业的收益比农业多得多，而商业的收益又比工业多得多"，这种不同产业间相对收入差异，会促使劳动力向高收入的产业转移，这种转移有利于促进经济发展。之后，英国经济学家和统计学家科林·克拉克继承了费歇尔关于三次产业划分的研究成果，进一步研究总结了产业结构演进趋势，得出产业结构演进规律性结论：三次产业比重变化规律包括三次产业就业结构和产出结构的变化规律，即伴随着人均国民收入的提高，就业人口首先会由第一产业向第二产业转移，第二产业在国民经济中的比重增大，产业结构由第一产业为主的金字塔形结构向第二产业为主的鼓形结构转变；当人均国民收入进一步提高时，劳动力便大量向第三产业转移，第三产业在国民经济中的比重也会增大，产业结构由第二产业为主的鼓形向第三产业为主的倒金字塔形结构转变。人们称这种由人均收入变化引起产业结构变化的规律为配第—克拉克定律。

9.2.1.2 库兹涅茨人均收入影响论

美国经济学家库兹涅茨在继承了克拉克的研究成果基础上，进一步研究了各国经济增长的统计资料。从国民收入和劳动力在产业之间的分布两个方面，对伴随经济发展的产业结构变化进行了分析研究。他探讨了国民收入与劳动力在三次产业分布与变化趋势之间的关系，从而深化了产业结构演变的动因方面的研究。

库兹涅茨把第一、二、三产业分别称为农业部门、工业部门和服务业部门。根据对各产业中相对国民收入变化趋势所做的分析，得出以下结论：

第一，第一产业的相对国民收入在大多数国家都低于1，而第二和第三产业的相对国民收入则大于1。并且从时间序列分析来看，农业相对国民收入下降的趋势说明，在劳动力相对比重和国民收入相对比重下降的情况下，国民收入相对比重下降的程度超过了劳动力相对比重下降的程度。因此，在大多数国家，农业劳动力减少的趋势仍没有停止。农业劳动力相对比重的减少，农业实现的国民收入相对比重的减少，是任何一个国家在发展的一定阶段上的普遍现象。

第二，第二产业的情况是国民收入相对比重的上升是普遍现象。但劳动力相对比重的变化，由于不同国家工业化水平不同而存在差异，综合起来看是微增或没有大的变化。

第三，第三产业的相对国民收入从时间序列分析来看，一般表现为下降趋势，但劳动力的相对比重几乎在所有国家都是上升的。这说明第三产业具有很强的吸纳劳动力的特性，但劳动生产率的提高并不快。

9.2.1.3 霍夫曼工业化经验法则

德国经济学家霍夫曼对工业化过程的工业结构演变规律作了开拓性研究。1931年霍夫曼出版了《工业化的阶段和类型》一书，该书对制造业中消费资料工业和生产资料工业的比例关系进行了详细研究，发现在工业化过程中消费资料工业净产值和生产资料工业净产值之比是不断下降的，后人称这个比例为"霍夫曼定理"。他根据自己提出的霍夫曼比例，把工业化划分为四个发展阶段：

第一阶段：消费品工业占主导地位，霍夫曼比例为（5±1）；

第二阶段：资本品工业快于消费品工业的增长，消费品工业降到工业总产值的50%左右或以下，霍夫曼比例为（2.5±0.5）；

第三阶段：资本品工业继续快速增长，并已达到和消费品工业相平衡的状态，霍夫曼比例为（1±0.5）；

第四阶段：资本品工业占主导地位，这一阶段被认为实现了工业化，霍夫曼比例为1以下。

在实际应用中，霍夫曼比例往往用轻工业品净产值与重工业品净产值的比例来表示。霍夫曼的工业化阶段理论阐述的主要是工业化过程中重化工阶段的结构演变情形。

9.2.1.4 罗斯托主导产业扩散效应理论和经济成长理论

罗斯托首先提出了主导产业及其扩散效应理论和经济成长阶段论。他认为，无论在任何时期，甚至在一个已经成熟并继续成长的经济体系中，经济增长之所以能够保持，是为数不多的主导部门迅速扩大的结果，而且这种扩大又产生了对产业部门的重要作用，即产生了主导产业的扩散效应，包括回顾效应、旁侧效应和前向效应。罗斯托的这些理论被称为罗斯托主导产业扩散效应理论。他根据科学技术和生产力发展水平，将经济成长的过程划分为五个阶段，即传统社会、为"起飞"创作前提的阶段、"起飞"阶段、向成熟挺进阶段、高额大众消费阶段。后来他在《政治与成长阶段》一书中又增加了一个"追求生活质量"的阶段，而每个阶段的演进是以主导产业部门的更替为特征的。

9.2.1.5 钱纳里工业化阶段理论

钱纳里从经济发展的长期过程中考察了制造业内部各产业部门的地位和作用的变动，揭示制造业内部结构转换的原因，即产业间存在着产业关联效应，为了解制造业内部的结构变动趋势奠定了基础，他通过深入考察，发现了制造业发展受人均GNP、需求规模和投资率的影响较大，而受工业品和初级品输出率的影响较小。他进而将制造业的发展分为三个发展时期：经济发展初期、中期和后期；将制造业也按三种不同的时期划分为三种不同类型的产业。即：

初级产业：指经济发展初期对经济发展起主要作用的制造业部门，如食品、皮革、纺织等部门；

中期产业：指经济发展中期对经济发展起主要作用的制造业部门，如非金属矿产品、橡胶制品、木材加工、石油、化工、煤炭制造等部门；

后期产业：指在经济发展后期起主要作用的制造业部门，如服装和日用品、印刷出版、粗钢、纸制品、金属制品和机械制造等部门。

9.2.2　产业组织理论

产业组织理论（Industrial Organization），研究市场在不完全竞争条件下的企业行为和市场构造，是产业经济学的主要内容（苏东水，2015；王俊豪，2012），是研究产业内企业关系结构的状况、性质及其发展规律的应用经济理论。产业组织理论主要是为了解决所谓的"马歇尔冲突"的难题，即产业内企业的规模经济效应与企业之间的竞争活力的冲突。

产业组织理论的基本体系由市场结构、市场行为和市场绩效三个基本范畴构成。而且，三者之间存在着相互作用、相互影响的双向因果关系。一方面，从短期看，市场结构决定市场行为，市场行为决定市场绩效；另一方面，从长期看，市场绩效对市场行为、市场行为对市场结构也有一定的反作用。人们普遍认为，结构对行为、行为对绩效的影响是主要的；而绩效对行为、行为对结构的影响是相对次要的。市场结构—市场行为—市场绩效构成了产业组织理论的基本分析框架和分析范围，不同学派的各种产业组织理论观点均是围绕结构、行为和绩效这三大市场要素展开的。

9.2.2.1　市场结构

市场结构是指构成市场的卖者（企业）相互之间、买者相互之间、卖者和买者集团之间相互关系的因素及其特征。主要包括卖方之间、买方之间、买卖双方之间，以及市场内已有的买卖双方与正在进入或可能进入市场的买卖双方之间在交易、利益分配等各方面存在的竞争关系。

决定市场结构的主要因素有集中度、产品的差别化、市场进入退出壁垒、市场需求的增长率、市场需求的价格弹性、短期的固定费用与可变费用的比例等。而且诸因素之间常常相互影响，如当市场需求的增长率显著上升时，会使相同条件下的市场进入壁垒降低、卖者的集中度下降以及整个市场结构更具有竞争性。市场集中度、产品的差别化和市场进入退出壁垒在前述决定市场结构的各因素中占有特别重要的地位。

9.2.2.2　市场行为

市场行为是指企业为获得更大的利润和更高的市场占有率而在市场上所采取的战略性经营行为。企业的市场行为受制于市场结构，同时，又反作用于市场结构，影响市场结构的特征和状况，并直接影响市场绩效。

市场行为主要包括企业的价格行为、企业的非价格行为和企业的组织调整行为三大类。

9.2.2.3 市场绩效

市场绩效是指在一定的市场结构下，通过一定的市场行为，使某一产业在价格、产量、费用、利润、产品的质量和品种以及技术进步等方面所达到的现实状态。它实质上反映了市场运行的效率。

9.2.3 产业集群相关理论

9.2.3.1 产业集群概念内涵

产业集群（Industry Cluster）是指集中于一定区域内特定产业的众多具有分工合作关系的不同规模等级的企业及与其发展有关的各种机构、组织等行为主体，通过纵横交错的网络关系紧密联系在一起的空间积聚体，代表着介于市场和等级制之间的一种新的空间经济组织形式。产业集群主要包含以下几方面的基本特征：一是产业集群中集聚着大量相关企业、中间组织和支撑机构；二是产业集群内各企业和机构之间具有紧密的经济联系；三是这些企业和机构集中在特定的地域范围内；四是通过有机联系、合作互动形成一定的社会化网络，产生产业集聚网络。

9.2.3.2 产业集群主要理论

1. 传统产业区位论

马歇尔（Alfred Marshall）在 1890 年出版的《经济学原理》中提出了两个重要概念："内部规模经济"和"外部规模经济"。马歇尔所指的外部规模经济概念是指在特定区域的由于某种产业的集聚发展所引起的该区域内生产企业的整体成本下降。通过对英国一些传统工业的企业集群现象的考察，马歇尔发现了外部规模经济与企业集群之间的密切关系，他认为产业集群的优势在于具有外部规模经济，主要体现在三方面：劳动力市场优势、专业化服务提供优势、知识溢出效应。

2. 新产业区位论

一些经济地理领域的学者们在传统产业区理论基础上，考虑了产业集群的环境与制度因素。意大利学者巴格纳斯科在 1977 年首先提出新产业区的概念，认为新产业区是具有共同社会背景的人们和企业在一定自然地域上形成的"社会地域生产综合体"。贝卡蒂尼在 1990 年进一步指出，新产业区是一个社会和地域性实体，它是由一个在自然和历史所限定的区域中的人和企业组成的集合。新产业区主要有以下几个标志：一是因企业集聚而形成高度专业化分工，在信赖与信任基础上形成长期稳定的关系；二是地方化网络，集群内的企业与相关机构有选择地与其他行为主体进行长期正式或非正式合作，会形成长期稳定的具有网络特征的关系模式；三是植根性特征，集群内企业活动深深植根于企业所在的区域和地方环境，任何经济活动都离不开当地的社会文化环境。

3. 波特的竞争理论

在经济日益全球化的今天，在跨国公司全球化的供应链和市场战略下，投入要素可以从许多不同的地区获取，但运输成本的降低并未使许多公司不把公司设立在原料来源地或者大的市场所在地。哈佛大学教授波特率先提出全球经济下的产业集群理论，从一个全新的视角——竞争力的角度来看待和分析产业集群现象。产业集群在竞争日趋复杂、知识导向和动态的经济体中，其角色也越来越重要。波特提出了由四种关键要素所形成的"钻石体系"理论，从竞争力角度对集群的现象进行分析和研究，结果显示集群不仅仅降低交易成本、提高效率，而且改进激励方式，创造出信息、专业化制度、名声等集体财富。更重要的是集群能够改善创新的条件，加速生产率的成长，也更有利于新企业的形成。虽然集群内企业的惨烈竞争暂时降低了利润，但相对于其他地区的企业却建立起竞争优势。

9.2.4　产业布局理论

9.2.4.1　产业布局的基本内涵

产业布局是指产业在一定地域空间上的分布与组合（苏东水，2015；王俊豪，2012）。产业布局内涵可以从两方面考察。一方面，从纵向来看，产业布局是同一产业在各地区的配置与关联；从横向来看，它是聚集在同一地域空间的各产业的关联与组合。另一方面，产业布局包含静态与动态两层含义。产业布局在静态上看是指形成产业的各部门、各要素、各链环在空间上的分布态势和地域上的组合；在动态上，产业布局则表现为各种资源、各生产要素甚至各产业和各企业为选择最佳区位而形成的在空间地域上的流动、转移或重新组合的配置与再配置过程。

9.2.4.2　产业布局模式

产业布局模式是在一定的地域内展开的，地域的具体条件是决定布局的依据。同一时期不同地域和同一地域不同发展阶段的具体情况各不相同，相应的必须采取不同的产业布局模式。根据产业空间发展不同阶段的不同特点，产业布局的理论模式可以分为增长极布局模式、点轴布局模式、网络布局模式以及区域梯度开发与转移模式（陈仲常，2005）。

1. 增长极布局模式

增长极理论是法国经济学家佩鲁提出的，其思想是，一国经济增长过程中，不同产业的增长速度不同，其中增长较快的是主导产业和创新企业，这些产业和企业一般都是在某些特定区域或城市集聚，优先发展，然后对其周围地区进行扩散，形成强大的辐射作用，带动周边地区的发展。这种集聚了主导产业和创新企业的区域和城市就被称为"增长极"。

2. 点轴布局模式

点轴布局模式是增长极布局模式的延伸。从产业发展的空间过程来看，产业，特别是工业，总是首先集中在少数条件较好的城市发展，呈点状分布。这种产业（工业）点，就是区域增长极，也就是点轴开发模式中的点。随着经济的发展，产业（工业）点逐渐增多，点和点之间，由于生产要素流动的需要，需要建立各种流动管道将点和点相互连接起来，因此各种管道，包括各种交通道路、动力供应线、水源供应线等就发展起来，这就是轴。这种轴线，虽然其主要目的是为产业（工业）点服务的，但是轴线一经形成，其两侧地区的生产和生活条件就会得到改善，从而吸引周边地区的人口、产业向轴线两侧集聚，并产生出新的产业（工业）点。点轴贯通，就形成了点轴系统。实际上，中心城市与其吸引范围内的次级城市之间相互影响、相互作用，已经形成了一个有机的城市系统，这一系统已经有效地带动着区域经济的发展。

3. 网络（或块状）布局模式

网络布局模式是点轴布局模式的延伸。一个现代化的经济区域，其空间结构必须同时具备三大要素：一是"节点"，即各级各类城镇；二是"域面"，即节点的吸引范围；三是"网络"，即商品、资金、技术、信息、劳动力等各种生产要素的流动网。网络式开发，就是强化并延伸已有的点轴系统。通过增强和深化本区域的网络系统，提高区域内各节点间、各域面间，特别是节点与域面之间生产要素交流的广度和密度，使"点""线""面"组成一个有机的整体，从而使整个区域得到有效的开发，使本区域经济向一体化方向发展。同时通过网络的向外延伸，加强与区域外其他区域经济网络的联系，并将本区域的经济技术优势向四周区域扩散，从而在更大的空间范围内调动更多的生产要素进行优化组合。这是一种比较完备的区域开发模式，它标志着区域经济开始走向成熟阶段。

4. 区域梯度开发与转移模式

该布局模式的理论基础是梯度推移理论。梯度推移理论认为，由于经济技术的发展是不平衡的，不同地区客观上存在经济技术发展水平的差异，即经济技术梯度，而产业的空间发展规律是从高梯度地区向低梯度地区推移。第二次世界大战后加速发展的国际产业转移就是从发达的欧美国家向新型工业国或地区再向发展中国家进行梯度转移的。根据梯度推移理论，在进行产业开发时，要从各区域的现实梯度布局出发，优先发展高梯度地区，让有条件的高梯度地区优先发展新技术、新产品和新产业，然后再逐步从高梯度地区向中梯度和低梯度地区推移，从而逐步实现经济发展的相对均衡。我国在改革开放初期就曾按照经济技术发展水平把全国划分为高梯度的东部沿海地带、中梯度的中部地带和低梯度的西部地带，以此作为产业空间发展的依据。

9.3　城乡产业规划：发展目标与战略

9.3.1　产业发展目标与路径

9.3.1.1　产业发展目标的确定

在城市总体规划编制中，产业发展目标是对城市一定时期产业经济发展所要达到的水平、阶段和程度的确定。一般包括定性的发展目标展望，以及定量的主要经济指标预测。

城市总体规划编制中，定性的发展目标展望主要考虑以下方面：第一，国家宏观趋势；第二，上一层次规划和相关规划的要求；第三，自身的主导产业发展情况。

城市总体规划编制中，定量的经济指标预测，一般是按照规划年限近期、中期、远期的城市发展可能达到的指标进行估算。主要经济指标包括国内生产总值，第一、二、三产业生产总值，年均增长速度，以及各时期第一、二、三产业结构等。

9.3.1.2　产业发展路径

城市转型是一个永恒的话题，它是伴随着城市的发展而不断演化的。从城市发展史的角度看，城市发展的历史就是城市转型的历史。我国在过去三十多年的城市化进程中，以高增长、高消耗、高排放、高扩张为特征的粗放型城市发展模式，带来了城市空间的无序和低效开发，城乡发展失调、社会发展失衡、大城市迅速蔓延等诸多弊端。因此，城市发展转型势在必行，而城市转型的关键便是产业转型升级。

生命周期（Life Cycle）理论的基本涵义可以通俗地理解为"从摇篮到坟墓"（Cradle-to-Grave）的整个过程。对于某个产品而言，就是从自然中来回到自然中去的全过程，也就是一个产品的产生需要经历从进入期、成长期、成熟期到衰退期这样一个完整的生命周期。该理论对于城市发展来说同样是适应的，按照一般的规划，城市的发展同样需要经历进入期、成长期、成熟期、衰退期四个阶段。只有转变产业发展方式，调整产业结构，才能延续城市的生命周期。

城市经济发展阶段主要有：前工业化阶段、工业化初期、工业化中期、工业化后期、后工业化阶段。目前，中国大部分城市正经历着工业化初中期到工业化后期阶段，实行分期发展、有序突破的产业发展路径，有助于城市经济转型升级。产业转型发展中，生产要素结构将由劳动—资本密集型向资本—技术密集型转换；产品价值由低—中附加值向较高附加值产品转换；产业结构由原材料工业以及初级加工工业为主转向高级加工为主。因此，产业发展路径的规划设计就是要明确当前城市产业发展的阶段、下一阶段需要重点发展的领域及其需要的社会经济支撑条件等。

9.3.2 产业发展战略

研究产业发展战略，是在编制城市总体规划过程中，每个城市经济产业发展必须要解决的问题，可以说是引导产业发展的计划和策略。从本质上说，城乡产业发展规划可以说是城市经济产业发展战略的时空安排。

产业发展战略研究，就是要在全面了解城乡产业情况，分析城乡社会经济水平，第一、二、三产业发展现状、发展阶段等的基础上，根据省内外乃至国内外经济产业发展形势，提出城乡产业发展战略，作为今后 20 年（规划年限）或者更长时间的努力方向。

在研究城乡产业发展战略的过程中，既要论证城市的第一、二、三产业的主导产业和优势产业，研究其在地区、省、国家以至世界范围内所处的地位和作用，又要研究城市产业发展与区域周边城市的错位竞争、优势发展，以及实现自身产业转型升级、生态发展，并且加强集聚、集群发展，以寻求城乡产业发展的独特道路。

9.4 城乡产业规划：产业体系构建

9.4.1 产业选择分析

城市主导产业是指以地区资源优势为基础，能够代表区域经济发展方向，并且在一定程度上能够支撑、主宰区域经济发展的产业。城市主导产业的选择以地区生产专业化为基本前提。

9.4.1.1 生产专业化

地区生产专业化是生产在空间上高度集中的表现形式，它是指按照劳动地域分工规律，利用特定区域某类产业或产品生产的特殊有利条件，大规模集中发展某个行业或某类产品，然后向区外输出，以求最大经济效益。

地区生产专业化是工业化过程中的必然趋势。随着全球工业化和技术不断进步，现代化的交通和通信系统大大降低了地区之间的成本交易，使全国甚至全世界各地区之间可以互为原料地、互为市场，共同构成一个不可分割的经济体。城市产业经济发展要在市场竞争中取胜，就必须充分利用地区资源优势，利用最先进的技术设备，扩大生产规模，集群发展，以求最大的经济效益。

9.4.1.2 生产专业化部门的判定

地区生产专业化部门是指一个地区内那些直接或间接为区外提供商品或服务的部门。具有一定的地域属性，一个城市的专业化产品对于一个省来说就不一定是专业化产品。

在城市总体规划编制中，通常用区位商来判断一个产业是否构成城市的专业化

部门。区位商是指一个地区特定部门的产值在地区工业总产值中所占的比重与全国
该部门产值在全国工业总产值中所占比重之间的比值。区位商大于1，可以认为该
产业是地区的专业化部门；区位商越大，专业化水平越高；如果区位商小于或等于
1，则认为该产业是自给性部门。其具体计算公式为：

$$Q_{ij} = \frac{e_{ij}/e_i}{E_j/E} \tag{9-1}$$

式中，Q_{ij}为i地区j部门的区位商；E_{ij}为i地区j部门的产值；E_i为i地区工业
总产值；E_j为全国j部门的产值；E为全国工业总产值。

可见，利用区位商判断城市产业的生产专业化状况，实际上是以全国产业结
构的平均值作为参照系，假定全国各地区对产品的消费水平基本一致。那么，当一
个地区某产业或产品产值占总产值比重高于全国平均比重时，则认为该产业提供的
产品或服务在满足了本地区消费需求之后还有剩余，可用于输出，因而成为专业化
部门。其比重比全国平均值高出越多，则可用于输出的产品也越多，专业化水平
越高。

地区专业化部门专业化水平判断：一个地区某专业化水平的具体计算，是以该
部门可以用于输出部分的产值与该部门总产值之比来衡量。地区某产业专业化系数 =
1–1/ 区位商。

9.4.1.3 主导产业的选择

一个专业化部门或产业要成为城市经济发展的主导产业，必须同时具备以下四
个条件：

第一，有较高的区位商或专业化水平，一般 Q 值在 2 以上或专业化系数在 0.5
以上，该产业的生产主要为区外服务。第二，在地区生产中占有较大的比重，能在
一定程度上主宰地区经济发展。一般而言，在选择主导产业时，地区范围大，对区
位商和产值比重的要求相对较低；地区范围越小，要求越高。一个城市选择主导产
业要求区位商和产值比重比大经济区要求高，因为城市具有更高的外向性，而大经
济区具有更强的综合性。第三，与城市其他主要产业关联度高，两者之间的联系越
广泛、越深刻，越能通过乘数效应带动整个地区经济的发展。第四，能够代表城市
产业发展方向，富有生命力的产业。主导产业是在较长时间内支撑、带动区域经济
发展的产业，因而必须是有发展前途的、代表区域发展方向的产业。

主导产业的选择，应该考虑如下因素。第一，根据城市所处经济发展阶段选择
主导产业。处于工业化前期阶段的城市，主导产业一般具有劳动、资金密集型特性，
可以在轻工业领域和基础性重工业领域选择；处于工业化中期阶段的城市，主导产
业一般具有资金、技术密集型特性，可以在重工业中的深加工领域选择；处于工业
化后期的城市，主导产业具有技术密集型及服务型的特性，可以在技术密集型产业、

高技术产业及新兴服务业中选择。第二，根据产业发展的阶段来选择主导产业。根据产业生命循环理论，任何产业在某一地区的发展中都规律性地经过科研创新期、发展期、成熟期和衰退期，主导产业要在科研创新期和发展期的产业中选择，其中处于科研创新期的产业可以作为潜在主导产业来加以培育。第三，根据产业产品的收入弹性来衡量。主导产业应该是具有较高收入弹性的产业，从而随着区域经济的发展，该主导产业能够拥有不断扩大的市场。

如上所述，主导产业应该是能够充分发挥地区优势、具有较高专业化水平、在城市经济中占有较大比重、能够代表城市产业发展方向的产业。而计算区位商能为其提供很好的量化标准数据，增加规划发展的科学性和严肃性。

9.4.2 产业体系架构

通过对主导产业的选择和分析后，建立以主导产业为主体的产业体系，促进城市经济协调发展。

正确处理主导产业与非主导产业之间的关系是任何城市都要面临的问题。一个地区，除了发展主导产业以外，还应该发展如下性质的产业，以求经济协调可持续发展。

1. 与主导产业直接产生生产性和非生产性联系的产业

包括为主导产业直接提供原材料及其他发展条件的产业，利用主导产业产品进行深加工的产业，为主导产业技术进步进行研究与开发的产业，为主导产业发展提供人才培训的教育行业以及金融业、广告业等，这些产业与主导产业一起构成地区主导产业群，主导产业群在区域经济中所占的份额不低于50%。其目的就是为了丰富产业链。

2. 基础设施产业

基础设施是区域内一切经济社会活动赖以进行的基本条件，是衡量区域投资环境硬件的主要指标。任何地区都要努力发展基础设施产业，尽可能提高基础设施的技术水平和服务质量，使地区基础设施与全国甚至世界基础设施接轨。

3. 为地方生产和生活提供服务的产业

包括商业、饮食、卫生、教育等传统服务业以及旅游、娱乐、保健、保险等新兴服务业。这些产业为中小企业提供广大的发展空间，对于扩大就业、丰富生活、活跃经济具有重要作用。

在城市总体规划的编制中，产业体系架构还可以从第一、二、三产业出发。比如，对第一产业而言，可根据城乡产业发展现状和优势，提倡规模化、特色化发展现代农业。对第二产业而言，可根据主导产业的选择和分析以及宏观产业发展趋势，基于主导产业如先进制造业、电子信息产业等，进一步培育即使目前还比较幼小但技术水平高、发展潜力大并且能反应区域发展趋势的产业。对第三产业而言，可以以生产性服务业为支撑，寻求发展现代物流业、商务金融业等。同时，也可以发展文化创意产业、生态文化旅游业等。最后，根据城市发展主要产业的选择和分析，构建城市产业体系框架。

9.5 城乡产业规划：城乡产业空间布局

9.5.1 产业单元与产业集群

9.5.1.1 产业单元的发展

全球化使城市空间格局发生重大转变，城市通过强化对外辐射，促进产业升级，吸纳人力资本，构建宜居环境，最终建立居住与就业平衡的产业空间单元，而产业空间单元正是城市空间生长的细胞。基于此，我们可以更好地从城市空间构成单元的角度探讨整体的城市空间规划模式。根据这样的理念，城市空间规划即以产业空间单元为出发点，自下而上地构建整体的城市空间结构。基于产业单元的空间概念自下而上包括以下三个空间层次（王兴平，等，2014）：

1. 创新型产业核心

一个产业单元中，最为核心的部分就是产业的创新型空间。在以弹性专业化为特点的后福特制生产方式逐渐成为主流的背景下，产业集聚的动因由内部规模效益转向外部，多元化的产业链条及其相互之间的联系成为创新型空间不可或缺的要素。在高端产业集聚的同时，隐含经验类知识（Tacit Knowledge）通过集体学习过程得到推广与发展，并进一步对生产产生影响，从而形成创新活动的循环，并进而形成产业单元的核心。

2. 就业—居住尽可能平衡的产业单元

强调产业与居住的平衡，有利于形成紧凑型居住环境。在规划过程中，围绕创新型产业核心，应尽可能实现产业与居住的平衡。与计划时期的"单位制"社区相比，产业单元最大的不同在于其产业与居住的平衡并非依赖强制的计划配给，社区居民的流动也不受任何限制，它是以产业的核心竞争力为基础，以完善的公共服务配套作为社区组团的"黏合剂"，吸引创新型人才的集聚，构建适合创业与居住的和谐社区。

3. 交通与土地利用一体化

产业与居住平衡的紧凑型社区组团应是倡导步行与公共交通，并努力降低通勤和居民出行距离，而这却需要强大便捷的区域快速交通体系作为保障。土地利用在很大程度上受到交通的影响，以小汽车为主的交通模式刺激了土地的蔓延和低效的土地利用模式，而以公共交通为主的交通模式则有利于形成紧凑高效以及混合型的土地利用模式。目前在北美城市逐渐推行的 TOD 模式是新城市主义理念在城市尺度上的运用，主张通过采用道路网格化、功能混合使用、适宜的开发密度、居住区内步行可达、设施的开放等回应传统的以汽车使用为主导的开发模式。以产业单元为基础的城市空间规划就是希望以 TOD 模式为借鉴，以完善的内部公共交通组织和快捷的区域交通体系，保证各产业单元动力空间高效运行。

9.5.1.2 产业集群的发展

1. 产业集群发展的基本原则

现代产业发展和国际经验证明，集群化是优化产业布局的一种新方向。参考产业布局相关理论和产业集群发展新要求，产业集群发展应该遵循以下基本原则。

第一，发挥比较优势的原则。产业布局要注重发挥区域比较优势，从而在专业分工合作中获得最大经济利益，以此来促进产业竞争优势不断提升。

第二，突出生态效率的原则。产业布局遵循生态效率的原则，就是在不损害生态环境和可持续发展能力的基础上进行产业布局。

第三，遵循协调发展的原则。产业区位选择要根据不同产业对区位因素的要求和不同区位所具备的区位优势因素，分层次有序布局产业区位，实现非均衡协调发展。

第四，培育新区位因素的原则。经济全球化和知识经济时代的到来使传统区位因素的相对重要性降低，新的柔性区位因素重要性提高。这些柔性、无形的区位因素是可以培育的，每个区域只有在原有的区位因素优势基础上，根据产业发展需求，注重新型区位因素的培育，保持和提升区位对产业的吸引力，加强自身的区位因素优势，才能长期保持和提升区域对相应产业的吸引力。

2. 产业集群发展的路径

产业集群有两种差异明显的发展道路，形成两类集群：创新型集群（Innovation Based Cluster）和低成本型集群（Low-Cost-Based Cluster）。创新型集群以欧洲成功产业区为典型，其主要特征是创新、高质量、功能灵活和良好的工作环境，在良好的法规制度下，企业间自觉地发展合作关系。低成本型集群以许多发展中国家的中心企业集群为典型，产业竞争的基础是低成本，但并不具备创新型产业集群的特征。

中国目前的产业集群基本上都是由市场自发形成的，多属于低成本型集群。而且现有的产业集群"集而不群"，仅仅是企业的空间集聚，缺乏关联、配套、协同作用，没有很好地发挥集群的外部经济效应、成本节约效应、创新效应。发展产业集群的目标就是充分利用其空间组织优势，发挥应有的功能，提升企业竞争力。因此必须进行相应的政策干预，提高集群发展质量，而且根据中国产业结构升级的目标和创新对提升产业竞争力的重要性，应注重发挥创新型集群（王俊豪，2012）。

9.5.2 产业单元的空间布局规划

9.5.2.1 产业单元的布局理念

城市是社会经济发展的载体，城市与区域产业空间的布局对整体的城市空间产生巨大的影响。工业革命彻底改变了农业文明城市形态,使城市空间走向高度集聚,而随着技术进步以及产业组织方式的改变,全球化再次使城市空间格局发生重大转变,城市形态走向分散,区域边界日益模糊。对于处在城镇化、工业化不同阶段的城市而言,我们需要以新的视角建立城市产业空间布局的理念,从而塑造城市未来理想的生产生活空间。

1. 辐射——构建腹地广阔的产业基础

从传统的农业、工业区位论到中心地理论和增长极理论,人们对产业与城市空间的认识在不断拓展。从全球城市的发展来看,拥有广阔的经济腹地对于城市经济的发展、城市中心地位的强化及产业结构的升级能够产生重大影响。当前产业部门组织方式已发生根本变化,在生产领域,随着全球化和区域生产垂直分离的推进,产业链开始形成跨区域的扩散分布,低端的生产性部门倾向于分布在外围,而高端的研发部门及总部则倾向于在少数中心城市集聚,两者之间依赖强大的物流枢纽保障联系。同样在销售领域,强大的物流枢纽也保证了进出口贸易的顺畅。由此,空港、码头和铁路枢纽成为现代城市重要的动力空间。在这样的背景下,产业单元空间布局的理念是,城市一方面要建立拥有巨大产业链的产业基础,另一方面要依铁路、高速等物流枢纽,增加对外联系,并拓展城市的经济影响腹地,从而强化城市的中心地位。

2. 宜居——走向高级化创新型的产业集群

宜居,永远是城市发展的终极目标。"宜居"包含多个方面的内容:从居民生活角度看,代表的是便捷优质的城市服务;从环境保护角度看,代表的是低污染指数与低能耗。这些方面均指向产业高级化与人力资本高级化。在全球化趋势的推动下,区域中心城市的产业逐渐向低污染、低能耗、资本与技术密集型方向升级,并吸引高级创新型人才的集聚。随着人力资本的高级化,人才对居住与创业环境提出更为苛刻的要求,从而进一步促使外部环境的改善。基于这样的考虑,产业单元空间布局的理念是,通过产业升级促进人力资本优化,并增强外部环境吸引力,形成产业与空间的良性循环。

3. 平衡——创造和谐共生的产业空间

在微观的、现实的城市空间层面上,居住与就业的平衡是实现宜居城市的重要理念。在计划时期,我国城市在"建设生产性城市"方针的指引下,有计划地布局产业,并在工厂周边建立职工生活区,从而形成了我国特有的"单位制"社区形态。这种形态在土地及住房制度改革实施后被彻底打破,同时,随着城市不断进步,尤其是交通的迅速发展,进一步刺激了城市空间结构的重组,居住区与工业区倾向于分离,城市空间出现蔓延现象,从而造成了严重的交通压力与能源消耗,由此形成了一个悖论:交通的发展反过来制约了自己。世界各地的大城市发展都面临这样的问题,而北美城市开始通过公交导向发展模式（TOD）和传统邻里设计（TND）等新城市主义理念建立新的社区，实际上，这是对传统紧凑型、平衡型社区的回归。有鉴于国外经验以及我国社区发展的特点，为了应对居住与就业在空间上的分离趋势，产业单元空间布局的理念是，依托高效的交通基础设施，围绕产业空间，建立居住与就业平衡的空间单元，使其成为产业空间与城市空间布局的基础。

9.5.2.2　产业单元的布局规划

在总体规划编制中，根据产业单元空间布局理念，划定市（县）域范围的总体经济区划。一般将地缘相近、产业联动发展的片区划分到一个经济片区，包括核心区经济片区及其周边经济片区。划定每一个经济片区包括的乡镇范围，提出其一、二、三产发展的主要产业，引导城市经济产业发展。

9.5.3　产业集群的空间布局规划

产业集群培育是在空间层面落实产业选择结论的具体形式（王俊豪，2012）。面对实施性的产业集群培育，其核心是以主导产业为基础，整合其他关联产业和辅助产业，形成涵盖上、中、下游产业的完备产业链。理论上讲，不同类型产业空间可以培育的产业集群数量存在差异，对于小城镇而言，围绕主导产业培育1~2个产业集群比较合理，而对于综合性开发区或县级以及县级以上产业空间而言，根据主导产业选择的结果，采用"园中园"或产业基地形式，可以培育的产业集群数量则没有限制。一般而言，自发形成的产业集群通常需要漫长的时间积累，而即使有政府的规划引导，产业集群的培育也并非一蹴而就。因此，在对产业集群进行规划时，应该按照循序渐进的原则，针对集群所处的不同发展时期，规划关注的重点也应该有所差别。

9.6　城乡规划中的产业组织政策

9.6.1　产业组织政策的概念

产业组织政策，是指为了获得理想的市场效果，由政府制定的干预市场结构和市场行为、调节企业间关系的公共政策。产业组织政策的实质是协调竞争与规模经济之间的矛盾，以维持正常的市场秩序，促进有效竞争市场态势的形成（苏东水，2015；王俊豪，2012）。

9.6.2　产业组织政策的分类

从政策导向角度看，各国已有的产业组织政策通常分为两类。一是竞争促进政策：鼓励竞争、限制垄断，主要有反垄断政策或反托拉斯政策、反不正当竞争行为政策及中小企业政策等，它着眼于维持正常的市场秩序。二是产业合理化政策：主要适用于自然垄断产业鼓励专业化和规模经济，它着眼于限制过度竞争，直接表现为政府的规制政策。

从政策对象看，产业组织政策可分为市场结构控制政策和市场行为控制政策两类。市场结构控制政策是从市场结构方面禁止或限制垄断的政策，如控制市场集中度、降低市场进入壁垒等。市场行为控制政策是从市场行为角度防范或制止限制竞争和不公正交易行为的发生，以及诈骗、行贿等不道德商业行为的发生。

9.6.3　产业组织政策的目标

9.6.3.1　产业组织政策的一般目标

产业组织的一般目标是维护市场的有效竞争，以提高产业内部的资源培植效率。有效竞争是指产业组织处于既能够保持产业内部各企业之间的适度竞争，又能获得规模经济的效益，即可以兼容竞争活力和规模经济效益的竞争。

9.6.3.2　产业组织政策的具体目标

企业达到并有效利用经济规模，市场供应主要由达到经济规模的企业承担；从长期看，各产业的资本利润率比较均等；较快的技术进步；不存在过多的销售费用；产品的质量和服务水平较高，并具有多样性；能有效利用资源。

9.6.4　产业组织政策的内容

9.6.4.1　充分利用规模经济

规模经济是指产品产量处在适度规模时因单位产品费用水平相对下降而获得的经济利益，是生产的社会化和专业化的结果。这种规模经济的形成，靠市场虽也可渐次获得，但毕竟耗费时日。要加速企业生产的专业化发展，建立大批量生产的组织体系，只有动用经济政策的力量，对经济规模的形成适时引导，才能实现对规模经济利益的取得。

9.6.4.2　促进有效竞争

有效竞争是指企业间通过提高质量、降低价格、提供优质服务等正当竞争手段而进行的有利于增进社会福利的竞争，是相对于无效竞争而言的。虽都是竞争，但这两种竞争结果却是截然不同的。一个是对社会经济利益提高的促进，一个却是对社会资源的空耗。产业组织政策的实施，便是要限制无效竞争，促进有效竞争，从组织上保证资源的充分利用。

9.6.5　产业组织政策的手段

实现产业组织政策目标的手段主要有以下三类（苏东水，2015；王俊豪，2012）：

9.6.5.1 控制市场结构

控制市场结构即对各个产业的市场结构变动实行监测、控制和协调，保障其合理性。具体措施包括：依法分割处于垄断地位的巨型企业，降低市场集中度，降低进入壁垒，减少不合理的产品差异化；建立企业合并预审制度，对中小企业实行必要的扶植；在某些产业实行规制政策，防止过度竞争。

9.6.5.2 调整市场行为

调整市场行为即对企业的市场行为实施监督和控制，扼制垄断势力的扩大，保障公平竞争。具体措施包括禁止和限制竞争者的共谋、卡特尔及不正当的价格歧视；对卖方价格、质量实行广泛监督，增强市场信息透明度；对非法商业行为进行控制和处置。

9.6.5.3 直接控制市场绩效

对资源分配方面存在市场缺陷的产业，通过政府的干预（如直接投资）弥补市场机制缺陷；对赢利不多和风险较大的重大技术开发项目提供资金援助；增加教育、科研和技术推广的公共投资；禁止滥用稀缺资源。

本章参考文献

[1] 陈仲常 . 产业经济理论与实证分析 [M]. 重庆：重庆大学出版社，2005.

[2] 刘钊 . 现代产业体系的内涵与特征 [J]. 山东社会科学，2011（5）：160–162.

[3] 苏东水 . 产业经济学 [M]. 4 版 . 北京：高等教育出版社，2015.

[4] 王俊豪 . 产业经济学 [M]. 2 版 . 北京：高等教育出版社，2012.

[5] 王兴平，朱凯，李迎成 . 集约型城镇产业空间规划 [M]. 南京：东南大学出版社，2014.

[6] 赵强，胡荣涛 . 加快传统产业改造和升级的步伐 [J]. 经济经纬，2002（1）：28–31.

第 10 章

城乡社会发展规划

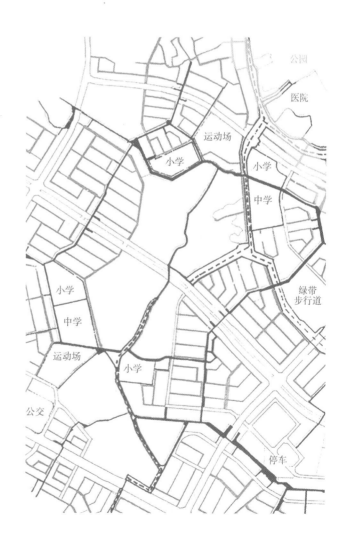

近年来，在国内城市规划的理论研究和实践工作中，人们开始尝试突破传统的物质空间规划的局限，开展了向社会相关研究迈进的初步探索。20 世纪 90 年代，相关学者在借鉴西方城市规划发展经验的基础上，提出了社会规划应逐步成为中国城市规划的重要内容的倡导；在规划专业发展方向的学术交流和讨论中，呼吁突破纯粹的物质空间规划的局限，拓展在经济规划、社会规划、生态规划等领域的探索，这也逐渐成为规划界普遍的声音；在诸多大城市新一轮的战略规划和总体规划中，增加了社区规划、住房建设、社会问题研究和居住空间分布的专题内容，也体现出对当前社会热点问题的关注与探索。

10.1 城乡规划的社会发展目标

10.1.1 社会发展的定义

社会发展的概念有广义和狭义之分。广义的社会发展是指涵盖经济发展在内的社会全面发展进步，包括各社会系统的协调运行，以满足人的基本需求和全面发展而进行的各种实践活动等；狭义的社会发展，仅指与经济发展相并列的社会发展层次，主要关注于人类关系方面的建构，以人的全面发展为中心。它涵盖了政治发展、文化发展、生态发展等领域，所追求的社会全面文明进步，是除经济增长之外，社会各个方面，尤其是社会生存环境、道德水平、精神面貌和文化生活的大改变、大进步。

社会发展研究主要在广义社会发展角度上进行，当代社会发展研究主要包括三个方面的内容：一是有关发展的基本理论问题，如发展的本质、发展的主体、发展的动力、发展的模式等；二是研究社会发展进程中的重大问题，如社会发展与社会稳定，社会发展与社会变革，社会分化与社会整合以及现代化、城市化与民主化问题等；三是发展模式与发展道路的比较研究，这包括影响发展的主要因素，如自然基础、历史基础、文化背景、民族传统以及国际环境等，也包括各国不同发展模式的研究。

10.1.2　社会发展的目标

作为社会历史主体的人是有意识的，人为了实现自身理想的生存状态，就必然以一定的理想目标追求作为自己行动的指南，也就是要确立一定的社会发展目标。所谓"社会发展目标"是指一定社会历史主体的人，为实现未来理想社会状态而确立的目标追求，包括经济目标、政治目标、文化目标、生态目标以及人的发展目标等内容，也指一个国家、一个社会发展与建设的目的指向。

美国著名政治学家塞缪尔·亨廷顿的《发展的目标》一文，从目标层面将欠发达国家的"发展"概括为五个方面：经济增长、公平、稳定、民主和自由。同时通过对欠发达国家战后发展的历史性考察，认为各个目标之间存在着"冲突"，和谐发展几乎是不可能的。我们暂不讨论亨廷顿论调的悲观性，从其概括的五点发展"目标"来看，也明显带有西方发达国家的价值倾向和侧重。西方的发展价值取向更加偏向以人为中心。1995年哥本哈根世界首脑会议就提出，社会发展"以人为中心"，"社会发展的最终目标是改善和提高全体人民的生活质量"。我国党的十六大则从六个方面概括了全面建设小康社会的发展目标：经济更加发展；民主更加健全；科教更加进步；文化更加繁荣；社会更加和谐；人民生活更加殷实。这些目标提法更加注重发展过程的进步性，涵盖的领域更加具体明确。

根据世界社会发展的普遍性价值取向及中国社会发展的现状，可以确定现阶段中国社会发展的十大目标，即：①社会平等与社会公平；②减少贫富差距；③促进就业；④社会稳定及社会安全；⑤良好的社会保障与社会福利；⑥良好的生活质量；⑦人口控制及人口素质的提高；⑧多样选择与自由；⑨公众积极参与的社会；⑩和谐的人与自然的关系。其中①～⑨主要涉及人与人之间关系的和谐，第⑩涉及的则是人与自然之间关系的和谐。值得说明的是，一方面，各项社会发展目标之间存在着复杂的联动关系，一项目标的实现也有助于其他目标的达成。因为社会发展的最终目的是改善和提高人的福利和所有人的生活素质，使各项目标有了共同的目的指向。另一方面，随着社会环境的变化，社会发展目标内涵也会发生相应的改变，诸如下列可见的趋势：追求更高的生活质量；更加注重生态环境的保护；公平观念更加深入人心；追求更高的精神文明。

10.1.3 城市规划中的社会发展目标

社会发展的内涵宽泛，社会发展目标涵盖的领域众多，城市规划是影响社会发展的众多因素之一，且它主要对城市土地使用及空间环境相关社会发展目标产生较为明显的影响。因此，明确与城市规划及城市空间环境相关的社会发展目标之间的关系，可以使城市规划及城市空间环境建设调控有的放矢，更好地发挥其对城市社会发展的促进作用。

根据前面所归纳的现阶段中国社会发展目标内涵及体系构架，可以确定与城市规划及空间环境建设相关的社会发展目标如下。

1. 社会平等及社会公平

"获得、平等、参与"的社会公正原则一直是当代城市社会思想的核心。许多城市问题确实是不平等（相对贫困）所表现出来的病征。城乡规划中的社会平等与公平主要体现在以下三个方面：城市土地及空间资源的配置与社会公平；城市基础设施及公益性社会设施的配置与社会公平；其他空间环境建设领域中的社会公平。

2. 社会稳定及社会安全

规划所具有的公共决策性质及城市空间环境与社会各阶层生存环境密切关联，城市规划与城市空间环境会对社会稳定及社会安全产生重要的影响。

规划决策及空间环境组织会影响到就业机会，间接地影响到社会稳定。城市规划及空间环境组织不当，可能会导致城市社会阶层分化，社会空间隔离，最明显地体现在城市不同阶层的居住隔离上。良好的空间环境组织，可控防治安性犯罪，增进社会安全。

3. 良好的生活质量

社会发展的最终目的是改善和提高人的福利和所有人的生活素质，良好的生活质量是其重要内涵。城市规划及空间环境建设恰恰能对城市生活质量的各类基本要素产生广泛的影响。城市规划与建设的目标更是创造一个最佳的城市生活空间情境，以利于人们的学习、工作和生活。合理的规划设计及空间环境组织，能营造良好的城市空间情境，包括城市物质情境及城市社会情境，从而起到提高城市生活质量的目的。

4. 多样选择与自由

多样选择与自由成为社会发展目标之一，与现代人普遍表现的价值观念多元化特征相关，多样性是城市的天性。城市各项活动应该在多样活动中求得平衡，以提供给人更多的机会和选择的自由。城市功能及空间适度混合，多样化的城市空间环境塑造均有助于多样选择目标的实现。城市规划因其具有的对城市空间环境形成与变化的独特控制作用，必然会对城市空间环境的多样性产生影响，并因此间接地影响到城市生活的多样选择与自由。

5. 公众积极参与的社会

城市规划对形成公众积极参与的社会的作用是通过规划中的公众参与来达成的。规划作为一种广泛的社会参与的交往行为，正是通过人与人之间相互作用和交流使市民丰富多彩的生活需求得以解明。城市规划作为一项公共政策，其制定、实施过程中的公众参与要求，推动了一个广泛参与的社会的形成。城市规划的对象是城市空间及土地使用，城市空间环境与市民生活密切的关系，使规划较之其他公共政策，更加受到广大民众的关注。尤其是城市改造方面的规划政策，直接影响到原居民的切身利益，居民有更大的参与热情并重视其参与决策的权利。

6. 和谐的人与自然的关系

人与自然的和谐发展是科学发展观的重要目标追求之一。然而城市化发展与城市建设活动是人与自然和谐关系的最大障碍。城市大规模建设及扩张，对自然生态环境造成了极大的损害。合理的城市规划及空间环境组织是重构人与自然和谐关系的重要途径。通过良好的规划设计及建设管理，可以减轻、改善人与自然关系失衡的状况，要把握好城市建设规模与生态量的平衡、城市空间配置与合理生态格局的平衡、城市生态建设与城市建设的平衡。

10.2 城乡社会发展阶段判定与评价

10.2.1 社会发展阶段的判断标准和特征

社会存在决定社会意识。在工业化和现代化的发展基础上，与社会经济发展水平相适应，不同的社会发展阶段有不同的发展理念。因此，社会发展阶段的判断是构建社会发展评价准则的前提和基础，也决定着社会发展评价指标体系的结构与指标选择。社会发展阶段的判断是以工业化和经济发展状况的分析和评价为基础的。对于社会发展阶段划分的问题，人们以不同的评价标准已做过不少的论述。

钱纳里利用第二次世界大战后发展中国家,特别是其中的9个准工业化国家（地区）1960~1980间的历史资料，建立了多国模型，利用回归方程建立了GDP市场占有率模型，即提出了标准产业结构。即根据人均国内生产总值，将不发达经济到成熟工业经济整个变化过程划分为三个阶段、六个时期，从任何一个发展阶段向更高一个阶段的跃进都是通过产业结构转化来推动的。

美国社会学家与未来学家丹尼尔·贝尔依据中轴结构和中轴原理把社会发展阶段分为前工业社会、工业社会和后工业社会。"中轴原理"的价值在于允许人们多角度去解释社会变化，从而避免片面的经济决定论及技术决定论。贝尔提出在前工业社会里，占压倒多数的劳动力，包括农业、渔业、矿业在内的采集作业。生活主要是对自然的挑战。工业社会是生产商品的社会，生活是对加工的自然的挑战。在这个时代，技术化、合理化得到了推进。后工业社会是以服务业为基础的社会。因此最重要的因素不是体力劳动或能源，而是信息。

10.2.2 社会发展水平评价的指标体系

1. 社会指标的概念与类型

社会指标是判断社会在准则、价值和目标等方面的表现的依据，是一种"量的数据，用来作为具有普遍社会意义的社会状况的指数"，是经济指标的"补充"和"扩大"，是衡量社会"越来越好还是越来越坏的尺度"。社会指标的思维结构都是以观察为基础的，通常都是定量的，对评价当代社会的社会经济生活状况的现状和测量其变化是必不可少的。

社会指标有两种基本类型。一类是描述现存社会运行状况的指标，以社会统计资料为基本来源。另一类是预测未来某一状况下社会发展应达到的水平和标准的指标。第一类社会发展水平评价指标最为广泛，是社会指标常见的类型。第二类指标是达到某种社会发展水平的参照系标准，要根据各个国家和地区的现状及特点制定，如中国全面建设小康社会的基本标准。

2. 国内外相关社会指标研究

20世纪60年代，在美国的社会研究领域中出现了"社会指标运动"，随后，世界性及区域性的国际组织及部分成员国积极地开始了这方面的研究。为了使各国的社会指标体系之间具有可比性，联合国统计委员会于1976年提出《社会指标的暂定例示及分类》，包括如下12个大类领域：人口、家庭与住户、学习与教育事业、就业与工作条件、收入与消费、社会保险和社会福利、保健与营养、住宅和居住环境、公共秩序和安全、时间利用、闲暇和文化活动、社会阶层及流动情况。

我国社会指标的研究分别见诸国家发展和改革委、国家统计局和中国社会科学院等单位。国家统计局社会统计司制定的社会发展指标体系较有代表性，它是第一类社会发展水平评价指标，是社会指标常见的类型，它分15个大类（表10-1）。

中国的社会指标体系 表 10-1

指标集	指标
（一）自然环境	（1）人口密度（人/km²）；（2）城市建成区面积（km²）；（3）城市人均绿地面积（m²）
（二）人口与家庭	（1）总人口（万人）；（2）性别比（以女性为100）；（3）市镇人口占总人口比重（%）；（4）出生率（‰）；（5）死亡率（‰）；（6）结婚对数（万对）；（7）离婚对数（万对）；（8）平均寿命（岁）

续表

指标集	指标
（三）劳动	（1）劳动力资源（万人）；（2）社会劳动者（万人）；（3）社会劳动者占劳动力资源比重（%）；（4）城镇待业人员（万人）；（5）待业率（%）；（6）物质生产部门劳动者占社会劳动者比重（%）；（7）脑力劳动者占社会劳动者比重（%）；（8）第三产业劳动者占社会劳动者比重（%）
（四）居民收入与消费	（1）居民平均收入（元）；（2）劳动者平均劳动收入（元）；（3）职工生活费用价格总数（以X年为100）；（4）居民消费水平（元）；（5）社会消费品零售额中吃所占比重（%）；（6）农民生活消费中商品性支出比重（%）；（7）城乡居民储蓄存款年底余额（亿元）
（五）住房与生活服务	（1）人均居住面积（m^2）；（2）全社会住宅投资总额（亿元）；（3）每万人口中零售商业、饮食业、服务业机构数（个）；（4）每万人口中零售商业、饮食业、服务业人员数（人）；（5）每万人拥有电话机数（部）；（6）每万人拥有邮电局数（处）；（7）每万城市人口拥有公共电、汽车数（辆）；（8）每万人城市人口拥有铺设道路面积（万m^2）；（9）城市自来水用水普及率（%）；（10）城市煤气普及率（%）；（11）人均使用长途交通工具次数（次）
（六）劳动保险与社会福利	（1）实行各项劳动保险制度职工人数（万人）；（2）劳动保险费用总额（亿元）；（3）退职退休离休职工人数（万人）；（4）社会福利事业单位数（个）；（5）社会福利事业单位收养人数（万人）；（6）年内摆脱贫困户户数（万户）
（七）教育	（1）各级学校数（个）；（2）各级学校老师数（万人）；（3）各级学校在校学生数（万人）；（4）各级学校招生数（万人）；（5）各级学校毕业生数（万人）；（6）每万人口大学生数（人）；（7）学龄儿童入学率（%）；（8）小学毕业生升学率（%）；（9）各级成人教育学习人数（万人）
（八）科学研究	（1）自然科学研究机构数（个）；（2）自然科学研究机构的科技人员数（万人）；（3）全民所有制单位自然科技人员数（万人）；（4）每万人口中自然科技人员数（人）
（九）卫生	（1）卫生机构数（万人）；（2）卫生机构床位数（万张）；（3）卫生技术人员数（万人）；（4）婴儿死亡率（%）；（5）新法接生率（%）
（十）环境保护	（1）工业废水排放达标率（%）；（2）工业废渣综合利用率（%）
（十一）文化	（1）艺术表演团体（个）；（2）电影放映单位（万个）；（3）广播电台（座）；（4）电视台（座）；（5）公共图书馆（个）；（6）博物馆（个）；（7）群众文化馆（个）；（8）人均看电影次数（次）；（9）书刊出版印数（亿册、亿份）
（十二）体育	（1）等级运动员人数（人）；（2）举办县级以上运动会次数（次）；（3）获世界冠军个数（个）；（4）破世界纪录次数（次）；（5）达到"国家体育锻炼标准"人数（万人）
（十三）社会秩序与安全	（1）律师工作者数（人）；（2）公证人员数（人）；（3）人民调解委员会数（万个）；（4）刑事案件发案数（万件）；（5）交通事故件数（件）；（6）火灾事件（件）
（十四）社会活动参与	（1）工会基层组织数（万个）；（2）工会会员数（万人）；（3）共青团员数（万人）；（4）少先队员数（万人）

指标集	指标
（十五）生活时间 分配	（1）用于工作和上下班路途时间；（2）用于个人生活必需时间；（3）用 于家务劳动时间；（4）用于自由支配时间

3.城乡规划中的社会发展评价体系

城乡规划中常用的社会指标主要包括以下类别（表10-2）：

城乡规划中的社会指标 表 10-2

类别	指标集	指标
社会组织系统	基本人口特征	人口规模、人口自然增长率、人口密度、出生婴儿性别比、老龄化比例、人均预期寿命、婴儿存活率等
	人口素质水平	学龄儿童入学率、人均受教育年限、高等教育入学率、每万人口拥有在校大学生人数、每万人口拥有大专以上学历人数等
	社会结构	中等收入人群在总人口中的比例、第三产业劳动者占社会劳动者比例、城市化水平、三人户占总户数的比例、每一就业人口负责人口总数等
	外来人口状况	城市外来人口的规模、务工比例、养老保险和医疗保护覆盖率、收入水平、子女就学率等
	社会公平	基尼系数、贫困人口比例、城乡收入水平差异、残疾人就业率、城镇单位女性就业人员比例、高中阶段毕业生性别比等
	行政效率与城市政策	群众民主评议满意度、重复上访率、拆迁人口 规模比例、非自愿（强制）拆迁比例、平均补偿标准与平均房价的对比、城市周边失地农民就业率等
	社会组织能力	注册社团数量、成立业主委员会的小区比例、本地居民因城市建设上访案例数等
	公民意识	城市基层选举率、消费者投诉率、行政诉讼案例诉讼率、社区志愿者数、业主维权诉讼率等
社会文化环境	社会投资水平	公共教育经费占 GDP 比重、人口教育经费、城市文化产业支出、每万人拥有病床数、每万人拥有的医生数、人均图书拥有量、每万人拥有公交车数量、人均公共绿地面积等
	物质生活质量	城镇居民人均可支配收入、人均居住面积、恩格尔系数、城市家庭负债比例、人均消费支出等
	精神文化生活	教育娱乐支出比重、有线电视普及率、千人国际互联网用户数、生活服务支出比重、博物馆参观人次等
	社会安全与治安控制	万人刑事案件发案率、每 10 万人大案与要案发案率、八类暴力型案件比重、青少年犯罪率、每万人拥有律师数等
	社会保障	养老保险参保人数、城镇职工医疗保险参保人数、享受低保占社会救济人数比例、法律援助人次、赡养比、最低工资标准等

续表

类别	指标集	指标
	社会整合	百万人口自杀率、百万人口精神病病发率、离婚率、外来人口犯罪率、居民社会网络状况、社区公共活动参与状况等
	社区建设	城镇每万人口拥有社区服务设施数等
主观评价	城市环境评价	城市建筑风格、街头家具、户外布告栏等
	公共设施的供给和可达性评价	教育、健康、商业、公共交通、图书馆、体育馆和运动场、剧场和音乐厅等公共设施，以及公园、休闲娱乐场所、邻里聚会场所等
	城市问题评价	城市安全（抢劫偷盗、儿童玩耍安全、夜间出行）、交通（出行的便利、安全和选择的多样性）、住房（区位、价格、面积和邻里）、生活压力（就业、通勤、生活成本）等
	公共事业的发展状态评价	城市对于音乐和艺术、公共学校、体育赛事、社区聚会活动、兴趣团体、社会生活的丰富度等
	政治和社会氛围评价	政治氛围、社区问题的表达和利益诉求、不同社会群体间的宽容或冲突、社会组织的建设、交友情况等
	地方归属感	对于城市的历史和传统文化、地理特征的感受、成员归属感、长久居住意愿等

（1）关于社会组织系统的指标

城市社会组织系统涉及的是城市人口的群体结构和社会生活的组织形式与特征，以及城市治理因素。合理的社会结构、稳定的社会秩序、良好的社会整合、有效的社会公正机制等要素，是实现城市可持续发展的基础。具体包括：基本人口特征、人口素质水平、社会结构、外来人口状况、社会公平、行政效率与城市政策、社会组织能力、公民意识。

（2）关于社会文化环境的指标

社会文化环境主要指影响人的生活质量、精神状态等各种因素的生活环境。良好文化环境的营造，为城市人口提供舒适的生活环境和宜人的生活氛围，通过提升人的素质和生活质量，为城市的可持续发展提供必要的动力。具体包括：社会投资水平、物质生活质量、精神文化生活、社会安全与治安控制、社会保障、社会整合、社会建设。

（3）关于主观评价的指标

这是对所有上述组织形式和环境投入所产生效果的评价，能够最直接和根本地反映人们的最终所得，但同时也容易受到价值倾向的影响。具体包括：城市环境评价、公共设施的供给和可达性评价、城市问题评价、公共事业的发展状况评价、政治和社会氛围评价、地方归属感。

10.3 城乡社会发展规划的核心内容

10.3.1 保障居民日常生活质量

现代城市规划的立法根源可以追溯到 19 世纪有关阳光、供水、防火和排污等改善工人阶级住房及其居住环境的制度。从 1848 年英国出台的《公共卫生法案》，到后来一系列的贫民窟改良计划，大规模拆除或改建不卫生住宅，制定新的建筑规则以及规范街道的最小宽度，以保证建筑物拥有基本充足的空气流通和日照等，其中的三个基本主题——健康、安全和住房，直至今日仍然是实现良好社会生活质量的基础。

10.3.1.1 健康规划

1. 健康规划的内涵

根据世界卫生组织（WHO）对"健康"的定义，健康不仅指躯体健康，还包括精神健康、良好的社会适应性和道德健康。健康规划的核心思想是"为人的规划"，即将人与社区的需求置于城市规划的核心，关注规划决策对人们健康与福利的影响，同时强调平等、福利、跨部门协作、社区参与和可持续发展原则。总体思路是针对人民群众健康需求和事业发展面临的突出问题，以维护和促进健康为中心任务，面向全人群提供覆盖全生命周期、连续的健康服务。在内容上，以卫生计生事业发展为主体，同时扩展到了环境保护、体育健身和食品药品等与健康密切相关的领域。

2. 健康规划的目标

健康规划旨在为城乡居民提供健康的居住和工作环境，建立健全医疗卫生服务网络，通过设施布局和政策引导，改善城乡健康状况的差异。其目标是规划建设绿色、宜人、健康的城市环境，降低居民的患病风险，优化居民的身心健康。它包括：

（1）提供健康的居住和工作环境

这一目标基于对健康概念的广义理解，涵盖了社会规划中需要考察的绝大部分内容，甚至涉及经济、生态的部分层面。不仅需要制定确保不危害人们身心健康的环境建设的最低标准，还应倡导营造宜人、可持续的物质和非物质的生存环境，既包括可直接促进健康发展的要素，也包括通过创造良好的交往空间、安全的步行环境等有助于促进社会交往和社会网络的间接要素。

健康影响评价成为近年来欧美发达国家规划评估中的重要内容。2004 年《伦敦规划》"健康影响"部分中明确提出：伦敦各区应关注发展计划的健康影响，并将其作为一个考察机制，以确保主要的新发展项目有助于推动公众健康。

（2）建立健全医疗卫生服务网络

规划需要为预防、保健、医疗和救治等健康功能体系提供合理有效的空间配置，相关服务内容包括：住院治疗、外科手术、紧急看护、心理健康服务、预防保健、牙科服务、家庭规划和咨询服务、康复治疗、疗养和健康教育等。

提供这些服务的一个重要载体就是社区健康服务网络。在北京市新一轮的总体规划中，提出形成以区域性综合医疗中心和社区服务中心（站）为主的医疗服务体系，进一步强化了社区健康服务的基础性地位。

（3）通过设施布局和政策引导，改善城市健康状况的差异

现代城市中一个显著现象就是社会空间分异带来健康状况在城乡空间的不平等分布，如婴儿死亡率、传染病发病率等的地区间差异，通常与地区的社会经济特征密切相关，并主要聚集在贫困地区，从而与贫困、失业、犯罪、环境恶化等社会问题共同形成恶性循环。对于这些地区的改造，如果只限于提供收入保障或医疗服务，显然不能从根本上解决这些问题，规划需要通过全面、整合的政策手段，以增强贫困者的经济和社会能力为原则，使他们融入社会的主流生活中。

3. 健康规划的内容

（1）进行城乡健康影响分析与评估，合理确定城乡健康化目标

整合公共健康相关数据与评定指标，向居民开展健康问卷调查，根据国家要求和当地的基本情况以及经济社会发展水平，确定规划目标年的各项城乡居民健康指标，包括人均预期寿命、死亡率、居民健康素养水平、每千常住人口执业（助理）医师数、个人卫生支出占卫生总费用的比重、地级及以上城市空气质量优良天数比率、地表水质量达到或好于Ⅲ类水体比例、健康服务业总规模等。

（2）普及城乡健康教育，提高全民健康素养

加强全民健康教育，适当引导居民塑造自主自律的健康行为，通过完善城乡健身公共服务体系、广泛开展全民健身运动、加强体医融合和非医疗健康干预、促进重点人群体育活动，以提高全民身体素质。

（3）统筹安排区域医疗卫生设施和体育休闲设施

强化覆盖全民的公共卫生服务，充分发挥中医药独特优势，加强重点人群健康服务，创新医疗卫生服务供给模式、提升医疗服务水平和质量，提供优质高效的医疗服务。

完善国家基本公共卫生服务项目和重大公共卫生服务项目，加强疾病经济负担研究，适时调整项目经费标准，不断丰富和拓展服务内容，提高服务质量，使城乡居民享有均等化的基本公共卫生服务，做好流动人口基本公共卫生计生服务均等化工作。县和市（县）域内基本医疗卫生资源按常住人口和服务半径合理布局，实现人人享有均等化的基本医疗卫生服务；省级及以上分区域统筹配置，整合推进区域医疗资源共享，基本实现优质医疗卫生资源配置均衡化。

（4）确定城乡环境、公共卫生以及食品安全进行综合整治的原则和措施

加强城乡环境卫生综合整治、建设健康城市和健康村镇；深入开展大气、水、

土壤等污染防治；实施工业污染源全面达标排放计划；建立健全环境与健康监测、调查和风险评估制度；保障食品药品安全，完善公共安全体系。

（5）确定城乡健康产业的发展目标，提出近期产业发展的实施建议

优化多元办医格局，发展健康服务新业态，积极发展健身休闲运动产业，促进医药产业发展。优化政策环境，优先支持社会力量举办非营利性医疗机构，推进和实现非营利性民营医院与公立医院同等待遇。积极促进健康与养老、旅游、互联网、健身休闲、食品融合，催生健康新产业、新业态、新模式。优化市场环境，培育多元主体，引导社会力量参与健身休闲设施建设运营。发展专业医药园区，支持组建产业联盟或联合体，构建创新驱动、绿色低碳、智能高效的先进制造体系，提高产业集中度，增强中高端产品供给能力。

（6）健全城乡健康发展的支撑和保障

深化体制机制改革，加强健康人力资源建设，建设健康信息化服务体系，加强健康法治建设，加强国际交流合作，加强组织领导，做好实施监测，营造良好社会氛围。

10.3.1.2　公共安全规划

1. 公共安全规划的内涵

公共安全规划是依据风险理论对城市发展趋势进行研究并对人类自身活动的安全作出时间和空间的安排，其研究范围包括工业危险源、公共场所、公共基础设施、自然灾害、道路交通、恐怖袭击与破坏和城乡突发公共卫生事件七个方面。内容包括进行风险分析、确定安全目标、制定风险减缓策略、构建应急救援系统和信息管理系统以及保障规划实施。

2. 公共安全规划的内容

（1）进行风险分析

风险分析是公共安全规划的第一步，包括风险辨识与风险评价。只有在此基础上才能制定科学合理的公共安全规划。它包括风险辨识，是在资料收集及现场查看的基础上找出风险之所在和引起风险的主要因素，并对其后果作出定性的估计；风险评价，是对城乡系统存在的风险进行定性或定量分析，评价系统发生危险的可能性及其严重程度。

（2）确定安全目标

公共安全规划的目标是以风险理论为指导，在调查分析城市系统内自然、社会、经济等方面诸要素及各种因子相互关系的基础上，结合系统内各种资源供给的可能性等，编制城乡系统的公共安全规划，并通过该规划实施，保障城乡系统的安全稳定运行。

（3）制定风险减缓策略

在风险识别、风险评价基础上，研究如何有效地减缓这些风险，以达到减少事

故发生的概率和降低损失程度的目的。风险减缓的最终目标是达到预期的安全规划
目标。其途径一般是针对现状安全水平与规划安全目标间的差距，找出具体的风险
因素所在，积极采取对策措施，从风险的概率及后果两个方面消除或减少风险。即
在事故发生前，降低事故的发生概率；在事故发生后，将损失减少到最低限度，从
而达到改善现状安全水平的目的，实现规划安全目标。因此，风险减缓的本质是减
少事故的发生概率或降低损失程度。

（4）构建应急救援系统

城乡系统事故灾害发生不仅有理论上的必然性，现实中不断发生的各类事故灾
害也是不可能完全避免的。一旦事故灾害爆发，不仅会造成巨大的经济损失，人员
伤亡，也会造成极坏的社会影响，反过来也会制约经济增长和社会进步。因此在制
定城市公共安全规划时，一方面要通过对城乡系统进行风险分析、提出规划目标，
并采取各种风险减缓措施来消除、减少各种事故灾害的发生，另一方面要事先积极
做好各种应对措施，做到有备无患，一旦事故发生能及时、有效地实施应急救援和
营救，减少伤亡，减轻事故后果。因此，在制定公共安全规划时需要建立一套城乡
事故灾害应急救援系统。

（5）构建信息管理系统

对公共系统存在的各种风险管理必须建立一系列基础数据库和应用网络管理技
术；对城乡公共安全实行现代化的安全管理及在制定公共安全规划时，必须建立一
套公共安全信息管理系统。它主要包括对信息的收集、录入，信息的存贮，信息的
传输,信息的加工和信息的输出(含信息的反馈)五种功能。它把现代化信息工具——
电子计算机、数据通信设备及技术引进管理部门，通过通信网络把不同地域的信息
处理中心联结起来，共享网络中的硬件、软件、数据和通信设备等资源，加速信息
的周转，为管理者的决策及规划的制定及时提供准确、可靠的依据。公共安全管理
信息系统是现代化城乡公共安全管理中公共安全信息综合处理的枢纽，是公共安全
信息管理、安全决策的关键。

（6）保障规划实施

公共安全规划实施是对城乡土地、空间及资源加以合理配置及利用，减缓城市
存在的风险，使城市经济、社会活动及建设活动能够高效、有序、持续地进行。只
有城乡公共安全规划的实施才能建设城乡公共安全系统，从而实现城乡的安全。

在快速发展的城市化进程中，城乡公共安全成为焦点问题。城乡公共安全必须
注重"预防为主"的原则，"防患于未然"，否则公共事故灾害后果严重、损失巨大。
城市公共安全规划就是城市安全工作的行动计划，为了便于纳入城市经济和社会发
展规划，实现城市公共安全的规划目标、指标，必须对资金投入和资源配置等方面
进行精心规划。公共安全规划为实行安全目标管理提供了科学依据。

10.3.1.3 住房规划

1. 住房规划的内涵

住房规划指的是在一定时期内，政府根据当地经济社会发展目标和条件，为满足不同收入阶层住房需求，以及更好地调控房地产市场、调节收入分配而进行的各类住房建设的综合部署、具体安排和实施管理。其作用有：是国家宏观调控的手段之一；承上启下，强化规划的广度与深度；作为城市住房建设管理的直接依据；是城市住房发展政策的载体。

2. 住房规划的目标

住房规划以解决城镇新居民住房需求为主要出发点，以建立购租并举的住房制度为主要方向，深化住房制度改革；优化住房供给结构，促进市场供需平衡，保持房地产市场平稳运行；统筹规划保障性住房、棚户区改造和配套设施建设，确保建筑质量，提高住房保障水平。

3. 住房规划的内容

（1）确定城市住房建设发展策略；

（2）预测城市住房需求规模，确定住房建设发展目标；

（3）预测规划期限内各年度住房需求总量和结构、住房建设用地需求总量和结构；

（4）确定规划期限内各年度住房供应（含新建、改建住房）总量和各类住房的建设总量比例结构；

（5）确定规划期限内各年度住房建设用地总量和各类住房的建设用地比例结构；

（6）安排各类新建、改建住房用地的空间布局和用地范围；

（7）确定新建商品住房中，中低价位、中小套型普通商品住房建筑面积结构比例，并布置于城市适宜生活的地段；

（8）确定各类新建、改建住房用地各地块的容积率、住宅建筑套密度（每公顷住宅用地上拥有的住宅套数）、住宅面积净密度（每公顷住宅用地上拥有的住宅建筑面积）和人口容量等控制指标；

（9）确定各类居住用地的学校、医疗、文化娱乐、体育、停车场、物业管理等重要社会服务设施的配套布局；

（10）确定各类居住用地的电信、供水、排水、供电、燃气、供热、环卫等与住房建设密切相关的基础设施的配套布局；

（11）确定与住房建设相关的环境保护和建设目标，提出对居住环境的整治措施，创造良好的人居环境；

（12）确定住房建设开发的时序，提出规划实施的步骤、措施和政策建议（图10-1）。

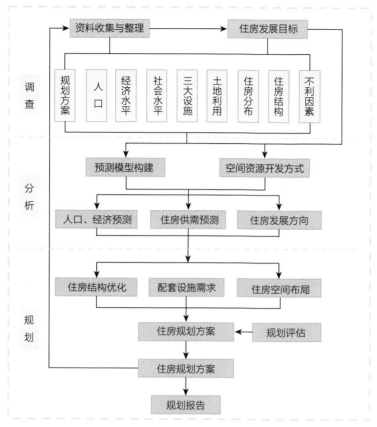

图 10-1　住房规划编制技术路线图

10.3.2　营造可持续发展的宜居环境

营造可持续发展的城市宜居环境，有助于吸引产业和高素质人才的聚集，更重要的是，通过对当地社会群体素质和发展潜力的投资，强化城市对于市场化和全球化竞争中潜在危险和挑战的适应能力，为城市可持续发展提供长久的动力。这是一种以未来为导向的社会投资。主要规划手段体现在教育和文化休闲两大主题。

10.3.2.1　教育规划

1. 教育规划的内涵

教育规划就是指一个国家或一个地区在一定时期根据社会发展和教育进步的需要，在确立教育发展总目标的同时，对教育发展的子目标、相关因素进行必要的划分和分析，在此基础上对教育事业的发展规模、规格要求和所采取的重要措施等做出总体安排和规划实现途径，并定期进行评估反馈的过程。教育规划既为教育事业确定了行动的指南，又为教育提供了重要的理论依据。

2. 教育规划的目标

教育规划的目标应包括以下内容：为发展适宜的、可支付的正式和非正式的终身学习提供多样、灵活的空间支持；优化教育设施布局，加强学校与家庭、工作地之间的联系；实现城乡基础教育均衡化，教育设施一体化；推进现代化教育技术与体系构建，培养创新型人才；优化教育体系结构，建立健全反馈机制。

3. 教育规划的内容

（1）综合分析和评价教育发展的现状、存在问题及发展条件。

系统调查城乡教育设施分布情况和居民受教育水平，根据社会各层次人才需求，分析社会经济发展需求与人才供给的矛盾和问题，根据国民经济与社会发展规划，以及投资预算，评价教育体系发展条件与发展能力。

（2）提出教育发展策略，确定教育发展目标。

研究并预测区域及国家的各层次、各方面人才需求，调整人才培养方向，提出与区域相协调的教育发展策略，制定短期、中期和长期的教育规划目标，为城乡教育发展提供指导性方向。

（3）优化教育布局。

建立城乡统一、重在农村的义务教育经费保障机制，推进城乡义务教育公办学校标准化建设，优化教育布局，以消除城乡教育差异；加强教师队伍特别是乡村教师队伍建设，解决结构性、阶段性、区域性教师短缺问题；改善乡村教学环境；研究并确定各级各类教育的在学人数、层次、专业结构量化指标，确定教育设施的数量、规模和布局。

（4）推进职业教育产教融合。

完善现代职业教育体系，推动具备条件的普通本科高校向应用型转变；推行产教融合、校企合作的应用型人才和技术技能人才培养模式；推进现代大学制度建设，完善学校内部治理结构；推进高等教育分类管理和高等学校综合改革，优化学科专业布局，改革人才培养机制，着力培养学生创意创新创业能力。

（5）制定教育体系结构调整策略。

加快学习型社会建设，大力发展继续教育，构建惠及全民的终身教育培训体系；推进非学历教育学习成果、职业技能等级学分转换互认；发展老年教育；增强教育改革发展活力，培养全方位综合发展的人才，提升创新兴趣和科学素养；全面推开中小学教师职称制度改革，改善教师待遇；完善教育督导，加强社会监督；建立分类管理、差异化扶持的政策体系，完善资助体系，实现家庭经济困难学生资助全覆盖。

（6）提出规划实施的措施和建议，建立反馈调节机制。

建立多方参与机制，保障教育资金供给；建立信息化数字交流平台，加强教育层级间、部门间的协作交流，实时进行多方面调节；通过社会监督，提升教育规划建设的质量和内涵。

10.3.2.2 文化休闲规划

1. 文化休闲规划的内涵

文化休闲规划是为满足居民日益增长的文化休闲需求，根据当地的自然风貌、地方特色、历史人文背景，以保护优先为原则，继承和发扬优秀历史文化传统，保护有价值的文化景观，建设文化休闲活动设施，提供文化休闲活动场所的规划。

2. 文化休闲规划的目标

文化休闲规划的目标与城市的创造力和发展潜力与其人文环境质量密切相关，它包括保护和复兴城市传统文化要素、塑造良好城市文化景观、发展现代休闲文体活动、形成具有多样性的城市文化氛围；增强社会活力和城市竞争力，提供丰富、宜人的文化服务和休闲机会，培育并推进城市和社区的文化认同。

3. 文化休闲规划的内容

分析城市的人文地理、历史文化传统的现状，结合社会经济发展水平，综合评估城乡居民文化休闲活动需求；提出城乡文化休闲规划建设的原则和发展方向，确定历史文化遗产、自然人文景观以及文化休闲设施的规划建设目标；确定历史文化遗产保护的内容和重点，继承和延续城市历史文化传统；完善原有文化景观和文化休闲配套设施建设；划定城市文化景观控制区和需要保留、利用、开发和建设的休闲活动空间；调整文化休闲设施布局，保障各项设施的可达性和开放性，鼓励各种公共活动与城市开放空间网络在功能和物质上的紧密联系，培育并激发人们保护和维护居住地区的自然生态和人文资源的意识；城市主要中心区、组团中心和城市边缘地带的适宜区域，鼓励夜间娱乐活动的发展；建设社区文化机制，促进多方参与文化交流活动，提升城市特色魅力；确定分期建设步骤和近期实施项目，提出实施管理建议。

10.3.3 共享城乡社会发展成果

"共享"是党的十八届五中全会提出的五大发展理念之一，是中国特色社会主义的本质要求，是解决我国快速城镇化导致的一系列问题的重要抓手，是物质文明发展到一定阶段的正确选择和必然结果。共享主要体现在社会服务设施的共享，开敞空间的共享以及生活圈的和谐三方面。

10.3.3.1 社会服务设施规划

社会公共服务规划的一个普遍目标是提高社会生活质量，一些要素诸如社会服务的区位和近似度、社会和教育服务的质量、地方机构的质量和多样性、健康服务的全面性和可达性是社会生活质量的重要影响因素，这也反映了社会服务设施对社会生活质量的影响。社会服务设施的作用不仅在于为居民日常生活提供服务和交流的场所，同时它还有助于改善社区环境、提升社区形象、缓解城市交通压力、增强地方识别性和居民认同感，对于建设可持续发展的和谐社区有着重要的意义。通过完善的社会服务规划满足居民日常和日益增长的物质文化需求，是城市社会规划中最为重要和基础的部分。

1.社会服务设施规划的目标

（1）突破长期以来的城乡二元结构，实现城乡公共服务设施的一体化。

（2）贯彻落实"共享"发展理念，增进居民的家园感及幸福感，营造安全、平等的社会环境，减少犯罪，促进社会和谐。

（3）实现社会服务设施多样化、多层次的发展格局，提高社会服务设施的服务质量和服务效率，最大限度地满足不同人群的要求。

（4）实现社会服务设施的均等化。社会服务设施规划与布局应以人口的实际空间分布为条件来体现其均等化原则，实现社会服务设施质量与数量的相对均等和社会服务设施类型与总类的绝对均等。

（5）建立健全完善的社会服务设施体系，包括社会服务设施的输入系统和社会服务设施的输出系统。社会服务设施输入系统可以理解为社会服务设施的供给系统；社会服务设施输出系统可理解为关于社会服务设施分类、社会服务设施的分级、社会服务设施的空间分布以及规模布局的综合系统。

2.城市社会服务设施规划的内涵

（1）通过提升城市社会服务设施配置的完备程度和服务水平，促进城市社会服务设施的系统化，来满足社会发展及居民生活的需要，进而提升城市整体生活质量。

（2）通过社会服务设施的合理布局，最大限度地满足不同人群的需求，来解决社会问题，化解社会矛盾，保障社会公平公正，进而促进社会和谐发展，如加大投资倾斜度，重点建设社会服务设施薄弱的贫困人口聚居区。

（3）在城市社会服务设施规划中凸显其规划的经济性。提供的社会服务的内容及标准，应当与当地的社会经济发展水平相适应，充分考虑政府和社会的承受能力，节约其运营成本。

3.社会服务设施规划的内容

（1）确定社会服务设施的规划范围。

（2）根据城市各部分经济发展水平和社会服务设施的发展现状，划定分区，如优先发展区、重点发展区以及发展平衡区等，并制定各个分区的发展策略。

（3）对社会服务设施进行分类、分级，建立不同类型社会服务设施等级系统，如教育科研设施、医疗卫生设施、文化艺术设施以及体育设施等一般分为市级、区级和社区级。

（4）研究城市各区、各片区、各社区以及乡镇居民点的人口结构、生活方式，并结合千人指标，确定图书馆、博物馆、美术馆、社区文化活动中心、文化博览园、中小学、医院、卫生站、门诊、体育馆、疗养院以及卫生、供水、供电、电信、交通等基础社会服务设施的空间布局和规模大小。

（5）建立并完善社会服务设施的供给系统。一般采取政府为主，社会其他机构为辅的发展模式，在满足供给质量和效率的同时，保障社会服务设施供给的公平正义。

10.3.3.2　城市开敞空间规划

1. 城市开敞空间概念

开敞空间通常是指允许公众进入，具有一定公共设施、一定规模自然生态基底或人文内涵，富有景观特色的地段或地区。当然，这还是一种非常直觉化的景观型定义，它强调开敞空间最重要的空间特征：具有人文或自然特质，一定的地域和可进入性。从这个定义我们还可以引申出两点：一是从西方开敞空间的起源和发展来看，更强调与人类活动的关系（即可进入性），所谓特权阶层（如皇家）的私家苑囿或深山雪原中的原始地区，自然不在其列；二是从不同的角度可以将开敞空间分为各种地域类型。如从内在特质可分为：生态型、景观型、人文型。以城市作为参照可分为城市型、郊野型等，而与城市居民社会生活最为密切的则是城市型开敞空间。当前城市开敞空间是指由共享活动场地、服务设施、绿化小品及人的活动所综合形成的整体环境。

2. 开敞空间规划的目标

（1）贯彻落实有关优化人居环境的政策方针，优化城市整体环境品质，提升市民生活质量。

（2）建立完善的开敞空间体系，形成不同层级、不同类别的开敞空间，如街巷、广场、道路及庭院，市级、区级及片区级开敞空间均衡合理的发展格局。

（3）实现城市开敞空间的均等化。大到城市整体层面，必须有一定数量的公园、广场、绿地、步行化街区和滨水休闲绿带等大型开敞空间，以保证城市居民能适时适度地选择出行活动，丰富城市公共生活；小到一个社区，必须有社区中心、社区广场和小游园为社区居民提供交流场所，以保障社会公平公正，促进社会和谐发展。

3. 开敞空间规划的内容

（1）确定开敞空间的规划范围。

（2）分析开敞空间的发展现状，对开敞空间进行分类，如河湖、水体及各类绿地等自然开敞空间，城市广场、道路及庭院等非自然开敞空间，以及具有历史文化价值、体现城市地方特色和城市肌理的传统街巷开敞空间等，规划确定不同类别开敞空间开发、利用和保护的策略。

（3）分析人口结构，如年龄结构、空间分布等，并依据"人均开敞空间面积"等相关指标对开敞空间进行分级，构筑完整的开敞空间系统。各级内部具有完整性，各级之间有机过渡，不同层次的公共行为空间又通过各类联系线按点、线、域三种有机结构秩序的规律，组成完整的开敞空间网络。确定市级、区级及片区级开敞空间的空间分布和规模，并对片区级开敞空间的配置进行倾斜。

（4）对各级、各类开敞空间进行社会分析，即分析人与开敞空间的关系，包括市民使用开敞空间的频率、方式、时间以及可达性等。

（5）开敞空间规划要同时考虑历史文化街区规划、生态规划和道路规划等相关规划。

（6）对开敞空间的开发、利用和保护，坚持政府主导的发展模式，保障社会的公平公正。

（7）开敞空间的配置要充分体现超前性。我国社会经济发展面临转型的不确定性，城市社会的各个方面诸如产业结构、人口结构变化巨大，这势必会对开敞空间的质量提出新的要求和标准。

10.3.3.3 生活圈规划

从居民个人生活的角度提出了城市"日常生活圈"的概念，即城市居民的各种日常活动，如居住、就业和教育等所涉及的空间范围，是一个城市的实质性城市化地域。在城市地域系统内可按各活动发生的频率和范围将"日常生活圈"划分为不同层次。

1. 生活圈规划的目标

（1）贯彻落实国家"创新、协调、绿色、开放、共享"和"城乡统筹"的发展理念。

（2）改善生活环境，提高人民生活的满意度和福祉。

（3）促进区域资源的均衡分配，缩小地区的发展差距，均衡公共服务设施，提高居民生活品质。

2. 生活圈规划的内容

（1）确定生态圈规划的尺度和范围。

（2）分析城乡各社区、各居民点的经济发展水平以及社会服务设施的完善程度、居民生活方式、生活习惯以及时空间特征，划定不同类型的生活圈，建立生活圈系统，如基础生活圈、通勤生活圈、拓展生活圈以及协同生活圈等，并确定不同类别、不同层次生活圈的发展策略。

（3）建立完善的社会参与机制，广泛听取人民群众的意见。

（4）分析各级、各类社会服务设施的使用情况，确定社会服务设施按使用程度划分的分级、分类系统，促进社会资源的循环利用，节约社会资源。

本章参考文献

[1] 周恺，潘兰英.当前规划界在社会公正价值观上的认识分歧 [J].城市规划，2019，43（5）：53–60.

[2] 柴彦威，李春江.城市生活圈规划：从研究到实践 [J].城市规划，2019，43（5）：9–16+60.

[3] 吴志强，李欣，郭子渊，等.北京城市副中心公共服务设施创新规划模式 [J].北京规划建设，2019（2）：20–23.

[4] 朱晓芳，陈亚伟，董蓓.弹性规划理念下的社区级公共体育设施布局方式探索——以镇江老城区为例 [J].江苏城市规划，2019（2）：16–22.

[5] 周恺，董丹梨，潘兰英.城市的正义：西方"社会公正"思想的意识形态根源 [J].国际城市规划，2019，34（3）：78–86.

[6] 林赛南，李志刚，郭炎，等.走向社会治理的规划转型与重构 [J].规划师，2019，35（1）：25–30.

[7] 李晴，张博.健康城市与健康城乡规划图书评介 [J].城市与区域规划研究，2018，10（4）：117–125.

[8] 张建，阮智杰.区县级医疗卫生设施专项规划资源配置策略研究 [J].北京规划建设，2018（6）：80–83.

[9] 周庆华，杨晓丹.城乡规划公共政策属性与专业教育改革 [J].规划师，2018，34（11）：149–153.

[10] 彭翀，吴宇彤，罗吉，等.城乡规划的学科领域、研究热点与发展趋势展望 [J].城市规划，2018，42（7）：18–24+68.

[11] 傅一程，吕晓蓓.城市更新中基础教育设施空间配给研究——《深圳市罗湖区笋岗片区教育资源梳理与布局》的规划实践 [J].上海城市规划，2017（5）：40–44.

[12] 罗吉，黄亚平，彭翀，等.面向规划学科需求的城市社会学教学研究 [J].城市规划，2015，39（10）：39–43.

[13] 程卓，肖勇.我国保障性住房空间选址研究 [J].规划师，2015，31（S1）：254–259.

[14] 赵守谅，陈婷婷.面向旅游者与居民的城市——"时空压缩"背景下城市旅游与休闲的趋势、影响及对策 [J].城市规划，2015，39（2）：106–112.

[15] 赵娟，王亚楠，车冠琼，等.美丽城市理念下的城市绿色开敞空间构建 [J].规划师，2015，31（2）：114–121.

[16] 张国武.基于住房分市场理论的城市住房规划研究——上海城市住房分市场动态变化驱动力研究的启示 [J].城市规划，2013，37（4）：12–18.

[17] 谢映霞.城市基础设施与公共安全专题会议综述 [J].城市规划，2012，36（1）：69–72.

[18] 于亚滨，张毅.城市公共安全规划体系构建探讨——以哈尔滨市城市公共安全规划为例 [J].规划师，2010，26（11）：49–54.

[19] 赵守谅，陈婷婷.城市休闲方式的若干现象及规划面临的挑战 [J].城市规划，2010，34（7）：23–27.

[20] 约翰·弗里德曼，陈芳.走向可持续的邻里：社会规划在中国的作用——以浙江省宁波市为例 [J].国际城市规划，2009，23（1）：16–24.

[21] 冯晓星，徐国良，张慧.结合防灾的城市开敞空间规划研究——以无锡太湖新城为例 [J].城市规划学刊，2008（6）：108–112.

[22] 刘佳燕.城市规划中的价值选择与社会目标 [J].北京规划建设，2008（6）：135–140.

[23] 刘佳燕.构建我国城市规划中的社会规划研究框架 [J].北京规划建设，2008（5）：94–101.

[24] 刘佳燕.转型背景下城市规划中的社会规划定位研究 [J].北京规划建设，2008（4）：101–105.

[25] 刘佳燕.社会关怀的回归：关于城市规划本质的反思 [J].北京规划建设，2008（2）：109–112.

[26] 黄亚平.社会发展视角下城市规划制度价值取向研究 [C]// 中国城市规划学会.和谐城市规划——2007 中国城市规划年会论文集.北京：中国城市规划学会，2007：5.

[27] 黄亚平，陈静远.近现代城市规划中的社会思想研究 [J].城市规划学刊，2005（5）：27–33.

[28] 黄亚平.城市规划、城市空间环境建设与城市社会发展 [J].城市发展研究，2005（2）：12–16+67.

第三篇

城市规划区规划

城市规划区的划定

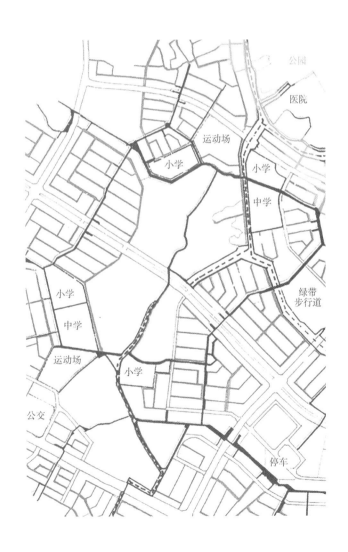

11.1 城市规划区的概念与作用

11.1.1 城市规划区的概念

城市规划区（简称规划区），是指"城市、镇和村庄的建成区以及因城乡建设和发展需要，必须实行规划控制的区域"（《中华人民共和国城乡规划法》第二条）。其范围"由有关人民政府在组织编制的城市总体规划、镇总体规划、乡规划和村庄规划中，根据城乡经济社会发展水平和统筹城乡发展的需要划定"，实际操作中其范围往往介于市（县）域与城市集中建设区之间。

"城市规划区"概念的提出是伴随着时代和社会的发展以及我国对城市总体规划编制的不断探索，通过法定文件的形式日益完善、成熟。1984年《城市规划条例》首次以法规的形式提出城市规划区的定义，规定城市规划区是指城市建成区和城市发展需要实施规划控制的区域；1990年颁布实施的《中华人民共和国城市规划法》第三条中放弃了建成区的提法，代之以"城市市区、近郊区"概念，规定城市规划区是指城市市区、近郊区以及城市行政区域内因城市建设和发展需要实行规划控制的区域；2008年颁布实施的《中华人民共和国城乡规划法》（简称《城乡规划法》）重拾"建成区的提法"，并明确了规划区的层次性和系统性，将"规划区"扩展到"镇和村庄"，同时明确了规划区范围的强制性，对"实行规划控制的区域"强调了其刚性划定的要求（孙心亮，2001）。

11.1.2 城市规划区的内涵

由《中华人民共和国城乡规划法》中的定义来看规划区包含三层内涵：一是权

力空间；二是发展空间；三是控制空间。

1. 权力空间。规划区是一个法律特别授权区，立法机关通过《中华人民共和国城乡规划法》向城乡规划主管部门授权，允许其在该地域范围内行使城乡规划管理的行政权，允许其对于内部的建设活动是否符合《中华人民共和国城乡规划法》、是否符合城乡规划进行管辖。因此，规划区是城乡规划管理部门的权力空间（吕维娟，1998）。

2. 发展空间。规划区划定目的之一是城镇发展的需要，根据社会经济的可持续发展，城市、镇、村庄的健康发展以及其整体利益最大化，划入规划区用于建设的土地为城市规划区内的乡镇提供了更多的发展空间。

3. 保护空间。城市健康发展过程中需要严格控制一些与城镇发展密切相关的地区，这些地区应当纳入城市规划区内，由城市规划管理部门及其他部门联合进行管理和保护，这个区域一般为城市行政区域内的水源地、市政设施用地、重要交通设施、风景名胜、文物古迹集中地区、各类开发区和城市政府认为需要实行规划控制的其他地区。从这个意义上讲，城市规划区是这些重要设施的保护空间（刘维超，2010）。

11.1.3 城市规划区的作用

城市规划区是用系统统筹的思维将城市发展的战略控制纳入城市总体规划，其作用主要体现在三个方面。一是从城市远景发展的需要出发，控制城市建设用地外围的发展空间，保障中心城市的发展；二是控制影响城市发展的重要基础设施、生态资源，实现城市的健康、可持续发展；三是协调中心城区与各下辖的行政区之间各自发展诉求的矛盾，以保证城市总体规划和城乡统筹的逐步实现。

11.2 城市规划区划定的考虑因素及方法

11.2.1 城市规划区的范围

编制城市总体规划中的规划区规划，首先要科学地划定城市规划区的范围。按照城市总体规划编制的空间层次，有市（县）域、规划区、中心城区三个层次。其中市（县）域是指"城市行政管辖的全部地域，包括市区及外围市（县）城市行政管辖的全部地域；中心城区是城市发展的核心地区，包括城市建设用地和近郊用地，是城市总体规划的最重要的层次"（《城市规划基本术语标准》GB/T 50280—1998）。《城市规划编制办法》第二十条规定"城市总体规划包括市（县）域城镇体系规划和中心城区规划"两个空间层次，而由于城市规划区范围划定大小不一，规划区与中心城区、市（县）域的关系存在规划区等同于中心城区、规划区介于中心城区与市（县）

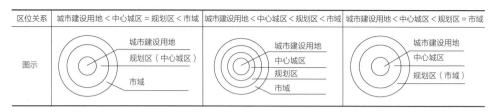

图 11-1　规划区与中心城区、市（县）域的关系示意

资料来源：邓春凤，冀晶娟，田银生.城市规划区规划控制问题研究 [J].城市发展研究，2015（4）：34-38.

域之间、规划区等同于市（县）域三种情况（图 11-1）（邓春凤，2015）。

　　目前，各地对于城市规划区的划定，主要分为全域覆盖、市区覆盖、部分覆盖三种类型。

　　1.全域覆盖型，即城市规划区为市（县）行政辖区范围，在直辖市、副省级市、地级市和县级市均有将全市（县）域纳入规划区的案例。其中现有的四个直辖市北京市、上海市、天津市、重庆市的总体规划中划定的规划区范围均为市（县）域范围。在面积较小的大城市中也有将全市（县）域纳入规划区的实例，如海口市。有少数的地级市也将全市（县）域作为城市总体规划的规划区，如珠海、中山、西昌等城市。综合考虑市（县）域地形地貌、人口密度、经济发展水平和城镇化水平等因素，符合表 11-1 规定的，可将城市规划区确定为市（县）域。将市（县）域划为城市规划区的，次一级行政建制（县、镇）就不应再划定规划区范围。

城市规划区划定为"全域"的标准　　　　　　　　　表 11-1

城市行政建制	设区市（直辖市、副省级市、地级市）	非设区市（地级市、县级市）	县
规划全域人口密度（☆）	>1000 人 /km²	>900 人 /km²	>750 人 /km²
规划全域人均 GDP（★）	>1 万美元	>1 万美元	>1 万美元
全域城镇化水平（★）	>80%	70%	60%
全域地形地貌（☆）	平原、低山丘陵	平原、低山丘陵	平原、低山丘陵

　　注：带"★"号的指标，其标准为刚性规定；带"☆"号的指标，其标准为弹性要求。
　　资料来源：官卫华，刘正平，周一鸣.城市总体规划中城市规划区和中心城区的划定 [J].城市规划，2013（9）：81-87.

　　2.市区覆盖型，即城市规划区为市区行政管辖范围，如广州、宁波、江门等设区市。

　　3.部分覆盖型，即城市规划区为市（县）域行政辖区部分范围（一般大于市区或县城关镇范围），有因资源保护而超越行政辖区划定的规划区、因城市未来发展和基础设施建设管控而超越行政辖区划定的规划区、因市县同城而超越行政辖区划定规划区等多种情况，大多为中小城市（县）（官卫华，2013）。

11.2.2 城市规划区划定考虑的因素

合理划定城市规划区的范围，应考虑的主要因素有：

1. 经济社会发展与城镇化水平。在经济发达、城乡一体化发展水平较高的地区，城市规划区范围可适当划大；相反，在经济欠发达、城镇化水平较低的地区，城市规划区范围则不宜划大。

2. 城市规划区内应包括城市发展的重要核心要素。对于重点城镇，水源保护区、风景名胜区、历史文化遗产地等影响城市整体利益和生态安全的生态敏感地区，机场、高铁站点等重大交通基础设施控制地区，以及在国民经济中占据主导地位的工矿产业区等需要城市政府统筹管理和保护的重要地区，可统一纳入城市规划区范围。

3. 地形地貌条件。在地形地貌条件复杂的山地、沙漠等城市地区，城市规划区范围不宜划得过大；相反，在地形较为平坦的平原和低山丘陵等城市地区，城市规划区范围可适当划大。

4. 城市行政建制。城市规划区范围须与城市行政建制和地方规划管理体制相匹配，与城市政府事权的空间范围相衔接。

11.2.3 城市规划区划定的方法

在总体规划编制中，科学划定"规划区"作为核心任务，其划定方法也经历了多年的研究与实践，但目前全国还没有统一的划定标准。其中较为常见的是按照行政管理区域、基于城市发展需求和土地生态敏感性评价和城市增长边界等方法。

1. 基于行政管理区域的规划区划分法

根据行政管理区域进行城市规划区的划分与城市的行政管理权限一致，是最为常见的方法。如表11-2所示28个城市规划区依据行政管理区域可分为9种类型。①全部行政区域（包括西安、武汉、深圳等5个城市）；②全部市辖区域（包括重庆、无锡、淮南等10个城市）；③市辖区和控制区；④市辖区和部分县域；⑤市辖区、部分县域以及保护区范围；⑥市辖区、部分县域和部分镇；⑦市辖区、部分镇和控制区范围；⑧市辖区和部分镇；⑨部分市辖区和部分镇（王新哲，2013）。

基于行政管理区的城市规划区划分类型　　　　表11-2

类型	全部行政区	全部市辖区
城市	西安，武汉，深圳，郑州，海口	重庆，无锡，淮南，泰安，江门，哈尔滨，荆州，南宁，惠州，襄阳
规划区面积（km²）	10108，8494，1953，7446，2304.8	5483，1622，1477，2087，1786，1576，6559，2672，3672，3673

续表

类型	市辖区 + 控制区	市辖区 部分县	市辖区 + 部分县 + 保护区	市辖区 + 部分县 + 部分镇	市辖区 + 部分镇 + 控制区	市辖区 + 部分镇	部分市 辖区 + 部分镇
城市	邯郸 长春	唐山 绍兴	保定	徐州 洛阳	南昌	辽阳 柳州 张家口	湘潭 贵阳
规划区 面积（km²）	1515 3891	6918 1539	3127	3126 2405	1400	586 860 2080	1069 3121

资料来源：王新哲. 对规划区划定原则的研究 [J]. 城市规划学刊，2013（6）：67-75.

2. 基于城市发展需求的规划区划分法

从中心城市发展需求及其腹地支撑、需要战略控制的发展要素的视角出发是进行城市规划区划分的另一重要方法。在规划区划定中，按照侧重点的不同，核心腹地可分为中心城市吸引范围和中心城市支撑范围两大层次，具体划分方法为：①根据城市发展理论模型划定中心城市吸引范围；②确定城市发展涉及的水源、污染扩散、防洪排涝等生命源范围；③确定影响城市发展的近郊风景名胜区、森林公园、防护山体、河流等生态屏障区；④确定城市近郊具有旅游价值的历史文化遗产、田园综合体等休闲旅游区；⑤根据基本行政单元的完整性原则，将上述划分中心城区吸引范围、城市生命源范围、城市生态屏障区、城市休闲旅游区所涉及的规划管理的乡镇一并作为规划区范围。

以驻马店城市规划区划定为例（表11-3），采用部分覆盖的城市规划区划定类型，考虑了城市建设和发展的实际需要。具体划定方法为：

（1）根据康弗斯断裂点模型得到该城市吸引区的主要范围，其公式为：

$$d_A = \frac{D_{AB}}{1+\sqrt{P_B/P_A}} \qquad (11-1)$$

式中，d_A 为从断裂点到 A 城的距离；D_{AB} 为 A 和 B 两个城市间的距离；P_A 为较大城市 A 城的人口；P_B 为较小城市 B 城的人口。由于断裂点理论重点关注中心城市与二级中心地的竞争关系，而忽略了三级中心地，画出的边界较为粗略。借助反磁力模型进一步修正和完善，其反磁力公式为：

$$M=\left(\frac{P_1}{P_1-P_2}d,\ 0\right),\ r=\frac{\sqrt{P_1/P_2}}{P_1-P_2}d \qquad (11-2)$$

式中，M 为反磁力区的圆心（以较大城市为原点，较小城市坐标为（d，0））；r 为反磁力区的半径；d 为两城市间的距离；P_1 为较大城市的人口；P_2 为较小城市的人口。运用 ArcGIS 软件，根据最短交通距离法，对市（县）域各地区到驻马店中心城区所消耗的最短时间进行计算，得到最小时耗情况图，根据理论模型吸引区边界，将 1 小时交通圈内的理论模型吸引范围提取出来，作为中心城市的吸引范围。

（2）根据生态环境部《饮用水水源保护区划分技术规范》HJ 338—2018 中的相关规定，将驻马店重要水库及其上游干流汇水区域纳入城市规划区。

（3）对驻马店中心城市的休闲源选取历史文化价值、完整性、知名度等要素进行综合评价，将综合价值最高的嵖岈山镇以及对其提供服务的花庄乡划入城市休闲范围。

（4）最终划定的规划区总面积为 2895km² （占思思，2013）。

驻马店各乡镇划入规划区的缘由表　　　　　　　表 11-3

所在县区		驿城区									遂平县	
乡镇（街道办）名称		中心城区（各街道办）	诸市乡	朱古洞乡	古城乡	关王庙乡	老河乡	沙河店镇	蚁蜂镇	水屯镇	花庄乡	嵖岈山镇
划入缘由	中心城市吸引范围	—	●	●	●	●	●	●	●	●		
	城市生命源	—		●		●	●			●		
	城市生态源	—										
	城市休闲源	—									●	●

所在县区		汝南县	泌阳县						确山县			
乡镇（街道办）名称		罗店乡	板桥镇	下碑寺乡	春水镇	付庄乡	贾楼乡	象河乡	竹沟镇乡	石滚河镇	瓦岗镇	任店镇
划入缘由	中心城市吸引范围	●				●						
	城市生命源		●	●	●	●	●	●	●	●	●	●
	城市生态源	●										
	城市休闲源											

资料来源：占思思,盛鸣,樊华.城乡统筹视角下总体规划中"规划区"划定方法探讨——以驻马店市为例 [J].城市规划，2013（6）：76-83.

3. 基于土地生态敏感性评价和城市增长边界（UGB）的城市规划区划定法

对于生态脆弱的城市基于土地生态敏感性评价和城市增长边界是一种常见的城市规划区划分方法。其从生态保护的角度，以保护生态本底作为限制因素进行生态敏感性分析，在城市范围内划定城市增长边界（UGB），并通过对城市增长边界的调整，确定合理的符合城市未来发展需求的城市规划区范围边界。具体方法为：①根据人口预测法和经济发展预测法进行城市规模预测；②通过选取影响土地生态敏感性的因素作为评价因子，并确定各因子的权重后，用 GIS 技术对用地的生态敏感性做出评价和分析，划分出生态敏感性等级；③遵循就近归并和删除的原则，根据四区的划定、城市规模预测、城市发展方向的选择和具有空间隔离作用的地物等确定 UGB 的"刚性边界"和"弹性边界"；④基于土地生态敏感性评价和城市空间增长边界，即在完全包括弹性边界和不能超越刚性边界的基础上，综合考虑基层行政单元的完整性、城市产业发展定位和重大基础设施等城市必不可少的发展支撑因素，划分出城市规划区范围（徐艺诵，2011）。

11.3　城市规划区规划内容

城市规划区规划是城市总体规划的主要组成部分，是在城市规划区划定的基础上对城市规划区范围内涉及的提出保护与控制要求。按照住房和城乡建设部《新时期城市总体规划编制要点和要求（暂行）》（2017）的要求：在规划区层次的规划中，保护山水林田湖整体生态格局，以及因改善城市人居环境需要进行规划控制的生态隔离地区，明确管理要求。协调生态保护红线、永久基本农田保护红线，综合划定城市、镇的开发边界，合理安排建设用地。明确对外交通等基础设施用地和廊道的预留控制范围。

同时，各地也根据自身发展情况结合住房和城乡建设部的总规编制文件要求，探索各城市总体规划编制中的城市规划区规划内容。《湖北省省级城市总体规划审批规程》（2017）提出的城市规划区内容如下：

（1）应确定规划区范围及规模，提出相关规划依据。

（2）确定规划区生态安全与山水发展格局：应有合理利用与保护规划区山水资源、保留城市生态廊道和保护山水格局的相关规划内容。

（3）"三线"划定及管控：应划定城镇开发边界，并进行基本空间定位；永久基本农田及基本农田应符合国土部门相关要求，并进行基本空间定位；生态红线应符合有关部门相关要求，应进行基本空间定位。

（4）"三区"划定及管控：应划定适建区、限建区和禁建区的范围，说明划定理由及依据，提出空间管制原则和措施，并进行基本空间定位。

（5）重大基础设施空间用地预留与控制：交通、管廊设施空间用地应进行预留与控制，应划定重大交通设施黄线（廊道）并提出管控要求；供水、排水、垃圾处理、防灾等区域性市政公用设施用地应进行预留与控制，划定重大市政基础设施黄线（廊道）并提出管控要求。

（6）应确定城市集中建设区范围及规模，说明范围划定和规模确定依据。

（7）应有规划区内重点乡镇建设规划相关内容，提出用地布局原则和建设管控要求。

本章参考文献

[1] 孙心亮，闵希莹，魏天爵，等.国外"规划区"的概念、作用及其对中国的启示[J].中国住宅设施，2011（12）：44-49.

[2] 吕维娟.城市总体规划与土地利用总体规划异同点初探[J].城市规划，1998（1）：34-36.

[3] 刘维超，曹荣林，张峰.城市规划区划定研究——以山东省邹城市为例[J].华中建筑，2010（4）：124-127.

[4] 邓春凤，冀晶娟，田银生.城市规划区规划控制问题研究[J].城市规划发展研究，2015（4）：34-38.

[5] 官卫华，刘正平，周一鸣.城市总体规划中城市规划区和中心城区的划定[J].城市规划，2013（9）：81-87.

[6] 王新哲.对规划区划定原则的研究[J].城市规划学刊，2013（6）：67-75.

[7] 占思思，盛鸣，樊华.城乡统筹视角下总体规划中"规划区"划定方法探讨——以驻马店市为例[J].城市规划，2013（6）：76-83.

[8] 徐艺诵.和政县城市规划区范围界定研究[D].兰州：兰州大学，2011.

[9] 住房和城乡建设部办公厅.新时期城市总体规划编制要点和要求（暂行）[Z].北京：住房和城乡建设办公厅，2017.

[10] 湖北省住房和城乡建设厅.湖北省省级城市总体规划审批规程[Z].武汉：湖北省住房和城乡建设厅，2017.

第 12 章

城市规划区生态安全与山水格局

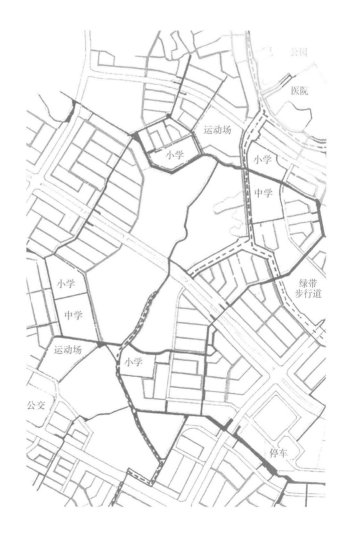

12.1 城市规划区生态安全

12.1.1 城市规划区生态安全相关概念

1. 生态安全

城市规划区管控是为了满足城市长远发展，同时也为了保障城市的生态安全。生态安全（Ecological Security）是维护某一尺度下的生态环境不受威胁，并为整个生态经济系统的安全和持续发展提供生态保障的状态（肖笃宁，2002）；它包含两个层面的含义：一是生态系统自身的安全；二是生态系统对于人类社会系统的服务功能，即作为社会支持系统能够满足人类发展的需要（龙宏，2009）。

2. 城市生态安全

城市生态安全就是在正确处理好社会、经济、自然之间的基础上，统一规划城乡自然生态系统，健全城乡生态环境协调体系，做到空间格局上的相互渗透、相互协调，在维持生态系统服务功能的基础上完善结构的统一性、和谐性（王光军，2015）。城市规划区生态安全就是在城市规划区范围内维系城市的生态环境不受威胁，保障城市生态系统的完整性和健康度的水平和状态，包括自然和半自然的生态安全。

3. 城市生态安全格局

城市总体规划编制中在划定城市规划区范围后，要求重点对城市生态安全格局加强管控，避免城市无序建设对生态系统的破坏，确保城市的生态安全。其中从空间规划的角度，城市生态安全格局是城市用地增长过程中，城市复合生态系统中某种潜在的空间格局；由一些点、线、面的生态用地及其空间组合构成，对维护城市生态水平和重要生态过程起着关键性作用的空间格局（任西峰，2009）。其功能在于为城市及其居民提供综合的生态系统服务，维持城市生态系统结构和过程完整，是建设生态城市的基本保障和重要途径，其合理构建对于维护区域和城市生态安全具有重要意义。

4. 城市生态安全格局构建

城市生态安全格局构建是通过生态安全分析确定对于城市发展具有重要意义的生态要素，划定自然生命支持系统的关键性格局，以战略性、基础性、约束性的规划，保障城市生态系统的健康和服务功能，适应城市发展对空间资源的需求，科学引导、控制城市空间发展，使土地资源在城市规模、社会经济和生态环境三个约束条件下实现永续利用（任西峰，2009）。

12.1.2 城市规划区生态安全相关分析方法

1. 生态敏感性分析

生态敏感性（Ecological Sensitivity）是指在不损失或不降低生态环境质量的情况下，生态因子对外界压力或变化的适应能力。城市规划区生态敏感性分析就是通过综合考虑构成城乡生态环境的基本要素，包括地形地貌、河流水系、植被覆盖、地质灾害、矿产资源、生态保护区等，辨识对规划研究区总体生态环境起决定作用的生态要素和生态实体，并对这些生态要素和生态实体进行生态分析，进而综合划定生态敏感区域，为城市总体规划构建城市生态安全格局提供科学依据。

生态敏感性分析大致分为两类。一类是针对某一生态因子的敏感性分析；另一类是基于多因子综合评价的生态敏感性综合分析，该类研究通常根据生态系统的特点和研究区实际遴选出一些生态因子，并多采用生态因子评分和GIS空间叠置方法进行研究区的生态敏感性综合分析与评价。影响生态敏感性的因子可归纳为自然因素和人为因素两大类。自然因素造成的敏感性主要是指自然环境的变化，导致某一系统的生态平衡遭受破坏，从而使系统朝着不利的方向发展，包括地形（主要包括高程、坡度、坡向）、植被、土壤、地质、水文、野生动物等影响因子。人为因素是指造成自然系统敏感的压力来自于人类的各种社会、经济活动。

城市规划区生态敏感性的定量测度通常采用多因子综合评价与GIS空间叠置分析方法，即首先进行各单因子的生态敏感性分析，然后借助GIS的空间叠置技术，通过一定的因子综合方法将各单因子进行综合，得到规划区总的生态敏感性区划图。对于单因子的生态敏感性程度的分析判定，通常采用较为主观的分类赋值方法。由于不同的单因子的值域不同，敏感性的强弱划分的阈值也就各异，这就需要根据不同因子中不同要素对生态敏感度的重要性程度分别赋予不同的等级值。多因子综合评价通常基于GIS的空间叠置分析来实现。然而，由于不同研究区的影响因子不同，在 GIS 空间叠置分析时采用的叠置方法亦不同，主要分为取大值法和因子加权叠置法。赋予敏感性因子权重的合理与否很大程度上关系到生态敏感性综合评价结果的正确性和科学性。取大值方法将所选敏感性因子均视为强限制性因子，然后基于木桶理论来分析规划区的总体生态敏感性；加权叠置法是基于不同敏感性因子影响作用的强弱来设置因子权重（权重的计算方法亦有多种，如主观赋权法、层次分析法、主成分分析法等），然后加权求和得到研究区的总体生态敏感性。如果所选敏感性因子的约束性较弱，那么取大值法存在总体生态敏感性被高估的风险；而如果所选因子有多个高约束性因子，加权求和法则存在总体生态敏感性被低估的可能。因此，建议根据研究区实际情况和所选因子的限制性程度合理选取多因子综合评价分析方法。

近年来，随着 GIS 与遥感（RS）技术在城市与区域规划领域的深入推广与广泛应用，遥感图像数据已经成为城市与区域规划空间数据的重要来源。在城市及其以上尺度的生态环境敏感性分析中，遥感数据已经成为必备的数据源。基于遥感分析软件平台（如 ERDAS、ENVI 等）的遥感数据处理，已经成为规划区植被覆盖获取、关键生态资源识别的重要分析方法和技术支撑。基于 GIS 和遥感的生态敏感性分析技术路线如图 12-1（尹海伟，2014）所示。城市规划区生态敏感性分析的研究思路与框架可以概括为：自然生态本底特征分析——关键生态资源辨识——敏感性因子选取与分级赋值——单因子生态敏感性分析——基于多因子综合评价的生态敏感性分区——空间管制措施制定。

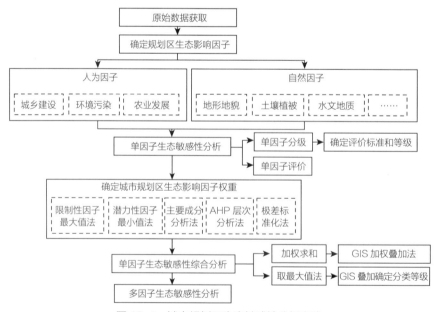

图 12-1　城市规划区生态敏感性分析方法

资料来源：尹海伟. 城市与区域规划空间分析实验教程 [M]. 南京：东南大学出版社，2014.

2. 生态适宜度分析

生态适宜度是指在规划区内就土地利用方式对生态要素的影响程度（生态要素对给定的土地利用方式的适宜状况、程度）进行的评价，是土地开发利用适宜程度的依据。城市生态适宜度是城市发展与城市生态环境协调发展关系的度量，反映城市生态系统满足城市人口生存和发展需要的潜在能力和现实水平。研究城市的环境容量和生态适宜度，可为生态城市规划中污染物总量排放控制和生态功能分区提供科学依据（梁保平，2005）。分析方法如图 12-2 所示。

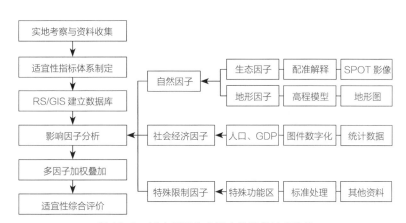

图 12-2　城市用地生态适宜性评价技术路线

资料来源：张浩，赵智杰. 基于 GIS 的城市用地生态适宜性评价研究——综合生态足迹分析与生态系统服务 [J]. 北京大学学报（自然科学版），2011，47（3）：531-538.

12.1.3　城市规划区生态安全规划相关内容

1. 生态安全格局构建

城市总体规划编制中构建生态安全格局是重要的任务之一。城市生态安全格局构建就是要分析城市生态过程存在的一系列阈限或安全层次，确定维护与控制生态过程的关键性的量或时空格局，如城市生态可持续性受到水资源环境承载力阈限、土地资源阈限、绿地面积及分布等的限制空间（王文军，2015）。

以北京市生态安全格局构建为例，通过对北京市水文、地质灾害、生物多样性保护、文化遗产和游憩过程的系统分析，运用 GIS 和空间分析技术，判别出维护上述各种过程安全的关键性空间格局（景观安全格局），将景观规划框架与生态基础设施理论以及景观安全格局途径相结合，形成了具有可操作性的北京市生态安全格局（景观安全格局）的总体研究框架，如图 12-3（俞孔坚，等，2009）所示。

2. 生态网络构建

生态网络构建的实质是以生态廊道为纽带，将散布在城市与区域中相对孤立的城市公园、街头绿地、庭院、苗圃、自然保护地、农地、河流、滨水地带和山地等景观斑块连接起来，构成一个自然、多样、高效、有一定自我维持能力的动态绿地

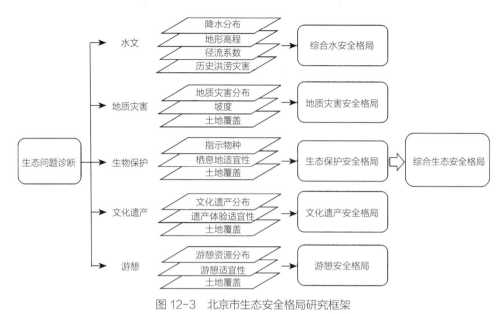

图 12-3　北京市生态安全格局研究框架

资料来源：俞孔坚，王思思，李迪华，等.北京市生态安全格局及城市增长预景 [J].生态学报，2009，
29（3）：1189-1204.

景观结构体系，在城市与区域基底上镶嵌一个连续而完整的生态网络，形成城市与
区域的自然骨架。目前，遵循自然景观体系的整体性和系统性原则来构建城市生态
网络，已成为将自然引入城市、改善城市乃至区域生态环境的有效途径，对于自然
生态系统服务、生物多样性保护、景观游憩网络构建、城市空间合理规划布局等方
面均具有重要的实践指导意义。城市规划区层面，生态网络的构建为规划区的生态
空间管制与保护、绿色基础设施建设、绿色景观系统空间规划等提供了科学的依据，
同时为城市与区域生态空间规划方法的转型变革提供了理论与方法支撑。生态网络
的构建按照：自然生态本底特征分析——重要生境斑块提取与源地识别——生境适
宜性评价与消费面模型构建——潜在生态廊道模拟与重要廊道提取——生态网络结
构评价、生态建设战略确立、生态建设措施落实。其主要方法如下（技术路线如图
12-4 所示）：

（1）确定重要的生态斑块与源地

一般将自然保护区、森林公园、地质公园、大型林地等生境斑块确认为重要
生境斑块。然后根据重要生境斑块的面积大小、物种多样性丰富程度、稀有保护物
种的种类与丰度、空间分布格局，选取大型生境斑块作为区域生物多样性的"源地
（Sources）"，这些斑块是区域生物物种的聚集地，是物种生存繁衍的重要栖息地，具
有极为重要的生态意义。

（2）潜在生态廊道模拟

生境适宜性是指某一生境斑块对物种生存、繁衍、迁移等活动的适宜性程度。

景观阻力是指物种在不同景观单元之间进行迁移的难易程度，它与生境适宜性的程度呈反比，斑块生境适宜性越高，物种迁移的景观阻力就越小。潜在的生态网络是由源（Sources）或目标（Targets）的质量、源与目标之间不同土地利用类型的景观阻力决定的，而植被群落特征如覆盖率、类型、人为干扰强度等对于物种的迁移和生境适宜性起着决定性的作用。因此，景观阻力主要由植被覆盖率、植被类型、人为干扰强度三个因子构成，这三个因子主要根据遥感影像数据以及地形图数据信息来获取与定义。对于大多数特别是陆生物种来说，建设用地、道路与水系是物种迁移扩散的重要障碍。因遭受强烈的人为干扰，城市建设用地景观阻力赋值最大，村庄用地赋值次之；水体与道路的赋值也较大。因子存在叠置时，采用取最大值方法进行景观阻力的赋值。根据不同用地类型的景观阻力，生成研究区景观阻力图，作为消费面（Cost Surface），基于最小路径方法（Least-Cost Path Method，LCP）获取潜在生态网络。

（3）重要生态廊道提取

源与目标之间的相互作用强度能够用来表征潜在生态廊道的有效性和连接斑块的重要性。大型斑块和较宽廊道生境质量均较好，会大大减少物种迁移与扩散的景观阻力，增加物种迁移过程中的幸存率。基于重力模型（Gravity Model），构建生境斑块（源与目标）间的相互作用矩阵，定量评价生境斑块间的相互作用强度，从而判定生态廊道的相对重要性。然后，根据矩阵结果，将相互作用力大于300的主要廊道提取出来，并剔除经过同一生境斑块而造成冗余的廊道，得到景观生态网络。

重力模型的计算公式如下：

$$G_{ab}=\frac{N_aN_b}{D_{ab}^2}=\frac{\left[\frac{1}{P_a}\times\ln(S_a)\right]\left[\frac{1}{P_b}\times\ln(S_b)\right]}{\left(\frac{L_{ab}}{L_{max}}\right)^2}=\frac{L_{max}^2\ln(S_a)\ln(S_b)}{L_{ab}^2P_aP_b} \quad (12-1)$$

式中，G_{ab} 为生境斑块 a 和 b 之间的相互作用力；N_a 和 N_b 分别为两斑块的权重值；D_{ab} 为 a 和 b 两斑块间潜在廊道阻力的标准化值；P_a 为斑块 a 的阻力值；P_b 为斑块 b 的阻力值；S_a 为斑块 a 的面积；S_b 为斑块 b 的面积；L_{ab} 为斑块 a 到 b 之间廊道的累积阻力值；L_{max} 是研究区中所有廊道积累阻力值最大。

3. 生态安全格局空间管控

综合运用多种生态分析和规划方法，在对规划范围内生态环境调查分析基础上，进行限制建设要素分析和生态敏感性评价，并结合区域生态格局构建，最终得出"四区"划定及其管制措施，并与其他相关规划内容充分衔接，为城镇规模和用地布局提供有益的指导。以安庆市为例，基于MCR模型，并运用GIS空间分析功能，得到

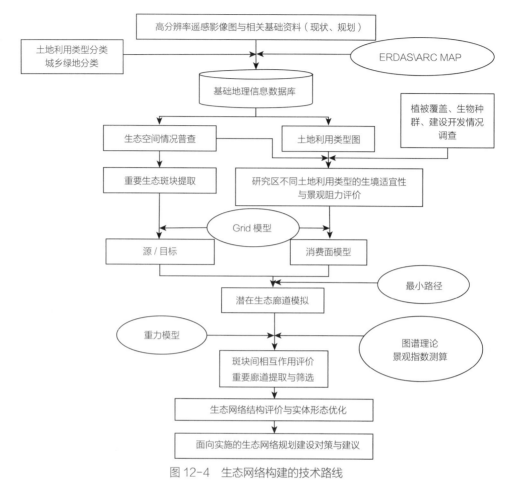

图 12-4 生态网络构建的技术路线

资料来源：尹海伟 . 城市与区域规划空间分析实验教程 [M]. 南京：东南大学出版社，2014.

研究区"源地"间相连通所需克服的阻力面，利用阻力阈值，即面积曲线与阻力值的突变点，得到规划区不同生态安全等级区即"源地"、安全区、较不安全区、临界安全区及不安全区。将生态安全格局中的生态保护"源地"划分为禁止建设区；不安全区划定为严格限制建设区；临界安全区与较不安全区划分为限制建设区域；基于经济敏感性评价的生态安全格局中的安全区被划分为优先建设区及有条件建设区（储金龙，2016）。

12.2 城市规划区山水格局

12.2.1 城市规划区山水格局概念及作用解析

山水格局就是一定区域内非人工的自然山水要素的空间分布与配置，即为该区域的自然山水本底（王琳琳，2016）。城市山水格局是指对城市的形成、发展有一定影响的自然山水地貌以及人类为了完善其地貌所做的有益补充。其包含三层含义：

首先，城市山水格局有利于人类的生存和城市的形成与发展；其次，它是以地形地貌三维空间为基础，比普通的绿地更容易感知；再次，由于城市在漫长的形成过程中，人类不断改造自然，因此城市山水格局不可避免地包括自然景观和人文景观两类。因此，可将城市山水格局理解为自然景观与人工景观的三维综合体（朱卓峰，2005）。

城市规划区内的山水格局对于城市发展具有重要的作用，体现在：

1. 城市山水格局影响城市的选址和布局。从远古以来，中国先民在选择自身定居点时出于对自身生存环境和防御需求的考虑，对周边的山水地貌相当注重。这样，在长期的人与自然的磨合中，形成了中国特有的城市景观和山水文化。城市与山水格局的结合问题往往是由物质要素构成的城市空间形态与城市周围自然山水环境的图底关系问题（吴宇江，2010）。素有"三面云山一面城"之称的杭州就是城市与自然山水格局的完美结合。《辍耕录》中记载的南京的形成也是因为其优越的自然山水格局。

2. 城市山水格局更突出对城市空间形态演变的作用，以及对城市空间结构的影响。相对于完全生态化的自然山水格局，城市山水格局是融合自然和人工景观的三维综合载体（王琳琳，2016）。其具有地域性、限制性、生态性、景观性、人文性等特征，城市山水格局并非简单的山、水、城之间的区位关系，内在的涵义还包括自然山水对城市布局、空间形态的影响而形成的城市形象、场所精神、文化内涵、景观价值和城市特色等（范大林，2016）。

3. 城市山水格局对于传承传统城市空间特色有重要作用，构建现代人工与自然相交融的山水城市环境，应是贯穿于城市设计和建设过程始终的理念，也是体现城市形象和特色的途径。城市山水不同于日常所言的自然山河湖泊，一般位于城市建成区范围内或周边，能够为城市居民在日常生活中看到或直接接触（张宇，2015）。

4. 城市山水格局保护能确保自然山水的完整性、区域性、生态性、连续性，有利于构建起一个良好的生态系统框架，形成一个从宏观到微观、内外渗透、紧密联系的生态基底网络。山川、水系形成自然的生态廊道，一方面有助于城市通风，将城市外围良好的空气引入城市，同时调节城市气温，降低热岛效应；另一方面可以把城市外围的自然生态要素引到城市内部，利于水源补充、水体净化、水土保持，进而稳定生态。山水的联系性和完整性可形成相互联系的生物链，保障生物迁徙，丰富生态物种；并且能有效减少泥石流、山体滑坡、洪水泛滥等自然灾害的发生。因此，充分尊重城市山水格局的自然肌理也是城市安全和防灾避险的基础（范大林，2016）。

12.2.2 城市规划区山水格局分析方法

1. 要素抽象法

城市山水格局是各种成分组织在一起形成的格局。"点—线—面"是进行山水格局解析最为基础的方法，是在刨除其他无关要素的前提下，对于复杂的山水要素、城市要素抽象成直观简洁的图形语言，示意山水格局，从而较为直观的感受"山—水—城"三者之间的关系（王琳琳，2016）。在研究二维图的山水格局时，将山体或者塘湖等团块状的水体标记为点，可以在空间中标定位置；将江河一类的水体或者连绵起伏的山脉标记为线，线需要有一定的厚度来标记；一般将森林、树灌丛、公园绿地等标记为有机面。在研究一个城市客观域面的范畴，进行重要的要素分析，探寻其空间形态特点、结构形式以及问题所在。

2. 地图叠置法

地图叠置是指把图层的属性和几何要素组合，从而形成新的图层，输出图层包含所有输入图层的属性，但几何形状则是输入图层的属性（白羽，2015）。一般而言，叠加分析常常是对输入图层和叠加图层（一般为面图层）进行分析。根据输入图层的类型不同，叠加分析一般有三种：点面叠加、线面叠加和面面叠加（朱效民，2010）。地图叠置分析本质上是多种要素的空间合成，是将同一地区、同一比例尺的多种单要素地图叠置起来，综合分析和评价所有被叠置要素的相互作用和相互联系，或是将反映不同时期同一现象的地图叠置起来，进行多时相的综合分析，反映现象的动态变化（朱选，1988）。

3. 拓扑分析法

拓扑是遵循图论原理，将空间要素抽象为点、线、面，并探讨其结构关系的现代数学分析技术（段进，2008）。自拓扑分析技术应用于城市研究中以来，大致经历了两个阶段。第一阶段是基于纯粹空间表态图形的传统拓扑分析，第二阶段是基于城市空间主客体双重特性的空间句法分析（朱东风，2007）。现常用的方法是以 GIS 为平台进行空间句法（Space Syntax）分析，将最能够体现城市空间形态变化特征的交通网络构建为轴线图（Axial Map）（郑晓伟，2008），结合城市周围自然山水格局，分析其空间句法参数，总结发展规律。

12.2.3 城市规划区山水格局的保护策略

以生态优先的理念指导城市建设，保护生态基底；以发展方式的转变、发展视野的开阔来化解城市发展与资源环境约束的矛盾；以现代化发展目标为导向，加强风景名胜资源的保护，以推动景区的环境改善、内涵提升和生态修复。

1. 山体保护与开发

坚持保护和发展并重原则，积极开展生态修复，采用乡土树种进行森林营造，坚持保护森林和山林生态系统。以改善生态环境和自然景观为目标，以分类指导、分步实施、标本兼治、近自然恢复、治理途径多样化为指导思想，对各类山体破损处进行修复、治理，控制水土流失，并使破坏的景观得到有效改善（孙小丽，2008）。

2. 水体与湿地保护

维持现有河流主要框架基础，沟通主要河流水系，从产业结构调整、河道综合整治、生态修复等方面着手推进水环境综合整治。加强湿地调查与管理，坚决制止随意侵占和破坏湿地的行为。通过硬质堤岸生态化改造、乡土植物种植等修复工程与措施，逐步推进湿地修复与建设（张小平，2012）。

3. 城乡生态绿地建设

在分析绿地在空间地域上的形态与要素、结构与功能的基础上，有机地综合城市与乡村各类绿地，构成区域化、网络化的绿色空间。城乡生态绿地建设需要把城市和乡村作为一个整体来考虑，需更注重城乡绿色网络（园林绿带、农田和自然植被等）、蓝色网络（水体）、灰色网络（矿山、垃圾场等）间的相互耦合，合理地配置各类要素，维护城市与乡村的生态安全，构成系统健康的人居生活环境（杜钦，2008）。

4. 主要生态廊道建设

生态廊道建设发挥着涵养水源、调节小气候、净化空气和美化环境的作用。通过对生态环境系统、生态绿地系统和城乡形象系统的重建，对大气、土壤、水体质量的保护和改善作用，形成良性生态循环系统，对城乡整体环境进行根本性的改善。同时注重绿色文化建设和可持续发展，积极发展城乡生态旅游、都市农业（关英敏，2003）。

12.3 城市规划区生态安全与山水格局保护案例

二维码 12-1

城市规划区生态安全与山水格局保护案例扫码阅读。

本章参考文献

[1] 肖笃宁，陈文波，郭福良.论生态安全的基本概念和研究内容 [J].应用生态学报，2002（3）：354-358.

[2] 龙宏，王纪武.基于空间途径的城市生态安全格局规划 [J].城市规划学刊，2009（6）：99-104.

[3] 王光军，项文化.城乡生态学 [M].北京：中国林业出版社，2015.

[4] 任西锋，任素华.城市生态安全格局规划的原则与方法 [J].中国园林，2009（7）：73-77.

[5] 尹海伟.城市与区域规划空间分析实验教程 [M].南京：东南大学出版社，2014.

[6] 梁保平，韩贵锋，余丽娟，等.中国省域城市生态适宜度综合评价 [J].城市问题，2005（5）：16-19.

[7] 张浩，赵智杰.基于 GIS 的城市用地生态适宜性评价研究——综合生态足迹分析与生态系统服务 [J].北京大学学报（自然科学版），2011，47（3）：531-538.

[8] 俞孔坚，王思思，李迪华，等.北京市生态安全格局及城市增长预景 [J].生态学报，2009，29（3）：1189-1204.

[9] 储金龙，王佩，顾康康，等.基于生态安全格局的安庆市规划区空间管制分区研究 [J].安徽建筑大学学报.2016（3）：100-107.

[10] 王琳琳.城市山水格局解析方法研究 [D].南京：东南大学，2016.

[11] 朱卓峰.城市景观中的山水格局及其延续与发展初探 [D].南京：东南大学，2005.

[12] 吴宇江."山水城市"概念探析 [J].中国园林，2010，26（2）：3-8.

[13] 张宇.美丽中国视角下的城市山水格局空间架构研究 [D].济南：山东建筑大学，2015.

[14] 范大林.基于城市山水格局保护的控制性详细规划编制实践——以《厦门市软件园三期控制性详细规划（修编）》为例 [J].中外建筑，2016（7）：81-85.

[15] 白羽，李静.地理信息系统的数据模型与数据分析 [J].电子技术与软件工程，2015（12）：199.

[16] 朱效民，赵红超，等.矢量地图叠加分析算法研究 [J].中国图象图形学报，2010，15（11）：1696-1706.

[17] 朱选.机助地图叠置分析及其在自然资源研究中的应用 [J].自然资源学报，1988（2）：174-185.

[18] 段进，邱国潮.国外城市形态学研究的兴起与发展 [J].城市规划学刊，2008（5）：34-42.

[19] 朱东风.城市空间发展的拓扑分析——以苏州为例 [M].南京：东南大学出版社，2007.

[20] 郑晓伟，权瑾.基于空间句法的西安城市网络拓扑结构优化研究 [J].规划师，2008（12）：49-52.

[21] 孙小丽.珠海市中心城区山体保护利用与开发研究 [C]// 中国城市规划学会.生态文明视角下的城乡规划——2008 中国城市规划年会论文集.北京：中国城市规划学会，2008：9.

[22] 张小平，叶小珍，赵义华，等.金坛市山水生态城市建设发展策略 [J].园林，2012（8）：12-15.

[23] 杜钦，侯颖，王开运，等.国外绿地规划建设实践对城乡绿色空间的启示.城市规划 [J].2008，32（8）：74-79.

[24] 关英敏.城市生态廊道建设研究 [D].长春：东北师范大学，2003.

[25] 曹春霞.重庆"美丽山水城市"建设的实现路径 [J].规划师，2014，30（6）：46-50.

[26] 彭瑶玲，邱强.城市绿色生态空间保护与管制的规划探索——以《重庆市缙云山、中梁山、铜锣山、明月山管制分区规划》为例 [J].城市规划，2009，33（11）：69-73.

[27] 王德楷.重庆城市生态安全评价研究 [D].重庆：西南大学，2007.

[28] 潘海涛.武汉：山水形胜 宜居江城 [J].城乡建设，2009（5）：28-29.

[29] 刘尹祯.武汉城市绿道网络系统规划建设发展方向 [J].华中建筑，2013，31（6）：130-132.

[30] 何梅，汪云.武汉城市生态空间体系构建与保护对策研究 [J].规划师，2009，25（9）：30-34.

第13章

城市规划区空间
管制规划

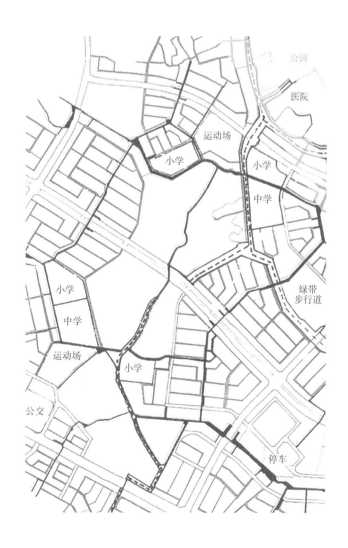

13.1 城市规划区空间管制的概念及内容

13.1.1 空间管制的概念

对于空间管制的概念还处于不断探索阶段。从差异性的空间增长管理模式角度看，城市规划区空间管制的核心是建立空间准入机制，划定不同建设发展特性的类型区，并制定其分区开发标准和控制引导措施（金继晶，2009；郝晋伟，2013；杨玲，2015）。从资源调配的方式来看，空间管制以政府为主体，通过对市域内限制因素的分析，划定管制分区，并根据管制分区的具体条件制定相应的控制引导措施（郑文含，2005；林坚，2014）。空间管制也是政府制定公共政策、实施管理的一种新型技术工具。综上，城市规划区"空间管制"是在划定城市规划区的基础上，对规划区范围内的空间资源施加的管理或管制，通过划定区域内不同发展特性的类型区，制定其分区开发标准和控制引导措施，是一种有效的资源配置调节方式，其目标在于优化空间资源配置、促进空间高效利用、协调多方主体利益等（林坚，2014）。其核心内容是通过对区域范围内各种资源的分析，确定管制分区范围，并根据管制分区内的不同禁止或限制因素制定不同的管制措施。

国外将空间管制始终作为一种重要理念贯穿于现代城市规划理论和实践。19世纪末至20世纪中期，相继出现的田园城市、带形城市、有机疏散等理论及其实践中均渗透着空间管制的理念。20世纪中期至今，欧美城市规划中的空间管制理念大致可归纳为空间约束型管理政策、空间差异化管理政策、交通引导型管理政策和生态保护优先政策四类。空间约束型管理政策是针对城市空间蔓延提出的强制性空间管理手段，主要措施有划定城市增长边界（UGB）和绿带控制等，此类政策具有较高的强制性，管制力度明显；空间差异化管理政策是针对不同的用地赋予不同功能以及不同管制导向的政策类型，其重点是制定差异化的分区标准；交通引导型管理政策的核心理念是通过公共交通引导城市沿线路两侧开发，以此保护其他重要开放空间，带形城市、TOD 模式等城市开放理念均属于此类；生态保护优先政策倡导在规划中以生态先行，根据空间生态系统的差异制定相应的管制措施。尽管国外各类空间管制的内容和模式各具特点，但多数国家和地区均经历了从仅管制城市建设用地转向全面管制区域用地，从仅保护个体资源转向保护区域整体生态环境，从仅关注空间问题转向综合运用法律、经济等措施，从硬性指标管理转向战略性和鼓励性政策管理的演变历程。

在我国的法律条文中，"空间管制"的概念最早出现在建设部 1998 年发布的《关于加强省域城镇体系规划工作的通知》（建规〔1998〕108 号）中，其将"区域开发管制区划"作为省域城镇体系规划中需补充和加强的一项内容提出。2000 年建设部《县域城镇体系规划编制要点（试行）》（建村〔2000〕74 号）中对空间管制的内容进行了补充。2006 年施行的《城市规划编制办法》（中华人民共和国建设部令第 146 号）提出市域城镇体系规划要"确定生态环境、土地和水资源、能源、自然和历史文化遗产等方面的保护与利用的综合目标和要求，提出空间管制原则和措施"，中心城区规划要"划定禁建区、限建区、适建区和已建区，并制定空间管制措施"。2008 年颁布的《中华人民共和国城乡规划法》明确提出了"城市和镇总体规划要确定禁止、限制和适宜建设的地域范围"，可见空间管制拥有了明确的法律依据，成为城市、镇总体规划中必不可少的一项重要内容。

13.1.2　城市规划区空间管制的内容

在我国现有空间规划体系下，规划管制往往分为宏观、中观和微观三个层面，各个层面往往受基础数据管理的制约，侧重点不尽相同。就空间管制的内涵而言，其范围应是行政区域全覆盖的（张京祥，2000），而我国现有行政体制下，最为完整、成熟的行政单位，即市（县）级行政单位，所以在总体规划编制中，宜以市（县）域为协调范围，开展空间管制专项工作。

由于我国现行部门分权管理的现状，在同一空间上，权属政府的不同管理主体进行的管制往往产生较大差异，一定程度上影响了社会经济的健康运行。主体功能区划、生态功能区划、"三生"空间、"四区三界""三区四线"是空间管制的五种不同类型，它们在责任权属、划分类型、管理技术手段等方面均有不同（表 13-1）。

各类空间管制类型的划分体系 表 13-1

空间管制类型	特性	权属部分	政策、法律依据	划分类型	目的	技术手段
主体功能区划	综合功能区划	国家发展和改革委员会	《关于编制全国主体功能区规划的意见》（国发〔2007〕第 21 号）	禁止开发区、限制开发区、重点开发区、优化开发区	以此为依据，制定国家或某一地区经济、社会发展的总体纲要	财政、土地、人口、投资、环境、金融、绩效评价等政策
生态功能区划	专项功能区划	环境保护部	《中华人民共和国环境保护法》	一般按照生态环境特征进行划分	改善生态环境，防止资源破坏，促进环境效益、经济效益和社会效益三者的和谐持续发展	自然和环境因子评价
"三生"空间	土地利用总体规划	国土部门	无	生产空间、生活空间、生态空间	对整个区域内的土地开发、利用和保护等情况进行管理与协调，实现空间内资源、环境、人口等多因素的协调发展	建设用地安排、空间管制分区
"四区三界"			市县乡级土地利用总体规划编制指导意见	城乡建设用地规模边界、城乡建设用地拓展边界、禁止建设用地边界；允许建设区、禁止建设区、有条件建设区、限制建设区		
"三区四"线	城市、乡镇总体规划中的专项规划	住房和城乡建设部	《中华人民共和国城乡规划法》《城市规划编制办法》	适建区、限建区、禁建区；绿线、蓝线、黄线、紫线	确定一定时期内城乡发展的战略方向和发展目标，引导城乡进一步发展	规划层面的条例和图例

资料来源：魏东."多规合一"工作中的空间管制体系研究[D]. 西安：西北大学，2015.

　　基于此，探讨"多规合一"背景下的空间管制成为新时期城市总体规划的重要内容之一。为破解多个部门对城市空间的"多头编制、多规管控、空间打架"等问题，减少城市、乡镇建设开发管理上的混乱和成本，2014 年以来，国家发展和改革委员会、国土资源部、环境保护部、住房和城乡建设部等有关部委，相继出台了开展"多规合一"试点工作的指导意见，为各地开展"多规合一"的探索提供了明确的思路和方向，各地在实践中，在县（市）域层面，逐步形成了"界线控制—分区引导"式的空间管制体系。其中"控制界线"主要在于协调"多规"，"功能分区"则在于对主体功能区划和生态功能区划进行衔接的基础上，对一定区域或具体某类型用地提出发展方向上的指引，起到"引导"作用。

伴随全面深化改革的推进，探索中国特色的空间规划体系和空间治理体系成为各界高度关注的议题。以"三区三线"划定（"三区"为城镇空间、生态空间、农业空间，"三线"为城镇开发边界、永久基本农田、生态保护红线）及管控为核心的全域空间管控成为空间规划改革试验的重要内容。《关于城市总体规划编制试点的指导意见》（征求意见稿）（建规字〔2017〕199号）中提出城市规划区范围内的重点规划内容包括：综合划定城镇开发边界，区分生态空间、农业空间和城镇空间；统筹城乡建设用地的规模、布局和管理；落实永久基本农田保护线和生态保护红线；提出各类空间的规划建设管控要求；明确城市集中建设区范围。其中空间管制规划是城市规划区控制的核心内容。

通过分析各地区对管制区划类型的探索与实践，可在"多规合一"中对"界线控制—分区引导"式的空间管制体系进行总结。结合新一轮城市总体规划编制探索，从协调部门关系角度出发，基于"多规合一"的空间管制体系的核心内容是"三区三线"（或称"三类空间三线"）的划定和管控，即由"生态空间""农业空间"和"城镇空间"构成的引导系统和"永久基本农田保护线""生态保护红线""城市开发边界线"三条控制界线构成的控制界线系统。而根据《城乡规划法》在城市总体规划中长期使用的"四区"（已建区、适建区、限建区、禁建区）依然有其重要性，本书将一并对其划定方法和管制要求进行阐述。为了进行区别，将生态空间、农业空间、城镇空间称为三类空间；将"永久基本农田保护线""生态保护红线""城市开发边界线"称为三线；将已建区、适建区、限建区、禁建区称为四区。

13.2 规划区三类空间划定及管制

13.2.1 规划区三类空间的定义

13.2.1.1 生态空间

生态空间是具有自然属性、以提供生态服务或生态产品为主体功能的国土空间，包括森林、草原、湿地、河流、湖泊、滩涂、荒地、荒漠等。

13.2.1.2 城镇空间

城镇空间是以城镇居民生产生活为主体功能的国土空间，包括城镇建设空间和工矿建设空间，以及部分乡级政府驻地的开发建设空间。

13.2.1.3 农业空间

农业空间是以农业生产和农村居民生活为主体功能，承担农产品生产和农村生活功能的国土空间，主要包括永久基本农田、一般农田等农业生产用地，以及村庄等农村生活用地。

13.2.2 规划区三类空间划定的方法

13.2.2.1 总体技术流程

1. 制作数字工作底图。收集地理国情普查成果、主体功能区资料、基础地理信息成果、各类规划资料以及保护、禁止（限制）开发区边界线资料及其他资料等；对现有资料进行整理、对空间数据以及统计数据进行处理；对处理后的数据进行数据生产，生成负面清单数据、三类空间地表覆盖数据、现状建成区数据、过渡区数据、空间开发评价数据等；通过外业核查等方式对所生产的数据进行数据整合和数据集成，最终形成规划数字工作底图。

2. 开展"两个评价"。以主体功能区规划为基础，同时依据规划数字工作底图数据开展资源环境承载能力评价和国土空间开发适宜性评价，结合现状地表分区、土地权属，分析并找出需要生态保护、利于农业生产、适宜城镇发展的单元地块，划分适宜等级并合理确定规模，为划定"三类空间三线"奠定基础。

3. 进行功能适宜性评价。根据资源环境承载能力评价和国土空间开发适宜性评价的结果，综合集成开展功能适宜性评价，包括生态、农业、城镇三个功能适宜性评价，评价结果划分为高、中、低三个等级。

4. 划定"三类空间三线"。依据《生态保护红线划定指南》（环办生态〔2017〕48 号），划定生态保护红线；以"两个评价"结果为基础，按照"以人定地"与"以产定地"相结合的方法，科学预测市县城镇建设用地总规模，同时考虑未来长远发展，预留一定的发展空间，划定城镇开发边界；以市县永久基本农田划定的最终成果为基础，划定永久基本农田保护线。依据市县城镇功能适宜性评价、农业功能适宜性评价、生态功能适宜性评价三个评价结果依次划定城镇、农业和生态三类空间。

13.2.2.2 生态空间划定方法

生态空间的确定主要依据"两个评价"结果以及生态空间内涵进行划定。依据"两个评价"结果，开展生态功能适宜性评价，依据生态功能适宜性评价结果来确定生态空间。从生态敏感性和生态系统服务功能重要性出发，开展生态功能适宜性评价。首先，依据国土空间开发适宜性评价中的生态评价结果与土地资源评价结果，得到生态功能适宜性初步评价；其次，结合国土空间开发适宜性评价中的现状地表分区数据，得到生态功能适宜性中间评价，再次，根据资源环境承载能力评价中的土地退化、地下水超采、地质灾害等数据，结合现状实际，对中间评价结果进行适当调整，形成生态功能适宜性最终评价结果；最后，根据生态功能适宜性评价结果以及生态保护红线确定生态空间。

13.2.2.3 城镇空间划定方法

在资源环境承载能力评价和国土开发适宜性评价的基础上，进行生态功能、农业功能、城镇功能三类功能适宜性评价。其中，城镇功能适宜性主要从资源环境、承载能力、战略区位、交通、工业化和城镇化发展等角度，根据资源环境承载能力评价和国土空间开发适宜性评价结果，结合现状地表实际情况，将其划分为适宜程度高、适宜程度中、适宜程度低三种等级。

生态功能适宜性、农业功能适宜性、城镇功能适宜性评价完成后，按照以下方法集成，确定城镇空间：

第一步：将城镇开发边界以内区域划定为Ⅰ类城镇适宜区。

第二步：根据三类功能适宜性评价高值区划定城镇功能Ⅱ类适宜区。针对第一步未划定的区域，评价结果中仅有城镇功能一项适宜性为高的区域，划定为Ⅱ类城镇适宜区。对于城镇功能适宜性高，生态功能适宜性、农业功能适宜性至少其一为高的区域，原则按照生态—农业—城镇的优先级次序进行确定，局部地区可按照城镇发展集中制原则，划定为Ⅱ类城镇适宜区。

第三步：根据三类功能适宜性评价中值区和低值区划定城镇功能Ⅲ类适宜区。针对上两步未划定的区域，评价结果中仅有城镇功能一项适宜性为中的区域，划定为Ⅲ类城镇适宜区。评价结果中两项为中，但生态功能适宜性为低的区域，一般按照农业—城镇—生态的优先级次序进行确定，也可按照三类功能的空间集中原则进行确定。

第四步：城镇功能适宜区集成。综合前三步，取全部城镇适宜区为城镇空间。

13.2.2.4　农业空间划定方法

农业空间是以农村居民生产生活为主要功能的国土空间，包括耕地、改良草地、人工草地、园林、农村居民点、其他农用地等。确定农业空间首先需要进行农业功能适宜性评价。从农业资源数量、质量及组合匹配特点的角度，将国土空间中进行农业布局的适宜性程度划分为高、中、低三个等级。优先将永久基本农田划入农业空间。生态保护红线内区域划入生态空间，城镇开发边界内区域划入城镇空间。剩余未划定区域，对照生态空间适宜性评价、城镇空间适宜性评价，将以下区域划入农业空间：

1. 农业功能适宜性高，其他适宜性中或低的区域；

2. 城镇功能适宜性高，农业功能适宜性高，生态功能适宜性中或低的区域；

3. 对于各项评价均为中或低，但所在地主体功能区定位为粮食主产区的，优先划入农业空间；

4. 对于生态功能、城镇功能、农业功能三类中有两项适宜性评价结果为中，但与其主体功能区定位对应的功能类型适宜性为低的区域，一般优先划入农业空间。

13.2.3　规划区三类空间管控要求

13.2.3.1　生态空间管控要求

生态空间按照《自然生态空间用途管制办法（试行）》（国土资发〔2017〕33号）

进行空间管控。生态空间管控按照生态保护红线和生态保护红线外的生态空间进行差异化管控。

1. 生态保护红线原则上按禁止开发区域的要求进行管理。生态保护红线外的生态空间，原则上按限制开发区域的要求进行管理。

2. 从严控制生态空间转为城镇空间和农业空间，禁止生态保护红线内空间违法转为城镇空间和农业空间。

3. 禁止新增建设用地占用生态保护红线内的用地，确因国家重大基础设施、重大民生保障项目建设等无法避让的，由省级人民政府组织论证，提出调整方案，经生态环境部、国家发展改革委会同有关部门提出审核意见后，报经国务院批准。生态保护红线内的原有居住用地和其他建设用地，不得随意扩建和改建。

4. 禁止农业开发占用生态保护红线内的生态空间，生态保护红线内已有的农业用地，建立逐步退出机制，恢复生态用途。

5. 有序引导生态空间用途之间的相互转变，鼓励向有利于生态功能提升的方向转变，严格禁止不符合生态保护要求或有损生态功能的相互转换。

6. 在不改变利用方式的前提下，依据资源环境承载能力，对依法保护的生态空间实行承载力控制，防止过度垦殖、放牧、采伐、取水、渔猎、旅游等对生态功能造成损害，确保自然生态系统的稳定。

7. 生态保护红线原则上按禁止开发区域的要求进行管理。严禁不符合主体功能定位的各类开发活动，严禁任意改变用途，严禁任何单位和个人擅自占用和改变用地性质，鼓励按照规划开展维护、修复和提升生态功能的活动。因国家重大战略资源勘查需要，在不影响主体功能定位的前提下，经依法批准后予以安排。按照生态保护红线的管控要求，工业项目不利于生态保护，对生态保护红线范围内已有的工业项目要本着底线管控的原则逐步清退，最终予以取缔，并及时恢复已经破坏的生态保护红线空间。

13.2.3.2 城镇空间管控要求

城镇开发边界将城镇空间分为城镇开发建设区和城镇开发建设预留区。

城镇开发建设区严格执行相关规划的控制要求，注重城市特色塑造，禁止破坏性建设，对具有历史文化保护价值的不可移动文物、历史建筑、历史文化街区必须予以保留保护。统筹布局建设交通、能源、水利、通信等区域基础设施网络框架布局，避免对城镇建设用地形成蛛网式切割。优化城镇功能布局，节约集约利用土地，优先保障教育、医疗、文体、养老、交通、绿化等公共服务设施用地需求。引导产业园区向重点开发城市集中，提升工业用地土地利用效率。用地从注重增量土地向注重存量土地转变，提高土地利用效率。

城镇开发建设预留区内，大部分用地在规划期内土地利用类型不改变，按原土地用途使用,按照现状用地类型进行管控,城镇、园区建设原则上不得占用,不得新建、扩建农村居民点。规划期内城镇开发建设区边界确需调整时,在不突破规划期城镇建设用地总规模的前提下,可在城镇开发建设预留区内进行调整置换,但调整的幅度不得大于规划城镇建设用地总规模的 15%,且须在充分论证的基础上,提出调整方案,按程序报批。

13.2.3.3 农业空间管控要求

为保护基本农田与耕地,确保农产品质量安全和产量,合理引导农村居民点建设,对农业空间应按照基本农田及其他农业空间分别进行管控。

农业空间内的基本农田应由县级以上地方各级人民政府土地行政主管部门和农业行政主管部门按照本级人民政府规定的职责分工,根据《基本农田保护条例》进行管控。基本农田一经划定,任何单位和个人不得擅自占用或改变用途。一般建设项目不得占用永久基本农田,在可行性研究阶段,必须对占用的必要性、合理性和划补方案的可行性进行严格论证;农用地转用和土地征收依法依规报国务院批准,确保土地利用总体规划确定的本行政区域内基本农田的数量不减少。

其他农业空间应加强土地整理,提高耕地质量,可进行必要的区域性基础设施建设、生态环境保护建设、旅游开发建设及特殊用途建设,严格控制开发强度和影响范围。优化村庄布局,集聚发展,实行农村居民点建设规模总量和强度双控,禁止城镇建设,禁止产业集中连片建设,禁止采矿建设。

13.3 规划区三线划定

13.3.1 规划区三线定义

13.3.1.1 永久基本农田保护线

永久基本农田保护线是指根据一定时期人口和国民经济对农产品的需求以及对建设用地的预测而确定的在土地利用总体规划期内未经国务院批准不得占用的耕地,是从战略高度出发,为了满足一定时期人口和国民经济对农产品的需求而必须确保的耕地的最低需求量。

永久基本农田保护线的内涵包括:一是基本农田是优质连片耕地;二是基本农田落地到户,位置将"永久"固定;三是基本农田划定应考虑其多样性功能,包括生产功能与生态功能;四是基本农田划定应与社会经济发展相协调,具有稳定性(钱凤魁,2011)。

永久基本农田保护线依据《关于全面划定永久基本农田实行特殊保护的通知》(国土资规〔2016〕10号)要求,从严管控非农建设占用永久基本农田,一经划定,任何单位和个人不得擅自占用或者改变用途,不得多预留一定比例永久基本农田为建设占用留有空间，不得随意改变永久基本农田规划区边界特别是城市周边永久基本农田。

13.3.1.2　生态保护红线

生态保护红线是指"依法在重点生态功能区、生态环境敏感区和脆弱区等区域划定的严格管控边界，是国家和区域生态安全的底线"（《生态保护红线划定技术指南》环发〔2015〕56号）。生态保护红线所包围的区域即生态保护红线区。

13.3.1.3　城市开发边界

城市开发边界是指根据地形地貌、自然生态、环境容量和基本农田等因素划定的、可进行城市开发和禁止进行城市开发建设区域的空间界限，即允许城市建设用地扩展的最大边界。

13.3.2　规划区三线划定依据与方法

13.3.2.1　永久基本农田保护线划定的依据与方法

1. 划定的依据

（1）依据政策划定

永久基本农田保护线的划定一般是依据各地国土部门负责编制的《土地利用总体规划》（简称《土规》）中永久基本农田保护区的内容进行划定，当《土规》中没有"永久基本农田保护区"的相关内容时，则依据《土规》中确定的基本农田范围，运用科学的划分方法确定永久基本农田的保护范围。

（2）依据理论划定

理论上看，永久基本农田的划定是在区位理论、可持续发展理论、景观生态学理论、投入产出理论指导下进行（表13-2）。

永久基本农田保护线相关理论　　　　　　　　　　　表 13-2

相关理论	提出年份	基本内涵	对基本农田的启示
区位理论	20世纪30年代	不同的空间内人类活动的相互关系和有机组合，目的是研究区位主体的最佳组合方式和空间形态	考虑到土地成本与经济产值的比例，应该避免将位于较好工业区位的耕地划为永久基本农田，相反，一些优质的耕地位于非农化生产比较差的区位，宜将其列入永久基本农田保护区
可持续发展理论	20世纪80年代	既满足当代人的需求，又不损害后代人满足其需求的能力的发展路径	基本农田是重要耕地资源，是子孙后代赖以生存的"饭碗田"，还是不可再生资源，一旦发生性质改变（非农化建设），就很难逆转，因此要求划定永久基本农田时，首要保证一定数量和质量的基本农田指标，保障后代温饱，实现基本农田资源的可持续利用

续表

相关理论	提出年份	基本内涵	对基本农田的启示
景观生态学理论	20世纪70年代	以整个景观为对象，通过能量流、物质流、信息流在地球表层传输和交换，研究景观的空间构造、内部功能及各部分之间的相互关系，强调景观异质性和景观的尺度效应	在永久基本农田的划定过程中，应充分考虑基本农田与周围生态系统的协调，优化基本农田景观格局，尽量保证农田的连片整体划分，以充分发挥农田的生态功能
投入产出理论	20世纪30年代	在追逐土地效益最大化时，会不断地对土地进行投入，当边际效益没有达到最大化之前，多有的投入都是正相关的，但是当投入临近边际效益最大化临界点时，再往后的投入都是不经济的	土地集约利用不是无限的，是有限度的，在永久基本农田划分的过程中，应将综合生产能力最好的土地划入永久基本农田保护区内，保障以最少量的耕地保障国家粮食安全

2. 划定方法

常用的永久基本农田划定方法有以下三种：

（1）侧重永久基本耕地质量和立地条件的划分方法

我国的《土地管理法》规定优质、连片、永久、稳定的耕地，既具有良好的质量条件，又具有较优立地条件的耕地才能够划入基本农田。换言之，永久基本农田划分要在质量保护基础上考虑到农地保护的永久稳定性。借鉴美国的"土地评价和立地分析系统"的农地划定方法体系，永久基本农田准入评价内容需引入对其立地条件的分析，具体思路如图 13-1（钱凤魁，等，2013）所示。

首先建立耕地入选永久基本农田的指标体系。指标的选取不仅要考虑农田的质量，如自然环境条件、水利设施条件、农用地自然质量等方面的指标，还需考虑耕地区位因素，如交通的便捷、农贸市场的繁华等条件，还要考虑经济建设用地需求，如未来城市发展、项目落地、道路扩建等因素条件。并采用层次分析法确定各个指标的权重（表 13-3），根据权重对各个指标评价值进行计算及标准化处理。

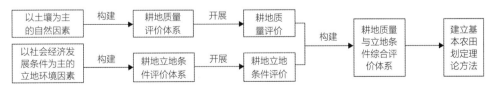

图 13-1 结合立地分析的永久基本农田划分方法研究思想体系

资料来源：钱凤魁，王秋兵，边振兴，等. 永久基本农田划定和保护理论探讨 [J]. 中国农业资源与区划，2013，34（3）：22-27.

评价指标体系		表 13-3
评价因素	评价指标	指标权重
耕地质量	土壤肥力	0.30
	耕地坡度	0.20
	地貌类型	0.04
	水利设施条件	0.15
区位条件	连片性	0.07
	耕地到交通主干道距离	0.09
	耕作半径	0.07
政策因素	是否指定为基本农田	0.04
	是否属城镇规划区	0.04

资料来源：叶胜，金贤锋，何宗，等．基于 TOPSIS 算法的基本农田划定关键技术 [J]．地理空间信息，2015，13（6）：108-110.

其次，利用 TOPSIS 根据有限个评价对象与理想化目标的接近程序排序，进行相对优劣的比较，使用如下公式进行计算：

$$d_i^+ = \sqrt{\sum_{i=1}^{n}[w_j(k_{ij}-k_j^{\max})]^2} \qquad (13-1)$$

$$d_i^- = \sqrt{\sum_{j=1}^{n}[w_j(k_{ij}-k_j^{\min})]^2} \qquad (13-2)$$

$$(i=1,\ 2,\ 3,\ \cdots,\ m)$$

式中，d_i^+ 为第 i 个评价单元距最优单元的距离；d_i^- 为第 i 个评价单元距离最差单元的距离；w_j 为第 i 个衡量指标的权重；$k_j^{\max}$ 为第 j 个衡量指标最大标准化后分值；$k_j^{\min}$ 为第 j 个衡量指标最小标准化后分值。

依据决策点对理想点的相对贴切度 c_i 进行排序，然后按照由高到低的原则确定基本农田的保护图斑，分为最优耕地、较优耕地、一般耕地、较差耕地、最差耕地五个级别的斑块，并借助 GIS 对不同质量级别的永久基本农田空间分布格局进行可视化处理。c_i 计算公式为：

$$c_i = \frac{d_i^-}{d_i^- + d_i^+}\ (i=1,\ 2,\ \cdots,\ n) \qquad (13-3)$$

其中 c_i 值越大越优先入选永久基本农田。

建立永久基本农田划定标准。以耕地质量与立地条件综合评价结果为依据，选择永久基本农田划定的阈值临界点，通过对临界点范围内耕地质量与耕地立地条件的变化差异分析，可以将耕地区划分为现实基本农田区、潜在基本农田区、建设用地预留区和低产田改造或生态退耕区。现实基本农田区为优质稳定的耕地，这类耕地通常被划为永久基本农田区；潜在基本农田区是指质量较差或具有一定的不稳性，但可通过综合整治可发展为基本农田的耕地；建设用地预留区主要为立地条件极其不稳定的耕地，可作为建设预留使用；低产田改造或生态退耕区主要为自然质量条件极差的耕地（卢德彬，2012）。

（2）重动态监测的永久基本农田划定方法

以"3S"技术 [即遥感技术（RS）、全球定位系统技术（GPS）、地理信息系统技术（GIS）的简称] 为手段，通过对耕地质量的动态监测（邓兵，2013），在确立的基本农田基础上，构建基本的永久基本农田质量评价体系，主要评价指标有耕地坡度、耕层厚度、表层土壤质地、土壤有机质含量、土壤 pH 值、灌溉保证率，评价因子权重的确定主要参照国土资源行业标准。根据评价结果分数高低将基本农田分为优等地、良等地、中等地、次等地四种类型。评价过程中的数据库信息如图 13-2 所示。

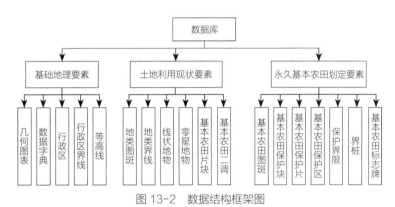

图 13-2 数据结构框架图

资料来源：邓兵. 基于 "3S" 技术的永久基本农田划定与精细化监控管理 [D].
成都：成都理工大学，2013.

（3）侧重"两规合一"的永久基本农田划定方法

针对多规管控下农田分类及空间布局的矛盾性问题，从土地利用总体规划和城市总体规划融合衔接出发，探究永久基本农田的划定。具体划分思路如下：

首先，两规叠合，提取差异图斑土地数据。基于 GIS 平台，将土地利用规划和城市总体规划在土地类型上的差异图斑（具体指"两规"中一规划定义为基本农田，而另一规划定义为非基本农田的部分土地）和同类图斑（具体指"两规"均定义为基本农田的部分地块）提取出来。同类图斑土地直接划定为"永久基本农田"，差异图斑土地需进行重新划定和归属。

其次，差异图斑土地评价体系建立。结合"土地评价和立地分析"理论模型和 TOPSIS 算法，从耕地质量、经济生态价值、区位条件、政策影响四方面构建差异图斑土地评价体系指标体系，并采用自然断点法算法对结果进行排序，将所有评价单元划分为两个等级：永久保护型和适宜调控型。

该方法从"两规合一"的视角，在永久农田划分指标体系里综合考虑了耕地质量和立地环境因素，在此基础上还引入了经济生态指标，更有利于促进农田保护和城市建设的协调发展，加强了规划的科学性和有效指导性。但也存在过度关注"两规"中的差异性地块，在划定过程中容易忽略潜在优质耕地的问题。

13.3.2.2　生态保护红线的划定依据与方法

1. 法规依据

2014 年新修订的《中华人民共和国环境保护法》将划定生态保护红线确立为一项法律制度，并提出了生态保护红线的主要划定主体为重点生态功能区、生态敏感区 / 脆弱区、禁止开发区和具有重要生态功能或生态环境敏感、脆弱的区域。

《全国主体功能区规划》《全国生态功能区划》中确定的各类重点生态功能区、生态敏感区、禁止开发区等相关内容均是生态保护红线划定的重要依据，对于生态保护红线的初步范围确定具有重要的决定意义。

2. 生态保护红线的划定方法

（1）《生态保护红线划定技术指南》中的生态保护红线划定方法

2015 年，环境保护部发布的《生态保护红线划定技术指南》指出，在总体规划中，生态保护红线的划定主体为规划区内的重点生态功能区、生态敏感区、禁止开发区，生态保护红线划定的技术流程如图 13-3 所示，具体步骤如下：

首先，生态保护红线划定主体范围识别。依据国家规划文件和地方相关空间规划中与规划区生态环境保护相关的内容，结合规划区经济社会发展规划和生态环境保护规划，识别生态保护的重点区域，确定生态保护红线划定主体范围。

其次，生态保护重要性评估。从生态系统服务重要性和生态敏感性两个层面对划定主体范围内的空

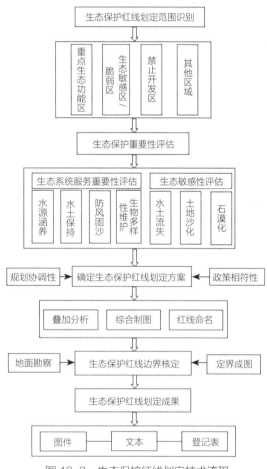

图 13-3　生态保护红线划定技术流程

资料来源：中华人民共和国环境保护部. 生态保护红线划定技术指南 [Z]. 北京：中华人民共和国环境保护部，2015.

间进行评估。《生态保护红线划定技术指南》中针对不同类型的划定主体提出了具体的评估方法，并详细说明了如何根据评估分级结果确定各类生态保护红线范围，在此不多加赘述。

再次，对不同类型生态保护红线进行空间叠加，形成生态保护红线建议方案。根据生态保护相关法律与管理政策、土地利用与经济发展现状与规划，综合分析生态保护红线划定的合理性和可行性，最终形成生态保护红线划定方案。

（2）侧重"多规合一"的生态保护红线划定

生态保护红线的划定常常会出现与城市增长边界、永久基本农田保护线范围重合的问题，三条管制线的管制方向不同，往往会导致规划方案的自相矛盾，为此有必要探讨"多规合一"视角下的生态红线划定。生态保护红线划定的重点将放在"范围校验"这一环节上，合理划分"生态""生产""生活"三类空间结构，使规划空间管制能更好地落地实施（杨楠，2017）。

首先，与城市开发边界的校核调整。"多规合一"视角下的城市生态空间范围的确定采用"先限定城市开发边界，再划定城市生态保护红线"的思路。具体而言，即由城市开发边界先对城镇中心城区、允许建设区、有条件建设区及弹性空间加以确定，以此作为城市建设的底线。随后再进行"图底反转"，经由生态要素评估界定需要保护的自然空间，划定生态保护红线。

其次，与永久基本农田保护线的校核调整。首先根据生态要素对土地进行评估，初步划定生态保护红线范围。将生态保护红线的初步方案与土地利用总体规划中的永久基本农田保护线进行对比，生态保护红线范围内的土地已被划入永久基本农田保护区进行刚性管控，则该土地不宜再重复划入生态保护红线区。

13.3.2.3　城市开发边界的划定依据与方法

城市开发边界（VGB）是在继承了田园城市、环城绿带建设实践、新城市主义、精明增长理论的基础上提出的，是通过城市发展的刚性边界管控来实现城市的有序、可持续发展（表13-4）。

城市开发边界相关理论　　　　　　　　　　表13-4

相关理论	提出年份	基本内涵	管制模式与理念
田园城市理论	19世纪90年代	为健康、生活以及产业而设计的城市，它的规模能足以提供丰富的社会生活，但不应超过这一程度，四周要有永久性农业用地带围绕，城市的土地归公众所有，由委员会受托掌管	在田园城市理论中，霍华德提出以人口作为衡量城市规模的指标，将人口规模作为城市发展的界线。按照霍华德的设想，当人口达到一定数量后就要建立新的田园城市，新的田园城市不断增加需要更多的农地转换成城市用地，实际上并没有促进城市内部潜力挖掘，依旧单纯地以扩张促发展

续表

相关理论	提出年份	基本内涵	管制模式与理念
环城绿带理论		绿带规划是田园城市"永久性农业用地带"的发展，在规划实施之初有效地制止了城市空间蔓延	环城绿带将现有的城市建成区圈住，并设置卫星城，以控制城市蔓延，疏散过多的人口和工业企业。即设定城乡分界线，保护农地，为居民提供绿色空间
新城市主义	20世纪40年代	①重视区域规划，强调从区域整体的高度看待和解决问题；②以人为中心，强调建成环境的宜人性以及对人类社会生活的支持性；③尊重历史与自然，强调规划设计与自然、人文、历史环境的和谐性	新城市主义者认为城市空间增长边界是一种用于控制和指导城市增长和区域规划的工具，包括城市边界与郊区边界，据此可以分为湖坝模型和河堤模型。城市边界在城市周围形成一道独立、连续的界限来限制城市的增长，就像是用大坝来限制不断上涨的湖水。郊区边界则用层层防线环绕着开放空间，就像是河堤保护着有用的土地，让城市的扩张像洪水一样在控制之下穿过
精明增长	20世纪90年代	主要目的有三：第一，城市发展要使每个人受益；第二，实现经济、社会、环境公平；第三，使新、旧城区均获得投资机会并得到良好发展	精明增长强调对城市外围有所限制，注重发展现有城区

当前对于城市增长边界划定方法的探讨较多，尚未形成统一的方法。可将划定UGB（s）的方法主要分为四类（刘辉，2013），分别如下。

1. "数量控制、界线参考"的UGB制定方法

现阶段我国城市总体规划中用禁建区、限建区来划定建设用地边界，土地利用总体规划中用禁止建设区和限制建设区来设置城市用地规模或用"四线"或"五线"来控制城市空间过度增长等（王艳华，2013）。该方法以尊重城市在适建区范围内自行选择用地、自下而上发展的合理性为前提，以控制城市扩张、保护耕地为目标，将中心城区UGB制定的内涵广义化，使中心城区的用地规划与市域土地利用总体规划紧密联系，从而真正维护城乡发展的共同利益。

（1）通过定量分析，核算除去耕地、已建设用地之外还能用作市域城乡建设用地合理的发展规模极限增量指标。

（2）提出适建区范围，且划定各类禁建区，如历史文化保护区、生态保护区等。

（3）根据中心城区的合理需求，提出中心城区的空间发展策略，并从市域未来城乡建设用地指标中分出合理的份额供给中心城区，作为其未来发展之用。

（4）划出确切的UGB物理界线，作为未来城市土地空间扩展方位和数量的参考。值得注意的是，此UGB的物理界线本身并不具有绝对的法定效力，相反，市

域和中心城区的建设用地指标是具有绝对法定效力的；城市总体规划可以在适建区范围内根据不同类别用地的自身需求具体选择建设用地的位置、规模，以适应不同时期城市空间发展的需要。

2. 基于土地生态适宜性评价的 UGB 制定方法

土地生态适宜性评定是把生态规划的思想运用到土地适宜性评价中，从生态保护和土地可持续利用的角度对不同土地利用方式的适宜度进行定量分析（梁涛，2007）。该方法运用 GIS 技术，结合因子加权平均法、模糊数学法、单因子评价法和综合敏感性评价法等对城市的各类土地进行评价，在城市生态适宜性评价的结果上，统筹考虑城市空间的各资源承载能力，并依此划定 UGB（s）（祝仲文，2009）。具体方法如下（王艳华，2013）：

（1）评价因子的选择遵循以下原则：系统性原则、主导因素原则、因地制宜原则、可操作原则。具体要结合实地，针对影响评价城市扩展的主导因素来确定。

（2）因子权重的确定方法有专家咨询法、层次分析法、信息熵法、模糊数学法等。该研究采用层次分析法（AHP）来确定各评价因子的权重值，保证各因子在确定相对重要性时的思维条理化、数量化，在一定程度上减少了传统专家打分法的主观随意性，且易于操作。

（3）确定评价因子和相应的权重后，将评价用地划分为适当大小的网格（例如 50m×50m）。

（4）通过 ArcGIS 9.0 的缓冲区处理、数据统计、空间叠加等功能对规划范围内土地的生态适宜性进行评价，得出生态敏感度。

（5）生态适宜性评价得分越高，生态敏感度越高，越不适宜城市建设。依据生态敏感度高低划分 UGB 的弹性边界和刚性边界。

3. 基于 GIA-CA 空间模型的 UGB 制定方法

该方法基于约束性元胞自动机（Cellular Automata，CA）空间模拟划定城市增长边界。CA 空间模型是以城市人口与空间增长需求为前提和宏观约束条件，来进行城市动态空间增长模拟的工具。GIA 是一种依托 RS、GIS 等空间技术方法快速辨识生态核心区域、对区域生态特性进行快速评价和分级划定的规划工具。将两者取长补短，有效结合成 GIA-CA 空间模型，空间模型技术路线如图 13-4（李咏华，2011）所示。

（1）强化生态视角，利用 GIA 的成熟技术方法将生态保护的传统被动防御转变为主动控制的模式，由此来凸显城市存量土地资源"质"的分级和"量"的有限供给，从而将其区分为绿色基础设施（Green Infrastructure，GI）核心区域和适合城市发展的区域。

（2）以此作为 CA 的宏观生态约束条件，并结合区位和邻域约束条件进行规划

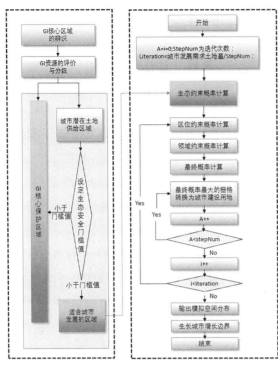

图 13-4　GIA-CA 空间模型技术路线

资料来源：李咏华.生态视角下的城市增长边界划定方法——
以杭州市为例 [J]. 城市规划，2011（12）：83-90.

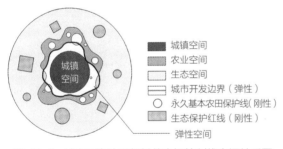

图 13-5　城市开发边界与其他空间管制线空间关系图

资料来源：程永辉，刘科伟，赵丹，等."多规合一"下城市
开发边界划定的若干问题探讨 [J]. 城市发展研究，2015，22
（7）：52-57.

时期内空间增长模拟，进而设定规划期限内的城市增长边界。

4."多规合一"视角下的城市增长边界划定调整

由于不同规划对于城市增长边界中的"刚性"部分定义与内容大致相同（一般与永久基本农田保护线和生态保护红线的划定范围重合），而对"弹性"部分的解释与管制范围各执一词，因此基于"多规合一"视角的城市增长边界划定重点在于处理好"弹性城市增长边界"的部分（图 13-5）。该方法更多考虑管理权限，将"多规"内容在增长边界的"弹性"部分进行整合再调整，并统一管制方式，使城市增长边界近期的"刚性"控制，以及远期的"弹性"发展具有更高的可操作性和实践价值。

具体划分调整思路如下：

（1）城市开发边界划定的技术准备

受主管部门、技术标准、编制办法等影响，"多规"往往存在较大的差异，难以实现空间叠加，需通过统一用地分类、操作平台、坐标系统等方法统一各规划成果，为城市开发边界划定做好技术准备。

（2）刚性开发边界划定

首先是通过"永久基本农田控制线"和"城市生态保护红线"的划定对"多规"中的刚性开发边界的内容进行统一。

（3）弹性增长边界划定

在城市刚性开发边界的基础上结合国民经济与社会发展规划对城市发展进行

研判，通过对发展条件、发展需求、发展定位和空间布局形态的分析，对规划区的人口规模、经济规模进行预测，确定初步的城镇建设用地规模。然后利用前述三类 UGB 划分方法，确定初步的城镇建设用地范围。最后在该范围中，利用 ArcGIS 软件将总规中确定的近期建设用地和土规的地理数据库叠合，找出两者的差异图斑，以用地评价结果为依据，综合考虑国民经济与社会发展规划确定的重大项目，对差异图斑逐一调整，划定弹性城市开发边界。

13.4 规划区四区划定及管制

13.4.1 规划区四区的定义

依据《中华人民共和国城乡规划法》和《城市规划编制办法》，城市总体规划应当划定禁止建设区、限制建设区、适宜建设区和已经建设区（以下简称"四区"）。由于划定"四区"更强调对城乡空间的开发控制引导，对指导下层次规划的可操作性更强，已逐渐成为当前总体规划中空间管制类型划分的主流方法（郝晋伟，2013）。目前，《城乡规划基本术语标准》征求意见稿对已建区、禁建区、限建区、适建区的定义进行了较明确的界定。

禁建区，是为保护生态环境、自然和历史文化环境，满足基础设施和公共安全等方面的需要，在总体规划中规划区范围内划定的禁止安排城镇开发项目的地区。作为生态培育、生态建设的首选地，原则上禁止任何城市建设行为。

限建区，即在总体规划中规划区范围内划定的，不宜安排城镇开发项目的地区。确有进行建设必要时，安排的城镇开发项目应符合城镇整体和全局发展的要求，并严格控制项目的性质、规模和开发强度。多数是自然条件较好的生态重点保护地或敏感区，应科学合理地引导开发建设行为，城市建设用地的选择应尽可能避让。

适建区，即在总体规划中规划区范围内划定的可以安排城镇开发项目的地区。是城市发展优先选择的地区，但建设行为也要根据资源环境条件，科学合理地确定开发模式、规模和强度（吴志强，2010）。

已建区，是指实际已开发建设并集中连片、基本具备基础设施和服务设施的地区。

在 2009 年编制完成的《城市总体规划中四区划定技术指南（征求意见稿）》中指出，根据《中华人民共和国城市规划法》第二条、第十七条和《城市规划编制办法》第三十条、第三十一条，可知规划区是规划管理部门重要的管理地域，在规划区颁发选址意见书、建设用地许可证、建设工程许可证、乡村规划建设许可证，在规划区提出规划设计条件、许可临时建筑、审批地下空间、完成竣工验收。因此，规划区为划定和表达四区的核心空间层次。

13.4.2 规划区四区划定的依据

1. 相关法律法规

整理我国现有法律体系，与规划区四区划定相关的限制性法律法规有 18 项法律和 10 项法规规章（表 13-5）。对于大部分城镇建设限制地域，现有法律法规已有明确范围界定要求和相应管制措施。

四区划定相关的法律、法规 表 13-5

法律	城乡规划法（2019年）、土地管理法（2019年）、环境保护法（2014年）、文物保护法（2017年）、水法（2016年）、水污染防治法（2017年）、防洪法（2016年）、森林法（2019年）、军事设施保护法（2014年）、公路法（2017年）、铁路法（2015年）、电力法（2018年）、民用航空法（2018年）、环境噪声污染防治法（2018年）、矿产资源法（2009年）、防震减灾法（2008年）、水土保持法（2010年）、海洋环境保护法（2017年）
法律规章	自然保护区条例（2017年）、基本农田保护条例（1998年）、风景名胜区条例（2016年）、地质遗迹保护管理规定（1995年）、地质灾害防治条例（2003年）、森林公园管理办法（2016年）、广播电视设施保护条例（2000年）、官员加强蓄滞洪区建设与管理若干意见的通知（2006年）、辐射防护规定（1988年）、核电厂应急计划与准备准则（2009年）

2. 基础资料

规划区四区划定应收集齐备有关城市和区域的勘查、测量、自然生态、人文历史、环境保护和基础设施等现状和规划基础资料。基础资料可视所在城市的特点及实际需要增加或简化，并进行分析汇编，基础资料数据、范围必须准确。规划区范围内四区划定的基础资料应包括：①规划区近期测绘的地形图；②规划区近期拍摄的遥感图；③规划区土地利用资料；④生态环境资料，包括河湖湿地、风景名胜区、森林、自然保护区、耕地、绿色廊道、海洋保护；⑤资源利用资料，包括矿产资源、文物、地质遗迹、水资源；⑥公共安全资料，包括地质环境、环境卫生工程设施防护、基础设施防护、洪涝调蓄、噪声污染防治、军事设施。

13.4.3 规划区四区划定的方法

1. 收集分析相关法律法规和基础资料，为规划区四区的划分提供完善、准确的划分依据。

2. 根据规划区范围内的现状城镇建设用地图识别并划定已经建设区。

3. 运用 GIS 技术对城市规划区的生态敏感性和建设适宜性进行多因子的综合评价。一方面从生态敏感性的角度分析，主要考虑自然生态格局和人类活动方式对自然生态系统功能的影响，包括生态系统功能影响、自然生态环境条件和人文生态环境影响三大类。生态系统功能影响，即不同缓冲区范围内的水体（主要是七个湖泊

和相联系的河流）和规模较大的自然植被（包括林地、园地）对于动植物群落生存
活动的敏感程度；自然生态环境条件影响，即自然生态系统所处的外部自然地理环
境对于动植物群落生存活动的敏感程度，包括坡度、高程和洪水威胁；人文生态环
境影响，即目前不同的土地利用对自然生态系统的影响，包括林地、园地、耕地、
城市建成区等。通过对上述三个要素评价的综合权重分析，得到规划区生态敏感性
分析。另一方面，从建设适宜性角度出发，主要考虑整个生态系统中的人类建设和
开发活动的合理性和经济性。着重分析两个大要素，即自然因素（包括坡度和高程）
和人文因素（主要是各种交通廊道远近，包括长江、高速公路、铁路、轻轨以及城
市建成区的不同距离）（王国恩，2012）。

4. 根据相关法律法规校核禁止建设区、部分限制建设区。

5. 在建设用地适宜性评价和生态适宜性评价的基础上，将区域内的主要限制要
素分为三类，即生态环境类限制性要素、资源利用类限制性要素和公共安全类限制
性要素。研究空间增长边界，确定建设用地，并据此划定适宜建设区和限制建设区。
在保持建设用地总量不变的情况下，四区划定的限制性要素及分区可以表13-6为基
础，结合地方相关法律法规来划定，具体范围宜依据相关部门资料综合确定。基于
此分区进行用地布局规划，结合用地规划结果和园林、水利、市政、文物等部门的
管理要求，修正限建和适建区的范围，最后得出综合区划结果（陈珊珊，2013）。

四区划定的限制性因素　　　　表13-6

类型	限制性要素	禁止建设区	限制建设区	资料所在部门	资料情况
生态环境类限制性要素	河湖湿地	河流、江河、湖泊、运河、渠道、水库等水域	水滨保护地带（滨河带、库滨带）	水利	水系及水资源相关
	风景名胜区	特级保护区、一级保护区	二级保护区、三级保护区	建设	风景名胜区规划
	森林	森林公园内的珍贵景物、重要景点和核心景区	森林公园其他地区、林地（包括防护林、用材林、经济林、薪炭林、特种用途林）	林业	林业规划
	自然保护区	核心区、缓冲区	实验区	环保	自然保护区批复文件
	耕地	基本农田	一般农田	国土	土地利用规划
	绿地	—	城镇绿化隔离地区、区域绿地	规划、园林	城乡规划、绿地系统规划
	海洋保护	海洋自然保护区、海滨风景名胜区、重要渔业水域及其他需要特别保护的区域	海滨保护地带	海洋、环保、渔业	海洋保护

续表

类型	限制性要素	禁止建设区	限制建设区	资料所在部门	资料情况
资源利用类限制性要素	矿产资源	—	矿产资源密集地区	国土	矿产资源总体规划
	文物	文保单位保护范围	文保单位控制地带	文物	文保单位
		地下文物埋藏区	历史文化保护区	文物、规划	历史文化名城保护规划
	地质遗迹	地质遗迹一级保护区	地质遗迹二、三级保护区	国土	地质遗迹
			地质公园	国土	地质公园名录
	水资源	饮用水水源一级保护区	饮用水水源二级保护区、饮用水水源准保护区	环境、水利	环保规划、水源水库资料
		水工程保护范围	中心城以外地区地下水超采区	水利	地下水、水资源开发利用
公共安全类限制性要素	地质环境	地质灾害危险区	地质灾害易发区	国土	地质灾害防治规划
		工程建设不适宜区	工程建设适宜性差区	勘查	工程地质评价
		大于25°的陡坡地	水土流失重点治理区	水利	地质灾害
		—	地震活动断裂带	地震	地质灾害防治规划
	环境卫生工程设施防护	垃圾焚烧场防护区	堆肥处理厂防护区	环卫	环卫规划
		垃圾填埋场防护区	污水处理厂防护区	环卫	环卫规划
		粪便处理厂防护区	—	环卫	环卫规划
		危险废弃物处理设施防护区	—	安监	危险品材料
		危险品仓库安全防护区	—	安监	危险品材料
		辐射照射控制区	辐射照射监督区	环保	辐射照射
		核电安全防护非居住区	核电安全防护限制区、烟羽应急计划区	核电厂	核电安全
	基础设施防护	公路及公路建筑控制区	—	交通	公路设施
		铁路设施用地	铁路设施保护区	铁路	铁路设施
		变电设施用地、输电线路走廊和电缆通道	电力设施保护区	电力	电力设施保护
		广播电视设施保护区禁止建设区	广播电视设施保护区控制建设区	广电、移动	广电设施保护
		—	机场净空保护区	民航	机场净空
	洪涝调蓄	行洪通道、防洪规划保留区、防洪工程设施保护范围	重要蓄滞洪区、一般蓄滞洪区、蓄滞洪保留区、洪泛区	水利	防洪规划
	噪声污染防治		机场噪声控制区	环保	区域环境噪声适用区划
		—	公路环境噪声防护区	环保	
		—	铁路环境噪声防护区	环保	
		—	轻轨环境噪声防护区	环保	
	军事设施	军事禁区、军事管理区	军事设施保护区	军事	军事设施

资料来源：中国城市规划设计院．四区划定办法，2009．

13.4.4 规划区四区空间管制

为了便于引导调控，将城乡空间类型进行了细分，在管制分区的基础上，为了实施管制分区的目标和任务而制定相应的行动准则，作为统筹城乡空间各类资源合理利用的基石（表13-7）。

四区划定的类型细分与管制要求　　　　　　　　　　表 13-7

分区	对应空间用地类型		管制要求
禁建区	水域		包括河流、湖泊、水库水面。禁止破坏水域的建设活动
	水源保护区（一级）		禁止新建、扩建与供水设施和保护水源无关的建设项目；禁止向水域排放污水，已设置的排污口必须拆除，不得设置与供水无关的码头，禁止停靠船舶；禁止堆置和存放工业废渣、城市垃圾、粪便和其他废弃物，禁止设置油库；禁止从事种植、放养禽畜，严格控制网箱养殖活动；禁止可能污染水潭的旅游活动和其他活动
	自然保护区	核心区、缓冲区	禁止建设任何生产设施
		试验区	不得建设污染环境、破坏资源或者景观的生产设施
	基本农田保护区		基本农田保护区经依法划定后，任何单位和个人不得改变或者占用。禁止任何单位和个人在基本农田保护区内建窑、建房、挖沙采石、采矿、取土、堆放固体废弃物或者进行其他破坏基本农田的活动
	风景名胜区		核心保护区内禁止任何建筑设施。以自然地形地物为分界线，其外围应有较好的缓冲条件。一级保护区内可以设置必需的步行游赏道路和相关设施，禁止建设与风景无关的设施，不得安排旅宿床位。二级保护区可以安排少量的旅宿设施，但必须限制与风景游赏无关的建设。三级保护区内有序控制各项建设与设施，并应与风景环境协调
	地质灾害危险区		包括地面严重沉降区、地裂缝危险区、崩塌、滑坡、泥石流、地面塌陷危险区。禁止城乡建设开发活动，加强植被建设
	森林公园、湿地公园		核心景区：除必要的保护和附属设施外，禁止建设宾馆、招待所、疗养院和其他工程设施。非核心景区：限制建设污染环境、破坏生态的项目和设施
	其他禁建区		因防洪等要求禁建的地区
限建区	山体、森林		限制大型城镇建设项目，加强自然生态环境维护，允许设置一定的林业设施、旅游设施等，但控制其建设开发强度
	旅游度假区		限制城镇和村庄建设
	重要生态防护绿地		包括水域周边绿化防护用地、重大基础设施的防护走廊、功能性生态隔离用地，严格控制城镇和农村居民点建设
	地质灾害不利区		地质灾害危险性中等的地区，限制大型建设项目
	一般农田		限制在本区域内进行各项非农建设
	蓄、滞洪区		限制建设非防洪建设项目。如需建设，需经过一定的建设程序报请
	发展备用地		控制预留发展备用地的发展建设，不得随意安排建设项目

续表

分区	对应空间用地类型	管制要求
适建区	城镇建设用地	将城镇建设限制在规划的建设用地范围内展开
	村庄建设用地	积极引导农村居民点建设在规划的集中建设的村庄布局
	重大基础设施走廊	预控发展空间，禁止其他建设占用
已建区	城镇、村庄已建设区	结合规划用地布局，加强已建设用地的调整优化，以内涵挖潜为主，充分利用现有建设用地和闲置用地
	文保单位 保护范围	禁止建设新建筑
	建设控制地带	新建建筑物的高度、体量、色彩和形式应根据维护历史风貌的原则进行严格控制

13.4.5 规划区四区划定的成果要求

城市总体规划编制中四区划定的成果包括文件及图纸两部分。城市总体规划编制中，应在规划区图纸和文件明确划定和表达四区范围，应在中心城区明确划定四线。特殊的城市可在市域或中心城区图纸和文件明确划定和表达四区范围。目前的实践中，有在市域图纸用地全覆盖式划定四区的，如淮南；有在规划区图纸用地全覆盖式划定四区的，如北京、深圳、合肥、中山、温岭、连云港、苏州、安阳；有在中心城区图纸用地全覆盖式划定四区的，如包头、襄阳。

一般城市应在市域文件确定四区或者提出限制性要素的管制要求，图纸可示意性地表达禁止建设区或者重要的限制性要素。具备以下条件之一的城市宜在市域图纸和文件明确划定和表达四区范围：①城市发展与市域城镇关联度高，需合理布局各城镇；②城市与乡村建设密集，需统筹安排市域用地。一般城市应在规划区文件和图纸明确划定和表达四区范围。中心城区较小且规划区过大的城市，宜在规划区文件确定四区，在中心城区图纸明确划定和表达四区范围。

13.5 规划区空间管制案例

规划区空间管制案例扫码阅读。

二维码 13-1

本章参考文献

[1] 金继晶，郑伯红.面向城乡统筹的空间管制规划 [J].现代城市研究，2009，24（2）：29-34.

[2] 郝晋伟，李建伟，刘科伟 . 城市总体规划中的空间管制体系建构研究 [J]. 城市规划，2013，37（4）：62–67.

[3] 杨玲 . 基于空间管制的"多规合一"控制线系统初探——关于县（市）域城乡全覆盖的空间管制分区的再思考 [C]// 中国城市规划学会 . 2015 中国城市规划年会 . 2015.

[4] 郑文含 . 城镇体系规划中的区域空间管制——以泰兴市为例 [J]. 规划师，2005，21（3）：72–77.

[5] 林坚，许超诣 . 土地发展权、空间管制与规划协同 [J]. 城市规划，2014，38（1）：26–34.

[6] 中华人民共和国建设部 . 关于加强省域城镇体系规划工作的通知（建规〔1998〕108 号）[Z]. 北京：中华人民共和国建设部，1998.

[7] 中华人民共和国建设部 . 县域城镇体系规划编制要点（试行）（建村〔2000〕74 号）[Z]. 北京：中华人民共和国建设部，2002.

[8] 城市规划编制办法 [M]. 北京：法律出版社，2006.

[9] 中华人民共和国城乡规划法 [M]. 北京：法律出版社，2007.

[10] 张京祥，崔功豪 . 新时期县域规划的基本理念 [J]. 城市规划，2000，24（9）：47–50.

[11] 魏东 . "多规合一"工作中的空间管制体系研究 [D]. 西安：西北大学，2015.

[12] 金继晶，郑伯红 . 面向城乡统筹的空间管制规划 [J]. 现代城市研究，2009，24（2）：29–34.

[13] 钱凤魁 . 基于耕地质量及其立地条件评价体系的基本农田划定研究 [D]. 沈阳：沈阳农业大学，2011.

[14] 湖北省住房和城乡建设厅 . 湖北省省级城市总体规划审批规程 [Z]. 武汉：湖北省住房和城乡建设厅，2017.

[15] 住房和城乡建设部 . 城市总体规划编制审批管理办法（征求意见稿）[Z]. 北京：中华人民共和国建设部，2016.

[16] 国土资源部 .《自然生态空间用途管制办法（试行）》（国土资发〔2017〕33 号）[Z]. 北京：国土资源部，2017.

[17] 钱凤魁，王秋兵，边振兴，等 . 永久基本农田划定和保护理论探讨 [J]. 中国农业资源与区划，2013，34（3）：22–27.

[18] 卢德彬，涂建军，华娟，等 . GIS 技术在永久性基本农田划定中的应用研究 [J]. 农机化研究，2012，34（4）：71–74.

[19] 邓兵 . 基于"3S"技术的永久基本农田划定与精细化监控管理 [D]. 成都：成都理工大学，2013.

[20] 杨楠，刘治国，由宗兴 . "多规合一"下的沈阳市中心城区生态保护红线划定 [J]. 规划师，2017，33（7）.

[21] 张京祥 . 西方城市规划思想史纲 [M]. 南京：东南大学出版社，2005.

[22] 孙小群 . 基于城市增长边界的城市空间管理研究——以重庆江北区为例 [D]. 重庆：西南大学，2010.

[23] 王慧 . 新城市主义的理念与实践、理想与现实 [J]. 国外城市规划，2002（3）：35–38.

[24] 刘辉，张志赟，税伟，等 . 资源枯竭型城市增长边界划定研究——以淮北市为例 [J]. 规划师，2013（9）：113–117.

[25] 王艳华，程晓夏，赵文恒.城市空间增长边界（UGB）制定方法研究——以定州中心城区 UGB 的制定为例 [J]. 规划师，2013（9）：113-117.

[26] 梁涛，蔡春霞，刘民.城市土地的生态适宜性评价方法——以江西萍乡市为例 [J]. 地理研究，2007（4）：782-790.

[27] 祝仲文，莫滨，谢芙蓉.基于土地生态适宜性评价的城市空间增长边界划定——以防城港市为例 [J]. 规划师，2009（11）：40-44.

[28] 李咏华.生态视角下的城市增长边界划定方法——以杭州市为例 [J]. 城市规划，2011（12）：83-90.

[29] 吴志强，李德华.城市规划原理 [M]. 3 版.北京：中国建筑工业出版社，2010.

[30] 郝晋伟，李建伟，刘科伟.城市总体规划中的空间管制体系建构研究 [J]. 城市规划，2013，37（4）：62-67.

[31] 中国城市规划设计研究院.城市总体规划中四区划定技术指南（征求意见稿）[Z]. 北京：中国城市规划设计研究院，2009.

[32] 王国恩，周恒，黄经南.基于 GIS 的城市"四区"划定研究——以阳逻新城为例 [J]. 中外建筑，2012（6）：109-111.

[33] 陈珊珊，侯建辉，王健.总规层面"三区四线"的划定方法探讨——以荆门城市总体规划为例 [C]// 中国城市规划学会.城市时代，协同规划——2013 中国城市规划年会论文集.北京：中国建筑工业出版社，2013：630-645.

[34] 袁锦富，徐海贤，卢雨田，等.城市总体规划中"四区"划定的思考 [J]. 城市规划，2008（10）：71-74.

[35] 何京.从"集中建设区"走向"城市开发边界"——试论上海的土地规划空间管制 [J]. 上海城市规划，2015（5）：81-86.

第14章

区域重大基础设施
规划控制

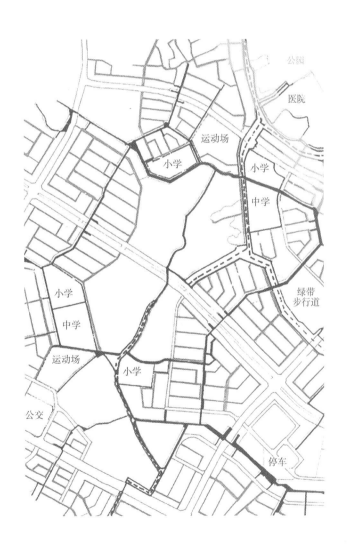

区域重大基础设施主要包括交通、市政、环境卫生、安全等基础设施的线路走廊和站场设施。重大基础设施是城市功能的重要支撑，是城市安全高效运行的基本保障，是服务市民生活、支撑经济发展、彰显城市魅力的重要载体。重大基础设施的规划建设，对优化城市空间布局结构、引导产业合理布局和人口要素合理分布具有重要作用。为保障重大基础设施的规划实施，城市总体规划必须对重大基础设施实施规划控制。

14.1　区域重大交通基础设施规划控制

城市总体规划涉及的区域重大交通基础设施包括：铁路、公路、港口、机场。根据区域综合交通规划，对铁路、公路的线路走廊和站场的用地范围实施规划控制，保障线路走廊和站场用地的空间落实；同时，对其环境影响区域范围内的规划建设提出控制与引导要求，尽可能降低邻避效应。

14.1.1　公路交通基础设施规划控制

按在公路网络中的层级和技术要求，将公路分为高速公路、一级公路、二级公路、三级公路和四级公路。城市总体规划中对高速公路、一级公路、二级公路和三级公路实施规划控制。

14.1.1.1　公路走廊规划控制

公路走廊包括公路红线和公路两侧隔离带。公路走廊规划控制宽度应根据公路等级、城市规划要求合理确定（表14-1）。另外，规划区内的大中型公路桥梁两侧各50m，公路隧道上方和洞口外100m为规划的安全保护区范围。廊道内禁止建设非公路交通功能的建、构筑物。

公路红线宽度和两侧隔离带规划控制要求（m）　　　　表14-1

公路等级	高速公路	一级公路	二级公路	三级公路
公路红线宽度	40~60	30~50	20~40	10~24
公路两侧隔离带宽度	20~50	10~30	10~20	5~10

14.1.1.2　公路枢纽规划控制

公路枢纽包括各级公路交叉转换枢纽：立交枢纽和平交枢纽。公路枢纽规划控制范围包括公路红线、匝道红线和其两侧隔离带，公路枢纽规划控制范围内禁止建设非公路交通功能的建、构筑物。

14.1.1.3　公路场站规划控制

公路场站包括高速公路休息站、收费站，公路客运站等。公路场站规划控制范围应根据场站等级及规模划定，包含场站本身的用地规划范围和场站外围隔离空间范围。公路场站规划控制范围内禁止建设非公路交通功能的建、构筑物。

14.1.2　铁路交通基础设施规划控制

区域铁路按运输功能分为普速铁路、高速铁路和城际铁路。城市总体规划应根据铁路交通规划，对铁路线路走廊和铁路场站设施实施规划控制。

14.1.2.1　铁路场站规划控制

铁路车站按其技术作业性质可分为会让站、越行站、中间站、区段站和编组站；按其业务性质分为客运站、货运站和客货运站；按车站的地位、作用、办理运输业务和技术作业量等综合指标分为特、一、二、三、四、五等站。铁路场站规划控制范围应根据场站等级及规模划定，包含场站本身的用地规划范围和场站外围隔离空间范围。铁路场站规划控制范围内禁止建设非铁路交通功能的建、构筑物。

14.1.2.2　铁路线路走廊规划控制

铁路线路的控制宽度应根据地形、地貌等因素确定，一般而言，干线宜按照外侧轨道中心线以外20m控制，支线宜按照外侧轨道中心线以外15m控制。

铁路线路两侧应当设立铁路线路安全保护区。铁路线路安全保护区的范围，从铁路线路路堤坡脚、路堑坡顶或者铁路桥梁（含铁路、道路两用桥，下同）外侧起向外的距离分别为：

1. 城市市区高速铁路为 10m，其他铁路为 8m；

2. 城市郊区居民居住区高速铁路为 12m，其他铁路为 10m；

3. 村镇居民居住区高速铁路为 15m，其他铁路为 12m；

4. 其他地区高速铁路为 20m，其他铁路为 15m。

禁止在铁路线路安全保护区内烧荒、放养牲畜、种植影响铁路线路安全和行车瞭望的树木等植物。

高速铁路线路路堤坡脚、路堑坡顶或者铁路桥梁外侧起向外各 20m 范围内禁止抽取地下水。

任何单位和个人不得擅自在铁路桥梁跨越处河道上下游各 1000m 范围内围垦造田、拦河筑坝、架设浮桥或者修建其他影响铁路桥梁安全的设施。

在铁路线路路堤坡脚、路堑坡顶、铁路桥梁外侧起向外各 1000m 范围内，以及在铁路隧道上方中心线两侧各 1000m 范围内，确需从事露天采矿、采石或者爆破作业的，应当与铁路运输企业协商一致，依照有关法律法规的规定报县级以上地方人民政府有关部门批准，采取安全防护措施后方可进行。

禁止在铁路桥梁跨越处河道上下游的下列范围内采砂、淘金：

1. 跨河桥长 500m 以上的铁路桥梁，河道上游 500m，下游 3000m；

2. 跨河桥长 100m 以上不足 500m 的铁路桥梁，河道上游 500m，下游 2000m；

3. 跨河桥长不足 100m 的铁路桥梁，河道上游 500m，下游 1000m。

14.1.3 港口交通基础设施规划控制

港口包括港口陆域与港口水域两部分。

陆域部分一般包括装箱作业地带和辅助作业地带，并包括一定的预留发展用地。港口陆域控制范围主要取决于码头的宽度与长度。码头的长度应根据设计船型尺度要求，满足船舶安全靠离作业和系缆要求。码头的陆域纵深应满足货物装卸运输的要求。以下为不同种类码头的陆域纵深控制范围：

1. 件杂货码头。陆域纵深一般宜按 350~450m 控制。件杂货码头前沿一般不宜设铁路装卸线。

2. 集装箱码头。陆域纵深宜按 500~600m 控制。

3. 多用途码头。陆域纵深宜按 500~600m 控制。

4. 散装货码头。陆域纵深一般宜按 350~450m 控制。

5. 石油化工产品和危险品码头。石油、化工品码头等后方储罐区的面积可根据石油、化工品的储量、储存期和储存工艺经计算确定。危险品码头应按货运量和危险品货物在港口的储存周期计算危险品储存设施的规模。

6. 矿石、煤炭及建筑材料码头。一般的矿石、煤炭码头（船型在 5 万吨级以下）

采用顺岸式或突堤式时陆域纵深一般宜按 400~600m 控制。

远洋超大型船舶停靠的大型矿石、煤炭中转码头后方的堆场面积应根据货物中转量和货物堆存期计算确定，后方规划陆域面积一般宜按 30 万 ~ 40 万 m²/ 货物中转量千万吨。

港口水域是指港界线（港界线可根据地理环境、航道情况、港口设备以及港内工矿企业的需要进行规定。一般利用海岛、山角、河岸突出部分，岸上显著建筑物，或者设置灯标、灯桩、浮筒等，作为规定港界的标志，也有按经纬度划分的。）以内的水域部分，港口水域面积一般须满足两个基本要求：船舶能安全地进出港口和靠离码头；能稳定地进行停泊和装卸作业。港口水域主要包括码头前水域、进出港航道、船舶转头水域、锚地以及助航标志等几部分。航道、锚地、系泊区的大致位置和范围在规划和建设港口时根据港区地形水文等自然状况和建设投资情况确定，而航道、锚地、系泊区的确切位置和港口范围及其调整由海事部门根据船舶交通状况加以规定。港口水域内不同区域的划定要将港口装卸作业和运输生产的经济性和安全性以及交通便利等因素综合加以考虑。

14.1.4　机场交通基础设施规划控制

为保障航空器在机场安全起飞和降落，按照机场净空障碍物限制图的要求划设的一定空间范围，称之为"机场净空保护区"。机场净空保护区由升降带、端净空区和侧净空区三部分组成，其范围和规格依据机场等级确定（图 14-1）。

精密进近跑道的无障碍区域内（OFZ）（由内进近面、内过渡面和复飞面所组成）不得存在固定物体，轻型、易折的助航设施设备除外。当跑道用于航空器进近时，移动物体不得高出这些限制面。非精密进近跑道的保护区域内，新增物体或者现有物体的扩展不得高出距内边 3000m 以内的进近面、过渡面、锥形面、内水平

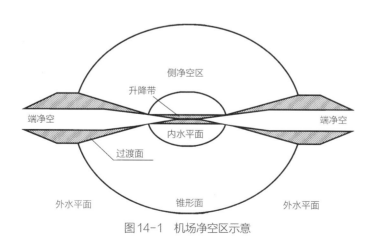

图 14-1　机场净空区示意

面，除非经航行研究认为该物体或扩展的物体能够被一个已有的不能移动的物体所遮蔽。

在机场障碍物限制面范围以外，距机场跑道中心线两侧各 10km，跑道端外 20km 的区域内，高出原地面 30m 且高出机场标高 150m 的物体应当认为是障碍物，除非经专门的航行研究表明它们不会对航空器的运行构成危害。民用机场围界外 5m 范围内禁止搭建任何建筑和种植树木。

14.2 区域重大市政基础设施规划控制

区域重大市政基础设施包括输变电设施、能源输送设施等。

14.2.1 输变电设施规划控制

区域输变电设施包括电力线路和变电站。城市总体规划须对电力线路走廊和变电站用地及其环境安全影响区实施规划控制，涉及区域电网中 500、330、220、110kV 等级的电力线路走廊和变电站用地。

14.2.1.1 电力线路走廊规划控制

电力线路走廊根据其铺设方式分为架空电力线路和电力电缆线路，两者的保护区范围不同。

1. 架空电力线路保护区规划控制

架空电力线路保护区为导线边线在最大计算风偏后的水平距离和风偏后距建筑物的水平安全距离之和所形成的两平行线内的区域。各级导线边线在计算导线最大风偏情况下，距建筑物的水平安全距离见表 14-2。

计算导线最大风偏距建筑物的水平安全距离　　　　表 14-2

线路电压等级 （kV）	距建筑物的水平安全 距离（m）	高压线走廊宽度 （m）	距树木的最大风偏距离 （m）
66~110	4.0	15~25（66kV，110kV）	3.5
154~220	5.0	30~40（220kV）	4.0
330	6.0	35~45	5.0
500	8.5	60~75	7.0

如考虑高压线倒杆的危险，则高压线走廊宽度应大于杆高的 2 倍。

2. 电力电缆线路保护区规划控制

地下电力电缆保护区的宽度为地下电力电缆线路地面标桩两侧各 0.75m 所形成

的两平行线内区域。

敷设于二级及以上航道时，为线路两侧各 100m 所形成的两平行线内的水域；敷设于三级及以下航道时，为线路两侧各 50m 所形成的两平行线内的水域。

任何单位和个人不得在电力线路走廊保护控制区内，进行影响电力输送安全的建设活动，任何单位和个人不得在距电力设施周围五百米范围内（指水平距离）进行爆破作业。

14.2.1.2　变电站规划控制

区域变电站大多为地上型，城区变电站既有地上型，近年来也开始出现地下型。无论是地上型还是地下型高压变电站，其电磁辐射对城乡居民健康的影响要引起足够的重视。国家《电磁辐射环境保护管理办法》（以下简称《办法》）规定 100 千伏以上为电磁强辐射工程，《办法》的第二十条规定：在集中使用大型电磁辐射设备或高频设备的周围，按环境保护和城市规划要求，在规划限制区内不得修建居民住房、幼儿园等敏感建筑。该办法将变电站安全控制区范围的划定交由环保部门和城市规划部门处理。

实践中，各地对如何划定高压变电站安全控制区范围并未形成统一的标准，更没有上升到国家规范标准的高度做出界定。尚待各地城市总体规划中根据地方实际提出控制要求。

14.2.2　能源输送设施规划控制

能源输送主要包括：天然气和液化石油气的配送。燃气或石油管道与建、构筑物及其他管线之间应保持一定的距离，并应符合国家有关标准的规定。

长输燃气管道（埋设或架设）与铁路平行时，输送甲、乙、丙类液体的管道和可燃气体管道与邻近铁路线路的防火间距分别不应小于 25m 和 50m，且距铁路用地界不小于 3.0m。

长输燃气管道（埋设）与公路平行时，油、气管道的中心线与公路用地范围边线之间应保持一定的安全距离。对于天然气管道，安全距离不应小于 20m。在县、社公路或受地形限制的地段，上述安全距离可适当减小；在地形困难的个别地段，最小不应小于 1m。

穿越管道与大桥的最小距离应不小于 100m，与小桥的最小距离应不小于 80m。港口、码头、水下建筑物或引水建筑物等与长输燃气管道之间的距离不宜小于 200m。

液化石油气管道不得穿越居住区，不得穿越有液化石油气设施的建、构筑物，也不得穿越有易燃易爆物品、腐蚀性液体的场所，与其他管道和建、构筑物的间距应符合有关规定（表 14-3）。

输气站围墙与其他设施的安全保护距离　　　　　　表 14-3

名称	安全保护距离
100 人以上的居住区、村镇、公共福利设施	30m
100 人以下的散居房屋	30m
相邻厂矿企业	30m
国家铁路线	30m
工业企业铁路线	20m
高速公路	20m
其他公路	10m
35kV 及以上独立变电所	30m
架空电力线路	1.5 倍杆高
架空通信线路	1.5 倍杆高
爆炸作业场地（如采石场）	300m

14.3　环境卫生设施规划控制

区域重大环境卫生设施主要包括垃圾卫生填埋场和垃圾焚烧厂等。

生活垃圾卫生填埋场距大、中城市城市规划建成区应大于 5km，距小城市规划建成区应大于 2km，距乡村居民点应大于 0.5km。生活垃圾卫生填埋场四周宜设置宽度不小于 100m 的防护绿地或生态绿地。

《生活垃圾焚烧污染控制标准》GB 18485—2014 对生活垃圾焚烧场选址没有明确的安全距离界定。实践中，各地对如何设定生活垃圾焚烧场安全控制区范围尚未形成统一的意见，更没有上升到国家规范标准的高度做出界定。有的以距离居民生活区 5km 划定安全区，也有按距离居民生活区 7km 划定安全区的做法。待各地城市总体规划中根据地方实际提出控制要求。

14.4　危险品储存设施规划控制

危险物品仓库是指储存具有易燃、易爆、腐蚀、毒害、放射性等危险性的化工原料以及化肥、农药、化学试剂、化学药品等物品的场所，据危险品性能分区、分类、分库贮存。仓库不准建在城镇，还应与周围建筑、交通干道、输电线路保持一定安全距离。

易燃易爆类危险品仓库的防护距离：有爆炸危险的甲、乙类厂房仓库宜独立设置，并与重要公共建筑之间的防火间距不应小于 50m，与铁路、公路的防火间距应符合相关规范规定（表 14-4、表 14-5）。

甲类仓库与其他建筑、铁路、道路等的防火间距（m）　　　表 14-4

名　称	甲类仓库（储量，t）			
	甲1、2、5、6项		甲3、4项	
	≤ 10	10	≤ 5	> 5
高层民用建筑、公共建筑	50			
裙房、其他民用建筑	25	30	30	40
变电站（≥ 35kV）	25	30	30	40
厂外铁路线中心线	40			
厂外道路路边	20			

甲、乙两类仓房与民用建筑之间的防火间距（m）　　　表 14-5

名　称			民用建筑	
			裙房，单、多层	高层
甲类厂房	单、多层	一、二级	25	50
乙类厂房	单、多层	一、二级		
		三级		
	高层	一、二级		

化学危险品仓库主要危害性较高的为甲、乙两类仓库。化学危险品仓库的防护距离：

1. 甲类化学危险物品仓库距重要公共建筑之间的距离至少为 50m。

2. 乙类危险物品库房距离重要公共建筑之间的距离至少为 30m，与其他民用建筑的防火距离至少为 25m。

3. 大、中型的甲类仓库和大型乙类仓库与居民区和公共设施的间距应大于 150m，与企业、铁路干线的间距大于 100m，与公路距离大于 50m。

大中型危险化学品仓库应与周围公共建筑物、交通干线（公路、铁路、水路）、工矿企业等距离至少保持 1000m。

本章参考文献

[1] 中华人民共和国住房和城乡建设部，中华人民共和国国家质量监督检验检疫总局.城市对外交通规划规范 GB 50925—2013[M].北京：中国计划出版社，2014.

[2] 中华人民共和国国务院.铁路安全管理条例 [Z].北京：中华人民共和国国务院，2013.

[3] 电力设施保护条例实施细则（2018 年最新版）[Z]. 2018.

[4] 国家铁路局 . 铁路工程设计防火规范 TB 10063—2016[M]. 北京：中国铁道出版社，2017.

[5] 中华人民共和国住房和城乡建设部，中华人民共和国国家质量监督检验检疫总局 . 输气管道工程设计规范 GB 50251—2015[M]. 北京：中国计划出版社，2015.

[6] 中华人民共和国住房和城乡建设部，中华人民共和国国家质量监督检验检疫总局 . 建筑设计防火规范（2018 年版）GB 50016—2014[M]. 北京：中国计划出版社，2018.

[7] 中华人民共和国住房和城乡建设部，国家市场监督管理总局 . 城市环境卫生设施规划标准 GB/T 50337—2018[M]. 北京：中国建筑工业出版社，2019.

[8] 环境保护部，国家质量监督检验检疫总局 . 生活垃圾焚烧污染控制标准 GB 18485—2014[M]. 北京：中国环境出版集团，2014.

[9] 国家市场监督管理总局，中国国家标准化管理委员会 . 危险化学品经营企业安全技术基本要求 GB 18265—2019[M]. 北京：中国标准出版社，2019.

第 15 章

村庄规划指引

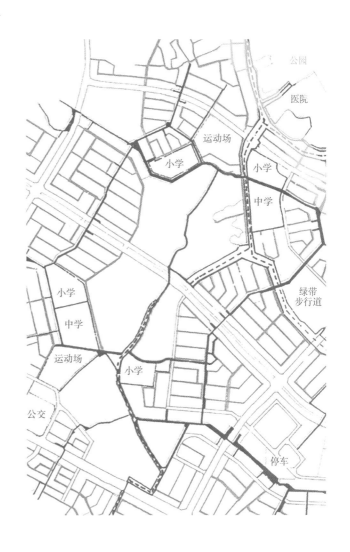

城市总体规划应该对乡村地区的村庄布局与建设做出统筹规划安排，指导下一层次的村庄建设规划编制。

15.1 村庄发展条件评价

快速城镇化进程中，随着人口的城乡流动，村庄的发展存在诸多不确定性，如何在不确定性中寻找出影响村庄发展的相对确定性因素，进而对这些因素展开单因素分析和多因素综合分析，综合判断各类村庄的发展条件及特点，为对村庄进行分类规划指引提供技术支撑。

15.1.1 综合评价指标体系建立

一般而言，村庄发展受到区位条件、生态适宜性水平、资源要素、人口与经济发展水平、设施完善程度和空间拓展能力等的影响。

15.1.1.1 区位条件

影响村庄发展的区位条件包括两个方面：一是交通条件，二是受镇区的辐射影响。

（1）交通条件主要反映村庄区位优劣势，交通越便利，村庄对外交流越频繁，村庄发展潜力就越好，在规划中需要考虑不同等级道路的关系，并根据距国道、省道、县道的距离来判定未来发展条件的好坏。

（2）受城镇辐射区的影响主要考虑距中心城镇的直线距离，按照城镇辐射圈的范围划定不同的等级。

15.1.1.2 生态适宜性水平

生态适宜性水平是村庄建设的基础条件，也是评价村庄发展条件的重要因素。通过对建设用地坡度、坡向、高程、地貌等自然环境因素的调查分析，可以对乡村土地的适应程度做出综合质量评价。相对来说，村庄所处位置坡度较小，地势平坦，海拔高度越接近 100m，土地利用受限制较少、村庄建设和维护成本较小，用地规模和人口密度相对较大，且一般地质灾害发生较少、生态敏感区分布影响较小，具有更大的发展潜力。

15.1.1.3 资源要素

村庄发展的资源要素包括山、水、林、田、湖、草、海等自然资源，根据其对村庄发展的影响，可将这些资源进行开发功能的分类，一般将其分为：服务于农业生产的耕地林地资源，服务于旅游开发的旅游资源，服务于矿产开发的矿产资源，以及为农业生产生活提供保障的水资源等。

15.1.1.4 人口与经济发展水平

1. 人口规模

人口规模是村庄发展条件评价的一项重要指标，在村庄演变过程中，人口规模大的村庄相较于人口规模小的村庄各项设施配套的成熟度更高，这些村庄有更完善的公共服务设施和基础设施条件，容易形成规模，更具集聚性，同时拆迁成本也较高。在我国，大多数村庄都存在外出打工人口，部分偏远地区村庄的人口流失更为严重，而村内实际居住人口才真正决定未来村庄发展的潜力。

2. 经济发展水平

村庄的经济发展因素可通过经济繁荣程度、总体经济实力和经济效益反映出来。经济繁荣程度反映村庄经济活力，可从农贸市场成交额等指标反映；总体经济实力主要反映当前的经济水平和其参与区域竞争的基础与发展潜力，这类指标有村庄经济总收入、社会固定资产投资总额等；经济效益是指各产业在总体经济中的基本状况以及对经济增长的贡献等，相关指标有规模以上工业产值、人均纯收入等。

3. 产业结构

可持续的产业结构，是乡村劳动力转化和剩余劳动力就近就业的基础。不同产业结构类型对村庄发展产生重要的影响。以工业和服务业为主导产业的地区，城镇化程度高，农村人口的减少幅度最大，村庄的撤并力度也可能最大；以工业为主导产业的地区，村庄集聚程度高；以农业为主导产业的地区，村庄布局以现状为基础，需要通过规划引导增加集聚规模，撤并规模小的居民点，带动农村居民点的整合和农村人口的集中。

15.1.1.5 设施完善程度

村庄基础设施是农业稳定发展与乡村和谐社会建设的先决条件，村庄公共服务设施则为村民参与社会活动提供保障。可以通过幼儿园和学校规模、是否有卫生室和敬老院、是否有广场公园和公厕、是否有商店和餐饮旅店以及主要道路硬化率、网络接入率、公共交通、自来水使用率、路灯安装率、污水集中处理和垃圾集中处理情况等指标描述。公共服务与基础设施投资大、回报率低，但具有自然垄断和较大的外部收益等属性，所以公共服务与基础设施越完善，表明集聚效应发挥越好，对发展农村经济具有积极作用。

15.1.1.6 空间拓展能力

村庄可利用用地空间是村庄能否扩大规模集聚发展的基础，通过识别村庄适宜建设用地范围和已建设用地范围，计算出村庄可拓展空间范围，作为判断村庄发展条件的一个重要指标。

确定发展条件评价层次结构，分为 6 个因素层，21 个指标层（表 15-1）。

村庄发展条件评价层次结构　　　　　　　表 15-1

目标层	因素层	指标层
村庄发展条件评价	生态适应性水平 B1	坡度 C1
		高程 C2
		地质 C3
	人口与经济发展水平 B2	村庄总人口 C4
		实际居住人口（总人口 – 外出打工人口数）C5
		人均耕地面积 C6
		人均纯收入 C7
	区位优劣 B3	交通可达性 C8
		受城市辐射强度 C9
	设施完善程度 B4	幼儿园 C10
		中小学 C11
		卫生站 C12
		有无集中供水 C13
		有无垃圾集中处理 C14
		有无污水集中处理 C15
	各类资源要素 B5	耕地林地资源 C16
		旅游资源 C17
		矿产资源 C18
		水系 C19
	空间拓展水平 B6	村庄建设用地规模 C20
		可利用用地规模 C21

15.1.2 村庄发展条件评价方法

村庄发展条件评价层次结构建构完成以后，需要运用数理统计方法确定各层级相关指标的权重，然后将各指标的权重与对应的各指标的数据相乘并迭加得出一个综合指标，即把多个指标转化成为一个综合指标。在综合评价中，确定权重的方法有很多，如专家打分法、主成分分析法、层次分析法（AHP）等。这里分别用常见的层次分析法和主成分分析法对各指标进行权重赋值计算，以供参考。

1. 层次分析法

（1）确定指标权重值

根据层次分析法对评价指标进行分层比较，并对各指标的重要性进行排序，确定指标的权重。各级指标的设定直接或间接影响最终结果。同一级别的元素用作指导来控制下一级元素，同时它也被上一层的元素所支配。

确定了村庄发展条件评价体系的层次后，根据表 15-1 所示的结构进行判断矩阵建构，从层次结构的第二层开始，直到最底层，通过成对比较来分配它的重要性，通常使用 1~9 和其倒数的方法。当比较两个指标的重要性时，如果两者同样重要，那么赋值为 1，3 表示该指标比其他指标稍重要，5 表示明显，7 表示很重要，9 表示绝对重要。2、4、6、8 则用于表示相邻指标的中值。通过判断村庄区位条件、生态适宜性水平、人口经济水平等六个要素对目标层发展条件的重要程度得出表 15-2 所示的判断矩阵。（注：此方法以豫南平原地区 S 镇为例，数据来源于本章参考文献 [6]）

判断矩阵　　　　　　　　　表 15-2

A	B1	B2	B3	B4	B5	B6	W_i
B1	1	2	3	5	7	9	0.4052
B2	1/2	1	2	3	5	7	0.2491
B3	1/3	1/2	1	3	4	5	0.1720
B4	1/5	1/3	1/3	1	2	4	0.0900
B5	1/7	1/5	1/4	1/2	1	2	0.0515
B6	1/9	1/7	1/5	1/4	1/2	1	0.0322

得出权重后对判断矩阵的一致性进行检验，CI 为检验矩阵一致性的指标，CI 计算公式为：

$$CI = \frac{\lambda_{max-n}}{n-1}$$ （15-1）

式中，λ_{max} 为矩阵最大特征值；n 为矩阵阶数。

矩阵的一致性比率为 CR，其计算公式为：

$$CR = \frac{CI}{RI}$$ （15-2）

式中，RI 表示平均随机一致性指标的值，与判断矩阵的阶数有关。当 $CR < 0.1$ 时，表示判断矩阵基本符合完全一致性条件；当 $CR > 0.1$ 时，表示判断矩阵不符合完全一致性条件，需要对判断矩阵进行调整和修正。

通过计算 A–B 判断矩阵，一致性比例 $CR=0.0216$；$\lambda_{max}=6.1341$，矩阵合理。

同理可对指标层进行判断矩阵计算，得出最终评价指标体系。

（2）评价指标体系建构

在确定了各因素层和指标层指标及其权重后就得到各村发展条件评价的综合权重。对于原始数据的处理主要有两大类：一类是有具体属性值的定量数据，例如村庄总人口、人均耕地面积，对于这些数据采用百分位法对其进行标准化处理，消除评价指标的量纲差别；另一类是没有统计数据的定性指标，对于这类数据定性分析划分等级，然后分级赋值。各层级指标的量化赋值见表 15–3。

各层级指标的量化赋值

表 15–3

因素层（权重）	指标层（权重）	赋值方法	最终权重
生态适应性水平（0.4052）	坡度 C1（0.122）	分级分类赋值	0.050
	高程 C2（0.230）	分级分类赋值	0.093
	地质 C3（0.648）	分级分类赋值	0.263
人口与经济水平（0.2491）	村庄总人口 C4（0.057）	对各村庄人口统计数据进行标准化处理	0.014
	实际居住人口（总人口 – 外出打工人口数）C5（0.568）	对各村庄人口统计数据进行标准化处理	0.141
	人均耕地面积 C6（0.133）	数据标准化处理	0.033
	人均纯收入 C7（0.242）	数据标准化处理	0.060
区位优劣（0.1720）	交通可达性 C8（0.750）	分级分类赋值	0.129
	受城市辐射强度 C9（0.250）	分级分类赋值	0.043
设施完善程度（0.0900）	幼儿园 C10（0.165）	分级分类赋值	0.015
	中小学 C11（0.405）	分级分类赋值	0.036
	卫生站 C12（0.166）	分级分类赋值	0.015
	有无集中供水 C13（0.088）	分级分类赋值	0.008
	有无垃圾集中处理 C14（0.088）	分级分类赋值	0.008
	有无污水集中处理 C15（0.088）	分级分类赋值	0.008
各类资源要素（0.0515）	耕地林地资源 C16（0.286）	数据标准化处理	0.015
	旅游资源 C17（0.475）	分级分类赋值	0.024
	矿产资源 C18（0.170）	分级分类赋值	0.009
	水系 C19（0.069）	分级分类赋值	0.004
空间拓展水平（0.0322）	村庄建设用地规模 C20（0.250）	数据标准化处理	0.008
	可利用用地规模 C21（0.750）	数据标准化处理	0.024

利用上述模型和原始数据可计算出各村庄发展条件评价的综合得分以及发展能力的排序，综合各地区经济社会发展潜力、空间战略位置和空间结构布局，可将各村庄划分为不同的发展评级，得分排名靠前的村庄其发展条件较好，排名中间的发展条件一般，排名靠后的发展条件较差。

2. 主成分分析法

主成分分析法属于多属性评价中确定指标权重的一种客观赋权法，即根据评价者给出的评价信息之间的关系来确定各项指标权重的方法，同类型还包括熵值法、标准离差法等。

主成分分析法旨在力保原数据信息丢失最小的情况下，对高维变量空间进行降维处理，即在保证原始数据信息损失最小的前提下，经过线性变换和舍弃部分信息，以少数的综合变量取代原有的多维变量，这样既抓住了主要矛盾，又简化了评价工作。在对村庄发展条件评价体系中我们列出了 21 项指标，运用主成分分析法就可对数据进行简化，最终得出少数影响贡献率最大的几项指标，对这些指标进行权重赋值计算，最终得出村庄综合条件评级结果，另外，主要指标还可作为村庄分类的决定因素，指导村庄分类。

主成分分析法的算法步骤

（1）原始指标数据标准化处理

设有 n 个样本，p 项指标，可得数据矩阵：

$$X = (X_{ij})_{nxp}, \quad i=1, 2, \ldots, p \tag{15-3}$$

式中，p 为 p 个指标，X_{ij} 为第 i 个样本的第 j 项指标值。

用 Z-SCORE 法对数据进行标准化变换：

$$Z_{ij} = (X_i - \bar{X}_j) / S_j \tag{15-4}$$

式中，Z_{ij} 为第 i 个样本的第 j 项指标值标准化处理结果。

$\bar{X}_j = (\sum_{i=1}^{n} X_{ij}) / n \quad S_j^2 = \sum_{i=1}^{n} (X_{ij} - \bar{X}_j)^2 I / (n-1), \quad I=1, 2, \cdots, n \quad j=1, 2, \cdots, p$

（2）求指标数据的相关矩阵

$$R = (r_{ij})_{pxp}, \quad j=1, 2, \cdots, p, \quad k=1, 2, \cdots, p \tag{15-5}$$

式中，r_{ij} 为指标 j 与指标 k 的相关系数。

$$R_{ij} = \frac{1}{n-1} \sum_{i=1}^{n} [(X_i - \bar{X}_j)^2 / S_j][(X_{ik} - \bar{X}_k)^2 / S_k] \tag{15-6}$$

即 $R_{ij} = \frac{1}{n-1} \sum_{i=1}^{n} Z_{ij}Z_{jk}$，有 $R_{ij}=1$，$R_{jk}=R_{kj}$ $\tag{15-7}$

（3）求相关矩阵 R 的特征根特征向量，确定主成分

由特征方程式 $|\Lambda_{Ip} - R| = 0$，可求得 p 个特征根 $\Lambda_g (g=1, 2, \cdots, p)$，$\Lambda_1$ 将

其按大小顺序排列为 $\Lambda_1 \geqslant \Lambda_2 \geqslant \cdots \geqslant \Lambda_p \geqslant 0$，它是主成分的方差，它的大小描述了各个主成分在描述被评价对象上所起作用的大小。由特征方程式，每一个特征根对应一个特征向量 L_g $(L_g = L_{g1}, L_{g2}, \cdots, L_{gp})$ $g = 1, 2, \cdots, p$

将标准化后的指标变量转换为主成分：$F_g = L_{g1}Z_1 + L_{g2}Z_2 + L_{g3}Z_3 + \cdots + L_{gp}Z_p$

F_1 称为第一主成分，F_1 称为第二主成分，$\cdots$，F_p 称为第 p 主成分。

（4）求方差贡献率，确定主成分个数

一般主成分个数等于原始指标个数，如果原始指标个数较多，进行综合评价时就比较麻烦。主成分分析法就是选取尽量少的 k 个主成分（$k > p$）来进行综合评价，同时还要使损失的信息量尽可能少。

K 值由方差贡献率 $\sum_{g=1}^{k} \lambda_g / \sum_{g=1}^{p} \lambda_g \geqslant 85\%$ 决定。

（5）对 k 个主成分进行综合评价

先求每一个主成分的线性加权值 $F_g = L_{g1}Z_1 + L_{g2}Z_2 + L_{g3}Z_3 + \cdots + L_{gp}Z_p$ $g = 1, 2, \cdots, K$ 再对 k 个主成分进行加权求和，即得最终评价值，权数为每个主成分方差贡献率：$\Lambda_g / \sum_{g=1}^{k} \lambda_g$，最终评价值 $F = \sum_{g=1}^{k} (\Lambda_g / \sum_{g=1}^{k} \lambda_g) F_g$。

15.2 村庄特色分类引导

15.2.1 村庄分类方法

根据村庄发展条件评价的综合得分，结合村庄发展主要影响指标，可将村庄分为三大类，六小类，村庄分类方案见表 15-4。这里为根据一般情况整理所得的分类结果，但我国幅员辽阔，不同地区资源特色、社会发展、地质地貌等情况不同，实际分类结果需根据具体地区情况而定。

首先按照未来空间形态进行分区。城乡空间整体上可划分为城镇空间形态和农村空间形态，城镇空间形态对应城镇化地区，农村空间形态对应农村地区。两个不同分区的村庄在村庄规划编制、村庄发展方向、村庄建设要求等方面具有不同的要求，故应进一步分类别进行村庄规划引导。

位于城镇化地区的村庄与城市距离较近，在交通运输、产业发展、村民生活等方面与城市有较大联系，因此未来发展应更多考虑城乡融合，故将其划分为城郊融合型村庄。根据此类村庄的位置和建设时序又可细分为城镇化整理型村庄和城郊服务型村庄。

位于农村地区的村庄首先根据地区用地适宜性评价、社会经济发展情况可分为保留村庄和迁并村庄。其中保留村庄根据不同发展条件、村庄特色资源禀赋的评价结构又可分为集聚发展型村庄、整治优化型村庄和特色保护型村庄（表 15-4）。

村庄类型划分方案　　　　　　　　　　　表 15-4

分区	村庄大类	村庄小类	分类解释	发展条件评价	决定因素
城镇化地区	城郊融合型村庄	城镇化整理型村庄	交通可达性高，受城镇辐射影响大，规划纳入城区或镇区范围的村庄，与城镇建设用地统一进行规划建设与管理	较好	位于城市规划建设用地范围内
城镇化地区	城郊融合型村庄	城郊服务型村庄	位于城市周边，交通可达性高，受城镇辐射影响大，并未纳入城区范围，具有一定的产业基础，基础设施较完善	较好	与城区距离
农村地区	保留村庄	集聚发展型村庄	用地适宜性良好、自身发展有良好的社会经济基础，集聚力强	较好	发展条件较好，集聚力强
农村地区	保留村庄	整治优化型村庄	其他资源条件一般	一般	发展条件一般，特色不突出
农村地区	保留村庄	特色保护型村庄	具有特色资源禀赋或特色功能的村庄，包括服务型、产业型、文化型、旅游型等类别	一般	具有旅游、耕地林地、矿产等特色资源禀赋
农村地区	迁并村庄	搬迁撤并型村庄	位于生态保护区和永久基本农田保护区的村庄，或交通不便利，社会经济发展较差，人口流失严重的偏远地区村庄	较差	生态适应性差、发展条件较差

15.2.2 村庄分类引导

15.2.2.1 城郊融合型村庄

此类村庄与城市距离近，交通可达性高，受城镇辐射影响大，在村庄发展过程中应积极承接城市人口疏解和功能外溢，延伸农业产业链、价值链，让农民更多地分享产业增值收益，另外要加快推动与城镇水、电、路、信息等基础设施的互联互通，促进城镇资金、技术、人才、管理等要素向农村流动。根据是否被纳入城区范围可具体分为城镇化整理型和城郊服务型村庄。

1.城镇化整理型村庄，是指规划纳入城区或镇区范围，与城镇建设用地统一进行规划建设与管理的村庄。对这类村庄应进行控制、整治、避免无序发展，共享城镇的公共资源。

规划指引要点：①纳入城区规划统一考虑，进行城乡土地综合整理，盘活低效率利用土地；②集中、集群、集约化发展产业，道路交通系统要融入城市交通体系，公共服务和社会管理设施与城市实现共享；③注重被改造地区的文化传承和记忆延续。

2.城郊服务型村庄，此类村庄与城区距离较近，处于都市绿郊区。在村庄规划方面应加强城区与村庄的联系，根据村庄特色和区位资源优势等发展农业及相关产业，比如建设成为农产品集散中心、农产品加工中心等。

规划指引要点：①制定发展战略时注重"都市圈一体化"意识，主动接受城市辐射，加强与城市边缘的建设用地功能的衔接；②交通设施的建设应与城市形成有机对接，促进人流、物流的顺利通畅，通过 TOD 模式串联乡村、镇区和城市组团，兼顾农村服务半径；③基础设施实现与城市的共建共享，建设乡村生活服务节点；④村庄经济发展应立足于服务城市经济，增加非农就业机会，转变农业生产方式。一是农业自身的发展，如开发农副产品加工业；与中心城区大企业结盟，为其生产配套产品或向企业提供劳动力资源。二是发展民俗生态休闲旅游业，丰富城市居民闲暇生活，规划建设休闲教育基地、低成本创新创业基地、旅游服务中心等产业功能。

15.2.2.2 保留村庄

1. 集聚发展型村庄

此类村庄是指现有规模较大的中心村和其他仍将存续的一般村庄，是乡村类型的大多数，是实现农业农村现代化的重点突破区。此类村庄多处于交通干道及乡镇附近，有优越的区位条件，经济发展水平普遍较好，能够对周边村庄产生吸引作用，因此应优先集聚建设，构建新型乡村社区，强化基础设施和公共服务设施，承接周边迁出村庄的人口及部分城市逆向流动人口。同时集约利用土地，推进农业规模化、集约化发展。

规划指引要点：①选择有可利用的地点作为村庄的核心，吸纳周边零散分布的住户，并集中布置公共服务设施；②村庄建设要与"空心村"改造相结合，对建房户原则上执行先拆老屋再批新基地的规定；③作为重点建设的村庄，在村庄土地指标、农民建房等方面给予相应的优惠政策；④村庄产业以从事现代农业为主，提高农业生产规模、效率和附加值，加快土地流转，促进农业适度规模化经营；⑤设施配套方面应按照相应标准配套建设，并结合农业规模化耕种配套相应农业服务设施。

2. 整治优化型村庄

该类村庄多分布于乡镇连接处，交通不算便利，距离县城和城区有一定的距离。对其的发展策略主要是有控制地发展，控制人口的数量以及大规模的新建设。重点优化内部空间，提升村庄内部基础设施及公共服务设施水平，设施的配套以满足基本的生活需求为主，不鼓励继续扩张。

规划指引要点：①不新增村庄建设用地，严控村庄建设用地的扩大，主要在现状村庄建设用地范围内对村庄布局进行改造及基础设施配套；②引导当地村民向城镇、中心村或集聚点集中建设；③产业发展以"一村一品"现代农业为主，重点围绕主导产业发展初加工和支农服务业；④在设施配套方面，在服务半径（一般为

2~3km）合理的前提下共同建设一个公共服务中心，以辐射整个片区的村庄，各个村庄可选择性配套生产服务设施。

3. 特色保护型村庄

此类村庄拥有较为明显的特色资源禀赋，比如位于高产农耕区的村庄有优越的农业资源，位于生态旅游区的村庄拥有自然生态、历史文化等特色资源，适合大力发展旅游业。这类村庄的规划重点是把改善农民生产生活条件与保护生态环境、自然文化遗产统一起来，加快推进农业农村现代化。利用村庄特色资源，形成以乡村旅游和特色产业为支撑的特色强村。

特色旅游型村庄规划指引要点：①注重传统村落保护，尊重地形和本底生态条件，对农林生态用地进行景观打造，体现乡村风貌；②以特色景区为旅游目的地，周边特色村和居民点为居住、餐饮等服务点；③重点加强与区域交通廊道、区域交通枢纽的联系，增设旅游服务设施、高标准配置基础设施。

特色农业型村庄规划指引要点：①生态优先，尊重自然本底生态条件，与环境有机结合；②组团布局，保持原有的村民小组，维系原有社会结构；③兼顾生产，合理布局，满足农业生产、农具停放等生产需求；④加强与镇区、中心村的交通联系，满足基本公共服务设施需求。

15.2.2.3 搬迁撤并型村庄

这类村庄生存环境差、不具备基本发展条件，另外还包括生态环境脆弱、限制或禁止开发地区的乡村和因国家大型工程项目需要搬迁的村庄。对于此类村庄要解决好异地搬迁群众的就业问题，避免新建孤立的村落式移民社区。在规划中引导向城镇或中心村撤并。在其发展过程中应受到严格的控制，在人口逐步迁移至别处之后逐渐消亡。原村庄建设用地可作为流转建设用地或予以复垦。村庄搬迁撤并是一个长期的引导控制过程，可通过村庄体系公共设施和基础设施的投入，引导村庄居民自愿地逐步搬迁到具有更好人居环境质量的村庄。

规划指引要点：①按照建设时序，分期分批引导村庄整体搬迁至城镇、中心城或集聚点；②针对享受深山移民政策的村庄，同时考虑农业生产的作业需求和村民搬迁意愿，就近搬入村庄内的集聚点；③不再编制建设规划，同时不再进行村庄住宅建设或基础设施和配套设施建设，原村庄宅基地"退宅还耕、还林或整理后作为产业发展用地"。

15.3 案例

案例扫码阅读。

二维码 15-1

本章参考文献

[1] 罗怡."乡村振兴"背景下县域村庄发展评价及建设规划分类研究[D].南昌：江西师范大学，2018.

[2] 陆学，罗倩倩，王龙.村庄分类方法——两级三步法探讨[J].城乡建设，2018（3）：40-43.

[3] 商桐，刘彬，周志永，等.基于"三区三线"划定的新时期村庄分类研究——以青岛胶州市为例[C]// 中国城市规划学会.共享与品质——2018中国城市规划年会论文集(18乡村规划).北京：中国建筑工业出版社，2018.

[4] 彭震伟，陆嘉.基于城乡统筹的农村人居环境发展[J].城市规划，2009（5）：66-68.

[5] 张利君.基于村庄发展条件评价的村庄整理规划[J].低碳地产，2016，2（16）：290-291.

[6] 董衡苹，高晓星.基于自然村居民点发展条件评价的村庄整合规划研究——以豫南平原地区S镇为例[C]// 中国城市规划学会.转型与重构——2011中国城市规划年会论文集.南京：东南大学出版社，2011.

[7] 张军民,佘丽敏,吕杰,等.村庄综合发展实力评价与村镇体系规划——以青岛市旧店镇为例[J].山东建筑大学学报，2003，18（3）：34-38.

[8] 彭震伟，高璟，王云才.生态敏感地区城乡空间发展的规划探索——以吉林省长白县城乡发展规划为例[J].城乡规划，2017（2）：76-85.

[9] 杨玉胜.使用层次分析法计算指标权重的教学难点[J].科教文汇（中旬刊），2018（2）：67-68.

[10] 杨帆.县域村庄整合评价方法研究[D].张家口：河北建筑工程学院，2017.

[11] 李艳双，曾珍香，张闽，等.主成分分析法在多指标综合评价方法中的应用[J].河北工业大学学报，1999，28（1）：94-97.

[12] 随州市人民政府.随州市城乡总体规划（2016—2030年）[Z].随州：随州市人民政府，2017.

第四篇

中心城区规划

第 16 章

中心城区空间布局规划

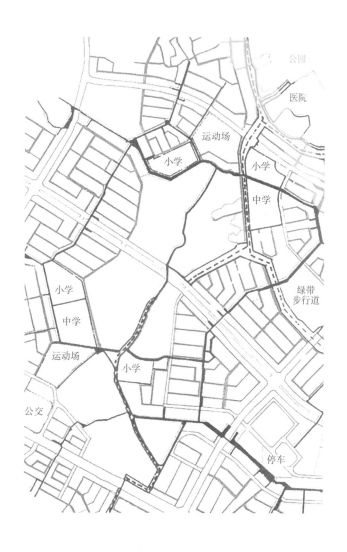

16.1 城市功能与结构

16.1.1 城市功能构成

城市的功能是指城市在社会经济发展中所应具有的作用和能力。城市作为政治、经济、科技、文化、交通、金融、信息等的中心，人口聚集地和第二、第三产业的密集地，是一个多功能的实体。现代城市的功能是多方面的，主要有以下7个方面：①工业生产基地的功能；②贸易中心的功能；③金融中心的功能；④信息中心的功能；⑤政治中心的功能；⑥科技、教育、文化中心的功能；⑦服务中心的功能。

城市的功能活动总要体现在总体布局之中，从城市的功能、结构与形态作为研究城市总体布局的切入点，便于更加本质地把握城市发展的内涵关系，提高城市总体布局的合理性和科学性。

功能是一种活力的表示，也可以理解为活动的过程。城市是由多种复杂系统所构成的有机体，城市功能是城市存在的本质特征，是城市系统对外部环境的作用和秩序。城市功能的多元化是城市发展的基础，城市发展是城市功能多元化的条件。

16.1.2 城市功能演化

城市的活力和发展动力取决于城市综合功能的协调。《雅典宪章》明确指出城市的四大功能是居住、工作、游憩和交通，并且认为，城市的种种矛盾是由大工业生产方式的变化以及土地私有引起，应该科学地制定城市总体规划，城市应按居住、工作、游憩进行分区及平衡后，再建立三者联系的交通网。这些观念对现代城市空间产生了巨大影响。1977 年,《马丘比丘宪章》指出,"雅典宪章为了追求分区清楚却牺牲了城市的有机构成",主张"不应当把城市当作一系列孤立的组成部分拼凑在一起,必须努力去创造一个综合的多功能环境"。同济大学冯纪忠教授曾指出,"城市是人类当然的城市空间,是积极的生活空间,是许多交织着的功能的高度集中,是复杂食物的特定领域","单纯化不能成为城市","功能单一不能构成真正的城市"。

城市功能的演变体现了社会不断发展进步的过程,城市功能的多元化是城市发展的基础,也是城市发展的重要特征,表现在城市的综合服务功能、社会再生产功能、组织管理和协调经济社会发展功能,通过物资流、资金流、人才流、信息流不断提高集聚与辐射能力。

城市功能演化的总体特征是从简单功能到多元复合功能。

简单功能:早期城市——政治主导型、宗教主导型、交通主导型、商贸主导型等。

多元功能:现代城市——功能多元化。

城市功能的多元化主要表现为以下几方面:综合服务功能,社会再生产功能,组织管理、协调经济和社会发展功能,物资流、资金流、人才流、信息流的集聚与辐射功能。

随着 21 世纪信息时代的到来,信息的交流与沟通,教育的普及与完善,智力、文化的积累与进步,金融、贸易的联系与发展,以及人际交往和社会创新活动,越来越成为衡量一个城市健康发展的重要方面。

16.1.3 城市功能与结构的关系

城市的功能是主导的、本质的,是城市发展的动力因素。刘易斯·芒福德教授(Lewis Mumford)认为,"城市的主要功能是化力为形,化能量为文化,化死物为活生生的艺术形象,化生物繁衍为社会创新"。这四个方面是对城市规划与建设要求的高度概括。城市功能的不断创新推动了城市发展。

城市结构是城市功能活动的内在联系,是社会经济结构在土地使用上的投影,反映构成城市经济、社会、环境发展的主要要素,在一定时间形成的相互关联、相互影响与相互制约的关系。城市的结构是内涵的、抽象的,是城市构成的主体,分别以经济、社会、用地、资源、基础设施等方面的系统结构来表现,非物质的构成要素如政策、体制、机制等也必须予以重视。结构不仅强调事物之间的联系,也是认识事物本质的一种方法。

城市功能的变化是结构变化的先导,通常它决定结构的变异和重组。美国人文学家、城市理论家刘易斯·芒福德说过,"城市的功能和目的缔造了城市的结构,但城市的结构却较这些功能和目的更为经久"。城市结构的调整必然促使城市功能的转换,催生新的功能与之配合,两者相互促进,推动城市的发展(图 16-1)。

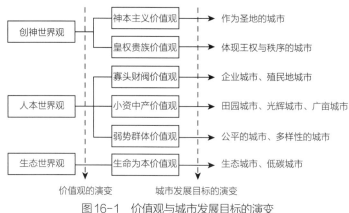

图16-1 价值观与城市发展目标的演变

16.1.4 城市功能与结构的协调发展

16.1.4.1 不同空间层次的协调

不同空间层次之间相互影响、相互作用构成了城市作为整体系统运行的基本环境和特点。不同空间层次的协调是基于整体性和开放性角度，促进城市功能与结构协调发展的重要方面。它包括两个方面：内部与外部的协调，局部与整体的协调。

1. 内部与外部的协调

内部与外部的协调可以理解为城市与区域的关系的协调。外部既是城市发展的外部因素和条件，也是城市布局和空间结构的延伸和扩展。城市内部与外部关系的变化，构成城市作为开放系统存在的基础和背景。

城市发展外部条件的变化在很大程度上会改变城市用地的发展方向。例如：江苏省沿江城市随着区域性交通基础设施的建设而形成新的发展形态。20世纪90年代只有南京长江大桥作为唯一的跨江交通，极大地制约了长江北岸沿江城市的发展。随着江阴大桥、润扬大桥、苏通大桥等多个跨江交通设施的建设，苏南地区大批纺织、冶金、化工等传统产业向苏北转移，苏北城市迅速发展，同时，苏州、无锡、常州等城市在东西发展的基础上，逐步形成整体"北靠"的态势。

再如武鄂黄黄城市密集区，随着武汉市和周边联系日益紧密，武鄂黄黄城市密集区出现了沿交通轴线星状的生长形态，呈现定向蔓延发展的态势，形成沿江带状拓展的空间发展态势，在沿江地区，由于江南武黄高速公路及汉鄂高速公路的修建，城市间的时空距离大大缩短，武汉、鄂州、黄石的城市空间顺江拓展趋势明显，已经出现"城乡混合地域不断蔓延"的城镇空间地域形态，从而呈现出武鄂黄黄城市密集区沿江带状一体化发展的空间格局。

城市的发展也会带来外部结构的变化，建成区范围和城市外围地区的人口在城市的经济和社会活动方面有着密切的联系，其直接结果是城市周边更大的地域被纳入城市功能的范围，从而改变城市地域的空间结构和空间形态。

内、外部结构的协调需要一系列推动城市与区域整体发展的政策和措施。过去由于受到行政区划的制约，许多城市难以向理想方向发展，而人口、产业密集的旧城区也未能得到合理疏解。近年来，杭州、广州、桂林等城市，有的采取撤市（县）建区的办法、有的在更大的空间范畴内设置大型市政工程设施为城市的合理布局创造条件，取得了积极的成效。

2. 局部与整体的协调

局部与整体是事物有机组成的两个范畴，城市局部地区规划建设合理与否会促进或牵制城市整体的发展，而城市关键部位和重要节点的开发决策也会带来全局性的影响。在城市发展的实际过程中，两者的关系会使城市发展的矛盾得以转化，有时甚至会激化，但最终应以寻求优化组合、动态平衡为目标。局部服从整体，整体指导局部，是处理局部与整体关系的基本原则。例如，北京平安大街道路红线宽度修改即是从全局角度作出的调整。上海铁路枢纽西移则是通过局部地区的调整使城市整体结构得以改善的案例。

16.1.4.2　不同城市系统的协调

1. 不同空间系统的协调

城市的空间系统如用地系统、交通系统、基础设施系统等，相互之间都存在着相互依赖、相互支撑、相互影响的关系，其中对两个方面的认识最为关键。

其一，城市道路交通是城市结构的骨架。西方工业化国家经历了较为完整的交通方式进化的历程，从中可以看到城市结构与形态扩张清晰的年轮：步行时代城市局限在有限的范围之内；电车对马车交通的替代，使运输容量更大、更有效率，也更加便宜，居民的活动范围扩展，中产阶级开始外迁；随后是铁路刺激经济扩张的时代。铁路线尤其是站点可以使城市的重心发生改变，通勤距离的增长，推动城市向外发展。特别是大运量轨道交通的发展，强化了城市放射形的拓展形态，车站的设置影响了地区的居住建设模式、土地价值和人口密度，商业和居住都向这些节点集聚；到了汽车主导的时代，居民日常生活范围更加灵活和扩大，城市向郊区低密度蔓延，带来居住和商业相分离、大量建设停车场、机动车快速路分割城市、环境质量下降等种种矛盾。从中可以看出，不同交通方式影响了城市结构特征及其演变。

其二，城市道路、给水、排水、电力、电信、绿化、垃圾处理等基础设施，具有项目类型多、系统性强、资金投入大、长期性等特点，对经济增长有重要影响，需要适度超前建设。基础设施中尤以可靠的能源、水源供应、高效的道路交通网、便捷的通信设施最为关键。另外，城市空间结构还需要与城市地下空间的开发与利用协调，诸如人防建设、大型地下交通设施、地下商业街以及地下水资源的利用与保护、地质灾害防治等方面。上海在市中心人民广场下，建成 4.9 万 m² 可停放 600 辆大轿车的停车场，以及 2 万 t 地下水库和 220kV 的地下变电站，其直径为 60m，埋深24m，有力地缓解了市中心地区供水、供电以及停车场地的紧张状况。同时结合地铁站建设，开发建成了大规模的地下商业中心和地铁换乘枢纽。

基础设施对城市用地发展方向和城市结构组织具有重要支撑作用；基础设施项目对城市布局会产生影响，对电厂、燃气厂、水厂、污水处理厂以及大型变电站等设施的选址要十分谨慎，尤其是要结合城市近远期发展；注重城市地下空间的综合开发；注重对自然环境和资源的保护，如地下水的合理开发，防治地面下沉，避免无序开发造成地表水体调洪蓄洪能力下降等。

2. 空间系统与非空间系统的协调

在城市诸多的系统中，除了构成空间系统本身物质层面的要素外，也包括非物质的构成要素，如政策、体制、机制等。而且往往这些非空间因素占有十分重要的导向和控制作用，对城市的合理发展也具有决定性的影响。城市人口发展规模的控制，城市建设增长速度的调控，包括城市建设用地增长、房地产开发数量、市政基础设施增长速度、公共服务设施配置等方面都与城市政策因素密切相关。

积极制定和推行行之有效的城市发展策略与建设政策是推动城市健康发展的重要保证。借助政策的作用，包括重点建设项目的确定、建设资金的筹措与分配、管理体制的改革、城市户籍政策与外来人口管理、产业结构的调整方向等，都有助于促进规划的实施，使城市空间与非空间系统协调发展。

16.1.4.3 不同发展阶段的协调

城市在不断发展，综合协调城市不同发展阶段的关系，是保证城市健康可持续发展的重要方面。《马丘比丘宪章》指出，"城市规划师和决策者要把城市看作连续发展与变化过程中的一个结构体系"。城市各建设阶段用地的选择，先后秩序的安排和联系等，都要建立在城市总体布局的基础上。同时，对各阶段的投资分配、建设速度要有统一的考虑，使得现阶段城市建设和社会服务实施，符合长远发展规划的需要。

城市近期建设具有很突出的现实性和针对性，要深入实际解决问题。有些问题即使一时无法彻底解决，也要尽量考虑不要成为下一阶段发展的障碍。20世纪70年代在深圳机场筹建时，曾决定建在深圳湾畔、紧靠深圳大学，后因规划专家的据理力争，才改回原规划选址，即现今城市西部，珠江出海口的一侧，这一选择充分考虑了城市长远发展以及尽量减少机场对周围环境的干扰，避免了由于选址不当带来的无法估量的影响。

16.2 城市构成及其演化

16.2.1 城市的物质构成及其演化

16.2.1.1 城市的物质构成

城市的物质构成可以分为两种领域。公共领域指社会公众所共享的那部分物质环境，主要是公共设施（如公共绿地、公立的医院和学院等）和基础设施，通常是公共投资和开发的范畴。非公共领域指社会个体所占用的那部分物质环境（如办公、商业、工业和居住等各种楼宇），一般是非公共投资和开发的范畴。

在城市物质环境中，公共领域的开发起着主导作用，为非公共领域的开发既提供了可能性也规定了约束性。因此，在城市发展过程中，物质环境的公共领域和非公共领域的开发在时间上和空间上都应该保持协调关系。

16.2.1.2　城市物质环境的演化

城市物质环境的演化与城市发展的周期有关。

城市生长期：人口迅速膨胀和产业急剧扩大，新开发是满足空间需求的主要方式，城市物质环境的演化以向外扩展为主。

城市发展期：人口增长变缓或者停止，有时甚至有所减少，但收入水平的提高和闲暇时间的增多使城市居民对居住和商业、文化、娱乐设施有更高的要求。另外，历史上形成的物质环境即使在数量上可能满足经济和社会活动的要求，但在质量上往往已经不合时宜。

城市成熟期：尽管新开发仍有发生，但城市物质环境的功能失调和物质老化的问题日益突出，再开发成为满足空间需求的主要方式，城市物质环境的演化以内部重组为主。

在第二次世界大战以后，工业化和城市化较早的西方发达国家都经历了城市更新，以解决城市物质环境越来越不适应经济和社会发展的问题。出现"反城市化"和"城市中心衰败"等现象，促进了"城市复兴"运动（图16-2）。

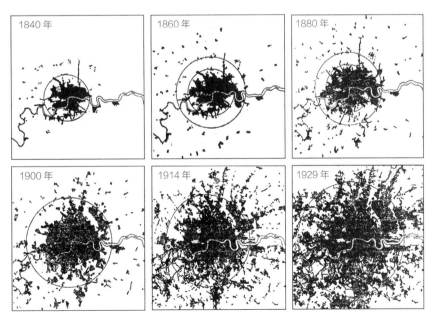

图 16-2　大伦敦的城市扩张

资料来源：伊利尔·沙里宁.城市：它的发展 衰败与未来 [M].北京：中国建筑工业出版社，1986.

我国刚刚跨越了城市化的初级阶段，大部分城市还处于生长期。但是，有些老城市已经出现大规模的城市更新，进入了新开发和再开发并重的时期（图16-3、图16-4）。

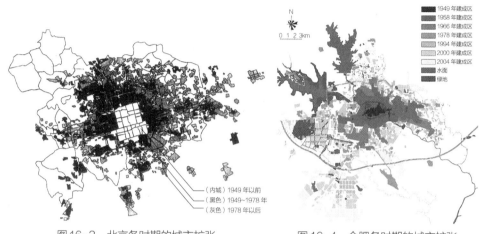

图16-3　北京各时期的城市扩张　　　　图16-4　合肥各时期的城市扩张

16.2.2　城市的社会构成及其演化

16.2.2.1　城市社会结构

社会结构是社会分工造成的社会结合的组织形式和功能（迪尔凯姆）。社会结构的载体或基本单位是个人、社会群体（家庭、邻里、工作群体等）与社会组织、阶级、阶层、社区。

16.2.2.2　城市社会分层

划分标准：韦伯的社会层次划分的三重标准，即财富（Wealth）——经济标准；威望（Prestige）——社会标准；权力（Power）——政治标准。

社会阶层：富裕阶层、中产阶层、贫困阶层。

分层结构：金字塔形、橄榄形（图16-5）。

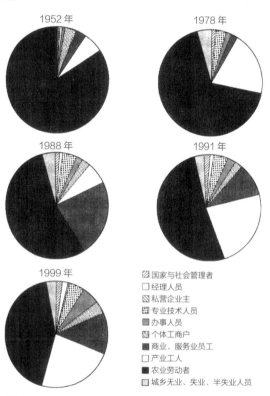

图16-5　1952~1999年若干年份中国社会阶层结构变迁示意

16.2.2.3 城市社会的异质性

作为人类聚居的空间形态，城市社会与乡村社会的本质区别表现在城市社会的异质性远远高于乡村社会。社会学家把城市社会特有的生活方式称作城市性。

现代城市的生活方式以复杂的劳动分工为特征，由此产生的社会关系不是以首属联系而是以次属联系为主导的[1]。在城市社会中，人们彼此之间是作为高度分化的社会角色相遇的。换言之，城市居民在判识他人时，更多地考虑他人的社会角色。因此，城市社会的人际关系是以社会分工为基础的。在乡村社会，村落是以地缘关系把不同家族组合起来的生活共同体。地缘关系和乡土意识是十分重要的社会认同基础。

16.2.2.4 城市社会空间分异

城市社会的异质性往往表现出空间分布的特征，即不同经济、社会背景的社群聚居在城市的不同地区（图16-6~图16-8）。

16.2.3 城市的产业构成及其演化趋势

16.2.3.1 经济活动的三大产业分类

英国经济学家费希尔（1935年首先提出）和克拉克将经济活动分为三种部类，产品直

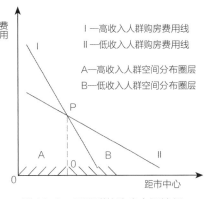

图16-6 不同群体购房空间特征

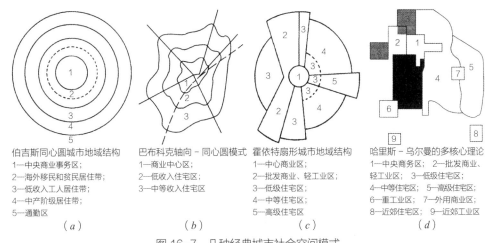

图16-7 几种经典城市社会空间模式

（a）同心圆模式；（b）轴向—同心圆模式；（c）扇形模式；（d）多核心模式

---

[1] 首属群体与次属群体。这里引用的是社会学中与首属群体相对应的概念。首属群体是由少数人组成的，他们在一个比较长的时期内，在亲密的、面对面的基础上发生相互作用。群体成员彼此相识，无拘无束地发生相互作用。例如，家庭、由朋友和同伴组成的集团和小社区都是首属群体。次属群体由许多人组成，他们完全是暂时的、彼此可以不知姓名的和非个人的基础上发生相互作用。群体成员或是彼此之间素不相识，或是至多只知道对方的某些正式角色，却并不了解对方的全部为人。次属群体通常是为着特定的目标而建立起来的，人们对次属群体往往不像对首属群体那样有着感情上的联系。

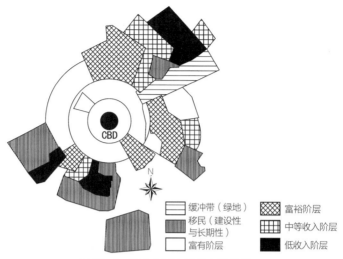

图 16-8　南京市城市居住空间分异

接来源于自然界的部类称为第一产业，对初级产品进行再加工的部类称为第二产业，为生产和消费提供服务的部类称为第三产业。这样的产业分类已为世界各国所采用，尽管各个产业的内部构成有所不同。

16.2.3.2　城市产业的基本部类和非基本部类

城市产业可以分为基本部类和非基本部类，城市产业的基本部类是城市发展的动力，基本部类带动非基本部类的发展被称为乘数效应。

城市产业的基本部类和非基本部类之间存在一种比例关系，通常用就业人数的比例来表示。根据城市产业的基本部类的就业人数来推算非基本部类的就业人数，然后再根据城市的总就业人口来推算城市的总人口数。

16.2.3.3　城市产业结构与城市发展

城市产业结构指城市第一、二、三产业之间的比例关系，其中包括每个产业中部门行业的组成及其关系，及部门结构关系。

美国社会学家贝尔将人类社会的演进过程划分为前工业社会、工业社会和后工业社会三个历史时期，经济结构分别以第一产业、第二产业和第三产业为主导。研究表明，经济发达国家已经进入后工业社会，第三产业成为经济结构的主导部分（表 16-1）。

16.2.3.4　城市产业结构演进规律

1. 高级化规律

横向高级化：各产业内趋向高增值化目标。

纵向高级化：三类产业的渐次升级，产业结构总体迁升发生质变；后续产业（第四、五产业）的独立化。

2. 扩散化规律

地域差异性——地域趋同化。

产业结构与城市发展关系　　　　　　　　　　表 16-1

特征 \ 阶段		前工业化阶段	工业化阶段			后工业化阶段
			早期	成熟期	后期	
从业人数比例（%）	第一产业	>80%	由 80% 降至 50%	由 50% 降至 20%	由 20% 降至 10%	<10%
	第二产业	<20%	由 20% 升至 40%	50% 左右	由 50% 降至 25%	<25%
	第三产业	<10%	由 10% 升至 20%	由 20% 升至 40%	由 40% 升至 70%	>70%
非农人口 / 总人口（%）		<20%	由 20% 升至 30%	由 30% 升至 50%	由 50% 升至 70%	>70%

3. 物耗趋低化规律

产业高级化——对原材料、能源、资源的依赖程度降低。

16.2.3.5　现代城市产业特点

城市第一产业：城郊农业（初级阶段）——都市农业（Urban Agriculture）（高级阶段）。

城市第二产业：高级化：传统加工业——高新技术产业。

城市第三产业：消费者服务业——生产者服务业。

城市第四产业：信息经济——信息产业化。

城市第五产业：文化产业化。

16.3　城市空间结构与形态

16.3.1　城市空间发展

16.3.1.1　城市空间概念

"一切存在的基本形式是空间和时间"（恩格斯）。空间是城市存在的基本形式，是城市各项经济活动在一定地域范围内的实施，是城市中各种人类活动与功能组织在城市地域上的投影，是经济空间、社会空间、物质空间等的综合体现（图 16-9）。

16.3.1.2　城市空间内涵

一般从三个方面来表现：

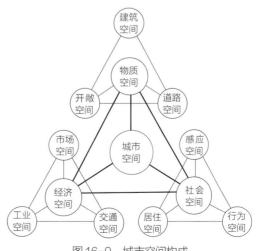

图 16-9　城市空间构成

密度：人口密度（居住密度、就业密度）；资本密度（土地利用强度：从市中心向外围递减）。

布局：各要素的空间分布；各功能用地的比例。

城市形态：是城市空间布局和城市空间结构的整体形式，是城市内部密度和空间布局的综合反映，是城市三维形状和外观的表现。

16.3.1.3　城市空间发展的动力因素

1. 经济推动力

经济发展推动力对城市空间发展的影响可以概括为空间规模扩张力、空间结构优化力和拓展方式决定力。

空间规模扩张力——经济增长推动了城市空间扩张。经济增长表现为产业规模的增长，一方面需要更多的城市用地作为空间载体，另一方面也带来人口就业的增加，从而导致人口规模增长。

空间结构优化力——产业结构调整导致城市空间结构重组。主城区内二产用地减少、三产用地增加，主城区外围组团二产用地显著增加，主城区服务性功能强化，主城区外围向工业产业为主导职能的新城转化。

拓展方式决定力——工业化水平导致城市的内聚型发展。我国大部分大城市正处于工业化中期，都市发展区初步形成，受工业化水平影响，现阶段城市内聚型发展仍占主导，即仍处于资源要素聚集发展阶段，城市区域化表现为"大集中、小分散"的态势，即在区域层面表现为向都市发展区集中，但在都市发展区内部，则表现为外围组团扩散趋势加剧。

2. 政府调控力

政府对城市空间发展的调控可分为空间发展促动力、空间发展导向力和空间规划控制力。

空间发展促动力——公共投资带动城市空间拓展。政府通过多渠道的投融资，推进城市交通、市政公用、重大公共设施建设，在客观上引领着城市空间成长的方向。

空间发展导向力——各级各类开发区建设的政策导向促进了城市外围组团的聚集。政府设立各级各类开发区，通过提供政策优惠和基础设施优先投资，促进了城市在特定地域的快速发展。

空间规划控制力——城市规划引导城市外围组团集聚发展。空间规划控制力是指政府利用城市规划工具，有意识、主动地干扰城市空间生长的力量。

3. 市民制约力

居住用地开发是城市空间外延拓展的主要影响之一，广大市民采取用脚投票的方式选择住房，居民的择居意向对城市空间发展也有一定的约束作用。如武汉城市空间发展由"临江"转向以"滨湖"为主，居民的滨湖择居偏好也起着很重要作用。

4. 环境支撑力

环境支撑力主要体现在两方面：一方面是空间发展的承载力，即自然环境对城市发展的承载容量；另一方面是空间形态的塑造力，即城市所在区域的生态基底，对城市空间发展形态的塑造起着重要的基础作用。

16.3.2 城市空间结构

城市空间结构有时被简称为城市结构（Urban Stnicture），城市空间结构作为城市存在的理性抽象，虽然难以被直接触摸，然而它内蕴有城市各项实质的与非实质的要素在功能上与时空上的有机联系，正是这种关系的作用，引导或制约着城市的发展。所以丹下健三曾说："我们相信，不引入结构这个概念，就不可能理解一座建筑、一组建筑群，尤其是不能理解城市空间。"

所谓城市结构，就其广义来说，除了由城市物质设施所构成的显性结构，还包含诸如城市的社会结构、经济结构和生态结构等在内的、具有相对隐性的结构内容。虽说所有这些结构内容各自有着不同的形成过程和变动水平，然而它们均以一定的组织方式相互支撑并推动着城市的运转。城市空间结构是城市经济结构、社会结构、自然条件在空间上的投影，是城市经济、社会存在和发展的空间形式，表现了城市各物质要素在空间范围内的分布特征和组合关系。城市空间结构是由城市社会、经济活动上的分化带动空间上的分化造成的。

16.3.3 城市布局形态

城市空间结构的集中发展和分散发展始终是两种重要力量。已有的各种理想城市形态也都可以回归到这两种基本发展模式。有关城市布局形态出现过许多类型的研究，综合不同的研究成果，按照城市的用地形态和道路骨架形式，可以大体上归纳为集中和分散两大类。

16.3.3.1 集中式布局的城市

所谓集中式的城市布局，就是城市各项主要用地集中成片布置。其优点是便于设置较为完善的生活服务设施，城市各项用地紧凑、节约，有利于保证经济活动联系的效率和方便居民生活。一般情况下，鼓励中小城市集中发展，此类城市在布局中需要处理近期和远期的关系，规划布局要有弹性，为远期发展留有余地，避免虽然近期紧凑，但远期出现功能混杂和干扰的现象。

1. 网格状

网格状城市是最为常见和传统的空间布局模式，由相互垂直的道路网构成，城市形态规整，易于适应各类建筑物的布置，但如果处理得不好，也易导致布局上的单调。这种城市形态一般容易在没有外围限制条件的平原地区形成，不适于地形复杂地区。这一形态能够适应城市向各个方向上扩展，更适合于汽车交通的发展。由于路网具有均等性，各地区的可达性相似，因此不易于形成显著的、集中的中心区。主要案例城市如洛杉矶（Los Angeles）、密尔顿·凯恩斯（Milton-Keynes）等。华盛顿（Washington）在网格状路网的基础上，增加了放射形路网，可视作这一形态的改进型。

2. 环形放射状

环形放射状是大中城市比较常见的城市形态，由放射形和环形的道路网组成，城市交通的通达性较好，有很强的向心紧凑发展的趋势，往往具有高密度、展示性、富有生命力的市中心。这类形态的城市易于利用放射道路组织城市的轴线系统和景观，但最大的问题在于有可能造成市中心的拥挤和过度集聚，同时用地规整性较差，不利于建筑的布置。这种形态一般不适于小城市。主要案例城市如北京（见北京市人民政府公示文件《北京城市总体规划（2016年—2035年）》：附件2-市域空间结构规划图^①、巴黎等（图16-10）。

16.3.3.2 分散式布局的城市

这种类型的布局形态最主要的特征是城市空间呈现非集聚的分布方式，包括组团状、带状、星状、环状、卫星状、多中心与组群城市等多种形态。

1. 组团状

组团状形态的城市是指一个城市分成若干块不连续的城市用地，每块用地之间被农田、山地、较宽的河流、大片的森林等分割。这类城市的规划布局可根据用地条件灵活编制，比较好处理城市发展的近、远期关系，容易接近自然，并使各项用地各得其所。关键是要处理好集中与分散的"度"，既要合理分工，加强联系，又要在各个组团内形成一定规模，使功能和性质相近的部门相对集中，分块布置。组团之间必须有便捷的交通联系。

2. 带状（线状）

带状形态的城市大多是由于受地形的限制和影响，城市被限定在一个狭长的地域空间内，沿着一条主要交通轴线两侧呈长向发展，平面景观和交通流

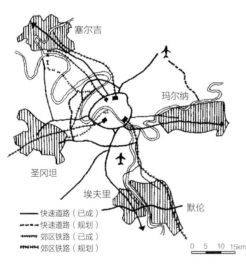

图16-10 大巴黎地区城市布局形态

资料来源：黄亚平.城市空间理论与空间分析[M].南京：东南大学出版社，2002：139.

向的方向性较强。这种城市的空间组织有一定优势，但规模应有一定的限制，不宜过长，否则交通物耗过大，必须发展平行于主交通轴的交通线。主要案例城市如深圳、兰州等（图 16-11）。

3. 星状（指状）

星状形态的城市通常是从城市的核心地区出发，沿多条交通走廊定向向外扩张形成的空间形态，发展走廊之间保留大量的非建设用地。这种形态可以看成在环形放射城市的基础上叠加多个线形城市形成的发展形态。放射状、大运量公共交通系统的建立对这一形态的形成具有重要影响，加强对发展走廊非建设用地的控制是保证这种发展形态的重要条件。主要案例城市如哥本哈根（Copenhagen）等（图 16-12）。

4. 环状

环状形态的城市一般围绕着湖泊、山体、农田等核心要素呈环状发展。在结构上可看成是带状城市在特定情况下首尾相接的发展结果。与带状城市相比，由于形成闭合的环状形态，各功能区之间的联系较为方便。由于环形的中心部分以自然空间为主，可为城市创造优美的景观和良好的生态环境条件。但除非有特定的自然条件限制或严格的控制措施，否则城市用地向环状的中心扩展的压力极大。主要案例城市如新加坡、浙江台州、荷兰兰斯塔德地区（Randstad）等。

荷兰的兰斯塔德地区，也被称为绿心（Green Heart）地区，是由阿姆斯特丹、鹿特丹、海牙和乌特勒支等共同组成的城市地区。位于莱茵河口的鹿特丹是重要的商业和重工业中心，其货物吞吐量曾长期位居世界第一。阿姆斯特丹是荷兰的首都和经济、文化、金融中心，海牙是国际事务和外交活动中心，乌特勒支是重要的交通运输枢纽城市。四个主要城市之间相距在 60km 范围以内，这些城市共同组成了

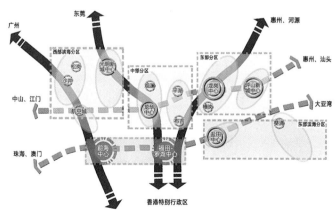

图 16-11　《深圳城市总体规划（2010—2020）》——带状组团城市
空间结构示意

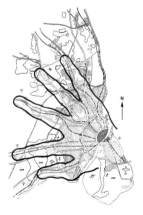

图 16-12　大哥本哈根的
"指状规划"

资料来源：黄亚平. 城市空间
理论与空间分析 [M]. 南京：
东南大学出版社，2002：139.

职能分工明确、专业化特点明显、相互关系密切的多中心的城镇群体。在这个城镇群体的中心是绿心，是荷兰精细农业和畜牧业最为发达的地区，也是周边城市群的游憩缓冲区。这一地区独特的空间形态源于其自然地理条件，但也是长期的规划控制的结果。

5. 卫星状

卫星状形态的城市一般是以大城市或特大城市为中心，在其周围发展若干小城市而形成的城市形态。一般而言，中心城市有极强的支配性。而外围小城市具有相对独立性，但与中心城市在生产、工作和文化、生活等方面都有非常密切的联系。这种形态基本上是霍华德的田园城市和恩温的卫星城理论提出的城市空间形式，这种形态有利于在大城市及大城市周围的广阔腹地内，形成人口和生产力的均衡分布，但在其形成阶段往往受自然条件、资源情况、建设条件、城镇形状以及中心城市发展水平与阶段的影响。

实践证明，为控制大城市的规模，疏散中心城市的部分人口和产业，有意识地建设远郊卫星城是有一定效果的。但卫星城的建设仍要审慎研究卫星城的现有基础、发展规模、配套设施以及与中心城市的交通联系等问题，否则效果可能并不理想。主要案例城市如伦敦、上海（见上海市人民政府公示文件《上海市城市总体规划（2017—2035 年）》：图集 – 图 4-5 上海市域空间结构图 [①] ）等。

6. 多中心与组群城市

这种空间形态是城市在多种方向上不断蔓延发展的结果。多个不同片区或组团在一定的条件下独自发展，逐步形成不同的多样化的焦点和中心以及轴线。这种空间形态的典型城市如底特律、洛杉矶等。而在一些城镇密集地区呈现更加明显的组群化发展的特征，如日本的京阪神地区，以大阪为中心，在大阪湾东北沿岸半径50km，呈新月形的区域，包括京都、神户和历史古都奈良等城市在内构成的大阪都市圈，人口达 1700 万人。随着关西国际航空港、关西文化学术研究城市、大阪湾跨地区开发等重大项目的建成，在上述城市相互连接的轴心上，组成了人口、产业、文化等高度集中的多中心网络型的都市圈结构，以建成国际交流的中枢城市为目标，激发城市活力，创造良好的城市环境。

城市在不同的发展阶段，用地扩展形态和空间结构类型可能会不一样。一般规律是，早期城市是集中式，连片地向郊区拓展。当城市再扩大或遇到"障碍"时，往往又以分散的"组团式"发展。其后，由于发展能力加强，各组团彼此吸引，城市又趋集中。最后，城市规模太大需要控制时，又不得不以分散的方式，在其远郊发展卫星城或新城。当然，有些组团式城市由于自然阻隔和人为控制，不以集中的

---

① 见上海市人民政府网站：http://www.shanghai.gov.cn/nw2314/nw32419/nw42806/?jecjeknglfkfcbie?mohlnohlfknopphd。

方式发展，而是各自发展成小城镇或城区，形成组群式城市形态。

选择合理的城市发展形态，需要考虑城市所处发展阶段的特点。英国规划学者霍尔在总结欧洲城市发展经验时认为，以绿环控制城市扩张，在外围建设新城的伦敦和指状发展的哥本哈根是两种典型的形态，而绿带模式适用于人口比较稳定的城市，对于人口迅速增长的城市，主张采用线形扩展和楔形绿地的形式，将更具发展的弹性。

16.4 城市总体布局

16.4.1 城市总体布局的基本原则

城市总体布局应体现前瞻性、综合性和可操作性，紧密结合我国城镇化发展的基本方针，即坚持走中国特色的城镇化道路，按照循序渐进、节约土地、集约发展、合理布局的基本要求，努力促进资源节约、环境友好、经济高效、社会和谐的城镇发展新格局。一般要考虑以下几个方面的基本要求。

16.4.1.1 区域统筹、整体谋划

1. 增强区域整体发展观念

城市总体布局的形式与发展取决于城市所在地域的自然环境、工农业生态、交通运输、动力能源和科技发展水平等因素，同时也必然受到国家政治、经济、科学技术等发展阶段与政策的作用。城市总体布局必须从区域整体发展出发，坚持以人为本，为城市居民服务的宗旨，加速城市的社会发展和经济发展，取得社会效益、经济效益和环境效益的统一。

2. 把握影响城市与区域整体性发展的因素

把握区域空间演化的整体态势。在发达地区已经出现了城市群、大都市连绵区等多种形式的空间模式，呈现空间扩展、经济联系、交通组织一体化的态势。而在欠发达地区，具有城镇化水平低，城镇规模小、功能弱、基础设施不健全等特点。

分析区域性产业结构调整和产业布局的影响。区域性产业结构调整和转型的重点在于城市功能的转变。对于一个区域经济中心的城市，应将产业结构的高级化作为主要方向，推动区域经济整体发展。对于一般城市，根据自身的条件，调整和完善城市产业结构，明确具有竞争能力又富有效益的产业，也就是发展优势较高的产业，并在规划布局中为之提供积极发展的条件。

区域性生态资源条件的影响。区域不仅是促进经济增长、建立新经济秩序的地理单元，更是生态与环境永续发展的基本单位。良好城市环境的创造和生态环境的永续发展必须基于区域的尺度寻求解决的方案和对策。

区域性重大基础设施建设影响。一方面应加强对支撑城市发展的战略性基础设施的研究，例如上海提出国际性中心城市和航运城市的目标，浦东国际机场及洋山

深水港的建设是支撑上海城市功能建设的战略性基础设施，需要研究机场周边和临港地区布局与城市整体发展的关系。另一方面，重视新的区域性重大基础设施项目的建设对城市布局形态可能产生的影响，如浙江的杭州湾大桥建设对嘉兴和宁波地区的发展会产生新的影响。

3. 促进城乡融合，建立合理的城乡空间体系

在城镇化进程中，应注重实现城市现代化和农村产业化同步发展。在发展大中城市的同时，有计划地积极发展小城镇，通过建立合理的城乡空间体系，以市（县）域土地资源合理利用规划和城镇体系布局为重点，通过各级城镇作用的充分发挥，推动实现农村现代化，使城乡逐步融合，共同繁荣。

经济发达地区农村的用地空间正面临着重大改组，具体表现为三大用地的重构，工业向园区集中，居住向集镇集中，耕地向农场集中，即"三集中"模式。通过一系列政策导向和经济手段，引导分散于农村地区的工业企业向工业园区集中，以发挥工业经济的规模效应，减少不必要的重复建设，也利于对工业污染进行集中治理。村镇建设是实现有序城镇化的重要环节，对历史遗留村落数量大、规模小、布局过于分散的现象，实行村镇结构的重新组合，促进村镇空间布局的相对集中，以达到节约土地资源的目的，减少居住点内市政基础设施的配套费用。此外，还要改变城镇建成区与农业用地交叉混杂的布置方式，使农业用地相对集中，实现农业的规模化和集约化经营。

16.4.1.2　节约紧凑、强化结构

1. 集中紧凑，节约用地

城市总体布局在充分发挥城市正常功能的前提下，应尽量使布局集中紧凑，不仅可以节约用地，缩短各类工程管线和道路的长度，节约城市建设投资，有利于城市运营，方便城市管理，而且可以减少居民上下班的出行路程和时间消耗，减轻城市交通压力。城市总体布局能否集中紧凑是检验规划是否经济合理的重要标志。当然集中的程度、紧凑的密度，应视城市性质、规模和城市自然环境等条件而定。此外，城市总体布局要十分珍惜有限的土地资源，尽量少占农田，不占良田，兼顾城乡，统筹安排农业用地和城市建设用地。

2. 明确重点，抓住城市建设和发展的主要矛盾

在制定城市布局方案时，要努力找出并抓住规划期内城市建设发展的主要矛盾，作为进行总体规划构思切入点。如为充分发挥城市的主要职能，对以工业生产为主的生产城市，其规划布局应从工业布局入手；交通枢纽城市则应以有关交通运输的用地安排为重点；风景旅游城市应先考虑风景游览用地和旅游设施的布局。不过，城市往往是多职能的，因此要在综合分析基础上，分清主次，抓住主要矛盾，进而促进各组成要素的有序布局。

3. 规划结构清晰，内外交通便捷

城市规划用地结构清晰是城市用地功能组织合理的一个标志，要求城市各主要用地功能明确，各用地间相互协调，同时有安全便捷的联系。需要根据城市各组成要素布局的总体构思，明确城市主、次要发展内容，明确用地的发展方向及相互关系，在此基础上确定城市规划结构，为城市的各主要组成部分用地的合理组织和协调提供框架，并规划出清晰的道路骨架，从而在综合平衡的基础上，把城市组织成一个有机的整体。

城市总体布局要充分利用自然地形、江河水系、城市道路、绿地林带等空间来划分功能明确、面积适当的各功能用地，在明确道路系统分工的基础上促进城市交通的高效率，并使城市道路与对外交通设施和城市各组成要素之间均保持便捷的联系。

16.4.1.3　近远结合、弹性生长

1. 近期建设与远期发展相结合

城市远期规划要坚持从现实出发，同时，城市近期建设规划也必须以城市远期规划为指导，以使方向明确，否则近期建设规划将是盲目的，甚至可能造成城市布局混乱而影响到远期规划目标的实现。城市近期建设要坚持紧凑、经济、现实，由内向外，由近及远，成片发展，并在各规划期内保持城市总体布局的相对完整性。合理确定近期建设的项目，对于发挥城市用地功效、节省投资是极为重要的。

2. 旧区与新区发展的兼顾

城市总体布局要把城市现状要素有机地组织进来，既要充分利用现有物质基础发展新区，又要能为逐步调整或改造旧区创造条件，这对于加快城市建设，节约城市建设用地与投资均十分重要。在旧城更新中要防止两种倾向，其一是片面强调改造，过早大拆大迁，其结果就可能使城市原有建筑风貌和文物古迹受损；其二是片面强调利用，完全迁就现状，其结果必然会使旧城区不合理的布局长期得不到调整，甚至阻碍城市的发展。

3. 注重发展弹性

城市的建设和发展总有一些预见不到的变化。在规划布局中需要留有发展余地，或者留有足够的"弹性"。所谓弹性即城市总体布局中的各组成部分对外界变化的适应能力。特别是对于经济发展的速度调整、科学技术的新发展、政策措施的修正和变更，城市总体布局都要有足够的应变能力和适应性。

规划布局中某些合理的设想，在眼前或一时实施有困难，就要通过规划管理严加控制，等待适当的时机，留有实现的可能性。例如湖南长沙的铁路客站向城东搬迁、江苏无锡的大运河向城南重新开拓、重庆新机场用地的长期控制等，这些都是早在二三十年前提出的设想，经过长期的用地管理与控制，后来如愿实现，为提高交通运输效率、促进旧城改造与新区发展和后来城市总体布局趋向合理创造了有利条件。

16.4.1.4　保护环境、突出特色

1. 以生态与环境资源作为城市发展的前提

生态与环境资源的承载力不仅影响城市规模，也是影响城市布局形态的重要因素。在城市总体布局中，强化增长边界，控制无序蔓延，要十分注意保护城市地区范围内的生态环境，力求避免或减少由于城市开发建设而带来的自然环境的生态失衡。严格按照环境要求和标准选择城市水源地、污染物排放及垃圾处理场地的位置，防止天然水体和地下水源遭受污染。

2. 保护环境，营造和谐的城市空间

城市总体布局要有利于城市生态环境的保护与改善，创造优美的城市空间景观，提高城市的生活质量。慎重安排污染严重的工厂企业的位置，在居住区与工业区、对外交通设施之间设置防护林带。注意加强城市绿化建设，尽可能将原有水面、森林、绿地有机地组织到城市中来，因地制宜地创造与自然环境和谐发展的城市环境。

3. 注重城市空间和景观的布局艺术

城市空间布局是一项艺术创造活动。城市中心布局和干道布局是体现城市布局艺术的重点。前者反映了城市意象中的节点景观，后者反映了一种通道景观。两者都是反映城市面貌和个性的重要因素，要结合城市自然条件和历史特点，注意位置的选择，运用各种城市布局艺术手段，创造出具有特色的城市中心和城市干道的艺术面貌。如陆家嘴地区利用黄浦江凸岸开阔的视野，通过整体轮廓控制，成为上海城市形象的标志。

城市轴线是组织城市空间的重要手段。通过轴线可以把城市空间布局组成一个有秩序的整体，在轴线上组织布置主要建筑群、广场和干道，使之具有严谨的空间规律关系。城市轴线本身又是城市建筑艺术的集中体现，因为在城市轴线上往往集中了城市中主要的建筑群和公共空间。城市轴线的艺术处理也是城市建筑艺术上着力描绘的精华所在，因而也最能反映出城市的性质和特色。

16.4.2　城市总体布局的内容

16.4.2.1　城市发展方向的确定

城市发展方向是指城市各项建设规模需求扩大所引起的城市空间地域扩展的主要方向。确定城市发展方向需要以用地的适用性评价为基础，对城市发展用地作出合理选择。城市用地选择就是合理地选择城市的具体位置和用地范围。对新建城市就是选定城址，对老城市则是确定城市用地的发展方向。城市用地选择的基本要求如下：

1. 选择有利的自然条件

尽量选择有利的自然条件是城市规划布局的重大原则。有利的自然条件一般是指地势较平坦，地基承载力良好，不受洪水威胁，不需花费很多的工程建设投资，并能保护城市生产生活安全等。城市建设的自然条件因素复杂，常常是各种条件相互矛盾和相互制约。如地形平坦的地段往往易被洪水淹没且地基较差，而地形起伏较大的丘陵，地基承载力则较好。因此要全面分析比较，并应估算工程措施的费用，这样才能得出合理的选择。现代技术条件下，一些不利的自然条件可以通过一定的工程改造措施加以利用，但是这些改造都必须注意经济上的合理性与工程上的可行性，要从现实的经济水平和技术能力出发，按近期和远期的规模要求来合理地选择用地。

2. 尽量少占耕地农田

保护农田是我国的基本国策，少占耕地农田是城市用地选择时必须遵循的原则。尽量利用劣地、荒地、坡地，在可能情况下，应结合工程建设造田、还田。

3. 保护自然和历史资源

城市用地选址应避开历史文物古迹、水源地、生态敏感地区、风景区及已探明有开采价值的矿藏的分布地区。对历史资源丰富的地区，必须取得文物考古部门和相关部门的协助，掌握确实可靠的科学依据，在不十分清楚的情况下，应持慎重态度。

4. 满足重大建设项目的要求

城市建设的项目和内容有主次之分。对城市发展关系重大的建设项目，应优先满足其建设的要求，在选择用地时不仅要研究这些项目本身的用地要求，还要研究它们的配套设施如水、电、运输等用地的要求，以使这些主要建设项目能迅速建成并经济地运行。

5. 要为城市合理布局和长远发展创造良好条件

城市用地选择直接关系到城市布局的合理性，需要结合城市规划的初步设想，反复分析比较。充分尊重和利用自然条件是城市合理布局的基础。若忽视自然条件的种种制约，则会造成城市发展的长期不良后果。

16.4.2.2 城市主要功能要素布局

合理组织城市用地功能是城市总体布局的核心。各种功能的城市用地之间，有的相互联系、依赖，有的相互间有干扰，存在矛盾，这就需要在城市总体布局中按照各类用地的功能要求以及相互之间的关系加以合理组织。

1. 城市居住与生活系统的布局

居住生活是城市的首要功能活动，而居住用地是承担居住功能和生活活动的场所。随着城市功能的不断拓展，城市居住的概念已远远超出了满足城市居民居住需求的范畴，提升到人居环境的层面上，在日益竞争的市场环境中，城市竞争已扩展为广义的人居环境的竞争。基于为城市居民创造良好的居住环境，不断提高生活质量，乃是"人类社区"规划的主旨之一，也是城市规划的主要目标之一。

随着对城市宜居环境和人文环境的日益重视，邻里导向、公交导向、适度就业的混合等已成为城市近年来在社区组织方面的重要原则。

2. 城市工业生产用地的布局

工业用地的组织方式与布置形式对城市活动的组织有着很大的影响。工业需要大量的劳动力并产生客货运量，对城市的主要交通的流向、流量起着决定性影响。新工业的布置和原有工业的调整，可能直接影响到城市功能结构和城市形态。许多工业在生产过程中产生大量污染，引起城市环境质量的下降和生态破坏。需要全面分析工业对城市的影响，使城市中的工业布局既能满足工业发展的要求，又有利于城市本身健康地发展。

在城市总体布局中，工业生产用地的安排需要综合考虑自身的发展要求，对城市的影响以及与居住、交通运输等各项用地之间的关系。

3. 城市公共设施系统的布局

城市公共设施是以公共利益和设施的可公共使用为基本特性。城市公共设施的内容设置与城市的职能相关联，在一定程度上反映出城市的性质、生活水平和城市的文明程度。

（1）城市公共设施系统的组成

城市公共设施的种类繁多。如按照用地分类划分为不同的功能类型；按照公共设施所属机构的性质及其服务范围，可以分为非地方性公共设施和地方性公共设施；按照其公共属性可以分为公益性设施、营利性设施等。

不同的公共设施因功能、性质、服务对象与范围的不同，对空间布局各有不同的要求。如公益性设施（包括中小学校、社区卫生医疗、文化设施等），其配置与人口规模和分布密度密切相关，具有地方性；有些公共设施则与城市的职能相关，并不完全涉及城市人口规模的大小，如旅游城市的交通、宾馆等设施，多为外来游客服务，具有非地方性；另外也有些公共设施是兼而有之，如学校、医疗设施等，既要服务城市，也要服务更大的区域范围。

公共设施具有很大的相关性和兼容性，用地分布也不是孤立的，它们与城市的其他功能用地有着配置的相宜关系，需要通过规划，加以有机组织，形成功能合理、有序、高效的布局。

（2）城市公共设施系统的组织与布局

城市公共服务设施布局需要考虑分类的系统分布和分级集聚两方面的要求。按照各项公共设施与城市其他用地的配置关系，使之各得其所。

非地方性的公共服务设施分布往往有其自身的服务区位要求。地方性的公共服务设施一般是按照用地性质，根据城市用地结构进行，分级和分类配置，按照与居民生活的密切程度确定合理的服务半径。一般分为三级：城市级包括市级商业中心、行政中心、文化中心等；居住区级，如街道办事处、派出所、街道医院等；社区级，如中小学、菜市场等。

不同功能类型的公共设施具有不同的布局特点。商业、服务业、娱乐业等一般以中心地方式布局，形成中央商务区（CBD）、分区中心、居住区中心、小区中心等，也会形成一些其他形式，如商业一条街、购物中心等。

大专院校、科研机构用地布局较为多样。一些新建的大学占地大，往往布置在城区边缘；科研机构和专科学校，常常与生产性机构相结合，形成一定的专业化地区。科技园区（高新技术园区）与综合性大学相毗邻，利于相互促进、共同发展。

大型体育设施一般应均匀布置在城市中心区外围或边缘，需要有良好的交通疏解条件。而服务居民的体育、文化设施，常与居住用地、公建中心相结合，构成社区级公共活动中心。

医疗卫生设施根据不同的级别和服务范围，均匀布置在城区。有些小城市担负着为较大地区服务的职能（如县城），应在长途汽车站、火车站等附近增加一些医疗设施。

城市公共设施的系统布置与组合形态是城市布局结构的重要构成要素和形态表现。同时，由于城市公共设施的多样性，中心区往往形成丰富城市的景观环境，成为展示城市形象特征的重点。

城市公共设施的分布与城市布局的结构形态存在着对应的组构关系。通常应根据城市的功能与用地构成，拟定公共设施的级别和设置指标。如果城市是分散布局，形成了多个相对独立的地域单元，例如在由多个矿点组成的矿区城市或是特定自然条件形成的带形、链形城市等，为保证各单位利用公共设施的方便性与齐备性，在设置门类数量以及公共设施总量指标上，可能较之城市集中布局的形式多而高。

4.城市道路交通系统的布局

（1）城市道路系统的架构

按交通性质和交通速度划分城市道路的类别，形成城市道路交通体系。在城市总体布局中，城市道路与交通体系规划占有特别重要的地位，必须与城市工业区和居住区等功能区的分布相关联，同时又必须遵循现代交通运输对城市本身以及对道路系统的要求，即按各种道路交通性质和交通速度，对城市道路按其从属关系合理划分类别和等级。

（2）对外交通设施与城市布局的关系

对外交通是以城市为基点与城市外部进行联系的各类交通运输的总称，包括铁路、航运、航空、公路运输等。对外交通对城市形成和发展有重要的影响，相应的对外交通设施也是决定城市布局的重要因素。

（3）交通联运和交通枢纽地区的综合开发

交通联运是提高交通运输效率的重要手段。促进不同交通系统之间的有效衔接是道路交通布局的一项重要原则，包括不同运输方式之间、内外交通之间、枢纽节点与网络之间的有效衔接。多种交通方式和线路的汇聚将会促进交通枢纽的形成，并带来周边综合开发的需求。

5. 城市绿地与开敞空间系统的布局

（1）城市绿地系统的组织

城市绿地是城市用地的组成部分，也是城市自然环境的构成要素。城市绿地系统要结合用地自然条件分析，有机组织，同时城市绿地指标的确定要结合城市的用地条件，考虑居民的需求，合理而有效地组织，一般遵循以下原则：

因地制宜，结合河湖山川自然环境。绿地是改善城市环境、调节小气候和构成休憩游乐场所的重要空间，应均衡分布在城市各功能组成要素之中，并尽可能与郊区大片绿地（或农田）相连接，与江河湖海水系相联系，形成较为完整的城市绿地体系，构筑城乡一体的生态绿化环境，充分发挥绿地在总体布局中的功能作用。

均衡分布，有机构成城市绿地系统。绿地要适应不同人群的需要，分布要兼顾共享、均衡和就近分布等原则。居民的休息与游乐场所，包括各种公共绿地、文化娱乐和体育设施等，应合理地分散组织在城市中，最大程度地方便居民使用。在城市总体布局中，既要考虑在市区（或居住区）内设置供居民休憩与游乐的场所，也要考虑在市郊独立地段建立营地或设施，以满足城市居民的短期（如节假日、双休日等）休憩与游乐活动。布置在市郊的多为森林公园、风景名胜区、夏令营地和大型游乐场等。

（2）城市开敞空间系统的布局方式

城市的绿地、公园、道路广场以及周边的自然空间共同组成了城市开敞空间系统。开敞空间不仅是城市空间的组成部分，也要从生态、叔叔的、教育、社会以及文化等多方面加以评价。20世纪90年代，伦敦提出将建立开敞空间系统作为一个绿色战略（Green Strategy），而不仅是一个公园体系。

城市开敞空间体系的具体布局方式有多种形式，如绿心、走廊、网状、楔形、环状等（图16-13、图16-14）。

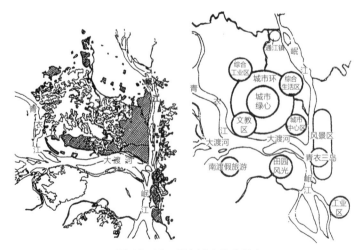

图 16-13　乐山城市生态绿心

资料来源：李德华．城市规划原理 [M]．3 版．北京：中国建筑工业出版社，2001：256.

如德国科隆的环状加放射状结合的开敞空间系统；大伦敦绿环内的开敞空间系统；印度昌迪加尔城规划方案中，通过方格路网和宽窄变化的公园网络组成相互叠合的网络结构（图16-15）。

16.4.2.3　城市整体结构的控制

在总体布局过程中，不仅要合理选择城市发展方向，处理好不同功能要素的分布关系，还应从整体的角度，研究城市整体结构的组织原则，以下几个方面是城市整体结构控制的重点。

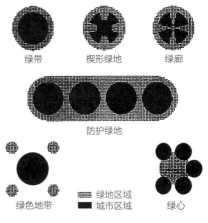

图16-14　绿地规划的类型学分析

1. 土地使用与交通系统的整合

建立起城市空间形态与交通组织相匹配的关系是城市结构控制的首要原则。近年来城市开发过程中普遍受到重视的交通导向模式（TOD）就是从这一原则提出的。英国规划师汤姆逊（J. M. Thomson）在《城市布局与交通规划》一书中，调查研究了世界上三十多个大城市，认为一个城市的结构，除受到地理上的约束外，大部分主要是由交通的相对可达性决定的，并总结出城市布局与交通组织的经验。

城市布局与交通网络形态密切相关，不同的交通策略会成为影响城市空间组织的重要因素，也会直接决定城市空间扩张的形式。中国的城市仍然面临大规模的空间增长和结构重组的过程，尤其是面对高密度人居环境，积极发展公共交通，将交

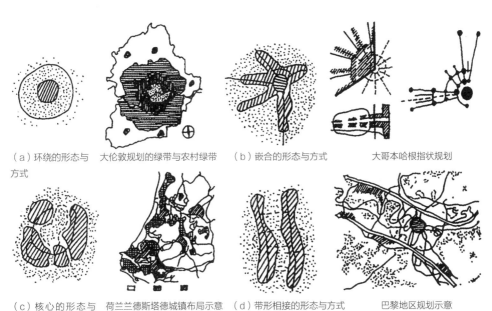

（a）环绕的形态与方式　　大伦敦规划的绿带与农村绿带　　（b）嵌合的形态与方式　　大哥本哈根指状规划

（c）核心的形态与方式　　荷兰兰德斯塔德城镇布局示意　　（d）带形相接的形态与方式　　巴黎地区规划示意

图16-15　区域开敞空间系统的四种形态方式

通策略与城市布局整合发展将是必然选择。

2. 城市分区与组合关系

城市整体结构的控制要处理好功能性分区和综合性分区的关系。功能性分区是保证整体结构清晰的重要方面，而综合性分区则有利于城市各种活动的协调和保持城市的活力。如工业区和生活区的关系，既要保证两者相对清晰的空间关系，也要保证两者的有机联系，平衡就业和居住的关系。许多单一功能的工业区，最终往往走向综合性功能的新区，如苏州新加坡工业园区在新一轮总体规划中更加注重功能的综合。

为了更有效地指导城市空间的整体发展，在城市布局中需要采取非均衡的空间开发策略，制定相应的政策性分区，在不同的发展阶段明确相应的空间发展重点，避免均质发展对整体结构造成损害。除了提出基于城市开发控制导向的分区，还应结合城市资源与生态保护要求提出保护性的政策分区。

伦敦的绿环是城市长期控制的结果和城市空间结构的特点所在，新一轮的《伦敦规划》提出"在不侵蚀开敞空间的条件下，在伦敦边界内容纳伦敦的发展"，作为未来空间结构的首要目标，同时将城市内部划分为优先增长区、机遇区等。广州在城市空间发展战略中也针对不同的空间发展方向提出"南拓、北优、东进、西联"，其目的也在于从整体方向上加强对城市空间发展的引导，形成"山、城、田、海"的山水型城市格局。

3. 城市中心体系与城市形态的关系

促进核心功能聚合，是当前应当关注的重点。城市中心或节点共同构成的中心体系在整合城市空间发展关系方面具有引领性的作用，会影响城市空间的整体组织效率，因而在城市布局控制中促进城市中心体系的聚合是非常关键的内容。

城市规模越大，城市中心体系也越复杂，对整体结构的组织作用也更重要，例如东京始终将"多极构造"中的多中心结构作为城市空间结构发展的重点。对于大城市，一般会在多中心网络基础上，形成中心体系主次结构和许多专业化的节点；对于中小城市而言，城市中心的功能则应相对集中，行政、文化、商业的集中有利于增强城市功能的影响力。

中心体系的分布形态需要与具体城市的布局形态相协调。如带形城市，一般会是多中心的组团结构，相对分散的组团状城市中心则会采用一主多辅的形式。

城市中心体系不是独立的，与交通和分区具有密切的关系。要保证中心区交通的可达性和土地使用功能的相对混合，规模更大的中心需要在外围保证有更大的发展余地。

城市在规模扩张和功能进化过程中往往会催生新的城市中心。需要分析新的城市中心的选址、功能和分布形式，促进城市中心体系功能的完善，并且最大程度地创造更好的城市生活环境。

4. 各类保护地区与城市布局的关系

保护地区包括城市已有的一些独特的自然资源地区、历史保护地区，也包括在城市布局中需要控制发展的地区。城市布局应突出这些保护地区的作用，并有机地组织到新的城市结构之中。

城市建成空间与生态保护和开放空间构成图底关系，是城市形态生成的两个方面。不能只关注城市实体空间的建设而忽略了生态开放空间的作用。杭州基于对"半城山色半城湖"自然格局的保护和强化，提出"西湖西进"，而城市向东、向南拓展，走向沿钱塘江发展。

一些历史城市在处理老城保护与新区开发方面有许多成功与失败的案例。例如北京作为我国最重要的历史文化名城，在中华人民共和国成立初期梁思成、陈占祥曾提出著名"梁陈方案"，即北京的城市发展应在古城西面另建新城，但这一方案未被采纳，最终失去了完整保护老城的机会，也使北京始终面临历史保护与城市发展之间的矛盾。平遥古城保护则吸取了我国许多历史文化名城保护的经验，选择在古城之外建设新城，从而使城市历史资源得以完整保护。

在城市布局中应将保护地区的范围和控制要求作为城市布局发展的基本条件，合理制定城市布局的基本策略，严格划定保护地的控制范围和城市空间的增长边界，并以此塑造城市空间布局的特色。如伦敦规划中将保护历史地区的空间轮廓作为未来区域发展的前提条件。

5. 空间资源配置的时序关系

在城市连续扩展过程中，需要将城市局部视作完整的系统进行规划建设，在满足城市增长需求的同时，从时空视角保持城市功能系统的合理配置关系。

从城市空间扩张方式来看，有同心圆扩张、星状扩张、带状生长、跳跃式生长等多种方式，每种方式均有其形成的原因和条件。对城市生长过程不加控制或引导往往会造成城市空间蔓延或预期的目标难以实现。

注重城市地域开发序列的衔接与过渡。处理好新发展地区与老城的关系，选择新区发展应当兼顾与老城的依托关系，充分分析城市跨越门槛的成本和条件，不切实际而一味追求新区的发展，反而会制约新区开发的进程，甚至造成新区开发的失败。同时，随着城市规模的不断扩大，尤其是对于一些大城市，城市空间的均质发展会加剧城市蔓延的趋势，需要运用综合手段促进城市定向发展，突出重点地区发展。

16.4.2.4 城市总体布局的方案比较

1. 多角度、多场景的方案比较

综合比较是城市总体布局设计的重要工作方法，在城市规划设计的各个不同阶段，都应进行方案比较。

开展方案比较要充分掌握城市发展的内部和外部因素和条件。城市发展的内部条件主要指城市自身的资源、自然条件及限制条件，如矿藏、物产、地形、地貌、用地等。在城市布局中要充分地利用与发掘这些条件。城市发展的外部条件主要指外部的环境及因素对城市发展的影响，如中小城市需要考虑邻近大城市、中心城市或区域性基础设施。还包括规划及上级部门对本城市的要求，在大区或经济区中，城市所处的地位与作用，有无新设厂矿、机构、设施，国家或地区规划、计划对城市的影响。

在掌握了方案比较的基本条件后，方案比较应围绕城市规划与建设中的主要矛盾来进行，包括城市重要功能分区的选址、城市发展方向的选择及对周边地区的影响、城市结构组织方式的差异、空间发展时序上的考虑、重大项目选址的影响等方面。

方案比较考虑的范围可以由大到小、由粗到细，分层次、分系统、分步骤地逐个解决。整个城市用地布局的方案比较，应配合各专业工程，特别是城市道路交通工程和市政建设工程等进行专项研究。既要分析影响城市总体布局的关键性问题，还要研究解决问题的方法与措施是否可行，通过比较筛选、优化综合才能得出符合客观实际，用以指导城市建设的方案。

例如，巴西于 1958 年开始建造新首都——巴西利亚，城市人口规模约为 50 万人，当时曾经过多方案比较，确定最终方案。该市经过多年的建设与经营，已基本建成。巴西利亚规划布局的基础是两条正交的轴线，成为城市的特殊象征。一条是城市中横贯东西的主轴线，布置行政、公共建筑；另一条是呈"弓"形的贯通居住区的轴线。两轴线相交处为商业、文化娱乐等公共建筑中心。铁路和高速公路从城市西侧经过，机场布置在城南，都有方便的城市干道相连接。居住区是由统一而有变化的街坊所组成，并列布置在南北干道的两侧。巴西利亚的规划，用地分工明确，功能清楚，布局合理，接近自然，也便于组织居民生活，形成宜人的生活环境，是目前世界上唯——座被联合国教科文组织列为世界文化遗产的现代城市（图 16-16、图 16-17）。

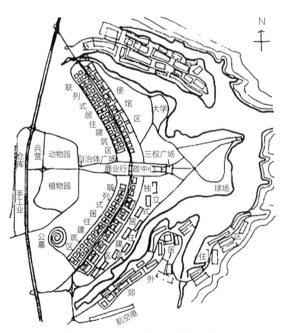

图 16-16　巴西利亚规划布局示意

资料来源：李德华. 城市规划原理 [M]. 3 版. 北京：
中国建筑工业出版社，2001：242.

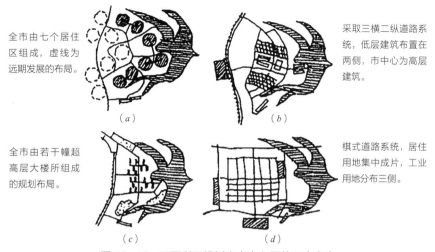

全市由七个居住区组成，虚线为远期发展的布局。

采取三横二纵道路系统，低层建筑布置在两侧，市中心为高层建筑。

全市由若干幢超高层大楼所组成的规划布局。

棋式道路系统，居住用地集中成片，工业用地分布三侧。

(a)   (b)   (c)   (d)

图 16-17 巴西利亚规划竞赛中入围的四个方案

资料来源：李德华.城市规划原理 [M].3 版.北京：中国建筑工业出版社，2001：243.

上海在城市空间研究中比较了不同空间扩张方式的可能性和相应的条件。

2. 方案比较的内容

城市总体布局方案比较的内容，通常可归纳为以下几项：

（1）自然条件与环境的适宜性

地理位置及工程地质等条件：地形、地下水位、土质承载力大小等情况。

生态与环境保护：工业"三废"及噪声等对城市的污染程度，城市用地布局与自然环境的结合情况，生态地区受到的压力等。

（2）工程条件的可行性

防洪、防震、人防等工程设施：各方案的用地是否有被洪水淹没的可能，工程方面所采取的措施，以及所需的资金和材料等。

市政工程及公用设施：给水、排水、电力、电信、供热、燃气以及其他工程设施的布置是否经济合理，包括水源地和水厂位置的选择、给水和排水管网系统的布置、污水处理及排放方案、变电站位置、高压线走廊及其长度等工程设施逐项的比较。

（3）城市布局的合理性

城市总体布局：城市用地选择与规划结构是否合理，城市各项主要用地之间的关系是否协调，在处理城市与区域、城市与农村、市区与郊区、近期与远景、新建与改建、需要与可能、局部与整体等关系中的优缺点。此外，城市总体布局中的艺术性构思，也应纳入规划结构比较的范围。

居住用地组织：居住用地的选择和位置是否恰当，分析用地布局与合理组织居住生活之间的关系，各级公共建筑的配置情况等。

生产协作：工业用地的组织形式及其在城市布局中的特点。重点工厂的位置，工厂之间在原料、动力、交通运输、厂外工程、生活区等方面的协作条件等。

交通运输：包括铁路走向与城市用地布局的关系，客运站与居住区的联系，货运站的设置及与工业区的交通联系情况；机场与城市的交通联系情况；主要跑道走向和净空等方面的技术要求；过境公路交通对城市用地布局的影响，长途汽车站、燃料库、加油站位置的选择及与城市干道的交通联系情况；城市道路系统是否明确、完善，居住区、工业区、仓储区、市中心、车站、货场、港口码头、机场以及建筑材料基地等之间的联系是否方便、安全。

（4）经济上的可行性及社会成本的比较

城市建设投资及收益：估算各方案的近期造价和总投资及可能的收益情况，综合分析经济上的可行性。

社会成本比较：是否符合区域性发展规划和政策要求，市民的接受程度，各方案用地范围和占用耕地情况，需要动迁的户数以及占地后对农村的影响，在用地布局上拟采取的补偿措施及费用要求等。

方案比较是一项复杂的工作，在方案比较中，表述上述几项内容，应尽量做到文字条理清楚，数据准确明了，分析图纸形象深刻。方案比较所能涉及的问题是多方面的，要根据各城市的具体情况有所取舍，抓住对城市发展起主要作用的因素进行评定与比较。例如，以钢铁、化工为主的工业城市不能牺牲城市生活功能、环境等因素以求得经济发展。城市整体结构的合理性在于综合优势，所以要从环境、经济、技术、艺术等方面比较方案的优缺点，经充分讨论，并综合各方意见，然后确定以某一方案为基础，在吸取其他方案的长处后，进行归纳、修改、补充和汇总，提出优化方案。优化方案确定后，再依据总体规划的要求，进一步开展布局方案、土地使用及各专项规划的深化工作。

城市环境是历史演进的产物。理想的城市环境，其标准和观念会随着社会、经济、科学、文化的发展而不断变化。要从追求"最佳方案"的思想观念中解脱出来，努力去寻求城市正确的发展方向和行之有效的实践操作方案。

16.4.2.5　城市空间布局的弹性策略（发展备用空间）

"弹性"一词源于物理学，指物体受到外力作用发生形态变化，当外力撤销后能恢复原来大小和形态的性质。也即弹性是一个系统消除干扰保持基本结构和功能的能力（P. Newan，2013）。由于城市发展条件的不确定性作为一种普遍性存在（经济、社会、环境……乃至政治、外交），城市弹性（Urban Resilience）成为当代欧美规划界的新旗帜（2013年欧美规划院校联合年会的主题）。广义的城市弹性包括经济、环境、社会三方面（张庭伟，2013）：

1.具有应对外部经济动荡的能力：多元经济结构及新的发展目标。

2. 具有应对自然外部灾害的能力：城市空间及基础设施留有余地，有复苏能力。

3. 具有应对社会变化的能力：对社区有拥有感，社会整合，自我振兴的能力。

"弹性"是对城市空间结构及形态的状态要求，即要求城市空间结构及形态具有规模可增长性、空间可储备性、生态适应性，合理安排一些城市发展备用地，为城市的可持续发展预留好发展空间。

16.5　案例

案例扫码阅读。

二维码 16-1

本章参考文献

[1]　闫学东，王江峰. 城市总体规划 [M]. 北京：北京交通大学出版社，2016.

[2]　吴志强. 城市规划原理 [M]. 4 版. 北京：中国建筑工业出版社，2010.

[3]　黄亚平. 城市空间理论与空间分析 [M]. 南京：东南大学出版社，2002.

[4]　冯艳，黄亚平. 大城市都市区簇群式空间发展及结构模式 [M]. 北京：中国建筑工业出版社，2013.

[5]　张忠国. 城市成长管理的空间策略 [M]. 南京：东南大学出版社，2006.

[6]　谢守红. 大都市区的空间组织 [M]. 北京：科学出版社，2004.

[7]　储金龙. 城市空间形态定量分析研究 [M]. 南京：东南大学出版社，2007.

[8]　段进. 城市空间发展论 [M]. 南京：江苏科学技术出版社，2000.

[9]　陈友华，赵民. 城市规划概论 [M]. 上海：上海科学技术文献出版社，2000.

[10]　孙施文. 城市规划理论 [M]. 北京：中国建筑工业出版社，2004.

[11]　张勇强. 城市空间发展自组织与城市规划 [M]. 南京：东南大学出版社，2006.

[12]　顾朝林，甄峰，张京祥. 积聚与扩散——城市空间结构新论 [M]. 南京：东南大学出版社，2000.

[13]　周春山. 城市空间结构与形态 [M]. 北京：科学出版社，2007.

[14]　方创琳，姚士谋，刘盛和，等. 中国城市群发展报告（2010）[M]. 北京：科学出版社，2011.

[15]　张勇强. 城市空间发展自组织与城市规划 [M]. 南京：东南大学出版社，2006.

[16]　方创琳，鲍超，乔标. 城市化过程与生态环境效应 [M]. 北京：科学出版社，2008.

[17]　叶必丰，周佑勇. 行政规范研究 [M]. 北京：法律出版社，2002.

[18]　武进. 中国城市形态：结构、特征及其演变 [M]. 南京：江苏科学技术出版社，1990.

[19]　丁成日. 城市规划与空间结构 [M]. 北京：中国建筑工业出版社，2005.

[20]　Bourne L S. Internal Structure of the City：Reading on Urban Form，Growth and Policy[M]. Oxford：Oxford University Press，1982.

[21]　Sassen S. Cities in a World Economy[M]. London：Pine Forge Press，1994.

[22] Brotchie J. The Future of Urban Form：the impact of new technology[M]. London：Routledge，1989.

[23] Gillham O. The Limitless City：A primer on the Urban Sprawl Debate[M]. Washington D.C：Island Press，2002.

[24] Edwin S Mills. Book Review of Urban Sprawl Cause，Consequences and Policy Response[J]. Regional Science and Urban Economics，2003（33）：251-252.

[25] Carruthers J L. The impacts of State Growth Management Programmes：A comparative Analysis[J]. Urban Studies，2002，39（11）：1959-198.

第 17 章

中心城区道路交通规划

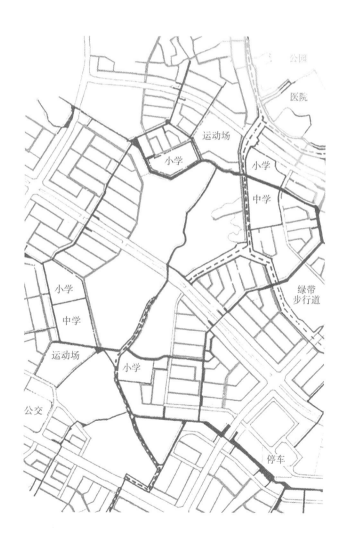

17.1 中心城区道路交通系统的建设目标与原则

解决城市交通问题是一个系统工程，既要考虑交通基础设施的科学规划与建设，也要考虑建好的交通基础设施的有效利用；既要考虑最大限度地满足交通需求，又要通过土地利用形态调整努力创造交通负荷小的城市结构，进行交通需求管理；既要考虑交通的畅通，又要考虑交通的安全；既要做好交通硬环境的建设，也要形成良好的交通软环境。

17.1.1 中心城区道路交通系统的建设目标

为建设可持续发展的交通运输系统，我们把城市交通系统的建设目标概括成三个方面，即交通功能目标、环境保护目标和资源利用目标。交通功能目标是城市交通系统的基本目标，主要包括舒适性、安全性、高效性和可达性等；环境保护目标要求城市交通行为应尽量减小对空气、声环境、生态及其他人类生活环境要素的负面影响；资源利用目标要求城市交通系统能够有效利用土地、能源、人力等资源。

若将上述建设目标以更为明确的形式表达，则可得到以下五项量化目标：

1. 最小交通需求：通过科学的城市布局和规划，使维持城市与社会的运作和发展所需的交通需求最小（或较小）。

2. 最佳服务水平：城市交通系统（包括管理制度）能够使各种交通需求得到最大限度的满足。

3. 最小资源占用：城市单位产值的交通能耗最低（或较低），城市交通系统的建设、维护、使用和管理对土地、人力资源等占用最低（或较低）。

4.最小环境影响：城市交通对人的生存环境和活动的影响和干扰最小（或较小）。

5.最小运营费用：城市交通系统的建设、维护、使用和管理费用最低（或较低）。

17.1.2　中心城区道路交通系统的规划原则

1.交通同城化——以快速路为纽带、主干路为支撑，促进中心城区同城化建设，为城镇化带动战略提供基础保障。

2.过境分流化——规划过境交通干路分流过境交通，减少对中心城区的交通干扰，提高城市道路使用效率。

3.组团独立化——各城区组团道路网规划自成体系，通过组团内对外干路实现衔接，保证中心城区组团间的高效连接。

4.交通特色化——道路网络架构要符合城市地形，要保证中心城区道路建设的经济性、集约性，提倡特色化发展。

17.2　中心城区道路交通规划的主要内容

17.2.1　城市道路系统

17.2.1.1　城市道路的功能与分类

1.城市道路的分类

（1）城市道路的功能等级

按照城市道路所承担的城市活动特征，城市道路应分为干线道路、支线道路以及联系两者的集散道路三个大类，城市快速路、主干路、次干路和支路四个中类和八个小类。不同城市应根据城市规模、空间形态和城市活动特征等因素确定城市道路类别的构成，并应符合下列规定：

干线道路应承担城市中、长距离联系交通，集散道路和支线道路共同承担城市中、长距离联系交通的集散和城市中、短距离交通的组织。

应根据城市功能的连接特征确定城市道路中类。城市道路中类划分与城市功能连接、城市用地服务的关系应符合表17-1的规定。

不同连接类型与用地服务特征所对应的城市道路功能等级　　表17-1

用地服务 连接类型	为沿线用地 服务很少	为沿线用地 服务较少	为沿线用地 服务较多	直接为沿线 用地服务
城市主要中心之间连接	快速路	主干路	—	—
城市分区（组团）间连接	快速路／主干路	主干路	主干路	—

连接类型 ＼ 用地服务	为沿线用地服务很少	为沿线用地服务较少	为沿线用地服务较多	直接为沿线用地服务
分区（组团）内连接	—	主干路 / 次干路	主干路 / 次干路	—
社区级渗透性连接	—	—	次干路 / 支路	次干路 / 支路
社区到达性连接	—	—	支路	支路

（2）城市道路小类划分应符合表17-2的规定。

城市道路功能等级划分与规划要求　　　　　　　表17-2

大类	中类	小类	功能说明	设计速度（km/h）	高峰小时服务交通量推荐（双向pcu）
干线道路	快速路	Ⅰ级快速路	为城市长距离机动车出行提供快速、高效的交通服务	80~100	3000~12000
		Ⅱ级快速路	为城市长距离机动车出行提供快速交通服务	60~80	2400~9600
	主干路	Ⅰ级主干路	为城市主要分区（组团）间的中、长距离联系交通服务	60	2400~5600
		Ⅱ级主干路	为城市分区（组团）间中长距离联系以及分区（组团）内部主要交通联系服务	50~60	1200~3600
		Ⅲ级主干路	为城市分区（组团）间联系以及分区（组团）内部中等距离交通联系提供辅助服务，为沿线用地服务较多	40~50	1000~3000
集散道路	次干路	次干路	为干线道路与支线道路的转换以及城市内中、短距离的地方性活动组织服务	30~50	300~2000
支线道路	支路	Ⅰ级支路	为短距离地方性活动组织服务	20~30	—
		Ⅱ级支路	为短距离地方性活动组织服务的街坊内道路，步行、非机动车专用路等	—	

（3）城市道路的分类与统计应符合下列规定：

1）城市快速路统计应仅包含快速路主路，快速路辅路应根据承担的交通特征，计入Ⅲ级主干路或次干路；

2）公共交通专用路应按照Ⅲ级主干路，计入统计；

3）承担城市景观展示、旅游交通组织等具有特殊功能的道路，应按其承担的交通功能分级并纳入统计；

4）Ⅱ级支路应包括可供公众使用的非市政权属的街坊内道路，根据路权情况计入步行与非机动车路网密度统计，但不计入城市道路面积统计；

5）中心城区内的公路应按照其承担的城市交通功能分级纳入城市道路统计。

（4）路网主要技术指标的建议值

就道路用地的适度规模而言，按照《城市用地分类与规划建设用地标准》GB 50137—2011，城市道路与交通设施用地占城市建设总用地的比例为10%~25%，人均道路与交通设施用地面积不应小于12m²/人。其中，人均城市道路用地面积不低于10m²/人，人均交通枢纽用地面积不低于0.2m²/人，人均交通场站用地面积不低于1.8m²/人。中心城区内道路网密度不小于8km/km²。

《城市综合交通体系规划标准》GB/T 51328—2018提出了城市道路红线宽度取值标准，详见表17-3。不同等级道路的路网密度比例关系，即城市路网的级配结构呈类似于图17-1所示的金字塔结构，要求低等级的路网密度应大于高等级的路网密度，以更好地对城市交通加以疏解。

我国《城市综合交通体系规划标准》GB/T 51328—2018
建议的城市道路红线宽度指标　　　　　　　表 17-3

道路分类	快速路（不包括辅路）		主干路			次干路	支路	
	I	II	I	II	III		I	II
双向车道数（条）	4~8	4~8	6~8	4~6	4~6	2~4	2	—
道路红线宽度（m）	25~35	25~40	40~50	40~45	40~45	20~35	14~20	—

（5）路网等级结构规划的指导原则

为了使各级道路更好地发挥各自的功能，道路等级结构规划应遵循远近分离、通达分离、快慢分离、容量调控、道路功能划分的五项基本原则。

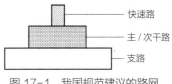

图 17-1　我国规范建议的路网密度比例

1）远近分离原则——不同距离出行者的需求

城市必须为长距离出行提供高等级道路体系（主干路、快速路）。另外，由于居民出行距离分布一般表现为近多远少的特征，大多数出行又必须经过支路体系，所以《城市综合交通体系规划标准》GB/T 51328—2018建议的路网密度随道路等级的下降而提高，其级配应当为正金字塔形。

2）通达分离原则——穿越与到达交通的需求

"通、达"应当适度分离。如图17-2所示，快

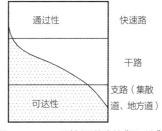

图 17-2　不同等级道路的"通、达"特性

速路以通过性为主,支路更大程度上起到"达"的作用,干路的通达性介于两者之间。因此,在路网规划中对支路的重视实际上也是通达分离原则的体现。

3)快慢分离原则——不同交通方式的需求

不同交通方式的特性不同,速度也有很大差异。合理分离不同交通方式有利于提高交通效率,道路系统应当为不同交通方式的分离提供硬件支持。

4)容量调控原则——减少低效运行的需求

道路分级的目的还在于使低等级道路尽量发挥其应当承担的交通功能,由此可以调控高等级路网的进出车辆。低等级道路进入高等级道路的交通需求应小于或等于高等级道路的最大容量,低等级道路的进口通行能力应大于或等于高等级道路的流出量。

5)道路功能划分原则——减少公共空间功能与交通功能冲突

城市各类用地均需要"沿街面",否则无法解决交通进出问题。具有经营性质的用地,比如商业需要依托较大的客流、具有较高的交通可达性,所以支路网密度应当与城市所需要的有效"沿街面"长度相匹配,由此成为城市公共活动空间的主要载体。

2.路网的模式及其优缺点分析

(1)路网基本模式划分

通常采用的路网分类方法包括图形分类(图案)法、交通组织(范式)分类法。

1)路网图形模式分类

M.C.费舍里松对路网进行了最为全面的图形分类,基本分为:放射式 + 环式、棋盘式、方格网 + 放射式、三角式、六角式、自由式、综合式。

从城市干路体系和交通可达性的角度来看,不同类型的路网形式具有各自的特点:

A.放射式 + 环式

放射式道路网能够保证城市边缘各区与市中心的方便联系,但是靠近市中心的各区之间联系困难,不可避免地造成市中心交通超载,适于客流量不大的城市。大城市往往采用放射式 + 环式,这既有利于市中心与边缘各区的联系,也有利于边缘各区之间的相互联系,但处理不当容易将外围交通引入中心区,并形成许多不规则的街坊。因此,环线道路应该与放射线道路相互配合,确保环线道路的功能,起到保护中心区不被过境交通穿越的作用,如图 17-3 所示。

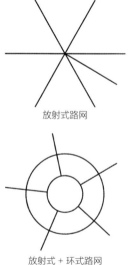

放射式路网

放射式 + 环式路网

图 17-3　放射式与放射式 + 环式路网

B. 棋盘式

该模式没有明显的市中心交通枢纽，在纵横两个方向上均有多条平行道路，大多数交通出行者都有较多的可选路径，有助于将交通分布在各条道路上，整个系统的通行能力较大。缺点是对角线方向没有便利的联系，而且完全采用棋盘式路网的大城市，如果不配合交通管制，容易形成不必要的穿越中心区的交通，如图17-4所示。

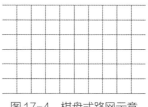

图17-4　棋盘式路网示意

C. 方格网＋放射式

这类方式又可称为棋盘式＋对角线。它兼具棋盘式和放射式的优点，但也有可能带来交叉口交通组织的复杂性。该路网模式也可以将中心区的路处理为方格网，外围为环式＋放射式，成为综合式道路网。

D. 三角式

三角式路网在欧洲一些国家比较常见，干道的交角往往为锐角，建筑布局和交通组织均不便。

E. 六角式

六角路网的交叉口为三岔口，线形曲折迂回，可以降低车速，主要用于居住区、疗养区道路，如图17-5所示。

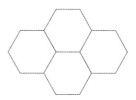

图17-5　六角形路网示意图

F. 自由式

自由式路网通常结合地形布置，如青岛老城区。自由式路网的特点是没有一定的格式，变化较多，但受地形条件的制约，可能会出现较多的不规则街坊。如果充分利用地形，精心规划，不仅同样可以建成高效的道路系统，而且可以形成丰富的城市景观。

G. 综合式

综合式路网是由多种路网形式组合而成的，即在同一个城市同时存在几种类型的道路网。目前采用比较普遍，其特点是扬长避短，充分发挥各种形式路网的优点。但这种路网的基本特性并不表明这种路网模式在任何条件下都适用。

2）路网交通组织模式分类

A. 按交通分流与混合进行划分

在路网的运行使用过程中，包含着对多种交通方式的组织，可以将这些交通方式组织在同一条道路的不同断面上，也可以组织在不同的道路上。因此，可以根据交通分流的程度，划分不同的交通组织模式。总体而言，城市路网可以分为局部分流、全部分流两类。

与交通分流对应的概念是交通混合。交通混合是指：一条路上行驶着不同类型的机动车,机动车的大小、速度、性能差异较大;一条路上行驶着机动车和非机动车;机动车、非机动车与行人的混合,或者机动车、非机动车和行人三者混合。如果一条道路上分布的交通方式各行其道,将其称为断面分流;如果一条道路上只有一种交通方式,则称为路网分流。

不同出行距离的人们对出行速度要求不同,如果给同一种交通方式提供较高等级的道路,将远距离与近距离出行进行分离,也可以称为交通分流。由于这种分流模式已经归结到道路网等级结构中,因此一般所提到的交通分流不再包括同种交通方式的快慢分流。

B. 按道路行驶方向进行划分

从人流或车流行进方向的角度,道路可以分为单向行驶和双向行驶两类。根据这种分类,城市道路网又可以划分为局部单行、全部单行两类。由于单向交通可以减少交叉口的冲突点,提高道路运行效率,因此,路网密度较高的市中心地区,可以利用平行道路组织单向交通。

（2）城市道路网的结构

1）城市路网规划的目标特征

在进行城市道路网规划之前,必须明确什么是好的城市路网。路网的服务对象、服务内容、服务量度（质、量）、服务时间（远期、近期、周期）等方面的特点决定了好的城市路网必须具有成长性、高效性、层次性、适应性、引导性五个基本特征。

2）城市路网的结构

城市道路网的等级结构体系一般是按道路的车速、流量、功能划分的,是以机动车为主体的分级方式。我国的《城市综合交通体系规划标准》GB/T 51328—2018将道路等级划分为快速路、主干路、次干路、支路,但城市路网的总体布局和运行组织特征无法用等级结构全面涵盖。因此,需要从路网的功能结构、等级结构、布局结构、组织结构对城市路网进行综合分析。

把路网看作一个完整的系统,路网中各条道路所承担的不同功能就是路网的功能结构,主要可以分为交通空间、公共活动空间两种功能,这两种功能又可以按交通方式进行划分。根据不同道路的交通功能重要程度又可对城市道路体系进行分级,这就是道路的等级结构。不同功能、等级的道路在城市空间上的布局就形成了路网的布局结构。而这些不同等级、不同区位、不同功能的道路在不同的时间,其功能又不一定保持不变,而且他们之间具有彼此联系和转换的基本特点。对这种联系和转换过程的安排就是道路的组织结构,包括时空利用（局部节点或路段）、建设发展过程控制两个方面。

因此,在城市道路网规划中应当妥善处理道路的功能、布局、等级、组织结构,在总体规划、综合交通规划中的道路系统规划侧重于对路网功能、布局、等级、组织结构的宏观安排，而详细规划中则深入涉及部分节点地区的路网与交通组织。城市路网的功能、布局、等级、组织结构密不可分，在城市道路网规划中应该对它们进行统筹考虑。

17.2.1.2 影响城市道路网规划布局的因素

城市道路网的形式和布局，应根据土地使用、客货交通源和集散点的分布、交通流量、流向，并结合地形、地物、河流走向、铁路布局和原有道路系统，因地制宜确定，使土地开发的容积率与交通网的运输能力和道路网的通行能力相协调。城市道路网的布局包括道路网的基本形式、道路密度分布、不同等级道路的分布、主要联系点的分布。对于城市道路网布局影响因素的分析，有利于发现不同要素影响下的道路网可能存在的问题，以及在该类要素影响下进行路网规划的相应方法。

1. 自然条件

地形、河流、岸线、地质、矿藏是影响城市布局的重要因素，比如矿业城市和山地城市多呈分散布局，滨河、滨海城市多呈带状布局，从而影响城市道路交通流的分布和城市道路网的格局。不仅如此，河流、地形等自然条件也会直接影响道路的走向和建设标准、建设形式，成为影响城市道路网布局的重要因素。水网城市如图 17-6 所示。

2. 城市规模

不同规模的城市对城市道路交通系统的需求不同，所表现出的路网布局形式也往往不同。首先是城市空间布局差异的影响。其次，从居民与货物运输调查来看，城市规模越大，居民出行强度、货物运输强度也越大，运距越长，那么城市规模越大，道路用地比例应越大，同时还要求提供较多的高等级道路，以满足最小出行时耗要求。

此外，从交通方式上，小城市可能会以步行和自行车、摩托车、小汽车等个体交通为主，大中城市对公共交通的需求较大；从对外交通联系上，大城市的对外通道和枢纽数量多、分布广，与城市道路的关系十分紧密和复杂，而小城市则相对简单。因此，特大城市、大城市与中小城市在路网布局、路网密度、道路面积率等方面存在较大的差异，中小城市不能盲目照搬大城市的路网模式。

3. 城市用地布局和形状

城市路网与用地布局的相互依托关系，使城市布局与形状成为影响路网

图 17-6 水网城市

布局结构的关键要素。城市用地的形状是受自然条件制约而形成的，平原城市的用地布局往往呈现为团块状，城市路网也多表现为方格网，如石家庄；或方格网加环形放射，如北京。有些城市由于地形、水文原因呈带状布局，其路网布局也表现为带状布局，如洛阳。一般而言，用地布局、形状应与路网的布局、形状相吻合。但两者之间并不能仅仅是表象上的吻合，比如城市环路的修建与"摊大饼"发展，而是需要路网与用地产生的交通流量、流向相协调，如果不问客货源的分布、流向，盲目套用某些典型用地布局和路网布局的做法是不科学的。同时，路网也并不简单地表现为对城市布局形态的一味迎合，否则难以使城市道路起到合理引导城市发展的作用。

4. 对外交通设施

城市发展和城市在区域一体化中的地位提升，都离不开城市对外交通体系的支撑，同时城市的用地布局、空间拓展和道路系统也很大程度上依托港口、河道、公路、铁路、机场等大交通的格局。因此，在城市规划建设中，必须建立和加强城市与对外交通枢纽的道路交通联系，改善城市的交通区位条件。但从另一方面来看，对外交通会造成城市发展的门槛，如铁路设施，若处理不好，就会割裂城市内部道路交通的联系，一定程度上制约城市的发展。

5. 社会与人为因素

城市道路网规划在很大程度上也受到历史条件、思想观念、土地开发模式等社会因素的制约。通常，除新建城市外，城市原有道路网对城市道路系统的规划和形成有很大的影响。原有道路网是新建道路的基础，在道路网规划中必须对城市交通现状与存在问题进行分析，考虑对原有道路网的改造问题，要防止简单地将旧城道路向外延伸。

有些城市的规划人员和决策人员对道路功能和路网模式缺乏科学的认识，在道路网规划时片面追求形式和景观效果，或盲目效仿其他城市，出现了套用环形放射路网模式、热衷宽马路的现象，这需要进一步提高人们对路网规划的理念、要求和方法的科学认识。

17.2.1.3 城市道路网规划的原则与要求

1. 城市道路网规划的原则

（1）综合考虑道路使用者的不同要求，协调城市道路的各项功能；

（2）充分加强道路网络的整体系统性，促进道路的交通集散能力；

（3）适应城市用地布局的特点，合理引导城市的空间拓展；

（4）结合地形、地质等自然条件，减少灾害，节约用地；

（5）满足城市环境与景观的要求，改善城市环境质量；

（6）满足各种工程管线布置的要求。

2. 城市道路网规划的要求

道路是城市发展的骨架，一旦形成要长期存在下去，在道路规划时要尽可能不为将来留下难题。为此，在道路网规划布局中，必须着重考虑以下几个方面的要求：

（1）道路网具有生长性；

（2）实现快慢交通分流，提高路网通达性；

（3）防止干路网上出现集束交通的"蜂腰"；

（4）交叉口通行能力与路段通行能力的匹配；

（5）重视对原有城市道路和公路的改造和协调；

（6）土地开发强度与道路网容量相适应；

（7）客货运交通分流；

（8）符合城市抗震救灾的要求。

3. 城市道路系统规划

在道路系统规划中始终要与土地开发紧密结合，使路网的密度和容量与土地开发强度相适应。道路网规划可以有多个方案，通过预测交通量与交通容量的比较，校核道路的车速、负荷度和车辆行驶的总时耗，在综合考虑工程技术水平、城市经济发展和建设财力等其他影响因素的基础上得出优选的规划方案。最后，逐项研究各类交通方式的衔接关系，以及各级道路的数量与结构和交叉口的形式。具体来说，城市道路系统规划的一般程序为：

（1）现状调查，资料准备

1）城市地形图：包括市域（或区域）范围和中心城区范围两个尺度，比例分别为1：25000~1：5000、1：10000~1：5000，一般还要有1：1000（或1：2000）的地形图作定线校核用。

2）城市发展社会经济资料：包括城市人口、经济和交通运输发展资料。

3）城市道路交通现状调查资料：包括城市道路系统现状（道路宽度、断面形式、交叉口等）、城市车辆统计资料，道路及交叉口机动车、非机动车、行人的交通流量分布资料和对外交通资料。

4）城市土地使用资料：包括用地现状和总体规划中的土地使用规划方案。

（2）城市道路系统初步方案

分析现状城市道路系统在路网结构和交通组织等方面的问题，根据城市总体规划的要求，进行车辆增长预测和出行产生、出行分布和道路流量预测，从"骨架"和"功能"的角度提出道路系统初步设计方案。

在进行路网规划初步方案时，可采用以下简便而实用的方法：

1）等级结构计算法：先根据《城市综合交通体系规划标准》GB/T 51328—2018

的建议指标，计算各级道路的长度，然后结合城市土地使用规划，对各级道路进行空间布局。

2）主线规划法：根据 OD 找轴线，先确定城市的道路交通走廊，再逐级细化，形成城市道路网布局方案。

3）密度——间距规划法：将道路网的密度要求折算成道路间距，然后根据道路的功能与间距要求进行路网布局规划。

（3）城市道路系统方案评价和比选

对初步方案中的城市路网结构、路线走向、主要交叉口形式等进行综合分析和全面比较，包括技术、社会、经济、环境影响等方面的效益评价和工程建设费用的估算，进而优选出最适宜城市总体发展要求的道路系统规划方案，排出分期实施的序列。

（4）修改完善城市道路系统方案

对优选出的方案进行修改完善，并进一步细化研究，确定最终的道路系统方案，明确各级城市道路红线宽度、横断面形式、主要交叉口的形式和用地范围，以及广场、公共停车场、桥梁、渡口的位置和用地范围。

（5）绘制城市道路系统规划图

城市道路系统规划图包括平面图和横断面图。平面图要标出城市干路网的中心线、干路主要控制点的位置、坐标和高程，以及交通节点和交叉口的平面形式，比例尺为 1：10000 或 1：5000。横断面图要标出道路红线控制宽度、断面形式及标准断面尺寸，比例为 1：500 或 1：200。

（6）编写城市道路系统规划文字说明

对整个道路系统规划设计工作做必要的方案说明，一般应包括规划依据和规划原则，各项规划指标及参数的确定，道路系统的交通及社会经济效益评价的分析结论，道路网分期实施方案以及其他需加以说明的事项等内容。

17.2.2 步行系统

17.2.2.1 步行交通的地位与特征

1. 步行交通的地位

在现代城市交通系统中，步行交通无论是作为满足人们日常生活需要的一种独立的交通方式，还是作为其他各种交通方式相互连接的桥梁，都是其他方式无法替代的。到目前为止，人类的活动还不可能完全离开步行这种最基本的交通方式。因此，在城市规划、道路交通规划设计以及交通管理中，有必要对此予以足够的重视和关注。

应当指出，我国城市中步行出行量大，和我国城市人口密度高、公共交通服务质量不高以及道路建设中忽视次要道路和支路的建设等客观因素有着很大的关系。

2. 步行交通的特征

（1）年龄特征

从步行者的年龄分布特征来看，以青少年和老年人居多（表17-4）。

步行方式在不同年龄组的出行中所占比例（%）　　　　表 17-4

地区 \ 年龄	0~20 岁	20~30 岁	30~40 岁	40~50 岁	50~60 岁	> 60 岁
眉山（2004 年）	52.5	32.1	43.0	48.2	58.2	81.1
遵义（2004 年）	71.65	44.7	58.15	62.42	72.96	87.16
顺德（2005 年）	20.9	16.5	15.6	19.3	18.7	31.4
邯郸（2002 年）	34.00	22.86	20.40	28.20	37.60	68.38

（2）收入特征

一般而言，低收入者的步行出行比例远高于全市居民的平均水平。随着居民收入水平的提高，小汽车、出租车的出行比例将逐步上升，步行的比例将逐步下降。收入水平较高的居民，会更多地倾向使用舒适、便捷及快速的交通工具。

（3）目的特征

一般而言，居民上班、业务、运输出行使用交通工具的比例较高，而上学、购物、文化娱乐出行及生活出行的步行比例较高。

（4）时耗特征

由于步行是一种较为慢速和消耗体力的方式，因此，随着步行时耗的增加，步行比例通常会有较大幅度的减少。我国各城市都表现出比较一致的平均步行出行时耗，大致在 15~20min。

（5）距离特征

大量的调查统计数据表明，步行方式的出行比例随出行距离变化的趋势非常明显。步行方式的出行距离大多在 1km 以内。

3. 步行者所需的交通环境

不同的使用者，对步行交通环境的要求也不同。对老年人和小孩来说，需要在步行环境中每隔一段距离有可以小憩和游戏的地方；对年轻人来说，需要便于运动与交流的步行环境；对外来人口来说，需要步行交通有着良好的指示标志；对残疾人来说，更需要步行环境无障碍……他们均应该得到最大程度的尊重。

总之，从步行者的角度来看，人们需要在城市中享有充分的自由，能够尽情地漫步、休息、购物和交流，由此也需要所处的步行环境具有安全、宜人且具有连续性以及引导性强等特点。

17.2.2.2 城市步行交通的重点地区

西方发达国家在交通上已经经历了交通发展由以车为本向以人为本的转变。在这种思想指导下，步行交通的重要性得到高度重视，并在规划设计中得以体现。从步行交通分布的场所来看，城市居住区、城市对外交通枢纽、城市中心区、滨江（河）路等是步行交通量最大的几个重点地区。这些地区的步行交通不仅量大，而且步行活动的目的和需求较多，如购物、娱乐、休憩、交往、集散、观光等。

1. 居住区

城市居住区是组成城市的基础，城市居民以住宅所在的居住区作为生活基地，由此出发，从事各种城市活动，其中的许多活动都要依赖大量的步行交通来完成。因此，建立便捷、安全的居住区步行交通系统十分重要。

居住区步行交通的组织，应满足以下要求：

（1）居住区内的步行系统首先要满足居住区交通组织的基本要求，处理好步行交通与机动车、非机动车交通的关系，组织便捷的道路系统。

（2）为满足居民的休憩、娱乐、购物、文化、社交等活动的需要，步行系统应与居住区的学校、商店、活动室、邮局、公园等公共设施联系方便，直接可达。

（3）注意室外设施的需求，如铺装地面、桌椅、廊亭及儿童游戏场地的设置等，满足不同年龄层次、不同活动内容的需求。

（4）注意步行系统的环境保护，做好绿化规划，使之具有良好的生态环境。

（5）尊重城市的历史沿革和居民的生活习惯，保护历史文化要素，提高环境的文化内涵，建立舒适宜人的环境，满足人们的精神需求。

（6）满足居民的安全需求，减少机动车和非机动车对步行交通的干扰。

目前，国内外已有许多做法取得良好的效果。如在新的居住区规划时，常将汽车与行人分别设置在两套道路系统上，交汇点在住宅，其他地方相互分离不互通。人们可以通过绿地中的步行系统，走到中学、小学、运动场地、购物商店以及诊疗所、邮局、公园等有公共设施的地方。在有些自行车较多的国家里，还在步行道的一侧，铺设了红色路面的自行车道。在汽车道上设置港湾式公交停靠站，上下车的乘客通过与地形结合得很好的天桥或地道跨越汽车道，进入步行系统（图 17-7）。

2. 对外交通枢纽

城市的对外交通枢纽是城市客运交通体系的重要组成部分，是市内交通与城市对外交通的联系点，同时也是私人交通和公共交通以及公共交通内部换乘的重要节点。它们是进入城市的大门，是人们认识城市、了解城市的窗口，同时又是所有进出城市人流的集散点。因此，要尽可能地将人流在此地快速疏解，提高其周转效能，减少集散量，减少交通枢纽的建筑面积和用地。

针对城市对外交通枢纽的功能，对其步行交通的组织应满足如下要求：

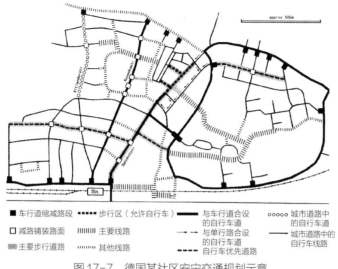

图17-7 德国某社区安宁交通规划示意

（1）要与通往城市各个主要方向的公共交通有紧密的联系，使行人方便到达各种地面公共交通设施停靠站，以及各种轨道交通停靠站，如地铁、轻轨等。

（2）组织好枢纽内的交通。处理好人流与车流的关系、进站人流与出站人流的关系、人流与货流的关系、各种车流之间的关系等。明确动静分区，保证步行人流的通畅和休息者免受干扰。

（3）避免与周围城市道路之间发生矛盾。交通枢纽广场与城市干道应取得协调的关系，既能保证必要车辆的进入，又要限制其他无关车辆的干扰。除了路网的合理规划外，还应注重交通管理的作用。

（4）应设置足够的建筑小品及设施以满足人们的多种需求。广场应有相应的各种服务设施和明确的指示系统，满足购物、休息、娱乐的要求。广场内或广场周围应有一定面积的自行车昼夜存放处以适应我国有大量骑车者这一国情。

（5）广场艺术形象的设计要充分考虑城市的整体艺术布局，从整个城市的景观规划出发，确立广场的内涵、喻义、建筑形象、形式、色彩等，以保证广场与城市的氛围一致。

需要指出，在一些市区的公交枢纽站，虽有大量客流集散，但往往通过地下通道层或高架平台层，将人们直接分散到各种商店和公共建筑内，既方便了乘客购物，提高了商店的营业额，又节约了大量步行时间，确保了交通安全。即使是在复杂的立体交叉上，也会考虑不同层面上公交乘客的换乘方便，设置步行距离很近的换乘站（图17-8）。

3.市中心

城市中心是城市中社会活动最积极、文化与经济事务最频繁的地区，一般集中了城市中各类大型服务企业和管理机构。在我国，由于传统的单中心结构的影响，城市中心的商业服务功能更为突出。一般而言，城市中心区的步行系统主要包括商

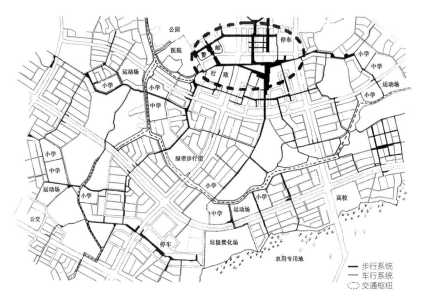

图17-8　日本横滨港北新城人车分流系统示意

业步行区和广场。

（1）商业步行区

城市商业中心的基本功能是为市民提供良好的购物环境，同时还应有休憩、娱乐、餐饮、文化设施，为市民提供相应的服务。商业中心的步行者组成非常丰富，人们纷纷在节假日结伴到商业中心购物、消遣，故其人流具有分布均匀、步行速度较慢、时间分布均匀等特点。在商品经济发达的今天，商业中心集中体现了城市运转的情况，成为反映城市居民生活水平、精神面貌的重要场所之一。鉴于以上功能要求，该步行系统的规划应做到：

1）应有足够的步行空间以组织购物的人流，尽量做到人车分流，避免车辆对行人造成的威胁，给消闲的步行者以安全感。

2）要有足够的其他服务设施以满足人们的娱乐、餐饮、交流、休息等需求。

3）要有清晰的指示系统以识别方向。

4）空间变化要丰富。

5）结合购物和餐饮空间布置高质量的儿童游戏场所，在可能的情况下还应配置专人看护儿童。

6）应该与城市公共交通系统有密切的联系，以方便居民进入步行区。

在北美，大多数城市中心区以立体分离作为步行街区发展的主要方法。如美国明尼阿波利斯市，是美国步行街区系统最为完善的城市，其步行街区系统的主要特征是一系列联结各建筑物、跨越街道的封闭天桥。这些封闭式过街天桥将各建筑物的二楼连接，使中心商业区十多座高密度的办公和购物大楼联在一起（图17-9）。

（2）广场

市民广场是城市步行系统中的一个重要节点，它是城市中为居民集会、文化娱乐、交往、休息等活动提供的室外开放空间，是城市居民日常进行各种活动的主要场所，也是外来人口认识城市、了解居民生活的场所。

市民广场主要包括行政集会广场、纪念性广场、文化广场、休闲广场和综合性广场等。在一般城市中行政集会广场比其他广场规模大、位置重要、使用频繁，因此，对广场的交通功能探讨主要以行政集会广场为主。

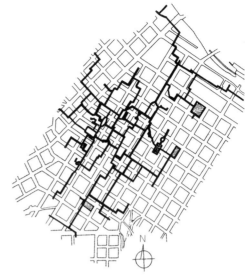

图17-9　明尼阿波利斯的空中步道

行政集会广场规划有以下几个要求：

1）广场周围要布置市级的大型公共建筑；

2）广场上要有足够的集会游行面积；

3）广场上要有丰富的小环境和适当的空间划分；

4）广场上要有相应的设施；

5）合理组织广场内及周围的交通；

6）广场的规划设计还要体现城市的特色、历史、文脉，满足该城市总体艺术布局的要求；

7）由于广场上人流集散量大，在其周围要设置好公共交通换乘枢纽和出租汽车服务站以及各种停车场。

其他类型广场的功能与行政集会广场基本相同。

4. 滨江路

在滨水城市，无论城市靠近的是江、河、湖、海，由于这些自然资源提供了城市居民良好的景观和开敞空间，自然会成为吸引大量人流聚集的地方，而为了兼顾景观视线、散步休闲等要求，常常需要进行分层处理，从而形成了不同于其他类型的步行交通。

滨水道路的建设，由于需要考虑防洪（潮）、景观及休闲的需要，同时也要考虑绿化防护带、步行及非机动车的通行、机动车通行及停车等要求，往往在道路的设计上采用不同的形式，主要有以下两类：

（1）如滨水地区地势较低，又有防洪的要求，滨水道路与水体之间实际上被防汛墙分隔开来，而步行道往往和车行道处于同一层面，形成"靠水不见水"的局面。

图 17-10　武汉滨江路改造（江滩）

（2）很多城市为显山透水，开始把防汛作为滨水道路功能的一部分加以整体考虑。在这种情况下，滨水步行道通过宽阔的绿化带与车行道分隔开且处于不同层面（通常在防洪堤的顶部及内侧设步行道及亲水平台），在绿化步行道下方可设置停车场，这种设计使水面作为公共空间能够渗透进城市并被人们所欣赏，同时也有利于体现城市的特色，例如上海的外滩、武汉的江滩（图 17-10）等。

5. 人行道、人行过街通道

城市步行交通发生量大的地区除上述几个重点地区外，还有经常容易被忽视却又必不可少的部分，即各子系统之间的连接体——人行道、人行过街通道。

（1）人行道

人行道的主要功能是连接步行系统中的各子系统，使城市中的所有步行系统成为连续的、完整的步行系统。此外，人行道还是人们离开步行系统选乘其他交通方式的起点。

人行道有下列要求：

1）人行道与所有城市步行空间都要有联系；

2）注重人行道与公共交通的衔接；

3）确定人行道的适当宽度，结合公交站点做好节点设计，以满足人们对空间多样性的要求。

（2）人行过街通道

在步行交通需穿越城市道路时，通常采用人行横道（地面斑马线）、人行天桥和人行地道等形式。在穿越交通量大的城市干道时，人行天桥和人行地道是一种安全有效的措施。常见的人行天桥和人行地道的形式有阶梯式、斜道式等，在一些特殊地段还采用升降梯式。在穿越路幅较宽的城市道路时，采取行人二次过街的方法，有利于保障行人的安全。如图 17-11 所示。

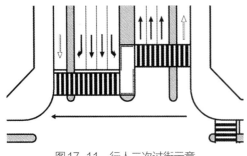

图 17-11　行人二次过街示意

（3）无障碍设施

为方便残疾人的使用，在步行道系统的建设中人们通常也需要考虑无障碍设施的设置。我国于 2002 年 12 月颁布的《全国无障碍设施建设示范城（区）标准（试行）》中对盲道的设置提出了如下要求：

1）城市建成区的主干道及市、区级商业街、步行道等人行道应设置盲道；

2）城市公园、广场、商业区及重点公共建筑的人行道口应设提示盲道；

3）城市建成区的公交车站等候区应设置提示盲道；

4）人行横道设有过街音响信号装置。

另外，在道路交叉口、过街地道或天桥处，应当设置适当的坡道，满足乘坐轮椅人士的出行需求。

17.2.3 自行车系统

17.2.3.1 自行车在城市交通中的地位

自行车交通有着显著的优点，使之一直在我国城市居民出行结构中保持着较高的比重。

1. 自行车占道路面积小。

2. 自行车是一种节能型交通工具。

3. 自行车是一种有益健康的交通形式，它噪声小，无废气污染，是典型的零污染工具。

4. 自行车价格便宜，一般家庭皆有能力购买；方便灵活，可提供"门到门"的服务，还可以在狭窄的胡同和巷道里行驶，以弥补机动车的不足；对交通设施的要求不高，能节省基础设施建设投资。

以我国城市自行车出行的时耗特征来看，大部分出行的时耗都在 30min 以内，距离为 4~6km；而从出行目的来看，大部分为上班、上学及回程。自行车在城市交通中主要承担短距离的出行，尤其是儿童、青少年上学。自行车在一些大城市也在逐渐成为居民出行搭乘轨道交通的转接工具。

17.2.3.2 我国城市中自行车交通的组织方式

1. 自行车、步行加上公共交通组成的绿色交通系统应该成为许多规模大、密度高的大城市的首选。

具体行动：

（1）建立快速公交干线网（地面公交或轨道交通），以优质服务水平——准时、快速、舒适——争取长距离（＞4km）乘客；

（2）充分发挥自行车短距离交通的优势，在无公交覆盖的地区，建立联系到公交换乘枢纽的自行车系统、小型公共汽车或出租车系统，鼓励人们放弃小汽车出行；

（3）在客运交通的主要集散点，建设多层次客运换乘枢纽，实现人性化的无障碍换乘，提高公交集散与换乘效率。

2. 自行车道路网的构成与布局

（1）建立自行车交通分区，交通区面积按边到边自行车出行时耗进行控制，即出行时耗不应超过 30min，出行距离不应超过 6km，2km 以内为最佳。

（2）自行车道路网布局按《城市综合交通体系规划标准》GB/T 51328—2018 执行。

17.2.4　城市道路断面

要充分发挥整体优势，并为人们的出行提供既"通"且"达"的路网条件，就必须对这些不同的系统进行合理的组织，以充分发挥各自的优势，并适应不同的功能、不同用地布局的需求。

一般而言，为减少机动车、非机动车及人行系统的干扰，可以通过两种方式进行分流组织：一种是路网分流，另一种为断面分流。前者主要根据机动车、非机动车以及步行的不同特征从路网上进行组织，以充分利用公交和自行车的优势，扩大路网容量，发挥整体路网效率。后者是目前国内较为传统的做法，即机、非、人集中在一个断面上，重点需要通过交叉口对不同交通方式进行组织。

对于路网分流而言，由于存在不同交通工具的选取、不同交通方式的运行速度、交通控制方式以及组合形式的不同，其形成的路网模式有较多的变化形式（蔡军在其博士论文《城市路网结构体系研究》中已经进行了分析研究）。这种模式最大的优点就是减少了不同交通方式的干扰，对交叉口进行了简化。而对断面分流模式来说，在路段和交叉口存在着各种交通方式可能的干扰，同时考虑到这种模式目前在我国的使用相当普遍，由此所带来的交通问题也较多，尤其是在交通安全方面。

17.2.4.1　道路横断面形式

就国内城市道路目前所采用的断面形式来看，主要有一块板、两块板、三块板、四块板等四类。

一块板：所有车辆都集中在同一个车行道上混合行驶。车行道布置在道路中央，可以采用划分中央车道线及快慢车道线，只划分中央车道线和不划线三种方式灵活组织交通。适应于机动车与自行车流量较小或其中一类流量较大但两者高峰时间错开的道路，还可以应用在"潮汐式"交通特征明显的道路。由于其造价较低，组织方便，故流量不大的次干路及支路较多采用。

两块板：利用中央分隔带（或分隔墩、栏杆）将一幅路的车行道一分为二，使车辆对向分开行驶，它可以采用划分快慢车道线或不划线两种方式组织交通。一般用于快速路、主干路、机动车流量相对较大但自行车流量不大的次干路。

三块板：在道路两侧用分隔带（或分隔墩、栏杆）将一幅路的车行道一分为三，中间双向行驶机动车，两侧均单向行驶自行车。它主要用于机动车和非机动车流量都较大的主、次干路。

四块板：在三幅路基础上，再利用中央分隔带将中间的机动车道分隔为二，分向行驶。它原主要适用于宽度较大、机非流量都较大的主干路。

目前来看，一块板和两块板才是未来道路横断面的发展趋势，但两块板必须吸收三、四块板的优点解决机非干扰的问题。因此，干道及以上道路横断面型式通常应采用两块板布置，支路及个别次干路可以采用一块板布置，两块板的自行车道可以引上路侧带与人行道和绿化结合布置。吸收三、四块板的优点，机动车与行人、自行车之间最好设置绿化带隔离，而且还可以利用中央绿化带设置安全岛，保证行人横过马路的安全[①]。

17.2.4.2 横断面布置

根据我国目前城市道路建设的实践，在城市道路横断面的规划设计过程中，不仅要确定合理的车行道、人行道和绿化带的宽度，更重要的是如何综合布置机动车道、人行道和绿化带。城市道路横断面的布置受到多方面因素的影响，要综合考虑道路等级、道路性质、交通管理、管线布置、路边停车以及分期建设等要求，同时道路横断面设计也要体现道路等级、道路两侧用地性质、道路宽度与两侧建筑高度的关系。

杨晓光[②]（2003年）提出了各种情况下的推荐道路断面形式。具体见表17-5。该道路断面摒弃了以往那种随道路等级升高，道路宽度逐渐增加、断面逐渐复杂化的情况，而代之以强调机非分流，并与道路功能和道路两侧用地开发相适应。

各种情况下的推荐断面形式　　　　　　　　　　　　表 17-5

路网构成		道路特征及功能	推荐断面形式	适用条件
机动车道路系统	快速干道	设计车速80km/h，双向6车道；一般为城市各组团间的连接道路，或大型市区的外环道路	2m（绿）+11m（车）+6m（绿）+11m（车）+2m（绿）	与城市用地的联系不多的快速路段
	主干道	设计车速50~60km/h，采用双向4车道（或6车道），为市区主要的交通走廊	6m（人）+11（或7.5）m（车）+5m（绿）+11（或7.5）m（车）+6m（人）	非机动车流量不大，承担繁重的机动车交通任务的交通性主干道，中央分隔带可考虑设置港湾式公交停靠站
	次干道	设计车速40km/h，采用双向4车道，是城市干道网的主要部分	5.5m（人）+3m（绿）+19m（车）+3m（绿）+5.5m（人）	机动车流量大，次干道执行主干道交通功能的道路
	支路	设计车速20~30km/h，采用双向4车道，其中外侧车道为机非混行车道	3.5m（人）+4.5m（绿）+14m（车）+4.5m（绿）+3.5m（人）	机动车流量大，支路执行次干道交通功能的道路，一般道路条件良好并与沿途环境相适应，设有绿化带
			5m（人）+14m（车）+5m（人）	机动车流量大，周围建筑密集的道路，可不栽种树木

---

① 赵国峰. 关于城市道路横断面综合布置的探讨 [J]. 交通科技，2002（6）.

② 杨晓光. 城市道路交通设计指南 [M]. 北京：人民交通出版社，2003.

续表

路网构成	道路特征及功能	推荐断面形式	适用条件
非机动车专用道	除供非机动车优先行驶外，也可以作为机动车道临街单位或商业设施的背面的机动车通道	3m（人）+2m（绿）+5m（非）+2m（绿）+3m（人）	非机动车流量大的区域、路段
步行街及步行街区	为行人提供舒适的步行环境	4.5m（人）+11m（人）+4.5m（人）	城市中心区或副中心区等人流密集的商业地区

该断面形式的提出具有如下优点：

1. 出于机非分流的考虑，上述推荐断面形式的道路宽度相应缩小，既可以促使道路密度的提高，又有助于在保证安全的前提下使人行过街更为便捷。

2. 非机动车从主干道剥离，也可以避免在主干道交叉口经常出现的机非干扰，有助于主干道机动车运行效率的提高。当然其前提条件是附近有非机动车道可以替代。

3. 虽然在道路断面中增加中央隔离带、机非隔离带，乃至人行道外侧绿化带可以带来很好的景观视觉效果，但是同时也导致了道路空间尺度的失衡，使人身处其间仅能感觉人的渺小与无奈。而有控制的道路宽度将有助于建立良好的街道、沿街建筑之间的空间围合关系，使人们可以体会到良好的、富有人性尺度的空间氛围。

需要指出，该表中的道路断面只适用于一般情况下的城市道路，在针对具体的城市道路时，仍需要考虑具体情况进行调整。

4. 在大多数情况下，由于次干道相比支路来说，仍然具有路线直接的优势，因此，除非在新建的城市（或城市地区）规划良好的支路系统以分流主要的非机动车流的情况下，城市次干道仍将作为主要的非机动车道路使用。因此，在城市次干道的横断面布局中应考虑非机动车道、人行道在一个层面上的组合（图17-12）。

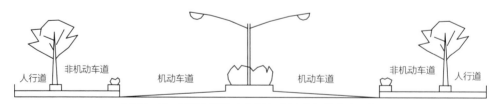

图17-12 两块板道路人行道与非机动车道关系示意

5. 出于避免在主干路两侧布置大量吸引人、车流量的公共设施以弱化主干道交通功能的考虑，在次干道两侧往往需要布置城市主要的公共设施，因此，综合考虑次干道的人行、非机动车通行要求，表17-5中的仅5.5m宽的人行和非机动车道是不够的。通常如果考虑主要的非机动车道宽在3~3.5m，而如果两侧商业店铺较多，人行道至少也要 3~4m，再加上两者间的隔离带 0.5m，则次干路一侧人行与非机动车道宽度至少要达到 6.5~8m。当然，这一宽度的确定和道路两侧的用地性质密切相关。同样，对此断面中的 19m 机动车道来说则显得过宽，建议仍以 14m 为宜。这样，作为两侧有较多公共设施用地且作为主要的非机动车流通道的次干道来说，其断面形式可推荐为 3~4m（人）+0.5m（绿）+3~3.5m（非）+14m（车）+3~3.5m（非）+0.5m（绿）+3~4m（人）。

6. 对于步行街及步行街区来说，其 20m 的断面宽度似乎是针对新建的现代商业街而言。但是考虑到我国城市发展的悠久历史，在商业街的建设中往往致力于发掘当地独特的历史资源，并使很多传统的商业街区重新焕发出生机与活力，比如重庆的瓷器口、成都的锦里古街，都属此种类型。对这些历史街区来说，其两侧都是 2~3 层的传统建筑，很显然 20m 的宽度显得太宽。因此，对于传统步行街来说，其道路宽度有必要进一步缩小。

17.2.5 城市道路交叉口形式选择

城市道路交叉口是城市道路网的重要节点，对于路网的整体运行效率具有十分重要的作用。除了由于跨河桥梁净空高或山城地形所形成的立体交叉口外，城市道路交叉口应根据相交道路的等级、分向流量、公交站点设置、交叉口周围用地的性质，确定交叉口的形式及其用地范围。各类城市的各级道路交叉口形式要求如下：

1. 城市主要对外公路应与城市干线道路顺畅衔接，规划人口规模 50 万以下的城市可与次干路衔接。

2. 城市道路与公路交叉时，若有一方为封闭路权道路，应采用立体交叉。

3. 支线道路不宜直接与干线道路形成交叉连通。

4. 交叉口应优先满足公共交通、步行和非机动车交通安全、方便通行的要求。交叉口的类型应符合国家标准《城市道路交叉口规划规范》GB 50647—2011 第 3.2.3 条的规定。山地城市Ⅱ级主干路及以上等级道路相交时，交叉口可根据地形条件按立交用地进行控制。

5. 当道路与铁路交叉时，若采用平面交叉类型，道路的上、下行交通应分幅布置；此外还应符合国家标准《城市道路交叉口规划规范》GB 50647—2011 第 6 章"道路与铁路交叉规划"的相关规定。

17.2.6 城市停车系统

17.2.6.1 汽车停车场

1. 停车设施分类

按停车设施的建设类型划分，可分为建筑物配建停车场、城市公共停车场、路内停车位三类。

建筑物配建停车场是指建筑物依据建筑物配建停车位标准所附设的面向本建筑物使用者和公众服务的供机动车停放的停车场；城市公共停车场是指位于道路红线以外、面向公众服务的供机动车停放的停车场；路内停车位是指在道路红线以内划设的面向公众服务的供机动车停放的停车空间。

2. 机动车停车场规划设计原则

机动车停车规划从总体而言必须符合城市交通发展战略、城市交通规划及停车管理政策的要求。并且应当与城市风貌、历史、文化传统、环保等要求相适应。

（1）停车规划应综合考虑各种因素。按城市规划、交通规划及交通管理方面的要求，结合市区的土地开发规划和旧城改建计划及房屋拆迁的可能性，做好停车场（库、楼）规划设计，使需要与可能相结合。城市停车场规划应根据城市路网状况、交通状况、停车规划、停车设施的建设情况等多种因素，控制停车泊位的总量。在区域上，通常应当在交通拥挤的城市中心区域，严格控制停车泊位总量，减少交通需求。

（2）停车规划应与动态交通布局相结合。停车场规划要与交通综合治理、交通组织相结合，使两者互相促进以利于交通环境的改善。停车规划应考虑机动车走廊、公共交通走廊等动态交通主要走廊布局情况，尽量避免停车规划与动态交通布局相冲突，对动态交通影响应控制在容许范围之内。

（3）要珍惜土地资源，节约用地，因地制宜，减少拆迁，尽量少占繁荣地带的商业用地。

（4）停车规划应与交通政策与管理措施相适应。

（5）路边停车应与路外停车相协调。

3. 停车场的规模与选址

（1）停车场规模

一般停车场的规模同停车需求的最大集中量、场地提供的可能性、建设的经济性、使用效率、管理方便性、集中疏散的时间、交通组织是否合理等有关。过大则进出不便，停车后步行距离长，集散不便，占地过多，难以征得，一般不宜大于500个车位；过小则不便管理，规模在50~100个车位为宜。就整个城市而言，机动车停车场规划用地总规模宜按人均用地 0.5~1.0m²/ 人计算，规划人口规模 100 万及以上的城市宜取低值。

按停车设施类型来看，建筑物配建停车位是城市机动车停车位供给的主体，应占城市机动车停车位供给总量的 85% 以上，城市公共停车场提供的停车位应占城市机动车停车位供给总量的 10%~15%，临时设置的路内停车位规模不应大于城市机动车停车位供给总量的 5%。

（2）停车场选址

对于新建城市可以完全根据停车需求地点做合理的规划布置，对于老的市区或市中心地带，既要根据停车需求地点的分布，又要考虑现实状况，尽量少拆迁、少占地。一般建筑密集处，空地少、地价高，要寻求理想的停车地点较为困难，只能因地制宜，分散布置，以中小型为主，应选择在停车需求量大并不影响道路交通之处。主要应注意以下几点：

1）对外交通集中场所。如在火车站、长途汽车站、港口、码头、机场等大量车流、人流集中点附近布置时，应尽量与其他道路有方便的联系，汽车出入停车安全，不影响过往交通。

2）城市客运枢纽、交通广场、车流集散之处，以便于换乘其他车辆，如公交、地铁等。

3）文化体育设施附近，其停车规模视停车需求量而定，特别是大型停车场地要认真考虑有方便的人、车集散条件。

4）停车场不宜布置在主干道旁，为避免出入停车场的汽车直接驶入城市干道或快速干道，影响主干道的快速行车，最好布置在次干道的旁边。

5）停车场场址选择时要便于组织车辆右行，减少同其他道路车流的交叉、冲突。

4. 建筑物配建停车指标

根据我国颁布的《城市停车规划规范》GB/T 51149—2016的建议，提出建筑物分类和配建停车位指标参考值见表17-6。

建筑物配建停车位指标参考值　　　　　　　　　　表 17-6

建筑物大类	建筑物子类	机动车停车位指标下限值	非机动车停车位指标下限值	单位
居住	别墅	1.2	2.0	车位/户
	普通商品房	1.0	2.0	车位/户
	限价商品房	1.0	2.0	车位/户
	经济适用房	0.8	2.0	车位/户
	公共租赁住房	0.6	2.0	车位/户
	廉租住房	0.3	2.0	车位/户
医院	综合医院	1.2	2.5	车位/100m² 建筑面积
	其他医院（包括独立门诊、专科医院等）	1.5	3.0	车位/100m² 建筑面积
学校	幼儿园	1.0	10.0	车位/100 师生

续表

建筑物大类	建筑物子类	机动车停车位指标下限值	非机动车停车位指标下限值	单位
学校	小学	1.5	20.0	车位/100 师生
	中学	1.5	70.0	车位/100 师生
	中等专业学校	2.0	70.0	车位/100 师生
	高等院校	3.0	70.0	车位/100 师生
办公	行政办公	0.65	2.0	车位/100m² 建筑面积
	商务办公	0.65	2.0	车位/100m² 建筑面积
	其他办公	0.5	2.0	车位/100m² 建筑面积
商业	宾馆、旅馆	0.3	1.0	车位/客房
	餐饮	1.0	4.0	车位/100m² 建筑面积
	娱乐	1.0	4.0	车位/100m² 建筑面积
	商场	0.6	5.0	车位/100m² 建筑面积
	配套商业	0.6	6.0	车位/100m² 建筑面积
	大型超市、仓储式超市	0.7	6.0	车位/100m² 建筑面积
	批发市场、综合市场、农贸市场	0.7	5.0	车位/100m² 建筑面积
文化体育设施	体育场馆	3.0	15.0	车位/100 座位
	展览馆	0.7	1.0	车位/100m² 建筑面积
	图书馆、博物馆、科技馆	0.6	5.0	
	会议中心	7.0	10.0	车位/100 座位
	剧院、音乐厅、电影院	7.0	10.0	车位/100 座位
工业和物流仓储	厂房	0.2	2.0	车位/100m² 建筑面积
	仓库	0.2	2.0	车位/100m² 建筑面积
交通枢纽	火车站	1.5	—	车位/100 高峰乘客
	港口	3.0	—	车位/100 高峰乘客
	机场	3.0	—	车位/100 高峰乘客
	长途客车站	1.0	—	车位/100 高峰乘客
	公交枢纽	0.5	3.0	车位/100 高峰乘客
游览场所	风景公园	2.0	5.0	车位/hm² 占地面积
	主题公园	3.5	6.0	车位/hm² 占地面积
	其他游览场所	2.0	5.0	车位/hm² 占地面积

5.停车场设计

停车场的布置应当以高峰时高比重车辆作为标准车型，除特殊停车场外，通常都应当以小型汽车为设计依据，避免不必要的浪费。

停车场通道宽度和停车泊位尺寸与车型尺寸有关，也与停车场停车方式密切相关，不同停车方式单位停车泊位面积以及停车场通道宽度差异较大。

（1）停车方式及进出方式

停车方式按汽车纵轴线与通道的关系，分为平行式、垂直式、斜列式三种（图17-13）。其中斜列式又分为与通道呈30°、45°和60°三种。

上述三种停车方式各有特点（表17-7），规划设计者应当根据基地的面积及布局情况，综合考虑。

各类机动车停车场停车方式比较   表17-7

停车方式	优点	缺点	适用范围
平行式	占用停车宽度小，一般仅需2.5m，车辆驶出方便迅速	占用停车长度最大，且占用总停车面积最大	多用于狭长场地、交通量较小、停车时间短的停车场
垂直式	单位长度内停车的车辆最多，车辆驶出方便迅速	占用停车宽度大，一般需7m，且在倒车时需占两个车道	多用于场地紧凑、交通量大的停车场
斜列式	车辆进出方便，且出入时占用的车行道宽度较小	且占用总停车面积较大	交通量大，停车时间短的停车场

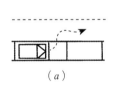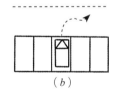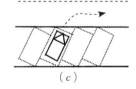

（a）　　　　　　　（b）　　　　　　　（c）

图17-13　机动车停车方式

（a）平行式；（b）垂直式；（c）斜列式

车辆进出车位方式有前进停车、后退发车；后退停车、前进发车；前进停车、前进发车（图17-14）。大型车辆在停车和发车时都应避免倒退，可采取前进停车和前进发车，受地形限制时，可考虑后退停车。

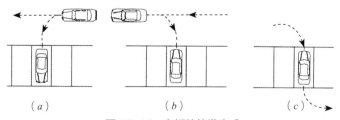

（a）　　　　　　　（b）　　　　　　　（c）

图17-14　车辆的停发方式

（a）前进停车、后退发车；（b）后退停车、前进发车；（c）前进停车、前进发车

（2）通道宽度与停车泊位尺寸

停车库（场）设置标准各个地区有所不同，现将 2006 年版上海市工程建设规范《建筑工程交通设计及停车库（场）设置标准》列出供参考（表 17-8~ 表 17-10）。

机动车停车库（场）车辆之间的间距（m） 表 17-8

项目		微、小型汽车	轻型汽车	大、中型汽车
平行式停车时车间纵向净距		1.2	1.2	2.4
垂直式、斜列式停车时车间纵向净距		0.5	0.7	0.8
车间横向净距		0.6	0.8	1.8
车与柱净距		0.5	0.5	0.5
车与围墙、护栏及其他构筑物之间的净距	纵向	0.5	0.5	0.5
	横向	0.6	0.8	1.0

机动车停车库通道宽度（m） 表 17-9

项目		通道宽					
		微型车	小型汽车	轻型汽车	中型汽车	大货车	大客车
平行式	前进停车	3.0	3.8	4.1	4.5	5.0	5.0
斜列式	30° 前进停车	3.0	3.8	4.1	4.5	5.0	5.0
	45° 前进停车	3.0	3.8	4.6	5.6	6.6	8.0
	60° 前进停车	4.0	4.5	7.0	8.5	10.0	12.0
	60° 后退停车	3.6	4.2	5.5	6.3	7.3	8.2
垂直式	前进停车	7.0	9.0	17.5	15.0	17.0	19.0
	后退停车	4.5	5.5	8.0	9.0	10.0	11.0

机动车停车库停车面积控制表（m²） 表 17-10

项目		最小单位停车面积					
		微型车	小型汽车	轻型汽车	中型汽车	大货车	大客车
平行式	前进停车	17.4	25.8	41.6	65.6	74.4	86.4
斜列式	30° 前进停车	19.8	26.4	40.9	59.2	64.4	71.4
	45° 前进停车	16.4	21.4	34.9	53.0	59.0	69.5
	60° 前进停车	16.4	20.3	40.3	53.4	59.6	72.0
	60° 后退停车	15.9	19.9	33.5	49.0	54.2	64.4
垂直式	前进停车	16.5	23.5	41.9	59.2	59.2	76.7
	后退停车	17.8	19.3	33.9	48.7	53.9	62.7

17.2.6.2　自行车停车场

自行车停车场是指专门供各种自行车存放停驻的露天或室内的停放场所，一般有自行车停车场、停车楼和临时停车场等。

1. 自行车停车场分类

自行车停车场按停车场的性质可分为专用停车场、公共停车场；按设置地点不同，可分为路内停车场、路外停车场。

2. 自行车停车场规划设计原则

根据自行车出行特点及使用人群的特点，自行车停车场规划应遵循以下原则：

（1）适当分散，多处设置；

（2）就近设置，方便停放；

（3）视野良好，通道多处；

（4）土地平整，路线清晰。

3. 自行车停车场规划布置标准

相对于机动车而言，自行车占地面积小，机动灵活，又是一种符合绿色交通概念的交通工具，是应当鼓励的交通出行方式。因此，在建设过程中应当充分考虑自行车的停车需求。自行车停车位配建标准参见表 17–6。

17.2.7　城市道路交通设施

17.2.7.1　公共加油（气）站

1. 概述

城市道路上的公共加油（气）站主要是为市内及出入城市的汽车补给燃料——油等，有时还附设加水、轮胎充气或兼有洗车和小修等服务项目。

2. 公共加油（气）站用地布局

城市公共加油（气）站应根据交通发展的实际需要均衡地分布，达到合理、方便的要求，以构成一个完善的加油服务网。城市公共加油站的服务半径为 1~2km，尽量缩短汽车空驶里程。一般在大型汽车停车场、城市出入口、主要干道及车辆经过或汇集较多的地方，如工业区、行政文化中心、车站等附近都需要设置公共加油（气）站。

设置一个加油站，一般至少每天能为 300 辆左右汽车服务才为合理。城市公共加油站的规模要根据城市和周围地区汽车拥有水平而定，并按大、中、小型站相结合的原则布点，以小型站为主来考虑。

加油站的布置需符合交通安全、流畅、卫生和防火等要求，加油站要布置在道路醒目的地方，并要方便加油，还要有良好的视距条件,使车辆在 100m 以外就能看见。出入口最好设在次要道路上，并有等候加油车辆的停车道，以免车辆出入加油站妨碍交通。为了确保环境卫生和安全防火，加油站应有良好的通风，并与周围建筑物应有一定的安全距离，和人行道要用栅栏或绿篱隔开。由于加油站的地下构筑物比较复杂，不宜迁移。因此，站址的选择必须考虑城市发展，避免将来因城市改建而变动。此外，还要符合现行国家标准《汽车加油加气站设计与施工规范（2014年版）》GB 50156—2012的有关规定。

3. 公共加油（气）站建设标准

城市公共加油（气）站的规模要根据城市和周围地区汽车拥有水平而定，并按大、中、小型站相结合的原则布点，以小型站为主来考虑。公共加油（气）站建设标准见表17-11。

公共加油加气站用地面积指标　　　　　　　　表 17-11

昼夜加油的车次数	加油加气站等级	用地面积（m²）
2000 以上	一级	3000~3500
1500~2000	二级	2500~3000
300~1500	三级	800~2500

注：对外主要交通通道附近的加油站用地指标宜取上限。

17.2.7.2　交通管理设施

1. 交通信号

信号灯是用手动、电动或电子计算机操作，以信号灯光指挥交通，在道路交叉口分配车辆通行权的设施。

设置信号灯主要依据交叉口交通量大小，以期车流安全、畅通；假如设置不当可能产生逆效果，在安装前应进行论证。信号灯设置在交叉口中央比较醒目，注意力容易集中，当交通特别拥挤时利于配合交通警察手势指挥。另外一种最常见的是设置在交叉口停车线处。设置在交叉口出口一侧，则适用于较小的交叉口，有利于将停车线向前布置，缩短通过交叉口时间，信号也较醒目。

2. 交通采集、交通信号板

交通情报也称为交通信息。公安与道路管理部门为保证行驶于高级公路或城市主干道上的车辆安全、迅速，应及时向驾驶员提供情报；同时，为积累交通量、路况等资料也需收集情报。

我国公安部1988年已筹建全国交通情报系统，使道路交通管理的情报收集、存储、统计、查询、分析、处理实现电子计算机化。

3. 交通标志和标线

（1）交通标志

道路标志是为保障交通安全，用文字与图案向驾驶员提供沿线交通情报的设施。

设置道路标志着重使驾驶员易读认、醒目。表示易读程度称为判读性，表示醒目程度称为诱目性，判读与诱目两者结合称为标志的辨认性。

从总体上来看，交通标志分为主标志和辅助性标志两大类。其中主标志又分为6小类，具体包括警告标志、禁令标志、指示标志、指路标志、旅游区标志、道路施工安全标志；辅助性标志是附设于主标志下起辅助说明作用的标志，形状为矩形，白底黑字（黑图案）黑边框。

（2）交通标线

道路交通标线是用黄白颜色的线（或线组成的面）和文字与符号形象化表示出来，图画于路面、路沿或突起物上的交通管理设施。它的作用是管制和引导交通。

道路交通标线按功能、设置方式和标线形态进行分类，分为指示标线、禁止标线、警告标线。高速路、快速路、城市干道、一、二级公路均应按照现行国家标准《道路交通标志和标线》GB 5768设置交通标线。

1）指示标线——指示车道、行车方向、路面边缘、人行道等设施的标线。

2）禁止标线——告示道路交通的遵行、禁止、限制等特殊规定，车辆驾驶人员及行人需要严格遵守的标线。

3）警告标线——促使车辆驾驶人员及行人了解道路上的特殊情况，提高警觉，准备防范应变措施的标线。

道路标线主要种类有：车道中心线、车道分界线、车道边缘线、停止线、停止让行线、减速让行线、人行横道线、导流线。

标线有连续实线、间断线、箭头指示线等，此外，还有竖面标线和路缘石标线。

4. 无障碍交通设施

（1）无障碍交通设施的含义

城市道路无障碍设施是针对残疾人、老年人等的生理和心理的特殊需要，对城市道路有关部位提出的便于这类弱势群体行动和使用的一种系统设计。

（2）无障碍交通设施的组成

城市道路和建筑物无障碍设计的范围很广、内容很多。弱势群体希望到达的地方，通过无障碍设施都能到达和使用，这就要求对诸如道路、天桥、入口、台阶、坡道、楼梯、车位等，都要在形式、尺度、功能上转变设计观念，按照弱势群体意识予以设计。主要包括以下几个方面：

1）人行道的无障碍设施：盲道及缘石坡道。

2）交叉口的无障碍设施：过街音响装置、安全岛。

3）其他无障碍设施：盲文地图及无障碍标志牌。

17.3 相关案例——兰州市道路网规划

兰州市道路网规划扫码阅读。

二维码 17-1

本章参考文献

[1] 徐循初. 城市道路与交通规划（下册）[M]. 北京：中国建筑工业出版社，2013.

[2] 郭亮. 城市规划交通学 [M]. 南京：东南大学出版社，2010.

[3] 边经卫. 当代城市交通规划研究与实践：以厦门市为例 [M]. 北京：中国建筑工业出版社，2010.

[4] 陆化普，等. 城市交通规划案例集 [M]. 北京：清华大学出版社，2007.

[5] 王炜. 城市交通管理评价体系 [M]. 北京：人民交通出版社，2003.

第18章

中心城区公共服务设施规划

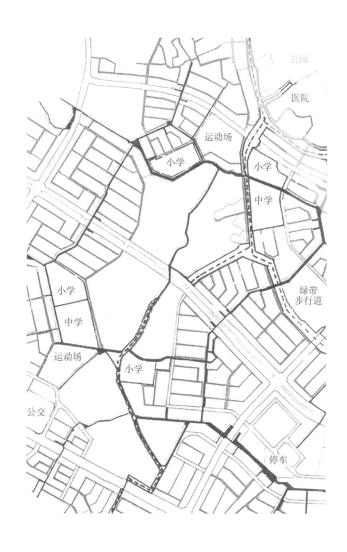

公共服务设施的建设水平，包括等级、规模和完善程度等，是一个国家的经济发达与否的标志。同时，其公共配套设施是否人性化、公共配套设施质量的优劣、数量的多少在一定程度上衡量着一个国家文明程度的高低。

城市公共服务设施的主要作用，是将公共资源通过管理手段转化为公共服务，提供给广大居民，满足公众的服务需求。作为社会公共服务载体，其主要特征为公用性，兼具公益性、公众性的特点。公共服务设施规划布局的合理性、规模容量的承载能力、设施配备的匹配程度等，对城市功能定位、城市规模提升、城市对外形象塑造等起着决定性作用。与此同时，居民的生活质量也同城市公共设施的服务水平密切相关。

当今中国正经历从建设小康社会向全面建成小康社会转变、从提供个人的基本生存需要为主到适应人的全面发展要求的社会变革关键时期。城市公共服务设施作为政府职能转变的硬件设施载体，是社会经济转型在物质空间上的现实表达与直接反映，更是贯彻落实党和政府一系列方针政策的展现窗口和实施平台。

18.1 公共服务设施的界定

18.1.1 公共服务设施的概念

公共服务设施是保障城市居民生活的重要民生设施，主要涵盖体育、教育、商业、文化、医疗等方面，是能够满足不同阶层、不同群体生活需要的公共性、服务性设施。公共服务设施规划是城市规划作为公共政策的重要体现，是城市品质的规划保障。通过对公共服务设施内容、标准、布局等方面的规划以及对公共服务设施建设的管理，可以保障居民的基本生活质量，避免市场的逐利属性对公共设施的侵害，是城市规划的重要组成部分。

18.1.2　公共服务设施的类型

公共服务可以根据其内容和形式分为基础公共服务设施、经济公共服务设施、公共安全服务设施和社会公共服务设施。

基础公共服务是指那些通过国家权力介入或公共资源投入，为公民及其组织提供从事生产、生活、发展和娱乐等活动需要的基础性服务，如提供水、电、气、交通与通信基础设施和邮电与气象服务等。

经济公共服务是指通过国家权力介入或公共资源投入为公民及其组织即企业从事经济发展活动所提供的各种服务，如科技推广、咨询服务以及政策性信贷等。

公共安全服务是指通过国家权力介入或公共资源投入为公民提供的安全服务，如军队、警察和消防等方面的服务。

社会公共服务则是指通过国家权力介入或公共资源投入为满足公民的社会发展活动的直接需要所提供的服务。社会发展领域包括教育、科学普及、医疗卫生、社会保障以及环境保护等领域。社会公共服务满足公民的生存、生活、发展等社会性直接需求，如公办教育、公办医疗、公办社会福利等。

18.1.3　公共服务设施的分级

在我国，公共服务设施分级与行政管理相对应，一般将公共服务设施的分级确定为四级，即城市级、大区级、居住区级以及基层社区级（表18-1）。

公共服务设施分级　　　　　　　　　　　　　　　　　　表18-1

级别	配置要求
城市级	主要指市级公共服务设施
大区级	大区级公共服务设施宜结合交通枢纽形成区级公共服务中心，设置购物中心、影剧院、演艺中心、体育场馆、医院及公共活动广场等设施
居住区级	宜在交通便利、公共交通站点处集中设置，形成居住区服务中心，为居民提供日常生活服务的社区文化中心、社区卫生服务中心、综合健身馆等项目
基层社区级	宜在交通便利的中心地段集中设置，为居民提供菜市场、便利店、社区商业等基础性的生活服务项目

18.1.4　公共服务设施的分类

城市级、大区级公共设施主要是为全市服务的大型独立占地设施，其分类见表18-2。诸如市政府、剧院、博物馆、会展中心、体育中心、市属医院、大型广场和公园等。

序号	类别	主要内容
		城市级、大区级公共服务设施分类　　　表 18-2
1	行政管理	街道办事处、派出所
2	社区服务	社区服务中心、社区管理及服务用房、社区养老服务设施等
3	教育	中学、小学、幼儿园等
4	医疗	社区卫生服务中心、卫生服务站等
5	文化	社区文化活动中心、文化站等
6	体育	综合运动场、综合健身馆、居民健身设施等
7	绿地广场	居住区绿地、社区绿地、广场等
8	市政公用	公交场站、加油加气站、变电站、社区公交集中停靠站、公厕、开闭所、再生资源回收站、配电房等
9	商业服务业	农贸市场、便利店、银行等

18.2　公共服务设施的价值取向

18.2.1　公平正义理论

公平正义理论源自于 18 世纪末 19 世纪初的功利主义，最初以坚持"最大多数人的最大幸福"为第一原则，后来发展为协调各方利益、维护公共利益、实现社会正义的社会思想。

城市规划体现公平正义思想主要表现为：统筹安排城市各项建设用地，合理配置城市各项基础设施，为城市社会提供各种必要的公共服务；创建美好、宜居的城市环境；建立有效的社会参与机制，鼓励公众参与，化解社会利益冲突，促进社会公平，维护城市社会绝大多数成员的利益，推动城市社会和谐发展；"以人为本"，协调好城市的经济发展与环境保护、文化保护的关系，协调好城市不同行业和部门的发展，协调好城市的长远发展和近期发展。

18.2.2　均等化思想

"均等化"最早源自经济学领域的"收入均等化"，逐步延伸到社会福利的均等化，并随着社会的进步和经济的繁荣，进一步拓展细化到公共服务设施的均等化。公共服务设施的均等化是"均等化"思想在城市规划领域的重要反映。

均等化不是简单地平均化和无差异化，其目的是实现社会公平和正义。城乡公共服务设施均等化的实质是城乡居民基本公共服务消费权利的平等，主要表现在文化艺术、教育科研、医疗卫生、体育设施以及社会福利等方面。这种平等的消费权利不因个人身份地位、财富状况的差异而不同，也不能任意被剥夺。均等化主要是保证机会均等，但对于某些特殊的基本公共服务，比如义务教育，还意味着必须保证结果均等。此外，城乡基本公共服务均等化的实现过程是一个均等化与非均等化、均等化全国最低标准与地方标准同时并存的过程。

18.2.3　基本需求理论

公民有享受教育、健康和最低生活保障的基本福利权利。联合国《人权宣言》中对这一权利进行了明确规定。如第 22 条"每个人，作为社会的一员，有权享受社会保障，并有权享受他的个人尊严和人格的自由发展所必需的经济、社会和文化方面各种权利的实现"。第 25 条"人人有权享受为维持他本人和家庭的健康和福利所需的生活水准，包括食物、衣着、住房、医疗和必要的社会服务等。在失业、疾病、残废、守寡、衰老或其他不能控制的情况下丧失谋生能力时，有权享受保障"。第 26 条"人人都有受教育的权利，教育应当免费，至少在初级和基本阶段应如此"。公共服务设施规划对基本需求理论的体现主要表现在建立公共服务设施的分级、分类体系，满足不同人群对文化、教育、卫生、体育等方面的最低需求。

18.3　公共服务设施规划的内容

18.3.1　教育设施规划

1. 教育设施分类

教育设施的分类以人口为依据。由于不同年龄段的教育对城市教育设施的配置要求不同，城市教育设施宜结合不同年龄段的心理、生理条件及对教育设施的使用要求进行分类。一般将教育设施分为基础教育设施与非基础教育设施。我国的基础教育主要包括幼儿园教育、小学教育、普通中等教育，该年龄段学生的生活自理能力较弱，其学习与生活还需家长照顾。非基础教育包括普高、职中、大学，该年龄段学生具有一定的学习与生活自理能力，可以寄宿在校学习。

2. 教育设施规划策略

（1）从城市教育设施的共性与个性出发，进行分类与规划。城市教育设施按学生年龄分类可划分为小学、初中、高中及大专院校等，各类设施的现状分布状况与建设标准各不相同，其规划布局也不一样。如幼儿园、小学、初中等教育设施与居民人口分布有关。而寄宿制高中、大专院校则追求资源共享，以教育园区形式出现，为后勤社会化带来便利。因而教育设施的规划布局首先应从设施的共性与个性出发进行分类，便于规划能对各类教育设施建设指标进行量化控制。

（2）淡化城市建成区界线，按城乡一体化规划思路建设教育设施，改善农村与山区的教育设施配套条件。将城市与其周边农村地区作为一个整体来研究，不能就城市论城市。

（3）为了便于教育设施建设管理与实施，必须建立符合实际的规划指标体系，以规范教育设施的建设。城市教育设施建设以规范与标准为准则，规划指标体系必须符合当地的实际情况，若指标过高则实施有困难，过低则不符合国家标准，且会影响一些基本功能的安排和使用。故建立符合实际的教育设施指标体系是城市教育设施规划的关键所在，以量化的指标体系来规范城市教育设施的建设，有利于规划的实施。

3. 教育设施规划的内容

（1）分析城乡各社区、各居民点的人口年龄结构，尤其重视对幼儿组、小学组、中学组受教育的情况，包括受教育的比例、质量等的分析，确定教育设施的发展方向。

（2）分析城乡教育设施的发展现状，对城乡教育设施进行分级、分类，建立教育设施系统。并依据城乡各社区、各居民点实际受教育的人口，对各级、各类教育设施进行空间布局、规模控制以及相应的资源配置。

（3）建立符合实际情况的指标控制体系。规划应该突出指标分类，对教育设施提出一系列量化的指标要求，真正能指导各级、各类教育设施的配置，具有可操作性。指标控制体系包括各类学生的千人指标、各类学校的服务半径、各类教育设施的合理规模、各类学校的人均建设用地与人均建筑面积指标。

（4）预测各类教育设施规模。根据目标城市绘制的人口百岁图，可以计算各年龄段学生占总人口的比例，再综合人口出生率的总趋势，考虑到可能出现的生育高峰或低谷，规划的千人指标取值宜设定一个弹性范围。各类学校的学生规模按指标体系分析的成果来测算。

（5）提出近期建设要求。根据教育设施现状，近期着力做好幼儿园、小学及高等教育设施的调整与建设，弥补缺口，协调发展，形成完整的教育体系。

18.3.2 医疗卫生设施规划

1. 医疗卫生设施的分类

按照医疗卫生行业的需求，将医疗卫生体系分为医疗服务体系和公共卫生服务体系两大部分。医疗服务体系包括城市二级医疗服务体系——城市综合医院和各类专科医院、农村三级医疗服务体系——县级医院和乡级医院以及村卫生室、急救医疗机构和采供血机构。公共卫生服务体系包括妇幼保健院、疾病预防控制中心、卫生监督机构及社区卫生服务设施，其中社区卫生服务设施是城市公共卫生服务和基本医疗服务的双重网底。

2. 医疗卫生设施规划的策略

（1）提升老城医疗服务品质，完善外围地区医疗服务功能。老城作为区域服务中心，以提升服务品质为重点建设内容，原则上不再新建大型医疗设施。副城、新城是城市未来发展的重要区域，是医疗设施规划的重点地段。规划应将城市根据其实际情况划分成若干区域，并提出各区的空间管制原则，如资源控制区指医疗资源分布已经非常密集或相对过剩、现有医疗机构的规模发展受到限制、未来增设医疗机构将被严格控制的区域；资源稳定区指医疗资源相对密集，但还未出现明显过剩，随着未来人口增长和经济发展，医疗资源可以适度增加的区域；资源发展区指医疗资源相对不足，未来应鼓励新增资源向该地区倾斜的区域。并根据当前城市医疗资源在各区的分布状况，经综合分析，确定城市各区所对应的空间管制分区。

（2）突出基层医疗服务体系建设，提升社区卫生服务能力。我国基层医疗服务体系普遍存在基础差、功能不健全、服务质量低、效率不高等现象。从现有卫生资源利用状况分析，需要合理配置和调整卫生资源，大力发展社区卫生服务，努力在基层解决预防、保健、健康教育、常见病和慢性病的诊治等一系列卫生问题。规划应在城市范围内建成以社区卫生服务为基础、社区卫生服务机构与医院和预防保健机构合理分工、密切协作的新型卫生服务体系，实现分级医疗、合理就医。将居民的基本健康问题在社区予以解决，使社区居民能够享受到与社会和经济发展水平相适应的卫生服务。

（3）合理配置医疗结构，完善专科医院建设。目前，我国老龄化程度逐步提高，慢性非传染性疾病已代替传染性疾病成为很多大城市居民健康的重大威胁。为了适应对人口质量的要求，应适度加强儿科、妇产科服务设施的建设，在现有医疗资源的基础上，通过技术合作、指导等，建立妇幼保健分中心，提供产科和儿童医疗保健服务。同时，针对当前大城市医疗资源结构与居民健康需求不对应的情况，还应重点加强传染病、口腔、中医、中西医、耳鼻喉、肿瘤及康复等专科医院的建设。

（4）严格执行国家相关标准，推进公共卫生设施体系建设。城市各级妇幼保健机构和疾病预防控制中心应按照行政区划分级设置，严格执行国家有关建设标准。新建机构可以考虑在区域医疗中心附近选址，以方便业务上的联系。

进一步完善三级卫生监督执法网络，逐步解决各级卫生监督问题，完善基层卫生监督网络，重点完成中心镇和街道卫生监督派出机构的建设。

3.医疗卫生设施规划的内容

（1）确定合理的配置标准。医疗卫生设施的配置标准主要包括床位数配置标准及用地配置标准。床位数配置标准主要指千人床位数，用地配置标准主要为床均用地。

（2）全面分析各类医疗卫生设施现状。包括综合医院、专科医院、社区卫生服务中心、卫生站以及其他医疗服务设施的空间分布、规模大小、现有问题以及发展方向，并结合城市人口结构加以考虑。

（3）确定规划结构。根据相关上位规划提出的城市定位，结合城市空间结构、公共中心体系及人口分布，确定医疗卫生设施总体布局结构，并对全市（县）域进行策略分区，如优化整合区、调整完善区、重点建设区，并对每个策略分区提出不同的规划策略。

（4）医疗服务设施规划布局。综合医院布局规划应该与规划人口分布相结合，但基于综合医院的病患就医特点，其布局不强求与人口分布完全一致；不按区级、县级市的级别来平均分配综合医院；新建综合医院的选址注重减少老城与新区在资源占有上的差异；在各地区之间均衡选择大型综合性医院来承担对周边地区医疗机构的服务指导责任，充分发挥大型综合性医院在技术、质量和管理上的优势，带动区域医疗质量和服务效率的提升。专科医院原则上不受区域限制，同一专科有两所以上医院的，应合理布局，避免重复建设。优先发展严重危害居民健康的恶性肿瘤、心脑血管疾病、创伤外科、精神病、老年护理、康复等专科医院，在用地配置上给予重点保证。引导布局不合理、重复设置、医疗服务量长期不足的中小型综合医院向专科医院发展。在新区应鼓励二级医院通过内部优化、资源重组，上升为综合医院或者有特色的专科医院。

（5）确定用地的选址，以图则形式纳入规划管理。为了保障在空间上落实规划的各类医疗卫生设施建设，确定新建、改扩建及预留的各类医疗卫生设施用地具体的选址。涉及对已有规划的调整和补充的，应该按照控制性详细规划修编及审批的程序，开展规划修编，确保实现各类医疗卫生设施用地的可利用性。

18.3.3　文化体育设施规划

1. 文化体育设施分类

为了充分发挥城市公共文化体育设施的功能，繁荣文化体育事业，满足人民群众开展文化体育活动的需求，国务院于2003年6月颁布的《公共文化体育设施条例》中指出：公共文化体育设施是由各级人民政府举办或者社会力量举办的，向公众开放用于开展文化体育活动的公益性图书馆、博物馆、纪念馆、美术馆、文化馆（站）、体育场（馆）、青少年宫、工人文化宫等的建筑物、场地和设备。

按照功能分类，公共文化体育设施可分为公共文化设施和公共体育设施。公共文化设施指的是图书馆、博物馆、艺术馆、剧院、电影院等，它们既是收藏、研究、展示、组织艺术活动的公益性机构或商业设施，也是人们进行文化活动的重要载体和休闲娱乐的主要场所。公共体育设施是指作为体育教学、训练、竞赛、锻炼和体育娱乐等活动之用的体育建筑、场地、室外设施以及体育器材等的总称。具体分类见表18-3。

城市公共文化体育设施按功能分类　　　　　　　　　　表18-3

种类	分类	形式
公共文化设施	博览类	博物馆、展览馆、美术馆和规划馆等
	文教类	公共图书馆、群艺馆、各种活动中心等
	科研类	科学馆、天文馆等
	观演类	歌剧院、音乐厅等
公共体育设施	竞技类	体育竞技馆、足球馆、篮球馆、拳击馆等
	健身类	健身房、体操馆、瑜伽馆等
	休闲类	体育公园、社区休闲器材、步行道等

公共文化体育设施在经济层面可分为公益性文化设施、公益经营性文化设施、经营性文化设施。公益性文化设施是通过政府投资建设，向公众开放，不具有竞争性的公共文化体育设施，如图书馆、博物馆、文化馆、艺术馆、展览馆、体育馆等。经营性公共文化体育设施是指市场化经营能产生效益，使投资产生回报的文化体育设施，如书店、电影院、剧院、健身房、游泳馆、体操房等。具体分类见表18-4。

公共文化体育设施在经济层面的分类　　　　　　　　　表18-4

分类	特征				涵盖内容
	资金来源	建设单位	运营方式	公益性水平	
公益性文化设施	财政全额拨款	政府	不以营利为目的，完全免费对市民开放	公益性最为突出	公共博物馆、图书馆、艺术馆、开放体育场馆、运动场、社区活动中心等
公益经营性文化设施	财政差额拨款、社会集资	政府或社会团体、个人	不以营利为目的，适当收取运营成本	公益性低于前者	歌舞剧场、城市体育馆等
经营性文化设施	企业或个人	企业、个人	以营利为目的	公益性最低	书店、影剧院、歌舞厅、健身房、游泳馆、体操房等

2. 文化体育设施规划的策略

（1）空间布局——网络化分散，优势集中

在信息化时代背景下，交通通信技术的进步使交通运输不再是阻碍经济和社会发展的问题。城市空间和城市资源分配逐渐均等化、合理化，区域间的差距逐渐缩小，使城市空间呈现出网络化分散式的布局模式。随着人口的均质化迁移，商业、文化体育等基础服务设施也随之向外扩散，呈现出网络化分散的布局形态。该形态就像互联网节点一样，核心节点是位于中心区域的市级公共文化设施，而区级、社区级的文化体育设施间的等级差距将随着区域差距的缩小而缩小，呈网状结构布局。

由于集聚效应带来的人流量聚集仍然是城市活力的重要来源，城市文化体育设施的布局要做到优势集中，功能互补的文化体育设施应在区域内集中布置，实现双赢。

（2）数量指标分配——以存量更新为主，按需设置数量

近年来国家严控新增建设用地指标，城市发展建设由增量规划转向存量规划。在这种环境下，文化体育设施的数量设置也将以存量设置为主导，对文化体育设施的建设主要通过功能结构优化来提升其价值与使用率，而不应该忽略现状与客观条件进行大规模的建设。

文化体育设施在数量设置上应该相应减少，按需设置，即根据人口规模、文化追求、居民喜好、精神需求及区域特点设置不同数量与用途的文化体育设施，从而使文化体育设施发挥最大效率。数量的多少将不是衡量文化设施建设好坏的标准，公共文化设施的建设要向着规模与功能的多元化方向发展，并与互联网文体休闲方式结合互补，共同满足居民多方面的需求。

（3）用地功能规划——设施内部更新，用地功能兼容化

经济的发展和科技的进步对人类生活产生了方方面面的影响，居民的日常生活、工作、交通、休憩都因此发生了变化。文化体育设施也应引入智慧技术，促进居民的文化交流和体育竞技，并通过大数据评估城市居民的文化体育活动的活跃程度，通过双向反馈的智慧技术，为城市居民提供多样化的活动场所。

在城市功能相互兼容的条件下，文化体育设施的布局选址也更加灵活，如集商业、文化体育、休闲于一体的综合体建筑，集文化体育、休闲、工作、居住为一体的宜居社区等都是未来发展的趋势。传统的文化体育设施也需要寻求新的发展方式，其功能的丰富与多元是赢得居民光顾的主要方式。

3. 文化体育设施规划的内容

（1）分析全市公共文化体育设施的现状及问题，提出维护与更新的策略

城市文化体育设施由于自身的实用特性，有一定消耗和磨损，只有做好文化体育设施日常的维护和保养，才能保证广大城市居民正常顺利地进行文化体育活动，满足居民的需求。因此，必须要保证现有文化体育设施的管理，完善公共体育设施管理体系。

（2）健全区级、片区级以及社区级文化体育设施体系

以基层公共文化体育设施建设为基础，制定人均文化体育设施建设指标，引导和控制全城合理布局各级文化体育设施，同时为居民休闲提供便利，提升城市活力，促进城市底蕴沉淀。

（3）建设旗舰性文化体育设施带动城市中心区复兴，结合地方特色资源建设特色文化休闲区

根据城市资源文化特点，建设具有地方特色的旗舰性文化体育场馆，健全配套设施，提升服务与管理质量，形成城市面貌的象征，提升片区的吸引力，带动地区发展，促进城市中心区的结构优化调整，传承城市文化内涵。

（4）优化现有文化体育设施，完善配套服务体系

根据城市居民需求，进行针对性的服务，注重公共文化体育设施投入的"质"和"量"，分级分类配置对应人口（如儿童、老人等弱势群体）需求的设施种类和数量，优化现有文化体育设施，为居民提供多样化的休闲选择。

（5）通过规划政策传导落实，提高公共参与程度

建立健全社区文化体育活动中心，配备相匹配的社区工作人员，定期组织社区文化体育活动，促进邻里关系和谐发展，建立符合城市特色、覆盖整个城市、可持续发展的公共文化体育设施体系。

18.3.4 社会福利设施规划

1. 社会福利设施分类

社会福利设施是国家依法为所有公民普遍提供的，旨在保证一定生活水平和尽可能提高生活质量的资金和服务的社会设施，是面向老人、儿童、残疾人等特殊群体的设施，例如老年人或残疾人活动站点等。它既体现了对弱势群体的扶助和人文关怀，又缓解了社会矛盾、稳定了社会秩序，有助于和谐社会的形成。社会福利设施是城市功能的重要组成部分，既是城市发展的保障，又体现了城市的文明程度。

社会福利设施按照服务类型分为老年人社会福利设施、残疾人社会福利设施和儿童社会福利设施。其中老年人社会福利设施包括养老服务设施和老年人活动中心，残疾人社会福利设施包括残疾人综合服务设施、残疾人康复设施和残疾人文体活动设施，儿童社会福利设施主要是各级儿童福利院或社会福利院中的儿童部。具体分类见表18-5。

社会福利设施的分类　　　　　　　　　　　　　　　表 18-5

分类	体系	项目	内容
老年人社会福利设施	养老服务设施	市级养老院、老年公寓	生活起居、餐饮服务、文化娱乐、医疗保健、健身及室外活动场地、行业培训
	老年人活动中心	片区级老年活动中心	图书报刊阅览、多功能教室、活动室、室外活动场地
		社区级老年活动中心	活动室、教室、阅览室、保健室、室外活动场地等

续表

分类	体系	项目	内容
残疾人社会福利设施	残疾人综合服务设施	市级残疾人综合服务中心	康复训练与聋儿培训、就业服务、职业规划、辅助器具供应、盲人按摩、法律服务、文化活动等服务
	残疾人康复设施	片区级残疾人康复中心	康复训练与服务、技术人才培训、服务指导、信息咨询、知识宣传普及、研究与残疾预防
		社区级残疾人康复站	康复训练与服务、宣传普及康复、残疾预防知识
	残疾人文体活动设施	残疾人文体活动中心	图书报刊阅览、多功能教室、活动室、室外活动场地
儿童社会福利设施	儿童福利设施	各级儿童福利院	生活起居、餐饮服务、文化教育、医疗保健、健身及室外活动场地
		各级社会福利院儿童部	生活起居、餐饮服务、文化教育、医疗保健、健身及室外活动场地

2. 社会福利设施规划的策略

（1）社会氛围的营造

转变现有的强调局部社会效果的传统社会福利目标为强调社会整合的积极社会福利目标。选择布置在环境优美的郊外或海边，接近城市大型居住区，有便捷的交通联系，与城市公园绿地等开放空间结合，让残障人士和弱势者与普通市民充分接触、交流和彼此了解，形成融洽和谐的社会氛围。

（2）多功能有机结合

目前，我国的社会福利设施虽然功能齐全但是缺少相互联系，空间上基本呈单一、分散的布局结构。参考"幸福村"的模式，将多种福利设施集中布置，加强各功能间的联系，形成从医疗看护到康复培训的全功能社区，以开放空间连接不同功能，形成组团式群簇发展的空间结构。将更大范围和不同领域的医疗服务资源进行整合、共享使用，以降低养老机构的建设和维护成本。

（3）多种运营模式相互补充

整合政府、企业和社会的力量，立足于中国国情，按照社会主义市场经济的要求来发展社会福利事业，加快实现投资主体多元化、服务对象公众化、运行机制市场化、服务方式多样化和服务队伍专业化，从而建立起家居供养为基础、社区福利服务为依托、福利机构供养为补充的社会福利服务体系。

3. 社会福利设施规划的内容

（1）根据城市社会经济发展水平，提出城市社会福利发展战略

根据城市可调用资金与居民生活水平以及生活需求，推动多元主体共同开发健

全社会福利体系，合理提出城市社会福利发展战略。

（2）预测城市弱势群体人口，确定各项社会福利设施的建设目标

分析预测城市老年人口，统计残疾人、孤残儿童人口，确定社会福利设施体系建设目标，体现对弱势群体的扶助和人文关怀，缓解社会矛盾及稳定社会秩序，有助于和谐社会的形成。

（3）建立层次分明、设置合理、指标明确的设施标准体系

规划形成"市级、片区级、社区级"三级社会福利服务体系，确定福利设施人均建设标准和设施数量，配置全面的服务人员，尤其注重在社区内解决城市养老问题。

（4）促进城市社会福利设施多元化发展，满足各层次弱势群体需求

推行"以居家养老为基础、社区养老为依托、机构养老为补充"的养老服务格局。建设多元化城市残疾人福利设施，推进城市盲道、盲人红绿灯等基础设施建设，完善多方面社会福利设施，加强社区工作对残疾人的人文关怀，推进弱势群体的健康教育。

（5）改善现有社会福利设施，完善社会福利运行机制

对有条件的公办社会福利设施，可通过总体承包、分部承包、委托经营、合资合作等方式推动实现公建民营，要制定出台公建民营实施办法，合理确定运营主体招标范围、方式、标准，确保制度设计科学可行。要严格运营主体条件，按照公开、透明、公平、合理的原则，重点从确保机构运行非营利性质、改进服务质量和保障可持续运行三个方面，选择符合条件的专业化机构运营。

本章参考文献

[1] 李果，马佳琪.公共政策视角下城市公共设施规划实施评估方法研究——以成都市中心城区公共文化设施专项规划为例 [J]. 规划师，2017，33（11）：148-153.

[2] 张敏.全球城市公共服务设施的公平供给和规划配置方法研究——以纽约、伦敦、东京为例 [J]. 国际城市规划，2017，32（6）：69-76.

[3] 田莉，王博祎，欧阳伟，等.外来与本地社区公共服务设施供应的比较研究——基于空间剥夺的视角 [J]. 城市规划，2017，41（3）：77-83.

[4] 彭瑶玲，孟庆，李鹏.民生视角下的重庆市公益性服务设施规划标准研究 [J]. 规划师，2016，32（12）：45-49.

[5] 刘泉，张震宇.空间尺度的意义——邻里中心模式下珠海市住区公共设施规划的思考 [J]. 城市规划，2015，39（9）：45-52.

[6] 蔡云楠，谷春军.全民健身战略下公共体育设施规划思考 [J]. 规划师，2015，31（7）：5-10.

[7] 应婉云，罗小龙，吴春飞，田冬.市民化视角下就地城镇化地区基本公共服务设施的需求——

基于福建省泉州市的实证研究 [J]. 规划师，2015，31（3）：17–21.

[8] 孟庆，余颖，辜元，等 . 面向实施的社区服务设施规划协同研究 [J]. 城市规划，2014，38（9）：93–96.

[9] 张磊，陈蛟 . 供给需求分析视角下的社区公共服务设施均等化研究 [J]. 规划师，2014，30（5）：25–30.

[10] 张晓明，汪淳，李明玉 . 县辖镇级市市（县）域公共服务设施规划研究 [J]. 规划师，2014，30（5）：31–36.

[11] 王鹰翅，田山川，胡峰，等 . 基本公共服务均等化与设施规划研究——以佛山市顺德区为例 [J]. 城市规划学刊，2013（4）：94–100.

[12] 胡畔，张建召 . 基本公共服务设施研究进展与理论框架初构——基于主体视角与复杂科学范式的递进审视 [J]. 城市规划，2012，36（12）：84–90.

[13] 武田艳，何芳 . 城市社区公共服务设施规划标准设置准则探讨 [J]. 城市规划，2011，35（9）：13–18.

[14] 陈振华 . 城乡统筹与乡村公共服务设施规划研究 [J]. 北京规划建设，2010（1）：43–46.

[15] 张大维，陈伟东，李雪萍，等 . 城市社区公共服务设施规划标准与实施单元研究——以武汉市为例 [J]. 城市规划学刊，2006（3）：99–105.

[16] 刘佳燕，陈振华，王鹏，等 . 北京新城公共设施规划中的思考 [J]. 城市规划，2006（4）：38–42+50.

[17] 吴晓莉 . 经济转型期公共设施规划标准的修订——以深圳为例 [J]. 规划师，2005（9）：69–72.

第 19 章

城市绿地系统规划

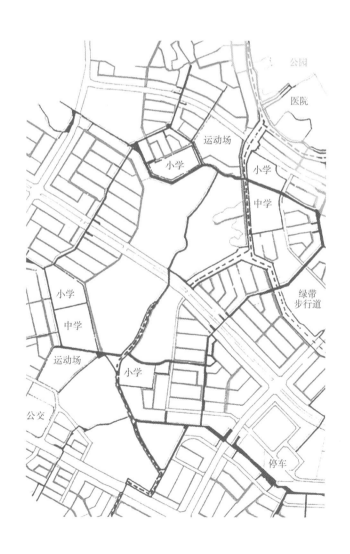

19.1 概论

19.1.1 相关概念

依据 2018 年 6 月实施的《城市绿地分类标准》CJJ/T 85—2017，城市绿地是指在城市行政区域内以自然植被和人工植被为主要存在形态的用地。它包含两个层次的内容：一是城市建设用地范围内用于绿化的土地；二是城市建设用地之外，对生态、景观和居民休闲生活具有积极作用、绿化环境较好的区域。在城乡统筹的规划建设工作中，城市建设用地之外的绿地对改善城乡生态环境、缓减"城市病"、约束城市无序增长、满足市民多样化的休闲需求等方面发挥着越来越重要的作用。因此，从城市发展与环境建设互动关系的角度，对绿地的广义理解，有利于建立科学的城乡统筹绿地系统。

城市绿地系统是指由一定质与量的各类绿地相互联系、相互作用而形成的绿色有机整体，也就是城市中不同类型、不同性质和规模的各种绿地（包括城市规划用地平衡表中直接反映的和不直接反映的）共同组合构建而成的一个稳定持久的城市绿色环境体系（图 19-1）。

城市绿地系统规划是依据城市绿地的主要功能，城市政府为了协调城市绿地系统的生态环

图 19-1 城市绿地与绿地系统规划

境效益、休闲游憩效益、景观文化效益和社会经济效益等，实现综合效益最大化的目标，而对城市绿地系统建设的内容和行动步骤进行预先安排并不断付诸实践的过程。

19.1.2　城市绿地规划的发展变迁

1.近代城市绿地规划发展概况

近代城市绿地规划的发展来源于 19 世纪中期工业革命中的旧城改造与新区开发。产业革命使不少欧洲城市藏污纳垢，环境恶劣，疾病流行。以巴黎改建为代表的城市美化运动，在城市中创造了大量的林荫道、公园广场等公共开放空间，极大地改善了城市景观风貌。另外，伴随着新区开发，最早被建设为公共开放空间的城市公园出现在英国，是由约瑟夫·帕克斯顿（Joseph Paxton）设计的位于利物浦附近的伯肯海德公园（Birkenhead Park）。它是纽约中央公园及全世界公共公园的创作灵感源泉，旨在新区开发中通过创造高品质的环境以提升周边土地与住房价格，并通过房产销售收回成本。其后，美国城市的新区开发，发展了纽约的中央公园和波士顿的公园系统。1851 年，纽约州议会通过了第一个《公园法》，对公园用地的购买、公园建设组织化等进行了规定；1875 年波士顿通过了《公园法》，将河边湿地、综合公园、植物园、公共绿地、公园路等各种功能绿地连成一体的公园系统——"翡翠项链"。

2.现代城市绿地规划发展概况

20 世纪前期小轿车的推广与普及，不仅改变了人们的出行方式，也极大地影响了城市面貌，推动现代城市绿地规划的发展。无论是法国建筑家勒·柯布西耶（Le Corbusier）于 1933 年提出的光辉城市（La Ville Radieuse），还是美国建筑师弗兰克·劳埃德·赖特（Frank Lloyd Wright）于 1935 年提出的广亩城市（Broadacre City），尽管两种模式在城市密度与空间形态上差异巨大，但都对城市绿地留足了充分的空间。广亩城市中每一户周围都有一英亩（4050m²）的土地来生产供自己消费的食物和蔬菜。光辉城市的城市中心地区向高空发展，建造摩天楼以降低城市的建筑密度；建筑物用地面积只占城市用地的 5%，其余 95% 均为开阔地，布置公园和运动场，使建筑物处在开阔绿地的围绕之中。两种模式分别代表了低密度分散式和高密度集中式的理想城市形态，对现代的城市空间形态发展影响深远。

第二次世界大战以后，百废待兴，在战后重建中，城市绿地系统获得了空前的发展机遇，许多城市都将绿地系统视为构建城市特色的重要因素而倍加重视。在进行规划时，一方面更加重视与自然环境的融合；另一方面也更加注重绿地的游憩功能，比较典型的如华沙（图 19-2）、平壤、科恩。日本的城市绿地规划发展受欧美影响较大。1919 年，日本出台《都市计画法》，理顺了公园规划和城市规划的关系，即公园规划应该以城市规划为基础，为全国性的公园建设提供了法律基础，并且通

图 19-2 波兰华沙城市绿地系统

过采用土地区划整理制度，将实施面积的 3% 保留为公园用地，促进了大量小公园的诞生。

3. 当代城市绿地规划发展趋势

当代城市绿地规划思潮的兴起来源于 20 世纪 70 年代全球兴起的生态环境保护运动。西方近现代城市绿地规划主要注重城市绿地的景观功能，从巴黎改建开始，大量林荫道、广场、公园等的诞生主要基于这个目的。而现代苏联体系的绿地规划主要注重城市绿地的游憩功能，对我国 20 世纪 50~60 年代城市公园的建设产生过深远影响。20 世纪 70 年代，城市绿地的生态功能获得理解与重视，美国景观建筑师麦克哈格（I. L. McHarg）在其著作《设计结合自然》中，不仅阐述了尊重自然规律的生态规划理念，而且提出了"千层饼"叠加的科学规划方法。

20 世纪 90 年代以来，绿道与绿色基础设施的兴起代表了城市绿地规划新的发展动态趋势。从 2010 年广东省编制《珠江三角洲绿道网总体规划纲要》开始，我国兴起了大规模绿道建设热潮。绿道是指以自然要素为依托和构成基础，串联城乡游憩、休闲等绿色开敞空间，以游憩、健身为主，兼具市民绿色出行和生物迁徙等功能的廊道。绿色基础设施（Green Infrastructure，简称 GI）是指具有内部连接性的自然区域及开放空间的网络，以及可能附带的工程设施。这一网络具有自然生态体系功能和价值，为人类和野生动物提供自然场所，如作为栖息地、净水源、迁徙通道，它们总体构成保证环境、社会与经济可持续发展的生态框架。绿色基础设施的发展有两种典型模式：适合高密度城市化区域的西雅图模式和低密度郊野乡村的马里兰模式。西雅图模式以社区开放空间、低影响交通、水、生物栖息地、新陈代谢等五大交织系统的网络结构为特点，马里兰模式以中心（Hubs）-联接（Links）的自然系统为结构特点。

19.2 城市绿地功能

我国的城市绿地，基本都是依据城市绿地的功能而进行分类。同时，要求由于同一块绿地同时可以具备生态、游憩、景观、文化、防灾等多种功能，因此，在分类时以其主要功能为依据，力求命名准确，名实相符。

进行城市绿地单一功能的研究论述较多，但是从城市绿地系统规划的视角，如何从城市绿地功能出发，系统进行分析评价构成绿地系统的各类型城市绿地，却缺乏必要的理论方法指导。城市绿地的主要功能体现在生态环境、游憩、防灾、景观文化等方面，本章在总结日本绿地系统分析评价方法的基础上，提供系统性评价城市绿地功能的具体做法。

19.2.1 生态环境功能

1. 城市骨架的构成：分析评价山地、丘陵、河流、海岸等，考虑如何形成该城市骨架的特征和构成要素。

2. 自然环境的优势：分析评价该城市自然环境的优势特征，如拥有的良好植物群落、珍贵的野生动物栖息地、优良的水体，特殊地形、地貌等。

3. 人文历史的优势：掌握该城市引以为豪的名胜古迹、神社寺庙、民间传说、乡土文化等，分析评价这些历史文化要素与绿地结合的可能性。

4. 生活环境的舒适性：掌握提供该城市舒适生活环境的城市公园和分布在建成区与郊区的树林地及其水域情况，分析评价它们的特征。并且，分析评价因提升该城市生活环境而需要设置的绿地的功能与位置。

5. 农林地的优势：分析评价管理良好、有助于城市环境保护、生产力较高的农地与林地的特征。

6. 与自然的共生：依据现状调查或关于野生动植物的既往调查结果，基于与自然共生的角度进行分析评价。如，对拥有以下功能的绿地进行分析：①有较高学术价值的野生动物栖息地；②在建成区及其周边形成的野生动物栖息地；③野生动物栖息地之间的迁徙廊道（如河流等）；④建成区内作为野生动物中转休息的场所、昆虫等低等级生物的栖息地、作为市民身边易于亲近场所的绿地与绿化覆盖地区；⑤为了保护和强化城市生态系统，需要建设的绿地与绿化覆盖地区。

7. 城市环境负荷的减轻：基于现状调查或热岛效应等气象调查结果，从降低环境负荷的角度进行分析评价。如，对拥有以下功能的绿地进行分析：①对热岛现象发生的地区，利用风向，输送冷空气，构筑作为风道的绿地（如河流）；②城市新鲜凉爽空气供给源的绿地和建成区里类似作用的绿地；③防止冬季强风和霜产生等的绿地（防风林）；④作为减轻环境负荷而需要的绿地。

以福冈为例，福冈位于日本南部，是个背山面海的城市，人口130多万。从城市环境改善的角度来看，对福冈的规划以缓和热岛现象、吸收 CO_2、净化空气、降低噪声为目的进行评价。在城市层面上，需要保护大面积的水域和森林，并形成风道。通过建成区的河流绿化，将北部博多湾的凉爽"海风"导入。环绕城市的南部森林带是城市吸收 CO_2、净化空气的重要绿地。通过保护森林带及其向建成区延伸的丘陵、建成区中点状的树林地、农用地、大规模的城市公园等，向建成区内导入"山风"（图19-3）。在片区层面上，需要强化设置防护绿地和道路绿化，达到净化空气和降

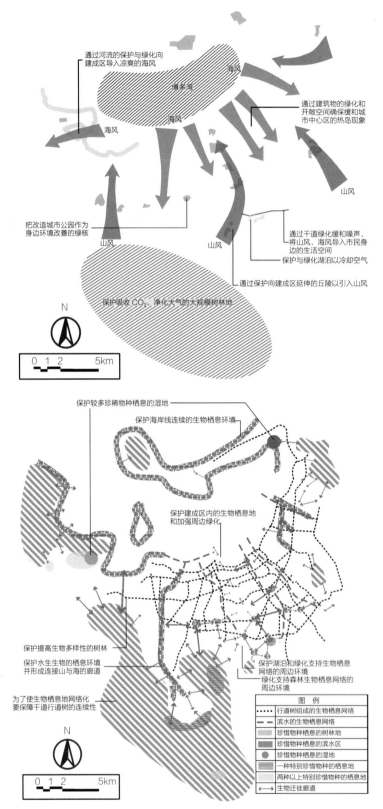

通过河流的保护与绿化向建成区导入凉爽的海风

海风

博多湾

海风

海风

通过建筑物的绿化和开敞空间确保缓和城市中心区的热岛现象

山风

把改造城市公园作为身边环境改善的绿核

山风

山风

通过干道绿化缓和噪声，将山风、海风导入市民身边的生活空间

保护与绿化湖泊以冷却空气

通过保护向建成区延伸的丘陵以引入山风

N

0 1 2 5km

保护吸收 CO_2、净化大气的大规模模树林地

保护较多珍稀物种栖息的湿地

保护海岸线连续的生物栖息环境

保护建成区内的生物栖息地和加强周边绿化

保护提高生物多样性的树林

保护水生生物的栖息环境并形成连接山与海的廊道

为了使生物栖息地网络化要保障干道行道树的连续性

保护湖泊和绿化支持生物栖息网络的周边环境

绿化支持森林生物栖息网络的周边环境

图 例
- - - - 行道树组成的生物栖息网络
— — 滨水的生物栖息网络
珍惜物种栖息的树林区
珍惜物种栖息的滨水区
● 珍惜物种栖息的湿地
一种特别珍惜物种的栖息地
两种以上特别珍惜物种的栖息地
←→ 生物迁徙廊道

N

0 1 2 5km

图 19-3　福冈规划从生态环境改善角度的评价

低噪声的目的，并通过各种方式促进循环型城市建设。从与自然共生的角度来看，规划以维护生物栖息保育环境为目的进行评价。在城市层面上，保护大面积的水域和森林，并将它们组成生物栖息网络。规划针对当地的 200 多种珍稀动植物，依据重要程度划分为三个等级，并结合绿地标出分布，如图 19-3 中有一种特别珍稀物种的栖息地、两种以上特别珍稀物种的栖息地。评价针对福冈的地理和生态特点，提出构筑连接山和海的生态网络。在片区层面上，保护、创造市民身边的生物栖息空间。

19.2.2　游憩功能

分析评价拥有游憩功能的绿地，需要掌握该城市游憩设施的使用状况，研究游憩活动发展趋向和特点。

1. 城市余暇生活特征与绿地：掌握该城市游憩活动发展趋向和余暇生活特征，分析今后需要提供的绿地种类和建设量。其中特别需要论证的是，作为城市公园应该承担的活动量。

2. 接触自然的绿地：家庭菜园、鸟类观察场所等满足与自然接触的要求，掌握顺应这些要求、自然环境良好的绿地种类与分布状况。

3. 日常范围的游憩场所：掌握作为日常游憩活动场所潜力高的城市公园，能步行到达的住区基干公园和儿童游园等的绿地建设情况和主要的功能等，并分析评价需要的绿地。

4. 区域范围的游憩场所：掌握大规模公园、区域游憩活动节点、数个城市共享的区域中作为游憩活动场所潜力高的绿地建设与保护状况，并分析评价需要的绿地。

5. 网络性的连通：从提高游憩场所使用效果的角度，分析评价绿地网络化需要纳入的绿道、河流、步行者专用道、车行道边的步道等。

以位于日本北海道的函馆为例，函馆人口近 30 万。在函馆规划中对游憩功能进行评价时，公园分布不均衡的问题被提出，并作为需要解决的首要问题。日本《城市公园法》对住区基干公园的布局和规模要求规定：地区公园的服务半径为 1000m、近邻公园为 500m、街区公园为 250m。图 19-4 是公园服务半径的分析图，反映了函馆街区公园的分布较均匀，但近邻公园和地区公园并没有充分覆盖，尤其是在城市北部和东北部地区。

19.2.3　防灾功能

灾害包括依靠人类力量阻止不了的地震、台风等自然灾害和人为活动带来的各种公害等。从防灾的角度评价，首先需要掌握该城市灾害的特点，从中提炼出绿地可能应对的灾害。分析评价为防止灾害而设的绿地功能、种类、规模等。可供参考的内容如下：

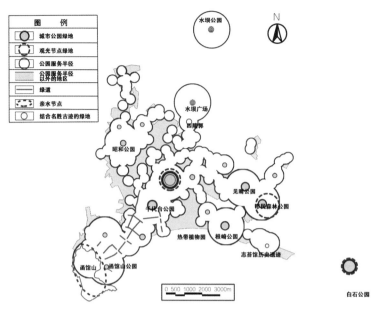

图19-4　函馆城市绿地游憩功能评价

1. 自然灾害的危险：确定洪水、火山、山体塌方、泥石流等地质灾害的危险区域，以及活跃的断层地区等有可能发生自然灾害的危险地区。分析评价目前具有应对这些灾害的功能的绿地和今后需要新增的绿地及其紧迫性。

2. 人为灾害的危险：确定铁路、高速公路、主干道等的噪声产生区域，阻碍日照的区域，大气污染物质滞留的危险地区，木结构房屋密集区等易发生城市火灾的危险地区，石油的生产储备地等易发生人为灾害的危险地区。分析评价目前具有应对这些灾害的功能的绿地和今后需要新增的绿地及其紧迫性。

3. 避难体系：确定地震带来的城市火灾、海啸、水灾、火山喷发等灾难发生后，保护生命的避难地和避难路径以及防灾体系中的节点。根据地域防灾规划等，分析评价目前对确保区域避难场所和消除避难困难地区有用的绿地和今后需要新增的绿地及其紧迫性。

4. 形成抗灾能力强的城市形态：掌握灾时易有危险的木结构房屋密集地区。分析评价城市公园、防灾隔离带、河流绿地、被绿化的干道等具有形成燃烧阻隔空间功能的绿地和今后需要新增的绿地及其紧迫性。

5. 确保多样的防灾活动节点：分析评价救援活动的节点、救护与重建物资的集散与储备地、直升机起降地等具有作为防灾活动节点、灾民临时生活节点等功能的绿地和今后需要新增的绿地。

以函馆为例，函馆因处于日本海和太平洋两个方向季风通过的特殊地带，且消防用水缺乏，所以历史上曾发生过多次大火。第二次世界大战前平均约十年就会有一场城市级的大火。这导致函馆早在第二次世界大战前就开始了尝试通过城市绿

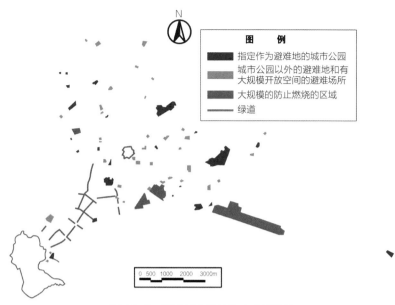

图 19-5 函馆城市绿地防灾功能评价

地系统构筑防火体系的规划和建设。函馆的规划在防灾功能的评价中，掌握了全市
178 个避难场所的位置，分析结果显示它们的分布较为均匀。但是，在城市的北部
和东北部地区比较缺乏作为防火隔离带的 15m 以上宽的河流、道路、铁路和作为区
域避难场所的大规模开放空间（图 19-5）。

19.2.4 景观文化功能

为了保护和创造城市与地区具有代表性的、特征鲜明的或提供舒适感的景观而
进行基础性分析评价。不仅选择必要的视点和绿地，掌握景观特征等，而且分析评
价今后需要的绿地位置和特色。

1. 城市代表性景观：掌握该城市代表性的景观，分析对此形成支撑或资质较好
的绿地，掌握它们的特征。

2. 地区或社区良好的景观：掌握该城市各地区良好的景观，分析对此形成支撑
或资质较好的绿地，掌握它们的特征。

3. 优美景观的眺望点：掌握能够眺望城市、山峦或海岸线等场所的景观特征，
分析和保护，提升与这些景观相关的绿地。

4. 作为地标的场所：城市中作为标志性景观和受欢迎景观等的场所，掌握标志
性景观的特点及其相关联的绿地。

5. 周边要素：为形成优美的景观，需要保护与创造的不仅仅是主体景观，还有
位于周边或眺望区域中的附属景观要素。例如，在历史建筑的周边，绿地也是历史
风貌的组成要素。掌握构成优美景观的主次景观要素，从保护景观协调性角度来看，

应分析评价需要的绿地和需要改善绿化的场所。

6. 需要创造城市景观的场所：掌握如交通枢纽站周边等城市需要提升景观质量的地区和提升景观可能性高的地区，掌握与之相关联的绿地现状，分析评价今后所需的绿地。

金泽是日本著名的古城，城区人口约 45 万。金泽号称日本的"古都"，尽管它450 年的历史并不算太长，但是其间由于它没有受到战争破坏，战后复兴、经济高速发展等时期的影响也较小，保持了连续的缓慢成长的渐变过程，所以现在依然拥有大片保存良好的历史街区。尤其古园林"兼六园"，作为全国的三大名园之一是日本国家级文化保护对象。20 世纪 90 年代，在兼六园旁的古城遗址上，恢复重建了金泽古城堡，并设立了 28hm² 的遗址公园。金泽位于背山面海的平原，山间流出的两条河流之间的地区是城市的发源地和不断成长的中心区域。于是城市绿地系统的三条主干轴线由此诞生：两条河流绿轴和夹在其间的一条城市绿轴。这三条绿轴从东部山地，到中部城市中心，再到西部滨海地区，贯穿了整个城市地区。其中，两河之间的城市绿轴由扩大城市主干道的中央分隔带而形成，50m 宽的城市主干道上，中央隔离带被拓宽而形成林荫绿带。该轴线从东部老城区的古街区和国宝级古园林开始，向西延伸连接市级车站，并穿过城市核心区，将金泽市不同时期发展的精华地区全部囊括，使它们成为有机整体（图 19-6）。

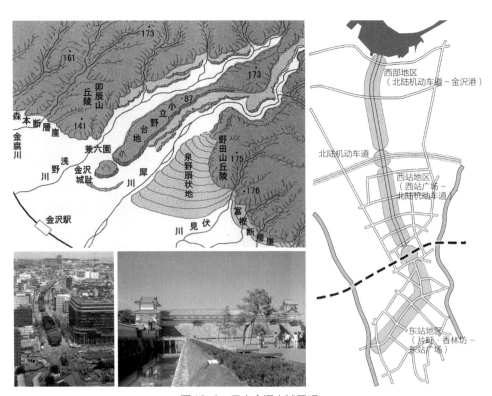

图 19-6 日本金泽古城景观

19.3　城市绿地分类

　　城市绿地分类是城市绿地系统规划编制的主要依据之一。2002 年颁布的《城市绿地分类标准》CJJ/T 85—2002，在过去 16 年间，对我国城市绿地系统规划编制和管理发挥了重要的影响。为了适应近年来城乡规划、绿地建设与管理等方面的新发展，特别是 2011 年城市用地分类的调整，中华人民共和国住房和城乡建设部颁布了新的《城市绿地分类标准》为行业标准，编号为 CJJ/T 85—2017（表 19-1），自 2018 年 6 月 1 日起实施。原行业标准《城市绿地分类标准》CJJ/T 85—2002 同时废止。

　　2017 版相较于 2002 版的标准，修订的地方主要体现在：①调整绿地大类；②调整公园绿地的中类和小类；③调整附属绿地中类；④调整其他绿地的名称并增加中类内容；⑤调整绿地的计算原则与方法；⑥对相关条文进行补充修改。具体内容如下：

　　1. 调整绿地的大类

　　（1）取消了 2002 版的生产绿地：随着城市建设的发展，生产绿地逐步向城市郊区发展，越来越多布局于非城市建设用地中。因此取消了原来作为（G2）大类的生产绿地，转而并入到"区域绿地"的一个中类（EG4）。

　　（2）2018 版新增了广场用地：在 2011 版的《城市用地分类与规划建设用地标准》GB 50137—2011 中，考虑到"满足市民日常公共活动需求的广场与公园绿地的功能相近"，将"广场用地"划归"G"类，命名为"绿地与广场用地"，并以强制性条文规定："规划人均绿地与广场用地面积不应小于 10.0m²/ 人，其中人均公园绿地面积不应小于 8.0m²/ 人"。因此，为了与之对接，新版城市绿地分类在大类上增设了"广场用地"。同时提出，广场用地绿化占地比例宜大于或等于 35%，绿化占地比例大于或等于 65% 的广场用地计入公园绿地。

　　2. 调整公园绿地的中类和小类

　　（1）取消了中类"综合公园"与"社区公园"下设的小类

　　《城市绿地分类标准》CJJ/T 85—2002 中综合公园下设全市性综合公园（G111）和区域性综合公园（G112）2 个小类，社区公园下设居住区公园（G121）和小区游园（G122）2 个小类。由于在实际工作中难于区分全市性公园和区域性公园，因此，修订后不再细分综合公园，并确定其下限规模宜为 10hm²。由于，居住区公园在实际建设中越来越少，《城市用地分类与规划建设用地标准》GB 50137—2011 中已取消"居住区公园"，在实际的管理与统计工作中，对"居住区公园"的判别也存在困难，因此，取消"居住区公园"小类，要求社区公园的下限规模宜为 1hm²。由于强调其用地独立，不属于住宅小区内部配建的集中绿地，因此取消"小区游园"，将其归入附属绿地。

城市绿地分类表 表 19-1

类别代码			类别名称	内容	备注
大类	中类	小类			
G1			公园绿地	向公众开放,以游憩为主要功能,兼具生态、景观、文教和应急避险等功能,有一定游憩和服务设施的绿地	
	G11		综合公园	内容丰富,适合开展各类户外活动,具有完善的游憩和配套管理服务设施的绿地	规模宜大于 10hm²
	G12		社区公园	用地独立,具有基本的游憩和服务设施,主要为一定社区范围内居民就近开展日常休闲活动服务的绿地	规模宜大于 1hm²
	G13		专类公园	具有特定内容或形式,有相应的游憩和服务设施的绿地	
		G131	动物园	在人工饲养条件下,移地保护野生动物,进行动物饲养、繁殖等科学研究,并供科普、观赏、游憩等活动,具有良好设施和解说标识系统的绿地	
		G132	植物园	进行植物科学研究、引种驯化、植物保护,并供观赏、游憩及科普等活动,具有良好设施和解说标识系统的绿地	
		G133	历史名园	体现一定历史时期代表性的造园艺术,需要特别保护的园林	
		G134	遗址公园	以重要遗址及其背景环境为主形成的,在遗址保护和展示等方面具有示范意义,并具有文化、游憩等功能的绿地	
		G135	游乐公园	单独设置,具有大型游乐设施,生态环境较好的绿地	绿化占地比例应大于或等于 65%
		G139	其他专类公园	除以上各种专类公园外,具有特定主题内容的绿地。主要包括儿童公园、体育健身公园、滨水公园、纪念性公园、雕塑公园以及位于城市建设用地内的风景名胜公园、城市湿地公园和森林公园等	绿化占地比例宜大于或等于 65%
	G14		游园	除以上各种公园绿地外,用地独立,规模较小或形状多样,方便居民就近进入,具有一定游憩功能的绿地	带状游园的宽度宜大于 12m;绿化占地比例应大于或等于 65%
G2			防护绿地	用地独立,具有卫生、隔离、安全、生态防护功能,游人不宜进入的绿地。主要包括卫生隔离防护绿地、道路及铁路防护绿地、高压走廊防护绿地、公用设施防护绿地等	
G3			广场用地	以游憩、纪念、集会和避险等功能为主的城市公共活动场地	绿化占地比例宜大于或等于 35%;绿化占地比例大于或等于 65% 的广场用地计入公园绿地

续表

类别代码			类别名称	内容	备注
大类	中类	小类			
XG			附属绿地	附属于各类城市建设用地（除"绿地与广场用地"）的绿化用地。包括居住用地、公共管理与公共服务设施用地、商业服务业设施用地、工业用地、物流仓储用地、道路与交通设施用地、公用设施用地等用地中的绿地	不再重复参与城市建设用地平衡
	RG		居住用地附属绿地	居住用地内的配建绿地	
	AG		公共管理与公共服务设施用地附属绿地	公共管理与公共服务设施用地内的绿地	
	BG		商业服务业设施用地附属绿地	商业服务业设施用地内的绿地	
	MG		工业用地附属绿地	工业用地内的绿地	
	WG		物流仓储用地附属绿地	物流仓储用地内的绿地	
	SG		道路与交通设施用地附属绿地	道路与交通设施用地内的绿地	
EG			区域绿地	位于城市建设用地之外，具有城乡生态环境及自然资源和文化资源保护、游憩健身、安全防护隔离、物种保护、园林苗木生产等功能的绿地	不参与建设用地汇总，不包括耕地
	EG1		风景游憩绿地	自然环境良好，向公众开放，以休闲游憩、旅游观光、娱乐健身、科学考察等为主要功能，具备游憩和服务设施的绿地	
		EG11	风景名胜区	经相关主管部门批准设立，具有观赏、文化或者科学价值，自然景观、人文景观比较集中，环境优美，可供人们游览或者进行科学、文化活动的区域	
		EG12	森林公园	具有一定规模，且自然风景优美的森林地域，可供人们进行游憩或科学、文化、教育活动的绿地	
		EG13	湿地公园	以良好的湿地生态环境和多样化的湿地景观资源为基础，具有生态保护、科普教育、湿地研究、生态休闲等多种功能，具备游憩和服务设施的绿地	
		EG14	郊野公园	位于城区边缘，有一定规模、以郊野自然景观为主，具有亲近自然、游憩休闲、科普教育等功能，具备必要服务设施的绿地	
		EG19	其他风景游憩绿地	除上述外的风景游憩绿地，主要包括野生动植物园、遗址公园、地质公园等	

类别代码			类别名称	内容	备注
大类	中类	小类			
	EG2		生态保育绿地	为保障城乡生态安全，改善景观质量而进行保护、恢复和资源培育的绿色空间。主要包括自然保护区、水源保护区、湿地保护区、公益林、水体防护林、生态修复地、生物物种栖息地等各类以生态保育功能为主的绿地	
	EG3		区域设施防护绿地	区域交通设施、区域公用设施等周边具有安全、防护、卫生、隔离作用的绿地。主要包括各级公路、铁路、输变电设施、环卫设施等周边的防护隔离绿化用地	区域设施指城市建设用地外的设施
	EG4		生产绿地	为城乡绿化美化生产、培育、引种试验各类苗木、花草、种子的苗圃、花圃、草圃等圃地	

（2）取消了"带状公园"和"街旁绿地"两个中类

"带状公园"是以形态为标准进行的分类，而城市绿地分类标准是以主要功能为依据的分类，因此取消该类别，将相应的绿地依据其不同功能划入各自类别。

"街旁绿地"是以用地位置为依据的分类，也不符合城市绿地分类标准以主要功能为依据的分类原则而因此取消。这些规模较小、形式多样、设施简单的公园绿地在市民户外游憩活动中同样发挥着重要作用。考虑到长期以来业界内外已形成的对"公园"的认知模式，新标准对这类公园绿地以"游园"命名。

（3）"专类公园"下设的小类进行了调整

对于"历史名园"定义修改为"体现一定历史时期代表性的造园艺术，需要特别保护的园林"，不再强调其被审定为文物保护单位，同时将"体现传统造园艺术"范围扩大到"体现一定历史时期代表性的造园艺术"。

专类公园中增设遗址公园，以适应近年来出现了许多以历史遗迹、遗址或其背景为主体规划建设的公园绿地类型。

3.调整附属绿地中类

为了与《城市用地分类与规划建设用地标准》GB 50137—2011协调一致，附属绿地下设的中类由8个类别调整为7个类别，主要是取消了特殊绿地，同时将对外交通绿地和道路绿地合并为道路与交通设施用地附属绿地，将公共设施绿地拆分为公共管理与公共服务设施用地附属绿地和商业服务业设施用地附属绿地。

4.调整其他绿地的名称并增加中类内容

将"其他绿地"调整为"区域绿地"，并且下设了4个中类，风景游憩绿地、生态保育绿地、区域设施防护绿地和生产绿地。其中风景游憩绿地又细分为5个小类，分别为风景名胜区、森林公园、湿地公园、郊野公园和其他风景游憩绿地。

5.调整绿地的计算原则与方法

2018 版的绿地的主要统计指标在 2002 版的绿地率、人均公园绿地面积、人均绿地面积 3 项基础上，增加了"城乡绿地率"这一指标，成为 4 项统计指标。城乡绿地率指标计算时，采用与城市总体规划一致的相应的市（镇）域规模数据，计算城乡用地面积（含建设用地与非建设用地）内的绿地总和与城乡用地面积的比率。

修订的城市绿地分类标准将主要在如下地方对今后的规划产生影响。明确将城乡绿地分为城市建设用地内绿地与城市建设用地外的"区域绿地"两类。自 2016 年，相关部门前后出台了《城市绿线划定技术规范》GB/T 51163—2016，修订了《公园设计规范》GB 51192—2016，《城市绿地分类标准》CJJ/T 85—2017，其都将绿地的管控、分类等范畴扩大到城乡绿地。城市建设用地之外的绿地对改善城乡生态环境、缓解"城市病"、约束城市无序发展、满足市民多样化休闲需求等方面有着重要的作用。从发展的角度对绿地进行广义理解，有利于建设科学的城乡统筹绿地系统。绿地根据功能进行分类，涉及范畴广、分类细致明确；修订的标准明确了规划实践中常遇见的"模糊"问题，如：广场用地绿地率底限、带状公园绿地建议最小宽度、区域绿地是城市建设用地范围外的绿地、不参与建设用地汇总、不包括耕地等。修订的标准解决了较长时间以来，绿地分类与城市用地分类标准不统一的问题，其实施将有利于规划实践的开展。

19.4 规划编制

19.4.1 城市绿地系统规划与城市总体规划的关系

《城市绿地系统规划编制纲要（试行）》（2002 年）从法规层面上明确了城市绿地系统规划属于城市总体规划层次的专项（专业）规划，是对城市总体规划的深化和细化。城市总体规划指导绿地系统规划，是绿地系统规划编制的重要依据。一般而言，绿地系统规划的规划范围、规划期限、人口规模等与城市总体规划相匹配。

19.4.1.1 规划层次

城市绿地系统规划有两种编制形式。

第一种是作为城市总体规划的一个专业规划进行编制，其任务是调查与评价城市发展的自然条件；协调城市绿地与其他各项建设用地的关系；确定城市公园绿地、防护绿地、广场用地等绿地的空间布局、规划总量、人均定额。这实际上是一种对城市部分绿地进行的规划或不完全的系统规划，本教材采用该种编制形式。

第二种是单独进行的专项规划，即根据《城市规划编制办法实施细则》所提出的（城市绿地规划）"必要时可分别编制"的规定而进行的专项规划。主要任务是以区域规划、城市总体规划为依据，预测城市绿地各项发展指标在规划期内的发展水平，综合部署各类各级城市绿地，确定城市绿地的结构、功能和在一定规划期内应解决的主要问题；确定城市主要绿化树种和园林设施以及近期建设项目，满足生态游憩需要。这是一种针对城市所有绿地和各个层次的完全的系统规划。

19.4.1.2　规划任务目的与内容的不同

城市总体规划是城市发展的纲领性规划，是对一定时期内城市发展目标的确定和计划，是对城市的经济和社会发展、土地利用、空间布局以及各项建设的综合部署、具体安排和管理，也是城市建设的管理依据。城市总体规划的工作对象是以城市土地利用为主要内容和基础的城市空间系统，其中 8 大类城市建设用地是布局的主要对象。

而绿地系统规划的主要任务是依据城市总体规划中确定的城市性质、发展目标、用地布局等规定，科学制定各类城市绿地的发展指标，合理安排城市各类园林绿地建设和市域大环境绿化的空间布局，以达到充分发挥城市绿地的生态、游憩、景观文化等功能。城市绿地系统(专业)规划的主要工作内容是确定绿地系统规划的结构、布局与分区，确定城市公园绿地、生产防护等绿地的空间布局、规划总量、人均定额。规划的主要对象是城市各项建设用地中的一类——城市绿地（见《武汉市总体规划2010—2020 年》主城区用地规划图和都市发展区绿地系统规划图）[①]。

19.4.2　规划目标与指标设定

19.4.2.1　规划目标

规划目标分为近期目标和远期目标：近期目标一般为 5 年，依据城市目前的绿化现状和发展规划，量力而行，科学制定；远期目标一般与总体规划期限协调一致，为建立数量适宜、结构科学、布局合理、具有显著地方特色的城市绿地系统，最大限度地发挥其生态、经济和社会的综合效益。

19.4.2.2　城市绿地指标

城市绿地指标可以衡量一个城市绿化水平的高低、城市环境的好坏以及居民生活质量的优劣；将城市绿地量化获得的数据作为城市总体规划各阶段调整用地的依据，也可用于评价规划方案的经济性与合理性。也可通过城市绿地指标计算出各类绿地的规模，估算城建投资，保证规划实施，有利于在统计及研究工作中统一计算口径，为研究积累数据。

城市绿地的各项指标的拟定需要根据国家统一的规定及城市自身的生态要求，国民经济计划，生产、生活水平以及城市发展规模等，研究城市绿地建设的发展速度及水平来拟定。

---

① 参见武汉市自然资源和规划局网页：http://zrzyhgh: wuhan.gov.cn/zwgk_18/ghjh/zzqgh/202001/t20200107_602858.shtml。

城市绿地系统规划指标数量分析的基本思路：

1）绿地需求量：生态要素阈值法、游憩空间定额法。

2）绿地供给量：生态要素阈值法、规范指标分析法。

（1）生态要素阈值法

1）确定单位面积、单位时间城市绿地吸收、排放或截留某类物质的数量，即定额指标。

2）调查了解该城市在单位时间内排放或释放的该物质的总量。

3）综合考虑该物质循环的各种途径，确定城市绿地对物质循环的贡献率，从而计算出需要城市绿地吸收、排放或截留的该物质的总量。

4）根据定额指标与需要城市绿地吸收、排放或截留的该物质的总量，计算所需的城市绿地数量。

（2）游憩空间定额法

20世纪50年代，苏联对文化休息公园每个活动场所里游人占地面积的统计结论为：要保证城市居民在节假日有10%左右的人口同时到公共绿地游览休息，每个游人有60m² 的游憩绿地空间。因此，若按城市总人口计算，人均至少应有6m² 公园绿地面积。

（3）规范指标分析法（表19-2）。

国家相关标准中关于公园绿地的布局及指标规定　　　　　　表19-2

	各类标准规定的名称	指标值	部门
数量标准	《城市园林绿化评价标准》（2010）	城市人均公园绿地面积(m²/ 人) 人均建设用地小于80 ㎡城市：≥9.50 ㎡（Ⅰ级）， ≥7.50m²（Ⅱ级），≥6.00m²（Ⅲ级），≥5.00m²（Ⅳ级） 人均建设用地80~100m² 城市：≥10.00m²（Ⅰ级）， ≥8.00m²（Ⅱ级），≥6.50m²（Ⅲ级），≥5.50m²（Ⅳ级） 人均建设用地大于100m² 城市：≥11.00m²（Ⅰ级）， ≥9.00m²（Ⅱ级），≥7.50m²（Ⅲ级），≥6.00m²（Ⅳ级）	建设部门
	《国家园林城市标准》（2010）	城市人均公园绿地面积 人均建设用地小于80m²/ 人的城市：≥7.5m²（基本项）， ≥9.5m²（提升项） 人均建设用地80~100m²/ 人的城市：≥8m²（基本项）， ≥10m²（提升项） 人均建设用地大于100m²/ 人的城市：≥9m²（基本项）， ≥11m²（提升项）	
	《国家生态园林城市分级考核标准》（2012）	城市人均公园绿地面积 人均建设用地小于80m²/ 人：≥9.5m²（一星级）， ≥10m²（二星级），≥11m²（三星级）； 人均建设用地80~100m²/ 人：≥10m²（一星级）， ≥11.5m²（二星级），≥12.5m²（三星级）； 人均建设用地大于100m²/ 人：≥11m²（一星级）， ≥12.5m²（二星级），≥13.5m²（三星级）	

	各类标准规定的名称	指标值	部门
数量标准	《城市用地分类与规划建设用地标准》（2012）	规划人均绿地与广场用地面积不应小于 12.0m²/人，其中人均公园绿地面积不应小于 10.0m²/人	建设部门
	《城市居住区规划设计规范》（2018）	5min 生活圈居住区公园最小规模 0.4hm²，最小宽度 30m；10min 生活圈居住区公园最小规模 1hm²，最小宽度 50m；15min 生活圈居住区公园最小规模 5hm²，最小宽度 80m	
	《中国人居环境奖参考指标体系》（2016）	人均公园绿地面积 ≥ 12m²	
数量标准	《国家卫生城市标准》（2014）	人均公园绿地面积 ≥ 8.5m²	卫生部门
	《生态市建设指标》（2004）	人均公园绿地面积 ≥ 11m²	环保部门
布局标准	《国家园林城市标准》（2010）	公园绿地服务半径覆盖率（大于 1000m² 的城市公园绿地按照 500m 的服务半径覆盖居住用地面积的百分比）：≥ 70%（基本项），≥ 90%（提升项）	建设部门
	《城市居住区规划设计规范》（2018）	5 分钟生活圈（300m）人均公共绿地面积（1m²/人），10 分钟生活圈（500m）人均公共绿地面积（1m²/人），15 分钟生活圈（800~1000m）人均公共绿地面积（2m²/人）	

19.4.3 布局规划

19.4.3.1 规划布局

1. 布局要求

（1）满足改善城市生态环境的要求。

（2）满足全市居民日常生活及休闲游憩的要求。

（3）满足工业生产防护、生产生活、安全卫生的要求。

（4）满足改善城市艺术面貌的要求。

2. 布局原则

（1）因地制宜原则：利用城市现状、山水地形与植被等条件，发挥城市自然环境条件的优势，深入挖掘城市历史文化内涵，对城市各类绿地的选择、布置方式、面积大小、规划指标进行合理规划。

（2）系统性原则：相互联系成为稳定高效的系统。

（3）均衡性原则：布局时应考虑服务半径的要求，均衡分布，做到点、线、面结合，大、中、小结合，集中与分散相结合，重点与一般相结合，将城市绿地构成一个有机的整体。

（4）以人为本原则：达到防尘、降温、增湿、减噪作用的同时强调人性化意识；布局上重视绿地的服务半径与可达性。

3. 布局结构

布局结构是城市绿地系统的内在结构和外在表现的综合体现，其主要目的是使各类绿地合理分布、紧密联系，组成有机的绿地系统整体。通常情况下，绿地系统布局有点状、环状、放射状、放射环状、网状、楔状、带状、指状8种基本模式（图19-7）。

图19-7 绿地布局基本模式

下面主要介绍四种绿地布局形式：

（1）以块状绿地为主的布局

块状绿地是指绿地以大小不等的地块形式，分布于城市之中（图19-8）。这种以块状绿地为主的布局形式在较早的城市绿地建设中出现较多。块状绿地的优点在于可以做到均匀分布，接近居民，便于居民日常休闲使用。由于其规模的限制，难以充分发挥绿地调节城市小气候的作用，所以应灵活地将块状绿地与其他形式的绿地相结合。

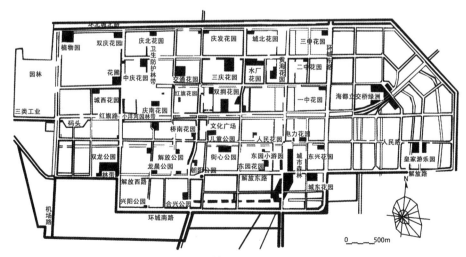

图19-8 某县城绿地系统规划

（2）以带状绿地为主的布局

带状绿地是指绿地与城市中的河湖水系、山脊、谷地、道路、旧城墙等组合，形成的纵向、横向、放射状、环状等绿带（图19-9）。带状绿带的优点：不仅可以联系城市中其他绿地使之形成网络，还可以创建生态廊道，为野生动物提供安全的迁移路线，从而保护了城市中生物的多样性。另外，对于引入外界新鲜空气、缓解热岛效应、改善城市气候以及提升整个城市的景观效果也有重要作用。

（3）以楔状绿地为主的布局

楔状绿地是指由郊区伸入市中心的由宽到狭的绿地。优点：改善城市小气候，将城市环境与郊区的自然环境有机地组合在一起，促进城镇空气库与外界的交流，缓解城市中的热岛效应。

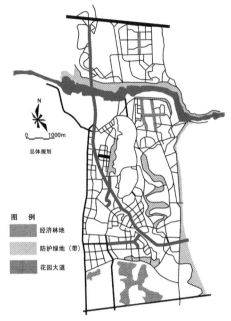

图 19-9　重庆北碚绿地系统规划

（4）混合式绿地布局

混合式绿地布局是指将各种绿地布局形式有机地组合在一起，在绿地布局中做到点、线、面的结合，形成一个较为完整的体系。优点：结合了前三种绿地布局的优点。是一种常用的布局形式。

19.4.3.2　布局案例——莫斯科及墨尔本

莫斯科绿地系统规划较全面地吸取了世界城市的发展经验，总体上采取了环状加楔状相结合的布局形式（图19-10）。绿环指的是城市用地外围建立的"森林公园带"。"森林公园带"的宽度从1935年的10km扩至1960年的10~15km宽，北部最宽处达28km。在1998年的总体规划中，在保留原有基本的绿地布局形式基础上，提出通过绿化原有河床、林荫大道和其他开敞的自然景观用地，将城市绿地联系起来，形成均匀分布、相互联系的网络结构。

墨尔本结合本身自然地理条件发展楔状绿地系统格局（图19-11）。以城市中的五条河流为基本骨架，组成楔状绿地。将城市外围的大规模的公园（楔状绿

图 19-10　莫斯科绿地系统规划：环状加楔状

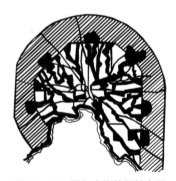

图 19-11　墨尔本楔状绿地布局

地的头部）与城市内部的林荫道路与公园相连，再加上楔状绿地外侧规划的永久性农业地带，使整个城市包围在绿色环境之中。

19.4.4　公园绿地规划

公园绿地规划是城市绿地分类规划的重点，内容主要包括以下几方面：

19.4.4.1　城市公园的布局

1. 城市公园的用地选择

作为城市总体规划的一个重要环节，与总规目标相一致；遵循"均衡分布"原则，形成合理的服务半径；考虑各公园相互间交通或景观联系公园的分布，应对城市的防火、避难及地震等灾害，具有明显效果；考虑不同季节利用，同时达到不同的游憩目的。考虑开发低洼地、废弃地、滨水地等不适于建筑房屋或耕作的土地，宜选择条件优越、景色优美的自然景观可以利用的地区，以及现有树木较多、植被丰富或有古树名木的地区，有名胜古迹、名人故居、历史遗迹等人文历史景观的地区。

2. 城市公园的服务半径

3. 城市公园的性质与特点

4. 城市公园的用地平衡

城市公园内部的用地主要包括园路及铺装场地；管理建筑；游览、服务、公用建筑；绿化用地等四类。

19.4.4.2　城市公园的容量确定

公园游人容量计算公式为：

$$C = A / A_m \tag{19-1}$$

式中，C 为公园游人容量；A 为公园总面积；A_m 为公园游人人均占有面积。

以游览旺季休息日高峰时游人数量为标准；

公园游人容量为服务区范围内的居民人数的 15%~20%，50 万人口的城市按10% 计；

根据《公园设计规范》GB 51192—2016，市、区级公园游人人均占有公园面积以 60m² 为宜；居住区公园、带状公园和居住小区游园人均占有公园面积以 30m² 为宜；风景名胜区公园游人人均占有公园面积以 100m² 为宜。

19.4.4.3　城市公园的规模确定

一般情况而言，全市性综合公园面积为 10hm² 以上，居民步行 30min 左右可到达。一般大城市可设置数个，中、小城市可设置 1 个，位置要求适中，方便全体市民使用。社区公园规模在 1hm² 以上（图 19-12）。

依据《公园设计规范》GB 51192—2016，儿童公园面积宜大于 2hm²，动物园面

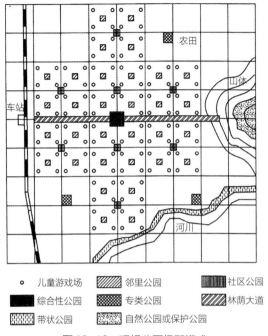

图 19-12　理想公园级配模式

积宜在 5~20 公顷之间，植物园面积宜大于 $40hm^2$，专类植物园面积宜大于 $20hm^2$，其他专类公园面积宜大于 $2hm^2$。

19.5　国际经验与案例解析

国际经验与案例解析扫码阅读。

二维码 19-1

本章参考文献

[1]　住房和城乡建设部．城市绿地分类标准 CJJT 85—2017 [S]．北京：北京北林地景园林规划设计院有限责任公司，2018：6.

[2]　刘颂，刘滨谊，温全平．城市绿地系统规划 [M]．北京：中国建筑工业出版社，2011.

[3]　住房城乡建设部城市建设司和城乡规划司．绿道规划设计导则 [S]．北京：中国城市建设研究院有限公司，2016：9.

[4]　刘娟娟，李保峰，等．构建城市的生命支撑系统——西雅图城市绿色基础设施案例研究 [J]．中国园林，2012（3）：116–120.

[5]　戴菲，艾玉红．日本城市绿地系统规划特点与案例解析（上）[J]．中国园林，2010（8）：83–87.

[6]　刘骏，蒲蔚然．城市绿地系统规划与设计 [M]．北京：中国建筑工业出版社，2017.

[7]　戴菲，陈福妹．日本城市绿地系统规划特点与案例解析（下）[J]．中国园林，2010（9）：83–87.

第 20 章

中心城区总体城市设计

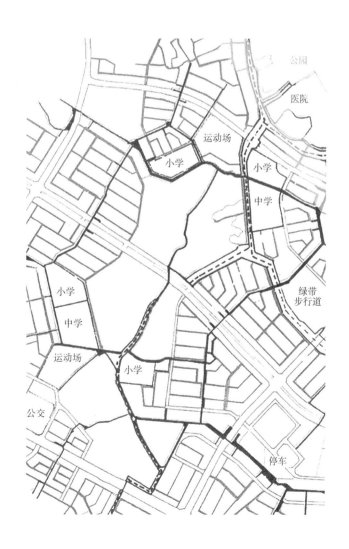

城市设计分为总体城市设计和重点地区城市设计，总体城市设计是以城市整体作为研究对象的城市设计，是城市尺度层面的宏观尺度城市设计，从城市战略层面对城市空间形态的发展框架提出整体构思和系统安排，其着眼点是宏观性、整体性和战略性，重点提出相应的设计导则并指导下一层次的重点地区城市设计与局部城市设计。

20.1　总体城市设计的定位与作用

20.1.1　总体城市设计与城市总体规划的关系

一般认为城市设计就是对城市形态和空间环境所作的整体构思和安排，它介于城市规划和建筑设计之间，具有承上启下的特征。城市设计与城市规划是一个完整的城市规划过程中紧密结合的两个方面，两者互为条件、相互依存、相辅相成，共同为城市建设服务。

在我国现行的法定规划体系内，对应于城市总体规划阶段的总体城市设计可以有两种定位形式：一是总体城市设计作为总体规划的一个专项规划，纳入总体规划编制内容之中；二是以总体规划为指导和依据，单独立项和编制总体城市设计，形成相对独立的成果，并可与城市（县人民政府所在地建制镇）总体规划一并报批。

20.1.2　总体城市设计的作用

城市设计是落实城市规划、指导建筑设计、塑造城市特色风貌的有效手段，贯穿于城市规划建设管理全过程。

总体城市设计一方面是总体规划编制的重要内容组成和技术支撑，其研究和设计的成果内容可直接作为总体规划成果内容的一部分，或可以融入和结合到总体规划的相关内容中，如：①总体城市设计确立的城市三维整体空间结构，可以融入总体规划的二维功能分区及布局中；②总体城市设计确立的城市公共空间体系，可以融入总体规划层面的公共设施容量分配及整体布局中；③总体城市设计确立的空间意象特征，可以与总体规划的土地利用强度及其分布相结合。另一方面，总体城市设计是以城市总体规划为依据和指导，落实和深化城市总体空间格局、空间形态及特色风貌管控与引导的相关内容，促进城市总体规划与详细规划衔接，并作为下一步的相关城市规划和城市设计的编制依据，通过系统地控制将城市总体空间设计的框架落实到城市的各个组团与片区，形成了对城市空间由宏观结构到微观具体项目的纵向系统控制。

20.2 总体城市设计的内容及成果形式

20.2.1 总体城市设计的内容

总体城市设计由于针对大尺度的城市空间环境，不应陷入具体的形象设计，应着重提炼"空间框架"和提出框架内"重点空间要素"的控制构想，应采取"有所为，有所不为"的态度和"有限理性"的应对策略，避免大而全的工作模式，强调"结构性的控制与把握"。

《城市设计管理办法》（以下简称《办法》）明确指出了总体城市设计的内容要点，规定"总体城市设计应当确定城市风貌特色，保护自然山水格局，优化城市形态格局，明确公共空间体系"，并提出总体城市设计中应当划定城市设计的重点地区。然而，《办法》对总体城市设计具体的编制内容及深度要求并没有作出详细的规定，这给总体城市设计编制工作增加了难度的同时，也预留了可发挥的空间，各个城市可在规定的内容要点基础上，根据自身的现实条件及目标要求对设计内容进行扩展（表20-1）。

20.2.2 总体城市设计的成果要求

1. 成果的形式要求

由于缺少法定章程的规定，无论是学界还是业界对于总体城市设计的成果形式都有不同的阐述。为与现行城市规划体系规定的文件相协调一致，总体城市设计的成果形式应包含设计说明书、设计文本、基础资料汇编、设计图纸四个方面内容。

（1）设计说明书

设计说明书（研究报告）是整个设计工作的全面说明，其中包括理论基础、研究方法和研究范围、相关研究基础和规划设计资料分析、城市环境质量评价、设计目标、设计原则、对策与措施等。

相关研究和实践中总体城市设计内容统计表

表20-1

项目或学者	空间形态结构	城市意象与街道空间	城市景观视线	标志建筑	天际线	城市色彩	夜景照明	建筑风貌	街道设施	公共开敞空间	水系及绿地系统	人文活动空间	特色分区	道路交通	城市设计导则	重点地段	总计
郑正	√		√	√	√	√	√	√	√	√	√	√		√	√	√	14
唐子来、付磊	√		√	√	√	√				√					√	√	8
单峰、刘朔晖、韩笑	√	√	√	√	√	√	√	√	√	√	√	√	√	√		√	15
庄万泰			√	√	√			√		√	√	√	√		√		9
刘涛	√		√		√			√		√			√			√	7
恽爽、张颖、徐刚	√	√	√		√	√		√	√	√		√	√			√	11
伊春市中心城总体城市设计	√		√	√	√	√		√	√	√	√	√	√			√	12
武汉市二环线地区整体城市设计	√		√	√		√	√	√		√	√	√	√		√	√	12
重庆都市区总体城市设计	√	√	√	√				√		√		√	√			√	9
邯郸主城区总体城市设计	√		√							√	√		√			√	6
怀柔新城总体城市设计	√	√	√					√				√		√		√	7
宁波市北仑中片区总体城市设计	√		√			√				√						√	5
迁西县中心城区总体城市设计	√		√		√					√			√	√		√	7
上海南镇总体城市设计			√	√	√					√	√					√	6
总计	12	4	14	8	9	7	3	9	4	13	7	8	9	4	4	13	

资料来源：周剑云，李怡林.总体城市设计的编制思想与工作框架 [J].南方建筑，2015（5）：49—57.

（2）设计文本

设计文本基本上是依照各项设计导则对总体城市设计的各项目标和内容提出规定性要求的条文。

（3）基础资料汇编

基础资料汇编是关于总体城市设计环境、景观、人文活动等城市设计相关要素的系统调查研究的成果。

（4）设计图纸

设计图纸是针对总体城市设计涉及的各个系统的设计图则、详细形体设计方案图和设计导则的配套分析说明图等。

2. 成果的深度要求

总体城市设计成果的深度以结构清晰、目标明确、一般原则与具体环境问题能够对应和衔接，具有相应层次的可操作性为原则。基础资料的调查是关键环节，要有一定的深度，具体环境问题的调查分析要准确、详细，并进行适当的归纳和总结。针对各子系统的设计研究内容，应该在分析归纳问题和发展目标的基础上，对现状与潜力、需求、基本原则、对策措施、任务计划等项内容系统归纳。分析研究中充分引用现状图片等形象资料。目标的建立可以结合比较的方法，提供充实的比较资料，以利于建立起形象的目标概念。设计导则要结合必要的图示、表格等以深入地说明问题。

20.3 城市风貌特色及景观引导

城市风貌是由自然和人工环境共同反映出的城市视觉特征。风貌中的"风"是内涵，是对城市社会人文取向的非物质特征的概括，是社会风俗、风土人情、戏曲、传说等文化方面的表现，是城市居民对所处环境的情感寄托；"貌"是"外显"，是城市位置环境特征的综合表现，是城市整体及构成元素的形态和空间的总和，是"风"的载体。城市风貌特色指在一定时空范围内城市的物质和非物质环境形态和状态所体现出来的与其他城市不同的本质特征。城市风貌特色侧重体现的是城市整体的个性化本质特征。

城市风貌特色的发掘、提炼和发展是总体城市设计的一项重要任务。城市风貌特色作为总体城市设计内容的纲领和灵魂，应该突出重点，通过发掘和提炼，找出城市的特色及其发展方向。

20.3.1 城市景观风貌特色的评价

城市景观风貌现状分为景观要素价值评价和景观影响力评价，一般通用的评价方法有两种：一种是侧重于由个人或群体对景观质量进行主观的非量化评价；另一种是通过对景观的物理特性进行理性分析研究而得出的客观量化评价（图20-1）。

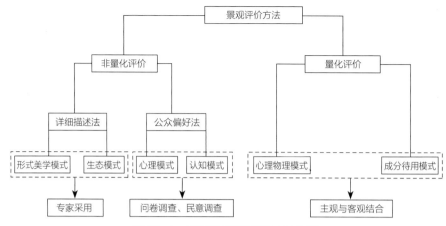

图 20-1　城市景观风貌评价方法体系

资料来源：唐琦.小城镇景观特色评价体系研究 [J]. 四川建筑科学研究，2013，39（4）：332-335.

景观风貌评价指标体系分成 4 个层次：总目标层（O）、综合评价层（C）、项目评价层（F）、因子评价层（S）。每个评价层均有 0~N 个因素集组成，其中，O= $\{C_1,C_2\}$；$C_1=\{F_1,\cdots,F_5\}$，$C_2=\{F_6,\cdots,F_N\}$，$F_1=\{S_1,S_2,S_3\}$，$F_2=\{S_4,\cdots,S_N\}$，根据评价体系得分，确立景观评价等级，并绘制成"景观特色评价梯度图"。

20.3.2　城市总体风貌目标定位

1. 风貌定位方式

城市总体风貌定位的目标不同于城市性质的定位，而是在城市性质已确定的前提下，对城市的风貌资源和风貌传达能力进行评价，并以一定的风貌特色前瞻性眼光而形成的风貌定位，须能充分体现城市风貌在理念、视觉、行为等方面的可识别性。

风貌定位方式可分为三类：与自然资源要素相关的，比如"东方水城"苏州、"山城"重庆；与历史文化要素相关的，比如"世界古都、华夏之根"西安；或与经济职能要素有关的，比如"度假胜地"三亚（吴伟，2009）。总结而言，在对城市风貌资源的总结评估基础上，结合对社会经济发展趋势的判断与展望，从而实现城市形象宣传与市民生活诉求，是当前城市总体风貌目标定位的构建方式（图 20-2）。

2. 风貌定位的依据

（1）优势要素及其整体特征

城市风貌特色定位必须包含的成果是优势要素及其整体特征。"选择即是失去"，当选择某种或某几种要素做优势排序，就等于失去了另外一种结构和特点。而对城市风貌特色的定位，就是要明确影响该城市风貌特色的优势要素是什么，其具备什么样的整体特征。比如《烟台市风貌规划暨整体城市设计》中对烟台的城市风貌特

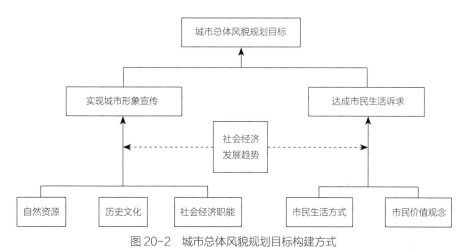

图 20-2　城市总体风貌规划目标构建方式

资料来源：黄琦.城市总体风貌规划框架研究——以株洲市为例 [D].北京：清华大学，2014.

色定位为"山海风情，人间仙境"，该定位明确了自然山水为烟台市风貌特色的优势要素，其整体特征概括为疏密有致、山海相依的人间仙境。

（2）要素符号

具有较高的知名度和美誉度的具体形象更容易实现城市风貌特色的感染力和传播性。符号提取并非适用于每个城市，因此，要素符号是风貌特色定位方法可能包含，却并非必须包含的成果。

比如《海口市城市风貌和建筑特色研究》中对海口的城市风貌特色定位为"阳光海口、魅力椰城"，该定位突出显示海口的自然山水，将其确立为优势要素，其整体特征为阳光普照、充满魅力的海港城市，对自然山水所提取的符号为"阳光"和"椰树"。

（3）空间形态的特色

自然山水格局是城市产生之初和持续发展的自然基底，由于自然山水突出的重要性，其山水格局对城市的空间形态会产生重大而长远的影响，往往成为人们识别城市风貌特色最重要的要素。因此，由自然山水造成的空间形态特色往往也能成为风貌特色定位可能包含的成果之一。

比如《柳州市城市风貌特色规划》中对柳州的城市风貌特色定位为"一江抱城山水美卷，紫荆花园人间天堂"，此定位确立城市风貌优势要素为自然山水，其整体特征为疏密有致型的山水美卷和人间天堂。对自然山水所提取的符号为"紫荆"，其空间形态特色为"一江抱城"。

（4）特色塑造的策略

有时，在风貌特色定位上也会出现特色塑造的策略。比如《保定市城市风貌特色近期建设规划》对保定市的城市风貌特色定位为"清风明韵水墨古城，北派冀调淡彩新颜"，将影响保定市城市风貌特色的优势要素确定为历史传统和人文习俗。其历史传统要素的整体特征为古今交融型，有"清风明韵"特点的"古城"和"新颜"，人文习俗要素的整体特征为雄伟庄严型的"北派冀调"。其风貌规划策略是着重突出历史传统和人文习俗，从历史传统方面，某些地域要突出"明""清"风格，保持古城风貌，某些地域要突出"新颜"，体现城市时代特色；从人文习俗方面突出"北派""冀调""淡彩"和"水墨"。

20.3.3 城市风貌结构体系建构

风貌结构体系是风貌规划目标的传达途径，由各种风貌载体单元组合而成。借鉴系统论、城市形态学、城市意象等设计理论，城市风貌规划通过风貌结构明确风貌载体的主次、风貌意向表达重点，使城市风貌形象的传达更为清晰。不同的风貌结构解析方式所形成的设计控制体系亦有所不同。目前常见分析方式分为两种：以风貌空间特色类型进行的横向划分系统及以风貌载体类型进行的纵向分层划分系统（图20-3）。

风貌空间特色类型系统由空间的基本形态类型及其风貌特色属性类型构成。风貌空间的五种基本形态类型包括：环形的城市风貌圈、块状的城市风貌区、道路河流等元素形成的线状的城市风貌带、形态较风貌区更紧凑浓缩的城市风貌核以及具体的城市风貌符号。风貌特色属性则指自然地理、文化区划、时序背景等特性在空间上的层聚，比如河湖山岗及平原的自然地理特性，多民族、多宗教背景之间的文

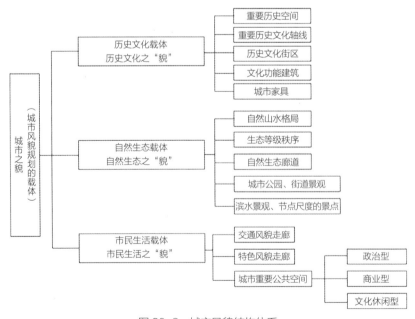

图 20-3 城市风貌结构体系

资料来源：段德罡，刘瑾. 貌由风生——以宝鸡城市风貌体系构建为例 [J]. 规划师，2012（1）：100-105.

化特性，原始时代、农业时代、工业时代、信息时代的发展时序特性等。风貌特色属性与空间形态类型的叠合，构成风貌系统的载体单元。各单元之间的排列、组合构成明确的空间变化和空间序列，即城市的风貌结构。该结构模式提取风貌特色的关键表征因素，做出相应的布局安排，并将表征因素应用在新的城市建设活动上。在具体应用时，受城市尺度与元素类型复杂度的影响，风貌特色空间类型系统的控制方式略有差异：在风貌特色属性明确、单一的小尺度区域，对风貌的控制强调风格的统一和谐，因此控制方式多注重在保持原有风貌空间形态的同时，运用风貌符号对原有风貌进行修复、强调。例如蔡晓丰等在苏州古城区风貌研究中以环护城河运河的交通空间及两岸风貌要素为风貌圈，各历史文化保护街区（如拙政园）为风貌区，沿道路的商业空间为风貌带，城楼等标志性建筑为风貌核，具有历史特征的包括仿古屋顶、灰色系建筑色彩等元素为风貌符号。通过对风貌空间的保护及运用风貌符号协调周边建设，使苏州古城依旧保有平江府时期的风貌特色（表20-2、表20-3）。

相关城市或地区风貌规划控制要素列表　　　　　表20-2

控制要素	城市或地区	台州市	遂宁市	武汉四新地区	柳州市	威海市	黑河市	广饶县	漳州市	宝鸡市	攀枝花市
城市空间基本结构	空间景观结构	●	●	●	●		●	●	●	●	
	生态安全格局	●		★		★				●	
城市三维形态体系	城市密度（机理）									●	
	建筑高度	●	○		●	★	●	★	●	●	○
	城市天际线		●	●	●	●	●			●	○
	眺望景观视廊		●	●	●	●	●			●	
重点意向展示地区	城市标志物	●	●		●		●	●	●	●	
	门户与节点	●			●	●			●	●	
	特色地区		○		●	●	●			●	
绿地与开敞空间体系	开放空间系统	●								●	
	绿植设计	●	●				●			●	☆
城市交通与环境设施	道路交通设施			★		○	●				
	道路环境艺术设施	●	●	●			●	●		●	
城市建筑体系	城市色彩		○		●	○	☆				
	建筑形态		○	●	●			★	●	○	○
	建筑技术			★							☆
城市夜景体系					●					●	

注：●为控制要素体系所包含的部分，★为规划重点突出的特色控制要素；空心图案为风貌特色空间分区指引中的控制要素。

资料来源：黄琦. 城市总体风貌规划框架研究——以株洲市为例 [D]. 北京：清华大学，2014.

相关城市或地区风貌控制要素主要控制方向　　　　表 20-3

控制要素	城市或地区	台州市	遂宁市	武汉四新地区	柳州市	威海市	黑河市	广饶县	漳州市	宝鸡市	攀枝花市
城市空间基本结构	空间景观结构	B	B/C	B	B		B	C/B	S	B/S	B/S
	生态安全格局			S		S				B/S	
城市三维形态体系	城市密度（机理）			S				C/B		S	
	建筑高度	B	B	S/B	B	S	B	S	B	B	S
	城市天际线		B		B	B	B			B	B/S
	眺望景观视廊		B/S		B	B		C/B	B	B	B
重点意向展示地区	城市标志物	B	B	B	B		B	C/B	B	B	S/B
	门户与节点	B									
	特色地区		C/E		B/E	C/E	E/C		C	C/E	E/C
绿地与开敞空间体系	开放空间系统	B/S	E	E	E		E	E	B/E	S/E	E/S
	绿植设计		B/S	S			B				
城市交通与环境设施	道路交通设施					E					
	道路环境艺术设施		B/C	S	B		B	C/B		B	
城市建筑体系	城市色彩		B		B	B	C/B	C	B/C	C	
	建筑形态		B/C		B		C/B	C/E	B/C	B	S
	建筑技术			S							S
城市夜景体系					B/E					B	

注：B（Bcault & Broadcast）代表物质环境视觉美的塑造与传播；C（Culture）代表对城市文化的保留、传承与发扬；S（Susta Inability）代表智慧生态可持续的发展方式；E（Experience）代表风貌体验感的提升，比如人性化设计；多控制方向按控制倾向度强弱排序。

资料来源：黄琦. 城市总体风貌规划框架研究——以株洲市为例 [D]. 北京：清华大学，2014.

20.3.4　城市风貌景观体系引导

城市风貌景观体系多从视觉控制出发，包括景观廊道、城市重点意向展示地区、城市建筑景观、城市标志系统等相关景观系统及景观要素。

1. 景观视廊

视线通廊是规定一个空间范围，以保证视线的通达，使人和景观点保持良好视觉联系。对于城市中位置重要、品质优良的景观点之间应保持视廊的通畅，运用视线分析和计算机模拟进行规划，最终反映在高度控制上。控制视线走廊、优化重要观景范围内的景观，还应注意对劣质景观的视线遮挡，以利用地形的变化来调节观者的视线，也可利用植被或其他设施来遮蔽影响视廊的不利景观。

2. 城市重点意向展示地区

就好像陆家嘴之于上海、长安街之于北京、西湖之于杭州，每个城市都有其标志性的意象建筑或地区，集中表现了城市经济、环境、民生等多方面的风貌特征，是城市风貌的重点展示媒介。这些重点意向地区包括极具城市识别性的城市标志物、带给新造访客第一印象的门户空间、城市生活必不可少的人气节点以及城市历史遗存或某些特殊文化聚集区等特色地区……这些地区多运用城市设计的手法进行专项设计。在总体风貌规划层面，一般对重点意向展示区进行位置的标定，提出各自基本的风貌意向要求并协调各意向的相互等级关系，避免各自"争奇斗艳"。

值得一提的是，重点意向展示不仅传达风貌的形态美，而是一方面在重点意向的选择时应注重城市最真实的文化内涵或社会价值观的展现，这样才能真正突出地方特色。比如重庆"十八梯"城中村的保留与展示代表了城市对历史的正视、对多元文化的宽容，广州由社会民意撼动政府规划而保留下的旧骑楼展现了社会自组织文化，都是城市历史、人文风貌的重要展现方式。另一方面，重点意向的认知体验亦不应被忽视，比如观览线路的策划、交通便利度的提升，基本的公共服务保障，或配合重点意向而举办的相应城市活动等，都能使城市的重点意向展示更丰富，具有特色吸引力。

3. 城市建筑景观

城市建筑是城市环境与景观中影响最大的要素，城市建筑艺术在城市环境艺术中占重要地位，城市建筑特色和风格是构成城市整体环境特色和风格的很重要的方面。

城市的风貌混乱往往与规模最大的背景建筑有关：或自身夸张不与环境协调，或风格呆板品质较差。在总体风貌规划阶段除要求重点意向区的高品质设计外，对背景建筑的风貌基本要求进行研究引导，有助于城市建设品质的提升。总体城市设计要研究城市现状建筑景观的综合水平和建筑艺术特色基础，并提出今后在建筑风格、色彩、材质使用等方面的总体艺术策略。

建筑的设计一方面强调地域性，与城市气候、文化积淀相结合，另一方面强调可持续设计，因此应多关注绿色建筑技术的应用以及由此产生的特色建筑形态。值得一提的是，关于色彩方面的控制在近十年刚在我国兴起，从单纯的建筑色彩要求发展为对整个城市色彩的设计。城市色彩设计或从城市色彩的地域性和文化性的传承方面进行考虑，对城市构筑物从简单的色相到质感到整体色彩意向提出控制色盘，或通过色彩的统一、对比等方式突出城市空间结构，常在新城的建设中作为创造特色的重要手法。然而，为了不限制设计师的创作，城市建筑的控制深度一直在建筑界与规划界争论不休。相较于制定一套具体到檐口高度的控制文字，借鉴国外的以图示为主的建议型、禁止型控制图则配以有效的建筑形态审查权是目前业界较为接受的控制机制。但建筑形态的审查权力对象及权力范围一直难以落实。而遂宁市通过聘请城市总体风貌规划师的办法，赋予总规划师与其设计团队设计审查的权力，迈出了实验性的一步。

4. 城市标志系统

城市标志系统主要由标志性构筑物、标志性建筑物及其组群和标志性城市空间环境等构成。要从总体上对具有标志意义的要素进行发展方向、对策措施上的研究，并根据城市发展和城市设计目标的需要完善标志系统,丰富城市景观,突出城市特色。

20.4 城市空间格局及形态管控

20.4.1 城市山水空间格局保护

城市山水格局对于传承传统城市空间特色有重要作用，构建现代人与自然相交融的山水城市环境，应是贯穿于城市设计和建设过程始终的理念，也是体现城市形象和特色的途径。

1. 山水环境要素保护

自然环境是城市生存发展的基础，城市只有立足于自然，与自然相协调、相适应，才能最终达到利用自然的目的。山水环境要素是自然环境的核心组成部分，是规划建设一个城市的首要基础因素，包括山体、水系、地形、地貌等自然环境要素，保护山水环境要素对城市功能运行及特色塑造具有重要的意义，城市总体规划中应明确山水环境要素保护的对象内容、空间范围、标准要求及实施措施等。

2. 城市山水空间格局关系保护

从山水空间构建的要素看，城市山水空间的主要组成是三个部分：山、水、城。

在自然山水环境优越的城市，城市的山水格局构成了城市空间的主体构架，人们在这一骨架的基础上进行补充与完善，形成有利于人类自身的城市空间环境。城市地域的自身存在着原有的山水空间地形地貌，同时山体与城市、水体与城市也都存在着各式各样的空间格局关系。

山与城市：经过概括总结得出城市与山体的相互格局关系有山在城外；山在城间；城内外都有山；山城一体。

水与城市：城市和河流水体的格局关系大致可以分为水穿城；水抱城；水含于城。

山水与城市：从城市、山体、水体三者的格局关系来看，一共可以分为九种，即山城相依,水在城中；山城相依,水穿城；山城相依,水抱城；山在城中水在城中；山在城中,水穿城；山在城中,水抱城；山在山中,水在城中；城在山中,水穿城；城在山中,水抱城。

3. 城市山水空间景观格局保护

（1）山水对景的轴线结构：受背山面水的"风水"理论、象天法地的建城思想影响，历史城市多具有独特的山水轴线结构。随着现代城市的发展蔓延，古典几何状的城市空间格局已不复存在，但许多山水对景的格局却作为城市特色轴线被保留了下来，甚至在城市新区建设时也广为参照应用，成为城市空间景观特色的重要构成形式。

（2）自然景观与城市建设区的相互渗透关系：历史城市受建造技术的局限，常呈现"山环水抱"的分离式格局，而现代城市通过将自然景观引入城市中心、城市建设与特殊地貌融合等方式形成的城市—自然的互动对改善环境宜居性、提升城市视觉风貌价值起到关键作用，是实现"居城市可观田园之乐"理想的基础。比如攀枝花市强调"大山大水"格局，城沿水展开，环山散布，形成处处可观山、处处易亲水的特色景观格局。

20.4.2 城市开放空间系统控制

现代意义的开放空间（Open Space）通常是指城市边界范围内非建筑用地空间，主体是绿地系统，一般包括山林农田、河湖水体、各种绿地等自然空间，以及城市广场、道路、庭院等非自然空间。

开放空间对城市空间形态的影响主要体现在城市用地格局与城市扩展动态两个方面。首先，开放空间的保护限制或延缓了近来愈演愈烈的城市扩展和蔓延；其次，开放空间往往表现出规律性的布局模式，将直接影响到城市的形态结构；最后，开放空间的分布及居民对开放空间自然生态、社会经济价值的追逐，也会塑造城市的空间结构。

1. 开放空间规划标准

从开放空间使用者的需求出发，一般城市开放空间的规划标准为分级标准、人口标准、用地标准、选址标准和设施与活动要求五个方面（图20-4）。

（1）分级标准：根据服务和影响范围，开放空间分为邻里（Neighborhood）、社区（Community）、地方（Local）、地区（District）、城市（City）和区域（Regional）开放空间等不同级别。依据自身情况，多数城市或地区选取其中若干等级形成其开放空间等级体系。

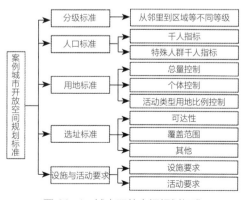

图 20-4　城市开放空间规划标准

资料来源：蔚芳，李王鸣，皇甫佳群. 城市开放空间规划标准研究 [J]. 城市规划，2016，40（7）：74-80.

（2）人口标准：指在开放空间规划中，以每千居民拥有的开放空间用地面积作为城市开放空间的控制指标。开放空间规划国家标准最初阶段即引入了千人指标的方法（或采用人均指标的表述），个别城市如伦敦对特定地区以工作日白天就业人口作为统计基数。

（3）用地标准：开放空间用地标准包括总量控制、个体控制及活动类型比例控制三方面。总量控制指开放空间用地占总用地或开发用地的比例，是从整体衡量一个地区的开放空间水平；个体控制指开放空间最小面积标准（或带状空间最小宽度标准等）；活动类型比例控制多指对静态活动与动态活动空间的比例要求（静态开放空间主要是为休闲娱乐与简单非组织性的体育活动提供的空间，动态开放空间主要是为正式户外运动提供的空间）。

（4）选址标准：通常包括可达性与覆盖范围两项标准。一般可达性（Universal Accessibility）是指居民采用某种交通方式（包括步行、自行车、公共交通与私人交通等），能够便捷安全抵达开放空间的时间或空间距离标准（如采用400m步行范围或5分钟步行距离等）。覆盖范围指特定可达性要求所覆盖的用地面积占总用地面积的比例。

（5）设施与活动要求：案例城市开放空间规划设施要求主要包括配套设施和活动设施两项内容：配套设施要求主要集中在对停车场、座椅、公厕等方面的控制；活动设施要求主要是针对儿童游乐设施、静态的休闲娱乐设施（如野餐区等）和动态的户外运动设施（如球场等）的控制。[20]

2. 开放空间的要素分类管控

规划管控一般通过建立规划控制指标体系，即规划设计条件，对规划控制目标实施管控。开放空间的管控除设定较为普适性的规划标准外，也可通过对区域内某类开放空间的特征要素的识别，建立要素管控体系，进行要素的分类管控，保证区域内开放空间的特色和设计导则的可实施性。

（1）街道空间

首先，选取符合区域特征的功能分类，通过街道所在街区的主要功能、统筹路网和路段等信息定位街道的主要功能，进行街道功能的分类；其次，从街道开放空间的管控出发，选取道沿街建筑、市政设施、标识指示等管控要素；最后，对不同功能类别的不同等级街道的开放空间的各要素提出较为具体的控制要求，进行街道开放空间的分类分级管控。

（2）公园绿地空间

我国主要以城市的人均绿地面积、绿地率和绿化覆盖率为主要绿化水平指标来控制引导城市绿地建设，但此类指标是"量"的体现，无法达到控制绿地的空间分布、可达性等"质"的目的。

（3）广场空间

总体城市设计要组织好整个城市各等级广场的系统关系，确定各主要广场的性质、规模、尺度、场所意义特征、界面效果以及相互之间的路径联系等。

20.4.3　城市空间形态控制

1. 城市总体空间形态控制

城市形态是形成城市整体、逻辑的秩序，构筑城市整体格局特色的基础，也是城市空间系统生长的基础。城市形态是根据自然历史环境及历史发展的文化积淀，结合城市功能发展需要，经过形式艺术处理而造就的。

城市形态体系表现为城市平面肌理与总体高度形态，是城市风貌形象的"基底"。世界各地优秀的风貌案例总离不开城市整体三维形态的形式美：许多历史城市通过几何形式化的三维形态设计，塑造了整个城市的风貌艺术特色。比如巴塞罗那形态相似、高度统一的网格街区，堪培拉八边形放射状的经典构图，都令人称道。而在现代城市的建设中，无论是由于已有城市复杂的现状限制还是出于讲究自由、市场化的城市开发观念，这种几何构图式的城市三维设计方式已不再适用于现代大型城市，但诸如纽约、伦敦等仍利用形式美法则达到了城市整体风貌和谐。目前我国城市总体风貌"千城一面"的根本原因在于大多城市是一个整体风貌凌乱、缺乏秩序的状态：平面形式千篇一律，城市高度参差不齐，丧失了城市风貌的美学性。另外，平面肌理通常可以反映城市生活方式在时间上的演变，比如旧城肌理与新区肌理的对比；或反映人工建设环境对自然资源的应对，比如丘陵地貌肌理与平原地貌肌理的不同。城市高度则一方面影响自土地的经济价值，另一方面体现城市不同的文化、功能和发展阶段，比如城市中心区与城市边缘的高度差别，别墅区与商务区的高度差别。因此，对现代城市平面肌理与高度形态的控制亦可以展现城市地理文化特色、经济发展状态，是城市风貌地域性的基础。

因此，对城市三维形态的控制须从美学性与地域性两方面入手。对城市三维形态的影响要素包括城市密度、城市高度、城市天际线、眺望景观视廊体系等。其中，城市密度（或城市肌理）与城市高度是最主要的影响方面。目前的设计控制体系仅是对容积率、高度、密度有着设计上限的数据控制，以至于在同样的容量要求下，不同开发商的不同设计方案高度、肌理各异。通过对国外形态优秀的城市的三维分析发现，城市肌理、高度两者同时符合形态秩序的形式美时，才能形成良好的整体形态。

2. 城市密度控制

城市密度包含多方面的内容，一方面它被用来描述城市占有土地的特征，如单位用地面积内的人口数量或建筑面积；另一方面，它也被用来表述社会、经济和文化活动在城市各部分的聚集、毗邻和重合程度；除此之外，还存第三种类型的城市密度——街道网络密度以及在此基础上进行土地开发而形成的用地划分密度。

目前，我国主要通过对城市容积率、建筑密度、绿化率等指标的控制进行城市的密度控制。对城市密度的控制大部分也是在分区规划的规划成果中体现，缺乏城市总体层面上的密度把控。这种从分区出发的密度管控一方面可能会导致城市宏观层面上的密度失控和无序；另一方面也会引起城市肌理的断裂，不利于城市空间形态的管控。在总体城市设计层面可采取密度分区的方式进行城市密度控制，即综合考虑城市的资源分布及自然条件，按照相应的规划要求，在城市内划分由高至低的多级密度空间分区，并以相应的密度指标和要求作为配合性规定，有助于塑造城市整体密度等级序列，并易于在规划管理工作中落实。

3. 城市肌理延续

城市肌理是指城市的外在图式表现。每一座城市都有属于自己的肌理，即使是一座城市的不同阶段，肌理的表现也是有所差异的。城市肌理包含了城市的形态、质感色彩、路网形态、街区尺度、建筑尺度、组合方式等方面。从宏观看，是城市的二维平面构图；从微观看，是具体的街区与空间环境形态。从城市肌理的形成机制角度看，城市肌理是由自然系统与人工系统双重作用下形成的空间形态式样。因此，城市肌理延续的要素既包括自然山水环境要素，也包括人工环境系统——功能要素、空间要素、文脉要素。

城市肌理的延续在一定程度上映射着历史演变的脉络，蕴藏着这些演变的内在机制与信息。因此，城市肌理延续应建立在传统肌理的基础之上，并寻求新与旧的融合与对话，通过传承、更新和拼贴来延续城市功能肌理；通过确立"点"、延续"线"、细化"面"来延续空间肌理；通过保留旧元素、引入新元素和新旧元素融合来延续文脉肌理。针对不同要素的特征采取不同的手法，使城市肌理得以延续。

4. 城市高度控制

总体城市设计中的城市高度控制，不仅要掌握城市的总体高度，还要基于城市的山水空间和发展需求提出城市高度的布局方案。

目前我国主要采用以下三种方法进行城市高度控制：第一种方法是基于规划师个人经验的传统的高度控制方法，即规划师通过定性的方法对城市的某一区域设定相应的控制指标；第二种方法则基于GIS的多因子评价法，即通过设置不同的高度影响因子和权重构建不同的高度评价体系以适应不同区域的高度控制要求；第三种方法是基于视觉分析法，即从人类视觉感知的角度出发，通过实景反馈获得比较精确的控制限定，作为整体城市高度控制的补充。

5. 城市天际线控制

城市天际线也称轮廓线，是指城市空间建筑或自然地形在高度上的天际轮廓，是反映城市总体形象艺术的重要方面。如何结合地形特征、建筑群布局、高层建筑布局等方面创造城市主要入口和主要观景方向的天际线，是总体城市设计的重要任务。

城市天际线设计应遵循"实—空—实"的美景韵律。"实"即地平线上的建筑物，"空"即建筑物间的空隙。"实"有高低宽窄的变化，"空"也有广狭长短之分。在城市的一些重要节点，如日常往来必经之点、重要道路交叉口、城市交通转换中心等周围建筑物的轮廓线应做重点处理，且这些轮廓线因所处的位置不同，设计原则也不同。如主要交通性干道，因人们行进速度较快，其两侧建筑体量可以稍大些，层次也可以稍浅些，同时还应注意纵向的空间序列；对于一些人们经常逗留的区域，如广场四周的城市轮廓线，应注重其多层次性。对于城市外缘的轮廓线，应注重整体份量感。

本章参考文献

[1] 中华人民共和国住房和城乡建设部. 城市设计管理办法（中华人民共和国住房和城乡建设部令第35号）[Z]. 2017.

[2] 王建国, 阳建强, 杨俊宴. 总体城市设计的途径与方法——无锡案例的探索 [J]. 城市规划, 2011（5）：88-96.

[3] 赵勇伟, 叶伟华. 当前我国总体城市设计实施存在的问题及实施路径探讨[J]. 规划师, 2010（6）：15-19.

[4] 杨震. 总体城市设计研究述评与再思考：2004-2014[J]. 城市发展研究, 2015, 22（4）：65-73.

[5] 中共中央国务院. 关于进一步加强城市规划建设管理工作的若干意见 [Z]. 2016.

[6] 刘家琦. 滨海旅游区域的城市设计研究 [D]. 青岛：青岛理工大学, 2012.

[7] 喻祥. 对我国总体城市设计的思考 [J]. 规划师, 2011（增刊）：222-228.

[8] 高源, 王建国, 阳建强. 内容·方法·成果——南京总体城市设计专题研究纲要 [J]. 现代城市研究, 2011（10）：28-34, 53.

[9] 周剑云, 李怡林. 总体城市设计的编制思想与工作框架 [J]. 南方建筑, 2015（5）：49-57.

[10] 扈万泰, 郭恩章. 论总体城市设计 [J]. 哈尔滨建筑大学学报, 1998（12）：99-104.

[11] 段德罡, 刘瑾. 貌由风生——以宝鸡城市风貌体系构建为例 [J]. 规划师, 2012（1）：100-105.

[12] 吴伟, 代琦. 城市形象定位与城市风貌分类研究 [J]. 上海城市规划, 2009（1）：16-19.

[13] 唐琦. 小城镇景观特色评价体系研究 [J]. 四川建筑科学研究, 2013, 39（4）：332-335.

[14] 代琦. 城市风貌特色定位成果及其承接性探讨 [J]. 中外建筑, 2015（6）：80-82.

[15] 蔡晓丰. 城市风貌解析与控制 [D]. 上海：同济大学, 2006.

[16] 黄琦.城市总体风貌规划框架研究——以株洲市为例 [D].北京：清华大学，2014.

[17] 李晖，杨树华，李国彦，等.基于景观设计原理的城市风貌规划——以《景洪市澜沧江沿江风貌规划》为例 [J].城市问题，2006（5）：40-44.

[18] 李艳华，夏一铭.城市风貌有效度提升视角下的城市风貌规划——以攀枝花市风貌规划为例 [J].规划师，2012（8）：33-37+47.

[19] 邵大伟，张小林，吴殿鸣.国外开放空间研究的近今进展及启示 [J].中国园林，2011（1）：83-87.

[20] 蔚芳，李王鸣，皇甫佳群.城市开放空间规划标准研究 [J].城市规划，2016，40（7）：74-80.

[21] Peoponis J，et al. Street Connectivity and Urban Density：Spatial Measures and Their Correlation[C]. Istanbul：The 6th International Space Syntax Symposium，2007.

[22] 刘昭.城市肌理延续方法初探——以延安市为例 [D].西安：长安大学，2014.

[23] 雷文韬.湘西城市滨水空间风貌特色营造研究 [D].长沙：中南大学，2012.

第 21 章

中心城区空间管制规划

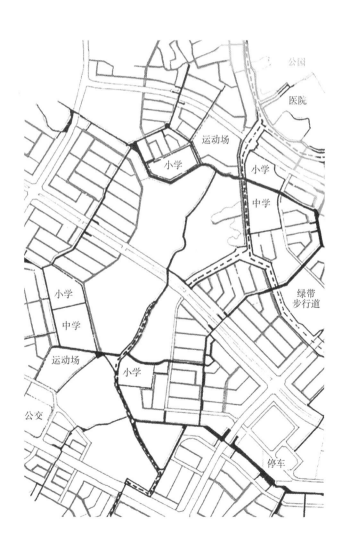

城市总体规划是研究城市的未来发展，对建设项目进行合理布局并综合管理各项工程建设的统筹部署，是一定时期内城市发展的蓝图，是对城市空间发展的预期性安排。在城镇化快速发展的现阶段，城市发展存在诸多的不确定性，城市规划必须适应这种不确定性，对规划方案进行不断的调整。然而在这个动态调整过程中，为确保城市功能的正常运行，对影响城市可持续发展、社会和谐发展、民生需求、生态环境、公共安全等重要空间必须实施严格管控，体现城市总体规划作为公共政策的刚性管控属性。城市总体规划将上述需严格管控的功能空间，根据其特征及管控特点，分类形成：城市绿线、城市紫线、城市黄线、城市蓝线、城市红线、城市橙线六大类空间管控要素，并对此六大类空间要素提出严格的管控要求，统称为"城市六线"空间管制。

21.1 城市蓝线管制

21.1.1 城市蓝线的内涵及包含类型

城市蓝线，特指水域保护区，是指城市规划确定的江、河、湖、库、渠和湿地等城市地表水体保护和控制的地域界线。包括河道水体的宽度、两侧绿化带以及清淤路。

21.1.2 城市蓝线的划定

国务院建设主管部门负责全国城市蓝线管理工作。县级以上地方人民政府建设主管部门（城乡规划主管部门）负责本行政区域内的城市蓝线管理工作。

按照《城市蓝线管理办法》（2011）规定：划定城市蓝线，应当遵循以下原则：

1. 统筹考虑城市水系的整体性、协调性、安全性和功能性，改善城市生态和人居环境，保障城市水系安全；

2. 与同阶段城市规划的深度保持一致；

3. 控制范围界定清晰；

4. 符合法律、法规的规定和国家有关技术标准、规范的要求。

要保证城市水系的"整体性、协调性、安全性和功能性"，前提是要保证城市水系的安全性，也就是要保护城市不受洪涝威胁。城市水系的安全性要靠水系的整体性、协调性，保障水系功能的正常发挥。城市中应该保留的最小水面，在城市排水规划、防洪规划中有详尽的论断。所以城市蓝线保护水系最小不得小于城市排水规划确定的水域，以保证城市安全。城市蓝线的规模和走向除应满足城市防洪、排涝规划要求外，还应满足城市总体规划中对河、湖等水域功能的要求，如城市景观等功能。

根据前述城市蓝线的划定标准划定城市蓝线，并根据水系周围的规划情况进行局部优化调整，如相关规划已确定水体周边防护用地但超过城市蓝线划定标准要求的，可将此类用地一并划入。如水体周边有广场、道路交叉口、公共设施等重要景观节点的可适当考虑放大蓝线宽度等。上海的蓝线规划设置了河道规划中心线、河口线和陆域控制线3个图层5条线。河道蓝线的控制范围以水系规划为主要依据，由平面控制要素、立面控制要素及相关附属工程（如水闸、泵站等）的控制要素决定，三者结合才构成完整的河道规划控制线。

在城市总体规划阶段，应当确定城市规划区范围内需要保护和控制的主要地表水体，划定城市蓝线，并明确城市蓝线保护和控制的要求。在控制性详细规划阶段，应当依据城市总体规划划定的城市蓝线，规定城市蓝线范围内的保护要求和控制指标，并附有明确的城市蓝线坐标和相应的界址地形图。

21.1.3 城市蓝线的审批与调整

因城市发展和城市布局结构变化等原因，确实需要调整城市蓝线的，应当依法调整城市规划，并相应调整城市蓝线。调整后的城市蓝线，应当随调整后的城市规划一并报批。如舟山市规定：城市规划的修编对城市用地布局的调整引起城市蓝线的变化，需根据新的城市规划作相应变更；城市规划修编引起城市规划区范围扩展时，城市蓝线范围作对应性调整，新扩展区应修编城市蓝线规划；经论证批准的城市重要基础设施和公共服务设施穿越或占用城市蓝线，相关城市蓝线应作相应调整；根据城市防洪排灌工程建设需要，相关城市蓝线应作调整；其他确有必要调整城市蓝线的情况发生时，经专家论证后应作出相应调整。

21.1.4 城市蓝线的管制政策

除水文监测、防洪要求、排水泵站、污水处理设施、园林小品、环境保护需要设置的设施及相关的市政设施外，城市蓝线范围内严禁建设建（构）筑物。对现有城市蓝线范围内其他性质的用地，应当限期整改；对不符合城市蓝线保护要求的建（构）筑物及其他设施，应当限期迁出。国家重点工程建设项目因特殊原因确需占用水域的，应当由建设单位报城市水行政主管部门审核并报市人民政府同意后，按规定的审批权限报批。

按照《城市蓝线管理办法》（2011）规定：在城市蓝线内禁止进行下列活动：

1. 违反城市蓝线保护和控制要求的建设活动；

2. 擅自填埋、占用城市蓝线内水域；

3. 影响水系安全的爆破、采石、取土；

4. 擅自建设各类排污设施；

5. 其他对城市水系保护构成破坏的活动。

21.2 城市绿线管制

21.2.1 城市绿线的内涵及包含类型

城市绿线是指城市各类绿地范围的控制线。具体包括公共绿地、防护绿地、生产绿地、居住区绿地、单位附属绿地、道路绿地、风景林地等。

21.2.2 城市绿线的划定

城乡规划、园林绿化等行政主管部门应当密切合作，组织编制城市绿地系统规划，根据绿地系统规划划定城市绿线。

其划定原则为：

1. 统一协调原则。绿线划定力求与城市建设、社会经济发展、生态环境保护等协调统一。

2. 全覆盖原则。绿线划定范围覆盖全市（县）域范围。

3. 一致性原则。城市绿线划定与已批准的相关规划保持一致原则。

4. 定性、定位、定量原则。对绿线控制范围做到定性、定位、定量，满足规划管制监督的具体操作要求。

为了更好地改善生态环境，提高人民群众生活质量，同时为将来的城市绿化留足空间，城市整体的绿地系统，特别是道路两侧、河岸、湖岸、海岸、山坡、绿化隔离带、公园绿地、传统园林、风景名胜区和古树名木都应纳入"绿线管制"范围。即使老城区建筑物密集，一时拆迁难度大，也要把"绿线"先确定下来，以后条件具备时再行建设。根据现状的用地状况，尤其是对远期需要调整而近期需要保留的用地，绿线划定时要考虑灵活性和强制性相统一的方针。对城市绿地系统结构和景观风貌影响较大、建设投资大且改建可能性较小的公园、标志性景观绿地、广场等公园绿地，以及按照各专业标准确定的最小范围的防护绿地，绿线划定时必须执行强制性标准，严格按照规划进行划定。对于街头绿地、沿街绿地等小型公园绿地、生产绿地和生态绿地，可以在城市的整体布局保持完整、绿地位置和面积保持不变的前提下，局部进行绿线调整。这种调整是有限度的，只可根据实际情况灵活改变平面形状、长宽比例等。

绿线的划定是一个系统的过程，贯穿于城市总体规划和详细规划的全过程。城市总体规划应当确定城市绿化目标和布局，规定城市各类绿地的控制原则，按照规定标准确定绿化用地面积，分层次合理布局公共绿地，确定防护绿地、大型公共绿地等的绿线。控制性详细规划应当提出不同类型用地的界线、规定绿地率控制指标和绿化用地界线的具体坐标。修建性详细规划应当根据控制性详细规划，明确绿地布局，提出绿化配置的原则或者方案，划定绿地界线。

21.2.3 城市绿线的审批与调整

城市绿线的审批、调整，按照《中华人民共和国城乡规划法》《城市绿化条例》的规定进行。

21.2.4 城市绿线的管制政策

按照《城市绿线管理办法》（2011）规定："城市绿线内的用地，不得改作他用，不得违反法律法规、强制性标准以及批准的规划进行开发建设。有关部门不得违反规定，批准在城市绿线范围内进行建设。因建设或者其他特殊情况，需要临时占用城市绿线内用地的，必须依法办理相关审批手续。"

"在城市绿线范围内，不符合规划要求的建筑物、构筑物及其他设施应当限期迁出。任何单位和个人不得在城市绿地范围内进行拦河截溪、取土采石、设置垃圾堆场、排放污水以及其他对生态环境构成破坏的活动。近期不进行绿化建设的规划绿地范围内的建设活动,应当进行生态环境影响分析,并按照《中华人民共和国城乡规划法》的规定，予以严格控制。居住区绿化、单位绿化及各类建设项目的配套绿化都要达到《城市绿化规划建设指标的规定》的标准。"

21.3 城市紫线管制

21.3.1 城市紫线的内涵及包含类型

城市紫线是指国家历史文化名城内的历史文化街区和省、自治区、直辖市人民政府公布的历史文化街区的保护范围界线，以及历史文化街区外经县级以上人民政府公布保护的历史建筑的保护范围界线。

21.3.2　城市紫线的划定

按照《城市紫线管理办法》（2011）规定：划定保护历史文化街区和历史建筑的紫线应当遵循下列原则：历史文化街区的保护范围应当包括历史建筑物、构筑物和其风貌环境所组成的核心地段，以及为确保该地段的风貌、特色完整性而必须进行建设控制的地区。历史建筑的保护范围应当包括历史建筑本身和必要的风貌协调区。控制范围清晰，附有明确的地理坐标及相应的城市紫线范围内文物保护单位保护范围的划定，依据国家有关文物保护的法律、法规。

紫线划定主要考虑五大因素。一是安全要求，历史建筑周围一定范围内不得有易燃、有害气体及性质不相符的建筑及设施。二是文化传统，注意文化传统的特征，为了准确地划定紫线，应认真研究历史建筑的由来、发展、文化特征及其环境的关系。三是建筑场地，保护范围的划定一定程度应结合建筑周边的其他构筑物和地形地貌因素确定。四是视线通廊，由于视线对峙关系、视觉走廊和自身形态的建筑视觉标志作用，应有效保护建筑的远处观赏视线。保护景外观赏点和从观赏点看到完整的总体形象以及从远处观赏历史建筑的视线通廊。五是整体空间景观环境，即保护范围应有整体建筑空间环境概念，满足环境协调的要求。划定紫线还应注意文化传统的特征，注意环境的总体艺术形象，适当控制环境容量。

城市紫线的划分要考虑城市历史文化名城保护的内容，按照现有的做法，城市紫线划定分为三部分：文物保护单位紫线的划定，历史建筑紫线的划定，历史文化街区紫线的划定。

1. 文物保护单位紫线的划定

文物保护单位保护范围：国家级文保单位不得小于外墙线 9m，省、市级文保单位不得小于外墙线 6m。所有的建筑本身与环境均要按《文物保护法》的要求进行保护，不允许随意改变原有状况、面貌、环境。重点保护现存建筑物及空间环境，严格保持原貌，严格控制建筑物的内外结构改造和装修，控制建筑物的户外广告设置，保持建筑物的原始风貌。

文物保护单位建设控制地带：建设控制地带指在保护区范围以外允许建设，但应严格控制其建（构）筑物的性质、体量、高度、色彩及形式的区域。即在文物保护单位的保护范围以外划一道建设控制范围线（一般为文物保护单位保护范围界线以外 50~100m 一圆周，且视现状建筑、街区布局而定）。

2. 历史建筑紫线的划定

历史建筑保护范围，是以历史建筑现状范围为基础，结合其历史变迁、视觉保护及其他保护需要具体规定。建设控制地带为保护历史建筑本身的安全和环境景观的完整所必须控制的周围地段。控制地带范围内严禁新建其他建筑物，且应加强绿化和街巷的维护管理，保持原有风貌的完整。

3. 历史文化街区紫线的划定

一般划定核心保护区范围及建设控制区范围。

核心保护区是指历史文化街区中由历史建筑物、构筑物和其风貌环境所组成的核心地段。划定原则应最大限度，尽可能地包含历史文化街区中保存着历史信息的遗存及载有真实历史信息的传统建筑、构筑物。建设控制区是指为确保历史文化街区的风貌特色完整性而必须控制的地区。在建设控制地带内，不得建设危及历史建筑安全的设施，不得修建其形式、高度、体量、色调等与历史文化街区的环境风貌不相协调的建筑物或构筑物。

21.3.3 城市紫线的审批与调整

历史文化名城和历史文化街区保护规划一经批准，原则上不得调整。因改善和加强保护工作的需要，确需调整的，由所在城市人民政府提出专题报告，经省、自治区、直辖市人民政府城乡规划行政主管部门审查同意后，方可组织编制调整方案。

调整后的保护规划在审批前，应当将规划方案公示，并组织专家论证。审批后应当报历史文化名城批准机关备案，其中国家历史文化名城报国务院建设行政主管部门备案。

21.3.4 城市紫线的管制政策

《城市紫线管理办法》（2011）规定："历史文化街区内的各项建设必须坚持保护真实的历史文化遗存，维护街区传统格局和风貌，改善基础设施、提高环境质量的原则。历史建筑的维修和整治必须保持原有外形和风貌，保护范围内的各项建设不得影响历史建筑风貌的展示。市、县人民政府应当依据保护规划，对历史文化街区进行整治和更新，以改善人居环境为前提，加强基础设施、公共设施的改造和建设。"

"第十三条在城市紫线范围内禁止进行下列活动：

1. 违反保护规划的大面积拆除、开发；

2. 对历史文化街区传统格局和风貌构成影响的大面积改建；

3. 损坏或者拆毁保护规划确定保护的建筑物、构筑物和其他设施；

4. 修建破坏历史文化街区传统风貌的建筑物、构筑物和其他设施；

5. 占用或者破坏保护规划确定保留的园林绿地、河湖水系、道路和古树名木等；

6. 其他对历史文化街区和历史建筑的保护构成破坏性影响的活动。"

21.4 城市黄线管制

21.4.1 城市黄线的内涵及包含类型

城市黄线是指对城市发展全局有影响的、城市规划中确定的、必须控制的城市基础设施用地的控制界线。城市基础设施包括：

1. 城市公共汽车首末站、出租汽车停车场、大型公共停车场；城市轨道交通线、站、场、车辆段、保养维修基地；城市水运码头；机场；城市交通综合换乘枢纽；城市交通广场等城市公共交通设施。

2. 取水工程设施（取水点、取水构筑物及一级泵站）和水处理工程设施等城市供水设施。

3. 排水设施；污水处理设施；垃圾转运站、垃圾码头、垃圾堆肥厂、垃圾焚烧厂、卫生填埋场（厂）；环境卫生车辆停车场和修造厂；环境质量监测站等城市环境卫生设施。

4. 城市气源和燃气储配站等城市供燃气设施。

5. 城市热源、区域性热力站、热力线走廊等城市供热设施。

6. 城市发电厂、区域变电所（站）、市区变电所（站）、高压线走廊等城市供电设施。

7. 邮政局、邮政通信枢纽、邮政支局；电信局、电信支局；卫星接收站、微波站；广播电台、电视台等城市通信设施。

8. 消防指挥调度中心、消防站等城市消防设施。

9. 防洪堤墙、排洪沟与截洪沟、防洪闸等城市防洪设施。

10. 避震疏散场地、气象预警中心等城市抗震防灾设施。

11. 其他对城市发展全局有影响的城市基础设施。

21.4.2 城市黄线的划定

城市黄线的划定，应当遵循以下原则：与同阶段城市规划内容及深度保持一致；控制范围界定清晰；符合国家有关技术标准、规范。

各专业内容的系统性、前瞻性、科学性、经济性、可行性等方面是本规划重点考虑的内容，规划深入研究，综合协调与其他各项设施的相互关系，强化土地资源节约利用，做到既要有刚性的占地规模的严格控制，又要有可供设施升级改造、提高标准的弹性空间。

黄线规划要根据已有的规划。若黄线设施在规划中维持现状时，在与其他规划"四线"中的任何一项出现矛盾冲突时，建议调整其他各线；若黄线设施在规划中需扩建时，当原设施规模相对较小，在与其他规划"四线"中的任何一项出现矛盾冲突时，建议调整设施黄线；当原设施规模相对较大，建设标准较高，在与其他规划"四线"中的任何一项出现矛盾冲突时，建议调整其他各线。若黄线规划设施内部出现矛盾冲突时，从安全第一、区域性、规模大、等级高等方面优先考虑。

黄线划定的具体深度要求做到"定性、定量、定位、定状态"。定性是指应确定该线所涵盖范围的性质或功能；定量指应确定该线所涵盖的大小或圈定的面积；定位指该线要做到线界落地为法定图则或详细蓝图编制提供依据；定状态是指确定划定的设施在规划期末的规划状态，具体规划状态包括规划保留、规划取消、规划改建和规划新建四大类。

城市总体规划阶段，应当根据规划内容和深度要求，合理布置城市基础设施，确定城市基础设施的用地位置和范围，划定其用地控制界线。控制性详细规划阶段，应当依据城市总体规划，落实城市总体规划确定的城市基础设施的用地位置和面积，划定城市基础设施用地界线，规定城市黄线范围内的控制指标和要求，并明确城市黄线的地理坐标。修建性详细规划应当依据控制性详细规划，按不同项目具体落实城市基础设施用地界线，提出城市基础设施用地配置原则或者方案，并标明城市黄线的地理坐标和相应的界址地形图。

21.4.3 城市黄线的审批与调整

因城市发展和城市功能、布局变化等，需要调整城市黄线的，应当组织专家论证，依法调整城市规划，并相应调整城市黄线。调整后的城市黄线，应当随调整后的城市规划一并报批。

21.4.4 城市黄线的管制政策

在城市黄线范围内禁止进行下列活动：

1. 违反城市规划要求，进行建筑物、构筑物及其他设施的建设；

2. 违反国家有关技术标准和规范进行建设；

3. 未经批准，改装、迁移或拆毁原有城市基础设施；

4. 其他损坏城市基础设施或影响城市基础设施安全和正常运转的行为。

21.5 城市橙线管制

21.5.1 城市橙线的内涵及包含类型

城市橙线是指为了降低城市中重大危险设施的风险水平，对其周边区域的土地利用和建设活动进行引导或限制的安全防护范围的界线。城市橙线作为一种空间管制手段，是保障重大危险设施与周边建筑的安全间距，实现重大危险设施周边用地安全规划的重要手段，它将安全风险管理理念落实到城市规划阶段，将相关法规、规范及安全评估的要求落实到空间上。

21.5.2　城市橙线的划定

城市橙线的划定，应当遵循以下原则：与同阶段城市规划内容及深度保持一致；控制范围界定清晰；符合国家有关技术标准、规范。

橙线划定的原则：安全性，橙线划定应遵循"安全第一"的原则，使危险设施对周边公众所造成的危害在合理情况下尽可能最低；严肃性，橙线划定要以科学的安全风险评价及安全行业主管部门的意见为依据，从严划定安全防护范围；差异性，根据重大危险设施对象的类型、特性及所处环境的差异，以及相关的要求，采取不同的橙线划定方法；前瞻性，橙线划定不仅要着眼于现状危险品的类别及规模，还要考虑危险设施扩容的可能性，在控制范围划定时，宜大不宜小，为未来设施的扩容留有一定余地；可操作性，橙线划定的深度应做到"定量、定位"。

橙线的划定要以科学的安全风险评价为基础，在此基础上确定控制范围的大小及控制要求。目前安全风险评价的方法共有三种：

1. 安全距离法

根据历史的经验（如事故案例和长期工业实践活动等）或专家判断，对事故后果影响做出初步估计，列出不同工业活动或设施、场所与居民住宅、公共区以及其他区域的安全距离。安全距离的大小取决于工业活动类型或危险物质的性质与数量。该方法通常以表格方式表达工业活动的类别以及相应的安全距离（表21-1）。安全距离法的优点是简单明了，方便应用；其不足之处是建立在经验基础之上，没有考虑设施的硬件水平和管理水平等方面的差别，同时不能反映个案的特殊情况。另外，目前相关的安全距离的确定主要考虑了防火间距的要求，对冲击波、毒害等因素的考虑不足。

石油化工企业与相邻工厂或设施的防火间距（m）　　　　表21-1

防火间距 相邻工厂或设施	石油化工企业生产区		
	液化烃罐组	可能携带可燃液体的高架火炬	甲、乙类工艺装置或设施
居住区、公共福利设施及村庄	120	120	100
相邻工厂（围墙）	120	120	50
国家铁路线（中心线）	55	80	45
厂外企业铁路线（中心线）	45	80	35
国家或工业区铁路编组站（铁路中心线或建筑物）	55	80	45
厂外公路（路边）	25	60	20
变配电站（围墙）	80	120	50

续表

防火间距 相邻工厂或设施	石油化工企业生产区		
	液化烃罐组	可能携带可燃液体的高架火炬	甲、乙类工艺装置或设施
架空电力线路（中心线）	1.5 倍塔杆高度	80	1.5 倍塔杆高度
Ⅰ、Ⅱ级国家架空通信线路（中心线）	50	80	40
通航江河海岸边	25	80	20

2. 事故后果评价方法

主要依据事故伤害能量大小和伤害准则确定伤害范围，通常按事故对人或环境的影响程度定量给出影响距离。例如对爆炸事故，根据可能致伤或造成严重伤害的超压和冲击波，确定距离和范围；对火灾引起的热效应，按一定暴露时间内，可能烧死或烧伤的热辐射量来确定距离和范围。事故后果评价方法的优点是可定量给出不同条件下最严重事故伤害的半径；缺点是只基于对可能发生的事故后果评价，而对事故发生的概率不作分析。

3. 定量风险评价方法

既定量分析事故后果的严重性，也考虑事故发生的可能性，通常要计算两类风险值：个人风险值和社会风险值，社会风险值通常用作个人风险值的增补标准。与前两种方法比较，由于综合评估事故后果的严重度和发生事故的可能性，评估方法更完善，分析更全面，是目前国际上较先进的安全评估方法，在指导重大危险设施周边土地安全使用规划中更具有实用价值。

综上所述，橙线划定基于后果评价和定量风险评价的方法是比较科学的，尤其是基于定量风险评估的方法更具实用价值。目前，欧盟、美国、加拿大、澳大利亚等也主要采用"基于后果"和"基于风险"的两种评价方法来支持土地使用规划的决策。我国还没有权威部门制定的个人风险标准，其他国家和地区根据自身实际采取的标准也不尽相同，《深圳市橙线划定及管理规定》采取安全评估行业在目前开展的风险评价中推荐的个人死亡风险 LSIR 标准。

城市橙线的划定分为三个区：

1. 周边限制区：由不可接受的事故影响范围所组成。对这个区域内的开发建设应进行引导和限制，达到保障危险设施与周边建筑安全间距、减少事故损失的目的。在周边限制区，除了考虑事故对周边地区的影响外，还应考虑外围活动对设施自身的安全影响。

2. 安全保护区：为加强对受场外外力影响较敏感的危险设施的保护，在周边限制区范围内紧邻危险设施的一定范围内还要划定安全保护区，这个区域内的建设活动要受到严格禁止或限制，防止外围活动对设施安全运行造成影响。

3.事先协调区：对所处环境比较特殊（如山谷等）或受外力影响较大的危险设施，为预防周边限制区外围一定区域内如爆炸、开山采石、破坏原貌地貌等活动可能对危险设施造成威胁，还应划定事先协调区，在这一区域应尽量避免破坏力大的活动，确需进行此类活动，应当事先采取一定安全措施后方可进行。

21.5.3 城市橙线的审批与调整

城市橙线一经批准，不得擅自调整。

因城市发展和城市功能、布局变化等,确需调整城市橙线的,应按以下规定进行：

1.取消城市橙线、缩减橙线内用地规模的,应当依法修改城市规划,并按照法定程序报批；

2.调整城市总体规划阶段城市橙线的,应当依法修改城市总体规划,并按照法定程序报批；

3.按照城市控制性详细规划关于城市橙线内用地的兼容性控制要求,调整为不适建用地类型,或者虽然调整为适建或者有条件地允许建设的用地类型,但在本街坊内不能满足橙线内用地规模占补平衡的,应当依法修改城市控制性详细规划,并按照法定程序报批；

4.按照城市控制性详细规划关于城市橙线内用地的兼容性控制要求,调整为适建建筑类型或者有条件地允许建设的用地类型,且在本街坊内满足橙线内用地规模占补平衡的,可由城市规划行政主管部门在街坊内调整城市橙线。

21.5.4 城市橙线的管制政策

在城市橙线范围内禁止进行下列活动：

1.违反城市规划要求,进行建筑物、构筑物及其他设施的建设；

2.违反国家有关技术规范和标准进行建设；

3.未经批准,改变橙线内土地用途或建筑物、构筑物及其他设施使用性质的；

4.未经批准,拆除、迁建、扩建和改建原有建筑物、构筑物及其他设施；

5.其他损坏或影响城市公益性公共设施和保障性住房安全和正常使用的行为。

21.6 城市红线管制

21.6.1 城市红线的内涵及包含类型

规划红线一般称道路红线,指城市道路用地规划控制线,包括用地红线、道路红线和建筑红线。道路红线：规划的城市道路路幅的边界线,反映了道路红线宽度。

它的组成包括：通行机动车或非机动车和行人交通所需的道路宽度；敷设地下、地上工程管线和城市公用设施所增加的宽度；种植行道树所需的宽度。任何建筑物、构筑物不得越过道路红线。根据城市景观的要求，沿街建筑物可以从道路红线外侧退后建设。

21.6.2　城市红线的划定

划定城市红线，应当遵循以下原则：

1. 与同阶段城市规划的内容和深度保持一致；

2. 满足城市交通运输需要，保证车流和人流的安全与畅通，满足优先发展公共交通的需要；

3. 为工程管线及其他基础设施、公共服务设施提供空间；

4. 满足城市救灾避难和日照通风的要求，与城市景观相协调；

5. 符合国家有关技术标准、规范。

城市总体规划，应当确定城市道路系统，并明确快速路、主干路和次干路的走向、等级、宽度和断面形式，以及主要交叉口形式；制定控制性详细规划，应当服从上位规划有关城市红线的要求，确定支路以上等级城市道路控制点的坐标、标高和主要交叉口控制范围，以及支路的宽度和断面形式。

21.6.3　城市红线的审批与调整

城市红线一经批准，不得擅自修改。有以下情形之一的，组织划定机关应当依照法定权限和程序进行修改：

1. 因上位规划修改确需修改的；

2. 因城市发展和城市功能分区、城市布局发生变化需要修改的；

3. 因重大建设项目对控制区域的功能与布局产生重大影响，确需修改的；

4. 法律、法规和规章规定的需要修改的其他情形。

城市红线修改涉及城市总体规划确定的城市道路结构和布局的，应当依照规定修改城市总体规划；因其他情形需要修改城市红线的，应当按照以下程序办理：

1. 城乡规划主管部门会同有关主管部门，组织编制城市红线修改专题报告，按照规定程序向原审批机关提出，经同意后编制修改方案；

2. 城乡规划主管部门组织专家论证修改方案，并在城市红线修改区域内进行公示，征求社会公众意见；

3. 城乡规划主管部门应当将城市红线修改方案、专家和公众的意见及其采纳情况，一并报城乡规划委员会，经审议同意后报本级人民政府审批。

21.6.4　城市红线的管制政策

在城市红线内，经批准可以建设城市道路及其绿化、交通、照明、排水、地下管廊（管线）和地上杆线等基础设施和公共服务设施。在上述建设工程开工前，有关主管部门应当及时公告建设内容。

除前款规定外，不得建设其他与城市道路功能无关的设施。

建筑物、构筑物及其他设施，应当设定退让城市红线的距离。具体的退让距离，应当根据建筑性质、体量、高度、朝向和进出建筑（院落）的人流量、车流量，以及建筑所在道路的功能、宽度等因素确定，同时还应当满足建筑本身配套管线及其设施布置的要求。城市红线内地上、地下空间不得擅自占用。

对城市红线范围内不符合规划要求的已有建筑，应当有计划地依法拆除。暂时不能拆除的，只能维持现状或进行不改变结构、不增加面积的加固维护。

设置交通出入口，应当充分考虑临近路段、交叉口的交通组织，并使其与城市道路交叉口间留有足够的距离。

增设或改变交通出入口位置，建设单位或者个人应当事先征得城乡规划主管部门的同意。根据城市规划和交通管理的需要，确定合理位置，必要时可设置小微广场。

本章参考文献

[1]　黄国洋.《物权法》实施背景下基于权利界定的"控规五线"控制探讨 [J]. 规划师,2009（2）：15-18.

[2]　杨帆.城市黄线控制规划方法与实践——以《淮安市"五线"控制规划》为例 [C]. 中国城市规划年会，2009：3196-3201.

[3]　荣博，苏云龙，杨志刚，等.北京市五线划定标准及综合规划研究 [C]. 中国城市规划年会，2013：94-110.

[4]　司马文卉，龚道孝.城市蓝线规划的协调性分析 [J]. 给水排水，2015（7）：30-34.

[5]　城市绿线管理办法 [Z]. 中华人民共和国建设部令第 112 号，2006 年 11 月 1 日施行，经 2010 年 12 月 31 日第 68 次住房和城乡建设部常务会议审议，决定废止、修改下列规章，现予发布，自发布之日起生效。将《城市绿线管理办法》（建设部令第 112 号）第一条、第八条、第十二条、第十六条中的《城市规划法》修改为《中华人民共和国城乡规划法》。

[6]　城市紫线管理办法 [Z]，中华人民共和国建设部令第 144 号，2006 年 3 月 1 日施行，2011 年 1 月 26 日依据《住房和城乡建设部关于废止和修改部分规章的决定》（中华人民共和国住房和城乡建设部令第 9 号）修改 2、依据《关于公布现行有效住房和城乡建设部规章目录的公告》（中华人民共和国住房和城乡建设部公告第 893 号）继续有效。

[7]　城市蓝线管理办法 [Z]. 中华人民共和国建设部令第 145 号，2006 年 3 月 1 日施行，2011 年 1 月 26 日依据《住房和城乡建设部关于废止和修改部分规章的决定》（中华人民共和国住房和城乡建设部令第 9 号）修改 2、依据《关于公布现行有效住房和城乡建设部规章目录的公告》（中华人民共和国住房和城乡建设部公告第 893 号）继续有效。

[8]　城市黄线管理办法 [Z]. 中华人民共和国建设部令第 1119 号，2004 年 2 月 1 日施行，依据《关于公布现行有效住房和城乡建设部规章目录的公告》（中华人民共和国住房和城乡建设部公告第 893 号）继续有效 2、2011 年 1 月 26 日依据《住房和城乡建设部关于废止和修改部分规章的决定》（中华人民共和国住房和城乡建设部令第 9 号）修改。

[9]　许亚萍，施源，骆伟明 . 城市"橙线"——城市安全的空间管制手段 [C]. 中国城市规划年会，2007：978–984.

第 22 章

中心城区基础设施规划

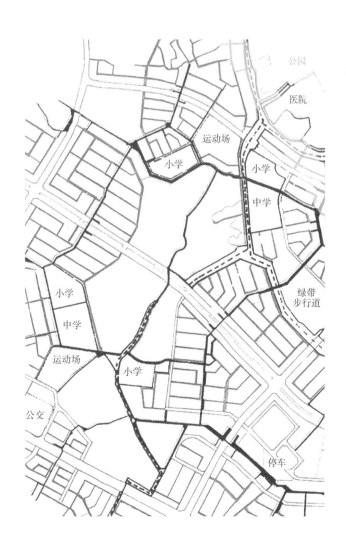

22.1 中心城区给水工程规划

22.1.1 水资源开发利用评价及供需平衡分析

采用水利与湖泊部门的水资源综合利用规划内容,按照相关规范或技术标准,如工业与生活用水定额、主要农作物灌溉用水定额以及《城市给水工程规划规范》GB 50282—2016,进行区域水资源开发利用评价及供需平衡分析。

22.1.2 用水量指标与主要控制指标确定

22.1.2.1 用水量指标

1. 中心城区用水量指标

该用水量指标应根据《城市给水工程规划规范》GB 50282—2016,根据当地气候条件、用水现状、水资源环境承载力评价、城市性质、经济社会发展水平、给水设施条件、居住生活习惯综合确定。

2. 乡镇村用水量指标

该用水量指标根据《镇(乡)村给水工程规划规范》CJJ/T 246—2016 确定。

3. 综合用水量指标

参照表 22-1 确定。

规划综合用水量指标推荐表(万 m^3/ 日)   表 22-1

综合用水量现状水平	综合用水量规划指标		
	水资源承载力低	水资源承载力中等	水资源承载力高
≤ 0.18	0.25~0.35	0.30~0.40	0.32~0.42

综合用水量现状水平	综合用水量规划指标		
	水资源承载力低	水资源承载力中等	水资源承载力高
0.18~0.25	0.25~0.35	0.32~0.45	0.35~0.48
≥ 0.25	0.25~0.35	0.35~0.45	0.36~0.50

注：1. 依据城市人口规模，规模小取下限，规模大取上限。
　　2. 取值时应考虑国家节水政策、规划城市性质。

22.1.2.2　主要控制指标

参照表 22-2 执行。

城市用水主要控制指标　　　　　　　　表 22-2

指标类型	指标名称	指标数值	备注
约束性指标	集中供水水量保证率（%）	≥ 90	
	水源水质合格率（%）	100	
	管网漏损率（%）	≤ 10	
预期性指标	万元生产总值耗水量（%）	20~50	不含农、林、牧、渔的第一产业
	工业复用水率（%）	≥ 50	
	中水回用率（%）	≥ 30	
	农田节水灌溉率（%）	≥ 50	

22.1.3　给水水源选择与卫生防护

22.1.3.1　水源选择

1. 水量丰富，能满足城市近、远期发展要求。

2. 具有较好的水质，符合《生活饮用水水源水质标准》CJ 3020—1993、《生活饮用水卫生标准》GB 5749—1985、《工业企业设计卫生标准》GBZ 1—2010。

3. 坚持开源节流，协调各经济部门关系。

4. 密切结合近、远期国土空间规划和发展布局，综合考虑整个给水系统的安全性和经济性。

5. 考虑当地的水文地质、工程地质、地形、人防、卫生、施工等方面条件。

6. 考虑防护和管理要求，避免水源枯竭和水质污染。

7. 保证供水安全。大、中城市考虑多水源分区供水，小城市也应考虑远期备用水源。在无多个水源可选的情况下，应设置两个以上取水口。

8. 以地表水为集中给水水源时，其取水量应符合流域水资源开发利用规划的规定，使供水保证率达到 90%~97%。

22.1.3.2 水源卫生防护

应根据水源地类型，依据生态环境部门的相关规定，划定水源保护区，并确定相应的保护措施。

1. 在饮用水地表水源取水口附近划定一定的水域和陆域，作为饮用水地表水源一级保护区；其水质标准不低于《地面水环境质量标准》GB 3838—2002 的 II 类标准。在一级保护区外划定的水域和陆域作为二级保护区，其水质标准不低于 III 类标准。

2. 饮用水地下水源一级保护区位于开采井周围，其作用为保证集水有一定的滞后时间，以防止一般病原菌污染。必要时，直接影响开采井水质的补给地段也可以划为一级保护区。

22.1.3.3 引水廊道保护

1. 国家或省级引水廊道保护范围

其明渠保护范围不得小于 100m，而暗渠、隧洞、地下管道等的保护范围以 50m 进行控制。

2. 水厂原水引水廊道保护范围

其保护范围一般为其渠道及其外缘两侧各 10m 内的区域。当水厂原水管为钢筋混凝土渠道时，其保护范围为渠道及其外缘两侧各 10m 内的区域；当水厂原水管为钢管及其他新型材质管道时，其保护范围为管道及其外缘两侧各 5m 内的区域。

22.1.4 重大给水工程设施布局

22.1.4.1 水源地取水工程设施布局

取水工程设施从选定的水源取水，并输往水厂；其包括水源和取水点、取水构筑物及将水从取水口提升至水厂的一级泵站。

一般，取水工程设施布局要求：设在水量充沛、水质较好的地点，宜位于城市和工业的上游；具有良好的地形地质和施工条件；取水构筑物位置选择应与国土空间规划和工业布局相适应，全面考虑整个给水系统的合理布局；水源地取水工程设施的用地面积应根据取水规模和水源特性、取水方式、调节设施大小等因素综合确定。

22.1.4.2 水厂选址

中心城区给水工程规划应根据水源地、水量预测及中心城区规划，按相关规范要求，确定水厂位置及规模、占地面积，同时明确水厂服务范围。

具体而言，水厂选址原则为：

1. 应选择工程地质条件较好的地方；

2. 尽可能选择不受洪水威胁的地方；

3. 尽可能选择靠近电源、交通方便的地方；

4. 应有较好的卫生条件和安全防护条件；

5. 应考虑近、远期发展需求，预留扩建用地；应综合考虑水厂、取水点、用水区的关系。

22.1.5 输配水工程系统布局

1. 应根据国土空间规划要求、地形条件、水资源情况和用户对于水质、水量、水压的要求来确定输配水工程系统布局形式，取水构筑物、水厂和管线的位置。

2. 从经济角度比较方案，以最小的投资满足要求，并考虑近、远期分期建设。

3. 在保证水量的条件下，选择水质好、距离近、取水条件好的水源。当地水源不能满足要求时，考虑远距离调水或分质供水。

4. 水厂接近用水区，以降低输水管道的压力和长度。

5. 输配水管网造价较高，应尽可能选择新材料、新技术，减少对金属管道和高压材料的应用。

6. 充分考虑大型企业循环供水的可能性。

7. 水厂扩建时，应充分发挥现有给水系统的潜力，尽可能提高现有输配水工程系统的供水能力。

22.2 中心城区排水工程规划

22.2.1 排水体制选择

对生活污水、工业废水和降水采用不同的排除方式所形成的排水系统称为"排水体制"，又称"排水制度"，其可分为合流制和分流制两类。

22.2.1.1 合流制

1. 直排式合流制

排水管渠系统的布置就近坡向水体，分若干个排水口；混合的污水未经处理和利用，直接就近排入水体。

这种排水系统对水体污染严重，但管渠造价低、又不设污水厂，所以省投资，多用于老城区。

2. 截流式合流制

在直排式基础上，临河岸边修建截流沟，同时在截流沟干管处设溢流井，并设污水厂。晴天或小雨时，所有污水排入污水厂；雨量增加时，超过干管排污能力的污水经溢流井排入水体。

这种排水体制比直排式有了很大改进，但在雨天对水体的污染依然比较严重；为了进一步降低天气对污水处理的影响，可在溢流井口设雨水调蓄池。其多用于老城改造。

22.2.1.2　分流制

1. 完全分流制

分设雨水和污水两个管渠系统：前者汇集生活污水、工业废水，送至污水厂，经处理后加以利用；后者汇集雨水和较清洁的工业污水，直接排入水体。

该体制的卫生条件较好，但仍有初期雨水污染问题，且投资较大。新建城市和重要工矿企业一般采用该形式。

2. 不完全分流制

其只有污水管道系统，而没有完整的雨水管渠排水系统。污水经由污水管道系统流至污水厂，经处理后排入水体；雨水通过地表漫流进入不成系统的明沟或小河，然后进入较大的水体。

该体制省投资，主要用于有合适地形及较为健全的明渠、水系的地方，以便顺利排泄雨水。对于新建城市或发展中地区，可先采用明渠排雨水，待条件成熟后再建雨水暗管系统，变成完全分流制系统。

22.2.2　污水工程规划

22.2.2.1　污水量预测

污水量包括生活污水和工业废水；此外，在地下水位高的地区需要考虑地下水渗入量。

污水工程规划应按规范要求，根据给水工程规划所确定的用水量来计算污水量。

22.2.2.2　污水排放标准与污水工程控制指标

污水工程规划应按相关规范，并结合水系整治、防洪排涝、海绵城市等相关专项规划，确定污水排放标准与工程控制指标。详见表 22-3。

污水排放标准与污水工程控制指标　　　　　　　表 22-3

指标类型	指标名称	中心城区指标	乡镇指标
约束性指标	污水处理厂出水排放标准	一级 A 标准（生态敏感区更高）	一级 A 标准（生态敏感区更高）
预期性指标	污水收集率（%）	≥ 95	≥ 90
	污水集中处理率（%）	≥ 95	≥ 85
	污泥无害化处理率（%）	100	100
	污水再生利用率（%）	≥ 30	≥ 10

22.2.2.3　污水厂与出水口选址

现代城市需将各排水流域的污水通过主干管输送到污水厂，经处理后再排放，以保护受纳水体。污水工程规划应根据国土空间规划、地形地貌、污水管道布局、处理后尾水排放受纳水体等情况布置污水厂，并应考虑其卫生防护距离要求，按规范确定其处理规模、占地面积、处理标准等。具体布置时，应遵循如下原则选定污水厂和出水口的位置：

1. 出水口应位于城市河流下游。当城市采用地表水源时，应位于取水构筑物下游，并保持 100m 以上的距离。

2. 出水口不应设在回水区，以防止回水污染。

3. 污水厂要位于河流下游，并与出水口尽量靠近，以减少排放渠道的长度。

4. 污水厂应设在城市夏季主导风向的下风向，并与城市、工矿企业和乡村居民点保持 300m 以上的卫生防护距离。

5. 污水厂应设在地质条件较好、不受雨洪水威胁的地方，并有扩建的余地。

6. 污水厂和出水口的数目和位置影响着污水管道系统的主干管的数目和走向。确定污水厂、出水口的数目和位置，应考虑城镇乡发展规模、地形、风向、河流的位置和流向等因素。

22.2.3　雨水工程规划

22.2.3.1　雨水量计算

1. 暴雨强度公式

我国《室外排水设计规范》GB 50014—2006 规定，暴雨强度公式为：

$$q = \frac{167A_1\left(1+c\lg P\right)}{\left(t+b\right)^n} \qquad (22-1)$$

式中，Q 为设计暴雨强度，单位 L/s·hm²；P 为设计重现期，单位年；t 为降雨历时，单位 min；A_1，c，b，n 为地方参数，根据统计方法确定。

$$t = t_1 + mt_2 \qquad (22-2)$$

式中，t_1 受地形、地面铺砌、地面种植情况和街区大小等的影响，一般采用 5~15min；m 为折减系数，规范规定，管道用 2，明渠用 1.2；t_2 为雨水在上游管段内的流行时间。

2. 雨水管渠设计流量计算公式

$$Q = \Psi q F \qquad (22-3)$$

式中，Q 为雨水流量，单位 L/s；Ψ 为径流系数，其数值小于 1；F 为汇水面积，单位 hm²；q 为设计暴雨强度，单位 L/s·hm²。

22.2.3.2　雨水工程控制指标

雨水工程规划应要求其雨水资源化利用率不小于 8%。

22.2.3.3 雨水管渠及附属设施布置

1. 雨水管渠布置

雨水管渠应尽量利用自然地形坡度布置，要以最短的距离，依靠重力流将雨水排入附近的池塘、河流、湖泊等水体中。地形坡度较大时，雨水干管宜布置在地面标高较低处。

2. 雨水泵站设置

当地形平坦，且地面平均标高低于河流的洪水位标高时，需将管道适当集中，在出水口前设雨水泵站，经抽升后排入水体；且尽可能使通过雨水泵站的流量减到最小，以节省泵站的工程造价和经常运行费用。

3. 雨水管道布置

通常，应根据建筑物的分布、道路布局及街坊或小区内部的地形、出水口的位置等布置雨水管道，使街坊或小区内大部分雨水以最短距离排入街道低侧的雨水管道。

在中心城区或厂区内，由于建筑密度高、交通量大，一般采用暗管排除雨水；在非中心城区，建筑密度较低、交通量较小的地方，一般考虑采用明渠。

4. 雨水出水口布置

当管道将雨水排入池塘或小河时，水位变化小，出水口构造简单，宜采用分散式出水口，以就近排放，且管线短、管径小、造价低。

当河流等水体的水位变化很大、管道的出水口离常水位较远时，出水口的构造复杂，造价较高；此时，宜采用集中式出水口布置。

5. 雨水口布置

雨水口的布置应根据地形和汇水面积确定，以使雨水不致漫过路口。一般，道路交叉口的汇水点、低洼地段均应设置雨水口；此外，在道路上每隔 25~50m 也应设置雨水口，在道路路面上应尽可能利用道路边沟排除雨水。

6. 调蓄水体设置

充分利用地形，选择适当的河湖水面和洼地作为调蓄池，以调节洪峰，降低管渠设计流量，减少雨水泵站的设置数量。必要时，可以开挖一些池塘、人工河，以达到储存径流、就近排放的目的。

7. 排洪沟设置

对于傍山建设的中心城区和厂矿企业，为了消除洪水的影响，除在中心城区内部设置雨水管道外，尚应考虑在中心城区周围或超过中心城区设置排洪沟，以拦截从分水岭以内排泄下来的洪水，并将其引入附近水体，保障中心城区和厂矿企业的安全。

8. 雨水泵站布置

设置于雨水管渠系统中或中心城区低洼地带，用以排除雨水。

9. 检查井布置

检查井用于管渠检查和清通，也有连接管段的作用。一般，设在管渠交汇、转弯、管渠尺寸或坡度改变及直线管段相隔一定距离处。相邻两检查井之间的管渠应成一条直线。直线管道上检查井间距通常为 25~60m；管径越大，间距越大。

22.2.3.4　排水廊道控制

雨水工程规划应结合水系整治规划、防洪排涝工程规划、蓝线绿线规划及相应的规范，确定中心城区的雨水排水廊道。

22.3　中心城区供电工程规划

22.3.1　用电负荷预测

电能用户的用电设备在某一时刻向电力系统取用的电功率的总和，称为"用电负荷"。供电工程规划应根据供电区域划分及相关的负荷密度，结合现状用电水平，预测中心城区用电负荷；同时，用电负荷也可以根据用电量推算出来，而用电量预测时可参考采用表 22-4、表 22-5 的用电量指标。

人均综合用电量指标 [kW·h/（人·年）]　　　　　　表 22-4

用电水平分级	人均综合用电量	
	现状	规划
用电水平较高城市	4501~6000	8000~10000
用电水平中上城市	3001~4500	5000~8000
用电水平中等城市	1501~3000	3000~5000
用电水平较低城市	701~1500	1500~3000

人均生活用电量指标 [kW·h/（人·年）]　　　　　　表 22-5

用电水平分级	人均生活用电量	
	现状	规划
用电水平较高城市	1501~2500	2000~3000
用电水平中上城市	801~1500	1000~2000
用电水平中等城市	401~800	600~1000
用电水平较低城市	201~400	400~600

22.3.2　供电电源选址

中心城区主要供电电源为变电站，应根据其服务区负荷，确定其电压等级及主要容量；同时，应按相关规范，根据其布置形式及相应的主变容量，确定其占地面积。

通常，中心城区电源变电站选址应遵循以下原则：

1. 位于中心城区边缘或外围，便于进、出线；

2. 应避开易燃易爆设施与大气污染严重地区；

3. 应满足防洪、抗震要求；

4. 应有足够的发展空间；

5. 不得布置在国家重点文化遗址或有重要开发价值的矿藏上，并协调好与风景名胜区等的关系。

22.3.3 供电网络及变配电设施规划

22.3.3.1 送电网规划

高压送电网既是电力网系统的组成部分，同时又是城网电源，应有充足的吞吐容量。城网电源点应尽量接近负荷中心，一般设在中心城区边缘。在大城网或特大城网中，如符合以下条件并经过经济技术条件比较之后，可采用高压深入供电方式：

1. 地区负荷密度、容量很大，供电可靠性要求高；

2. 变电站结线比较简单，占地面积小；

3. 进、出线路可用电缆或多回并架的杆塔；

4. 通信干扰及环境保护符合要求。

高压深入集建区变电站的一次电压一般采用220kV或110kV，二次电压直降为10kV。

高压送电网的结构方式应根据电力网系统的要求和电源点的分布情况而定，宜采用环式。

22.3.3.2 配电网规划

1. 高压配电网

高压配电网应能接受电源点的全部容量，并能满足供应二次变电站的全部负荷。

规划确定高压配电网结构时应与当地建设部门共同协商，布置新变电站的地理位置和进出线走廊，并纳入国土空间规划中预留相应位置。现有城网供电容量严重不足或者旧设备需要全面改造时，可采取电网升压措施。

2. 中、低压配电网

其应与高压配电网密切配合，互通容量。

中压配电网架的结线方式可采用放射式；大城网和特大城网可采用环式，必要时可增设开闭所。低压配电网一般采用放射式，必要时可采用环式或网格式。

城市路灯线路是配电网的组成部分，中低压配电网规划应包括路灯照明的改进和发展规划。

22.3.3.3 变配电设施规划

1. 变电站

布置在中心城区边缘或郊区、县的变电所宜采用全户外式或半户外式结构。中心城区变电站规划应尽量节约用地，采用占地较少的户内型或半户外型布置。市中心的变电站应考虑采用占用空间较小的全户内型，并考虑与其他建筑物混合；必要时，可建设地下变电所。

中心城区变电站的运行噪声对周边环境的影响应符合国家现行行业标准的相关规定。中心城区变电站的用地面积（不含生活区）应按变电站的最终规模予以预留。

中心城区应按规定预留变电站的出线走廊宽度。

2. 开关站

当66~220kV变电站的二次侧压35kV或10kV出线走廊受到限制，或35kV或10kV配电装置间隔不足且无扩建余地时，宜规划建设开关站。10kV开关站宜与10kV配电所联体建设，其最大转供容量不宜超过15000kV·A。

3. 配电所

中心城区应配合城市改造和新区规划同时建设配电所及开闭所，作为市政建设的配套工程。在负荷密度较高的城市中心区、住宅区、高层楼群、旅游网点和对市容有特殊要求的街区及分散大用户，规划新建的配电所宜采用户内型结构。在主要街道、道路绿地及建筑物中，有条件时，可采用电缆进、出线的箱式配电所。315kV·A及以下的变压器宜采用变压器台，户外安装。

22.3.4　电力廊道控制

海底电缆廊道一般为线路两侧各2海里所形成的两平行线内区域；若在海港内，则为线路两侧各100m所形成的两平行线内区域。江河电缆廊道不小于线路两侧各100m所形成的两平行线内的区域，中、小河流一般不小于线路两侧各50m。

架空电力线路廊道为电力导线边线向外侧延伸所形成的两平行线内的区域，也称为"电力走廊"，高压线路部分通常称为"高压走廊"。具体控制宽度详见表22-6。

35~1000kV 电力廊道控制宽度　　　　　　　　表 22-6

线路电压等级（kV）	走廊控制宽度（m）
1000	90~100
±800/1000（直流）	80~90
±500（直流）	55~70
500	60~70
220	30~40
110/66	15~25
35	15~20

22.4 中心城区通信工程规划

22.4.1 邮政设施规划

22.4.1.1 邮政需求量预测

中心城区邮政设施的种类、规模、数量主要依据通信总量、邮政年业务收入来确定；因此，其邮政需求量主要用邮政年业务收入或通信总量来表示。

预测通信总量（万元）和年邮政业务收入（万元），可采用发展态势延伸法、单因子相关系数法、综合因子相关系数法等方法。

22.4.1.2 邮政局所规划

1. 等级划分

邮政局所分为通信枢纽、邮政局、邮政支局、邮政所。

根据服务人口、年邮政业务收入或通信总量，邮政支局分一等支局、二等支局、三等支局。

邮政所是邮政支局下属营业机构，一般只办理邮政业务，收寄国内和国际各类零星邮件，办理窗口投递各类邮件，收寄国内各类包裹，开发兑付普汇等。根据业务量，其可分为一等所、二等所、三等所。

2. 数量设置

邮政局所设置要便于群众用邮，要根据由人口密集程度和地理条件所确定的不同服务人口数、服务半径、业务收入三项基本要求来确定，详见表 22-7。

邮政局所设置参考值　　　　　　　　　　表 22-7

人口密度（万人/km²）	服务半径（km）	人口密度（万人/km²）	服务半径（km）
>2.5	0.5	0.5~1.0	0.81~1
2.0~2.5	0.51~0.6	0.1~0.5	1.01~2
1.5~2.0	0.61~0.7	0.05~0.1	2.01~3
1.0~1.5	0.71~0.8		

$$N = \frac{S}{\pi \cdot R^2} \qquad (22-4)$$

式中，N 为邮政局所数量；S 为规划面积；R 为邮政局所服务半径。

3. 邮政枢纽选址原则

在火车站一侧，靠近站台；有方便接发火车邮件的通道；有方便进、出的汽车通道；有方便的给水、排水、供电、供热条件；地形平坦，地质条件良好；周围环境符合邮政通信安全；符合国土空间规划的要求；在非必要又有选择余地时，不宜面临广场，也不宜两侧以上同时临主要街道。

4. 邮政局所选址原则

闹市区、居民聚集区、文化游览区、公共活动场所、大型工矿企业、大专院校所在地，车站、机场、港口及宾馆内均应设邮政服务设施；交通便利，运输邮件车辆易于出入；地形平坦，地质条件良好；符合国土空间规划要求。

22.4.2 电信工程规划

22.4.2.1 通信容量预测

通信容量由电话用户、电话设备容量组成，可根据人均指标法、增长率法、通信密度法进行预测。本教材推荐使用通信密度法进行预测，详见表22-8。

通信密度指标 表 22-8

通信密度水平分级	通信普及率（%）	
	现状	规划
通信密度水平较高	95~120	110~140
通信密度水平中上	90~94	100~110
通信密度水平中等	80~89	90~100
通信密度水平较低	＜ 80	85~95

22.4.2.2 通信局所选址原则

通信局所除应根据其服务范围及相应的通信容量进行布局以外，还应遵循以下选址原则：

1. 环境安静、清洁，无干扰影响。

2. 地质条件好，避开不利地段。

3. 地形较平坦，地下水位较低，避开低洼地带。

4. 与国土空间规划相协调和配合，避开居民密集地区。

5. 近、远期相结合，留有发展余地。

6. 尽量接近线路网中心，便于进局电缆两路进线。

7. 维护管理方便，不宜选址于偏僻或出入不方便的地方，一般在临近城市中心的地方选址。

8. 进行技术、维修比较，排列先后顺序，与规划建设主管部门共同选择局所位置。

22.4.2.3 移动通信设施选址原则

1. 应有安全的环境，地形平坦、土质良好，不受洪水威胁。

2. 应有较好的卫生条件，不在污染企业附近。

3. 应有较安静的环境，不在闹市区或有较大振动和噪声的企业附近。

4. 不得临近高压线路、电气化铁路、广播、雷达、无线电台等干扰源。

5. 应满足安全、保密、人防、消防等要求。

6. 与重要军事设施、机场、大型桥梁等的距离不得小于 5km，距主干铁路不得小于 1km。

22.4.2.4　微波站选址原则

1. 应达到最大的有效人口覆盖率。

2. 应保障主要发射台的信号源。

3. 地质条件好，地势较高。

4. 通信方向近处应开阔。

5. 避免内、外系统干扰。

6. 应避开阴冷地点。

7. 偏僻地区须考虑交通、供电、水源、通信和生活等基本条件，在无人烟与自然环境特别困难地段可设无人站。

22.4.2.5　通信工程廊道控制

通信工程廊道控制参照表 22-9 执行。

通信工程廊道控制（m）　　　　表 22-9

廊道名称	廊道保护范围及指标			
	中心城区	生态保护区	基本农田区	其他区
主干通信光缆廊道	3	5	5	5
长输光缆廊道	5	10	10	10

22.5　中心城区燃气工程规划

22.5.1　燃气负荷预测与工程控制指标

22.5.1.1　燃气负荷分类与用气量指标

中心城区燃气负荷可分为民用燃气负荷、工业燃气负荷和公共交通燃气负荷三大类。民用燃气负荷又分为居民生活用气负荷与公建用气负荷两类。在预测燃气负荷时，还必须考虑未预见用气量。未预见用气量主要包括两部分：一部分是管网的漏损量，另一部分是未能预见的因经济、社会发展而产生的新供气量。

根据燃气的年用气量指标（表 22-10），可以估计出中心城区年燃气用量。燃气的日用气量与小时用气量是确定燃气气源、输配设施和管网管径的主要依据。因此，燃气用量预测的主要任务是预测燃气的日用量与小时用量，其可由分项相加法、比例估算法这两种方法得出。

燃气用气指标   表 22-10

指标名称		中心城区
居民用气		2100~2500MJ/（人·年）
商业用气	地级市	占居民用气水平的50%~60%
	县级市	占居民用气水平的30%~50%
工业用气	一类工业用地	0.6~0.8 万 m³/（km²·日）
	二类工业用地	1.2~0.8 万 m³/（km²·日）
	三类工业用地	2.5~3.0 万 m³/（km²·日）
采暖及空调用气		依照《城镇供热管网设计规范》CJJ 34—2010 确定
燃气冷热电联供系统及燃气电厂用气		根据装机容量、运行规律、余热利用状况及相关政策等因素确定
CNG 汽车	出租车	8~10m³/100km
	公交车	24~30m³/100km
未预见用气		占总用气量的5%

22.5.1.2 燃气工程控制指标

详见表 22-11。

燃气工程控制指标   表 22-11

指标类型	指标名称	城市	乡镇	村庄
预期性指标	居民生活气化率（%）	≥95	≥85	≥30
	天然气消费量占能源消费比率（%）	≥15	—	—

22.5.2 燃气工程设施规划

22.5.2.1 气源设施选址

1. 天然气门站

天然气门站应明确服务区域及规模，区域性门站应同时考虑市、县域外的服务需求。

2. 液化石油气供应基地

其属于甲类火灾危险性企业，其选址应：在城市边缘；在所在地区全年最小频率风向的上风侧；在地势平坦、开阔、不易积存液化石油气的地段，且避开地震带、地基沉陷、易受雷击和洪水威胁的地区；在交通良好、运输方便，且远离重要设施的地段。

3. 液化石油气气化站与混气站

其站址应靠近负荷区，且与站外建筑保持规范所规定的防火间距；宜选址在地势平坦开阔、不易积存液化石油气的地段，且避开地震带、地基沉陷区、废弃矿井和易受雷击的地区。

22.5.2.2　燃气输配设施布局

燃气输配设施有储配站、调压站、液化石油气瓶装供应站等。

1. LNG 储配站

燃气负荷具有不均匀性：月不均匀性可通过主气源和机动气源的生产来调节以及发展缓冲用户来平衡，日不均匀性和小时不均匀性必须通过设置燃气储配站来平衡。燃气储配站的三大功能为：储气、调峰、混气。

供气规模较小的中心城区一般设 1 座 LNG 储配站，并可与气源厂合设；对于供气范围较广的中心城区，设 2 座或 2 座以上的储配站。在与气源厂相对的一侧设置厂外储配站，成为"对置储配站"，可实现用气高峰时多点供气。LNG 储配站应按规划要求满足远期发展需求。

2. 燃气调压站

其功能为完成燃气压力级制间的转换；主要是降压，还可以稳压。其按性质分为区域调压站、用户调压站、专用调压站，按调节压力范围分为高中压调压站、高低压调压站、中低压调压站。

调压站布置应考虑如下因素：供气半径以 0.5km 为宜；尽量布置在负荷中心；避开人流量大的地区，减少对景观的影响；保证必要的防护距离。

3. 液化石油气瓶装供应站

瓶装供应站主要为居民用户和小型公建服务，供气规模以 5000~7000 户为宜，一般不超过 10000 户。供应站的实瓶储存量按计算月平均日销量的 1.5 倍计，空瓶储存量按计算月平均日销量的 1 倍计；供应站的液化石油气总储量一般不大于 $10m^3$（约为 350 瓶 15kg 钢瓶）。

瓶装供应站的站址应选择在供应区域的中心，以便于居民换气；供应半径一般不超过 1.0km，且有便于运瓶汽车出入的道路。瓶装供应站的瓶库与站外建、构筑物的防火间距要满足相关防火规定。

4. CNG 加气站、LNG 加气站

其布局应按规范要求，满足远期发展需要。

22.5.3　燃气输配管网规划与廊道控制

22.5.3.1　燃气输配管网规划

居民用户和小型公共建筑用户一般直接由低压管道供气。低压管道输送人工燃气时,压力不大于2kPa;输送天然气时,压力不大于3.5kPa;输送气态液化石油气时,压力不大于5kPa。

中压管道必须通过区域调压站或用户专用调压站才能为城市分配管网中的低压和中压管道供气,或给工厂企业、大型公共建筑用户以及锅炉房供气。

一般,由城市次高压B燃气管道构成大城市输配管网系统的外环网,其也是给大城市供气的主动脉。高压燃气必须通过调压站才能送入中压管道、高压储气罐以及工艺需要高压燃气的大型工厂企业。

高压输气管通常是贯穿省、地市或连接城市的长输管线,它有时也构成大城市输配管网系统的外环网。

城市燃气输配管网系统中各级压力的干管特别是中压以上压力较高的管道应连成环网;初建时也可以是半环形或枝状管道,但应逐步构成环网。

城市、厂区和居民点可由长距离输气管线供气;个别距离城市燃气管道较远的大型用户,经论证确系经济合理和安全可靠时,可自设调压站且与长输管线连接。

在确有充分必要理由和安全可靠措施的情况下,并经上级有关部门批准之后,在城市里采用高压燃气管道,也是可以的。

22.5.3.2 燃气(油)工程廊道控制

应参照表22-12执行。

燃气工程廊道控制   表22-12

廊道名称		与建构筑物的间距(m)	备注
输气管道	高压A	30	与公路、铁路、架空电线、机场、码头及其他管道并行时,其间距按规范执行
	高压B	16	
	次高压A	13.5	
	次高压B	5	
输油管道		15	

22.6 中心城区供热工程规划

22.6.1 集中供热负荷预测

中心城区的集中供热总负荷是布局供热设施和进行管网计算的依据。概算指标法是集中供热负荷预测常用的主要方法。其首先根据采暖通风热指标和生活热水热指标估算这两部分负荷,再根据生产热负荷在总负荷中的比例来计算生产热负荷;在各类热负荷预测结果得出后,经校核后相加,同时考虑其他一些变数,最后计算出供热总负荷。

必须说明的是，集中供热总负荷中的采暖通风热负荷与空调冷负荷实际上是同一类负荷，在相加时应取两者中较大的一个进行计算。

22.6.2 集中供热热源选择与选址

将天然或人造的能源形态转化为符合供热要求的热能装置，称为"热源"。热源是中心城区集中供热系统的起始点，集中供热系统中热源的选择、规模确定和选址布局，对整个系统的合理性有决定性影响。

22.6.2.1 集中供热热源选择

要根据具体情况，进行技术经济比较后选定热源种类。

1.热电厂的适用性和经济性

热电厂实行热电联产，可有效提高能源的利用率，节约燃料；同时，其产热规模大，能向大面积区域和热用户供热。在有一定的常年工业热负荷而电力供应不足的区域，应建设热电厂。

当主要供热对象是民用建筑和生活热水时，中心城区的气象条件直接影响热电厂的经济效益。在气候冷、采暖期长的地区，热电厂运行时间长，节能效果明显，可以尝试建设"热、电、冷三联供"系统，以提高热电厂的效率。

2.区域锅炉房的适用性与经济性

与一般的工业和民用锅炉房相比，区域锅炉房的供热面积大、供热对象多，热效率高、机械化程度高。

与热电厂相比，区域锅炉房节能效果较差，但其建设费用少、建设周期短，能较快收到节能和减轻污染的效果。此外，区域锅炉房建设运行灵活，除可作为中、小城市的供热主热源外，还可在大、中城市内作为区域主热源或过渡性主热源。

22.6.2.2 集中供热热源选址

1.热电厂选址原则

其厂址选择应符合国土空间规划要求，并征得自然资源和规划部门和电力、环保、水利、消防等有关主管部门的同意；热电厂应尽量靠近热负荷中心；热电厂要有方便的水、陆交通条件，良好的供水条件，妥善解决排灰的条件，方便的出线条件；热电厂要有一定的防护距离；其应尽量占用荒地、次地和低产田，不占或少占良田；应避开滑坡、溶洞、塌方、断裂带、淤泥等不良地质地段；同时，应考虑职工居住和上、下班等因素。

2.锅炉房选址原则

应在靠近热负荷比较集中的地区；应便于引出管道，并使室外管道的布置在技术、经济上合理；应便于燃料的贮运和灰渣排除，并使人流和煤、灰车流分开；有利于自然通风与采光；位于地质条件比较好的地区；应有利于减少烟尘及有害气体对居民和主要环境保护区的影响，并利于凝结水的回收。

22.6.3 热力站设置

连接热网和局部系统，并装有全部与用户连接的有关设备、仪表和控制装置的机房称为"热力站"。

22.6.3.1 热力站的分类

根据热网输送的热媒不同，其分为热水热力站和蒸汽热力站。根据服务对象不同，分为工业热力站和民用热力站。根据位置和服务范围不同，分为用户热力站、小区热力站和区域性热力站。

22.6.3.2 热力站的位置

热力站的位置应尽量靠近供热区域的中心或热负荷最集中区的中心，可以设在单独建筑内，也可以利用旧建筑的底层或地下室。

工业用热力站应尽量利用企业原有锅炉房；这样，可以完全利用原有的管网系统，减少投资。

22.6.4 集中供热管网分类与形制选择

22.6.4.1 集中供热管网分类

集中供热管网可根据不同原理进行分类：根据热源与管网之间的关系，可分为区域式和统一式；根据输送介质的不同，可分为蒸汽管网、热水管网和混合式管网；按平面布置类型，可分为枝状管网和环状管网；根据用户对介质的使用情况，可分为开式和闭式；根据同一条管路上敷设的管道数，分为单管制、双管制和多管制。

22.6.4.2 集中供热管网形制选择

从热源到热力点（或制冷站）间的管网，称为"一级管网"；而从热力点（或制冷站）到用户间的管网，称为"二级管网"。

有关规范对于供热管网形制选择有如下规定：

1. 热水热力网宜采用闭式双管制。

2. 以热电厂为热源的热水热力网，同时有生产工艺、采暖、通风、空调、生活热水等多种热负荷，在生产工艺热负荷与采暖热负荷所需供热介质参数相差较大，或季节性热负荷占总热负荷比例较大，且技术经济合理时，可采用闭式多管制。

3. 热水热力网在具有水处理费用较低的补给水源及与生活热水热负荷相应的廉价低位能热源，且技术经济合理时，可采用开式热力网。

4. 蒸汽热力网的蒸汽管道宜采用单管制。当各用户所需蒸汽参数相差较大，或季节性热负荷占总热负荷比例较大，且技术经济合理时，可采用双管或多管制；当用户按规划分期建设时，可采用双管或多管制，随热负荷发展而分散建设。

22.7 中心城区环卫工程规划

22.7.1 固体废物处理

22.7.1.1 固体废物量预测与控制指标

1. 生活垃圾产量预测

生活垃圾产量预测主要采用人均指标法和增长率法；规划时可以采用两种方法，结合历史数据进行校核。

工业固体废物的产量与城市的产业性质、产业结构、生产管理水平等因素有关，其预测方法主要有单位产品法、万元产值法、增长率法。

2. 固体废物控制指标

详见表 22-13。

固体废物控制指标 表 22-13

指标类型	指标名称	中心城区	乡镇	村
约束性指标	生活垃圾无害化处理率（%）	100	≥80	
	生活垃圾分类收集覆盖率（%）	≥80	≥60	
预期性指标	生活垃圾减量化率（%）	≥35	≥20	
	餐厨垃圾利用和处理率（%）	≥85	≥60	
	万人公厕数量（座）	≥4	≥3	不得少于一村1座
	垃圾收运机械化率（%）	100	≥80	
	道路清扫机械化率（%）	100	≥80	

22.7.1.2 固体废物运输与处理

1. 垃圾转运站

转运站用于把从各垃圾收集点收运的垃圾在转运站中中转运输，换成大型车辆或其他运输成本较低的运输工具，继续送往垃圾处理厂或处置场。

其可分为单一性和综合性转运站：前者只起到转运垃圾的作用，后者具备压缩打包、分选分类、破碎等一种或几种功能。应通过技术经济比较来确定其位置；从经济上讲，要保证中转运输费用小于直接运费，同时还要考虑交通条件、车辆设备配置因素。

2. 垃圾处理厂或处置场

固体废物处置是解决固体废物的最终归宿，使之在环境容量允许的条件下长期置于一定的自然环境中；这是实现固体废物无害化的方法。固体废物处理和处置的基本方法有：自然堆存、土地填埋、堆肥、焚烧、热解、一般工业固体废物处理利用、危险废物处理处置、固体废物最终处置等。

环卫工程规划应在预测环卫设施发展目标与规模之后，按照"资源化、减量化、无害化"原则，确定生活垃圾、建筑垃圾等各类垃圾集中处理设施的规模及布局，并满足城市远期发展需要。

22.7.2 公共厕所与粪便处理规划

22.7.2.1 公厕规划

1. 设置地段

在中心城区，下列地段应设置公共厕所：广场和主要交通干路两侧，车站、码头、展览馆等公共建筑附近，风景名胜区、古迹游览区、公园、市场、大型停车场、体育场馆附近及其他公共场所，新建住宅区及老居民区。

2. 设置数量

在市区主要繁华街道，公共厕所的间距宜为 800~1000m，新建的居民小区宜为 450~550m，并宜建在商业网点附近。没有卫生设施的住宅街道内，按服务半径 70~150m 设置 1 座。旧城改造地区和新建住宅区每 1km² 不少于 3 座。整个市区可按每万人常住人口不少于 4 座控制，乡镇按照每万人不少于 3 座控制，村庄不得少于一村 1 座。

22.7.2.2 粪便处理厂

粪便处理厂选址应考虑下列因素：位于城市水体下游和主导风向下侧；有良好的工程地质条件；有良好的排水条件，便于粪便、污水、污泥的排放和利用；有便捷的交通运输条件和水、电、通信条件；不受洪水威胁；远离居住区和工业区，有一定的卫生防护距离；拆迁少，不占或少占良田，有远期扩展的可能。

粪便处理厂应设置在集中建成区边缘并宜靠近规划的污水处理厂，其周边应设置宽度不小于 10m 的绿化隔离带，并与住宅、公共设施等保持不小于 50m 的间距。

粪便处理厂占地与处理量、工艺方法、使用年限等有关，部分处理工艺的用地指标详见表 22-14。其厂区的绿化面积不小于 30%。

不同工艺方法的粪便处理厂用地指标　　　　表 22-14

粪便处理方式	用地指标（m²/t）	粪便处理方式	用地指标（m²/t）	粪便处理方式	用地指标（m²/t）
厌氧（高温）	20	厌氧-好氧	12	稀释-好氧	25

22.7.3 环卫基层机构及工作场所规划

凡在城市或某一区域内负责环境卫生的行政管理和环境卫生业务管理的组织，称为"环境卫生机构"。环卫基层机构一般是指按街道设置的环境卫生机构。环卫基层机构为完成其承担的管理和业务职责所需要的各种场所，称为"环卫工作场所"。国土空间规划必须考虑环卫机构及其工作场所的用地要求。

22.7.3.1 环卫基层机构规划

1. 环卫基层机构用地

环卫机构用地面积和建筑面积应按管辖范围和居住人口确定，详见表 22-15。环卫机构应有相应的生活设施。

环卫机构用地指标 表 22-15

环卫基层机构设置 (个/万人)	面积指标（m²/万人）		
	用地规模	建筑面积	修理工棚面积
1/1~5	310~470	160~240	120~170

注：表中的"万人"系指居住地区的人口数量。

2. 环卫车辆停车场、修造厂

环卫管理机构应根据需要建立环卫汽车停车场、修造厂。环卫汽车停车场和修造厂的规模由其服务范围和停放车辆数量等因素确定。环卫汽车停车场用地可按每辆大型车辆用地面积不少于 200m² 计算。环卫单位的车辆、机具、船舶等修造厂的用地可根据生产规模确定。

22.7.3.2 环卫工作场所规划

1. 环卫清扫、保洁人员作息场所

露天流动作业的环卫清扫、保洁人员工作区域内必须设置工人休息场所，以供工人休息、更衣、淋浴和停放小型车辆、工具等。其面积和设置数量应根据作业区域的大小和环卫工人的数量，按照表 22-16 确定；而环卫工人的数量可按城市人口的 1.5%~2.5% 配备。

环卫工人作息点规划指标 表 22-16

环卫工人作息场所设置数量 （个/万人）	环卫清扫、保洁工人平均占有建筑面积 （m²/人）	每处空地面积 （m²）
1/0.8~1.2	3~4	20~30

注：表中的"万人"系指居住地区的人口数量。

2. 水上环卫工作场所

水上环卫工作场所按生产、管理需要设置，并应有水上岸线和陆上用地。水上专业运输应按港道或行政区域设船队，船队规模根据废弃物运输量等因素确定，每队使用岸线为 200~250m、陆上用地面积为 1200~1500m²，且内设生产和生活用房。

水上环卫管理机构应按航道分段设管理站。每处水上环卫管理站应有泵站、浮桥等，每处使用岸线 150~180m，陆上用地面积不少于 1200m²。

22.8　中心城区防灾工程规划

22.8.1　防洪工程规划

22.8.1.1　防洪、排涝标准确定

1. 防洪标准

应按照现行国标《城市防洪工程设计规范》GB/T 50805—2012 规定的范围，综合考虑城市的人口规模、经济损失、抢险难易程度以及投资的可能性，因地制宜地合理选定城市防洪标准。

沿江河湖泊城市的防洪标准应不低于其所处江河流域的防洪标准。邻近大型工矿企业、交通运输设施、文物古迹和风景名胜区等防护对象的防洪规划，当不能分别进行防护时，应按就高不就低的原则，执行其中高的防洪标准。涉及江河流域、工矿企业、交通运输设施、文物古迹和风景名胜区等的防洪标准，应根据国标《防洪标准》GB 50201—2014 等相关规定进行确定。位于平原、湖洼地区，防御持续时间长的江河洪水或湖泊高水位的城市，一般可取较高的防洪标准。

2. 排涝标准

城市排涝取决于城市的排水能力，而城市的排水能力是由地形、气象和排水设施的排水能力所决定的。城市排涝标准可用可防御暴雨的重现期或出现频率来表示。城市排涝设计标准一般应以市区发生一定重现期的暴雨时不受涝为前提，一般采用 P=10~20 年。

22.8.1.2　防洪、排涝工程设施规划

防洪、排涝工程设施主要由蓄洪滞洪水库、堤防、排洪沟渠、防洪闸和排涝设施组成。防洪、排涝工程设施规划应注意避免或减少对水流流态、泥沙运动、河岸、海岸所产生的不利影响；其防洪工程设施的选线应适应防洪现状和天然岸线走向，与国土空间规划中的岸线规划相协调，以合理利用岸线。

1. 防洪堤、墙

根据城市的具体情况，防洪堤的修建可能在河道一侧，也可能在河道两侧。城市中心区的堤防工程宜采用防洪墙；该防洪墙可采用钢筋混凝土结构，也可采用混凝土和浆砌石防洪墙。其堤顶和防洪墙顶标高一般为设计洪（潮）水位加上超高；当堤顶设防浪墙时，其堤顶标高应高于洪（潮）水位 0.5m 以上。

防洪堤、墙的堤线选择就是确定堤防的修筑位置，它与国土空间规划有关，也与河道情况有关。对河道而言，堤线就是河道的治导线；因此，堤线的选址应与国

土空间规划和河流治理规划相协调。

此外，堤线布置必须统筹兼顾上、下游和左、右岸，沿地势较高、房屋拆迁量少的地方布置，并结合排涝工程、排污工程、交通闸、港口码头统一考虑，还应注意路堤结合、满足防汛抢险交通及城市绿化美化的需要。堤线与岸边的距离以堤防工程外坡脚距岸边不小于 10m 为宜，且要求顺直。

2. 排洪沟

排洪沟是为了使山洪能顺利排入较大河流或河沟而设置的防洪设施，主要是对原有冲沟的整治，加大其排水断面，理顺沟道线形，使山洪排泄顺畅。

3. 截洪沟

截洪沟是排洪沟的一种特殊形式。位居山麓或土塬坡底的城市，既可在山坡上选择地形平缓、地质条件较好的地带，也可以在坡脚修建截洪沟，拦截地面水，在沟内积蓄或送入附近排洪沟中，以免危及城市安全。

4. 防洪闸

防洪闸指防洪工程中的挡洪闸、分洪闸、排洪闸和挡潮闸等。闸址选择应根据其功能和运用要求，综合考虑地形、地质、水流、泥沙、潮汐、航运、交通、施工和管理等因素，尽量选在被保护城市上游、河岸基本稳定的弯道凹岸顶点稍偏下游处或直段；挡潮闸宜选在海岸稳定地区，以接近海口为宜。

5. 排涝设施

当城市所处地势较低，在汛期排水发生困难并引起涝灾时，可以采取修建排水泵站排水，或将低洼地填高的办法，使水能自由流出。

22.8.2 抗震防灾规划

22.8.2.1 抗震标准确定

抗震标准即为抗震设防烈度，应按国家规定权限所审批、颁发的文件（图件）确定，一般情况下可采用地震基本烈度。地震基本烈度指一个地区今后一段时间内，在一般场地条件下可能遭遇的最大地震烈度，即现行《中国地震烈度区划图》所规定的烈度。

我国工程建设从地震基本烈度 6 度开始设防。抗震设防烈度有 6、7、8、9、10 等级，一般可以把"设防烈度为 6 度、7 度……"简述为"6 度、7 度……"。6 度及 6 度以下的城市一般为非重点抗震防灾城市，但并不是说这些城市不需要考虑抗震防灾问题。

22.8.2.2 抗震设施规划

抗震设施主要指避震和震时疏散通道及避震疏散场地。避震和震时疏散可分为就地疏散、中程疏散和远程疏散；其中，就地疏散指市民临时疏散在居所或工作地点附近的公园、操场或其他旷地，中程疏散指市民疏散至 1~2km 半径内的空旷地带，远程疏散指市民使用各种交通工具疏散至外地的过程。

1. 疏散通道规划

城市内疏散通道的宽度不应小于 15m，一般为城市主干路，通向市内疏散场地和郊外旷地，或通向长途交通设施。为保证震时房屋倒塌不致影响其他房屋和人员疏散，规定震区城市的居住区与公建区的建筑间距见表 22-17。

城市房屋抗震间距要求（m）			表 22-17
较高房屋高度 h	≤ 10	10~20	> 20
最小房屋间距 d	12	6+0.8h	14+h

2. 疏散场地规划

不同设防烈度区域对于疏散场地的要求也不同，其人均避震疏散面积详见表 22-18。

城市人均避震疏散面积				表 22-18
城市设防烈度（度）	6	7	8	9
面积（m²）	1.0	1.5	2.0	2.5

疏散场地布局要求如下：远离火灾、爆炸和热辐射源；地势较高，不易积水；内有供水设施或易于设置临时供水设施；无崩塌、地裂与滑坡危险；易于铺设临时供电和通信设施。

22.8.3 消防工程规划

22.8.3.1 消防标准确定

1. 道路消防要求

城市道路规划设计必须考虑下述消防要求：

当建筑沿街部分长度超过 150m 或总长度超过 220m 时，应设置穿过建筑的消防车道；沿街建筑应设连接街道和内院的通道，其间距不大于 80m（可结合楼梯间设置）；建筑物内开设的消防车道，其净高与净宽均不小于 4m；消防道路宽度不应小于 3.5m，净空高度不应小于 4m；尽端式消防车道的回车场尺寸应不小于 15×15m²；高层建筑宜设环形消防车道，或沿两长边设消防通道；超过 3000 座的体育馆，超过 2000 座的会堂，占地面积超过 3000m² 的展览馆、博物馆、商场，宜设环形消防车道。

2. 建筑消防间距

按我国有关规范要求，多层建筑与多层建筑的防火间距应不小于 6m，高层建筑与多层建筑的防火间距不小于 9m，高层建筑与高层建筑的防火间距不小于 13m。

3. 高层建筑防火要求

高层建筑主体须有不小于 1/4 周长的防火面；在防火面一侧建筑的裙房，其深度不应大于 4m。防火面应有直通室外的楼梯或直通楼梯间的出口。

22.8.3.2 消防用水规划

大部分火灾均可用水扑灭，因此，保证消防用水，是消防工作的重要内容。城市消防用水可由城市给水管网直接供给，也可设置专门的消防管道系统。消防工程规划应安排可靠的消防水源，合理布置消防取水点，在重要的建筑物、厂房、仓库区设置消防用水设施。

规模较小、管道供水不足的城市应增设消防水池，或利用河湖沟汊的天然水。河网城市应考虑沿河开辟一些空地，并与消防通道相连，作为消防车取水场所（即消防取水码头）。

22.8.3.3 消防站布置

1. 消防站设置要求

在接警 5min 后消防队可达责任区的边缘，消防站的责任区面积宜为 4~7km²。沿海、内河港口城市应考虑设置水上消防站。一些地处中心城区边缘或外围的大、中型企业，消防队接警后难以在 5min 内赶到时，应设专用消防站。易燃、易爆危险品生产运输量大的中心城区应设特种消防站。

2. 消防站选址要求

消防站站址应选择在责任区的适中位置，交通方便，利于消防车迅速出动。消防站边界距液化石油气罐区、燃气站、氧气站不宜小于 200m，且位于这些设施的上风向或侧风向。消防站应与医院、小学、幼托以及人流集中的其他公共建筑保持 50m 以上的距离，以避免相互干扰。

22.8.4 人防工程规划

22.8.4.1 人防工程建设标准确定

1. 人防工程总面积

人防工程规划需要先确定人防工程大致的总量规模，然后才能确定人防设施的布局；而预测人防工程总量，又要先确定战时留城人口数。一般来说，战时留城人口约占总人口的 40%~50%，按人均 1~1.5m² 的人防工程面积标准，则可推算所需的人防工程面积。

按照有关标准，在成片居住区内按总建筑面积的 2%~4% 设置人防工程或按地面建筑总投资的 7% 左右安排人防工程面积。居住区防空地下室的战时用途以居民掩蔽为主，规模较大的居住区的防空地下室应尽量配套齐全。

2. 专业人防工程规模

详见表 22-19。

城市防空专业队面积规模要求　　　　　　　表 22-19

名称	项目	使用面积（m²）	参考标准
医疗救护工程	中心医院	3000~3500	200~300 病床
	急救医院	2000~2500	100~150 病床
	救护站	1000~1300	10~30 病床
连队专业队工程	救护	600~700	8~10 台救护车
	消防	1000~1200	8~10 台消防车、1~2 台小车
	防化	1500~1600	15~18 台大车、8~10 台小车
	运输	1800~2000	25~30 台大车、2~3 台小车
	通信	800~1000	6~7 台大车、2~3 台小车
	治安	700~800	20~30 台摩托车、6~7 台小车
	抢险抢修	1300~1500	5~6 台大车、8~10 台施工机械

22.8.4.2　人防工程设施分类布局

1. 指挥通信工事

包括中心指挥所和各专业队指挥所，要求有完善的通信联络系统及坚固的掩蔽工事。其布局原则为：

根据人民防空部署，从便于保障指挥、通信联络顺畅的要求出发，综合比较，慎重选定工程布局，尽可能避开火车站、飞机场、码头、电厂、广播电台等重要目标；充分利用地形、地物、地质条件，提高工程防护能力。对于地下水位较高的城市，宜建掘开式工事和结合地面建筑修建防空地下室。

2. 医疗救护工事

包括急救医院和救护站，负责战时救护医疗工作。其规划布局除应从本城市所处的战略地位、预计敌人可能采取的袭击方式、城市人口构成和分布情况、人员掩蔽条件以及现有地面医疗设施及其发展情况等方面进行综合分析外，还应考虑：

根据国土空间规划，与地面新建医院结合修建；救护站应在满足平时使用需要的前提下尽量分散布置；急救医院、中心医院应避开战时敌人袭击的主要目标及容易发生次生灾害的地带；尽量设置在宽阔道路或广场等较开阔地带，以利于战时的交通运输；主要出入口应不致被堵塞，并设置明显的标志，便于辨认；尽量选在地势高、通风良好及有害气体和污水不致集聚的地方；尽量靠近城市人防干道并使之连通；避开河流堤岸或水库下游以及在战时遭到破坏时可能被淹没的地带。

3. 后勤保障工事

包括物资仓库、车库、电站、给水设施等，为战时人防设施提供后勤保障。其布局原则为：

粮食库工程应避开重度破坏区的重要目标，并结合地面粮库进行规划；食油库工程宜结合地面油库，修建地下油库；水库工程宜结合自来水厂或城市其他日常使用的给水水库进行建设，在可能情况下规划建设地下水库；燃油库工程应避开重点目标和重度破坏区；药品及医疗器械工程应结合地下医疗救护工程进行建设。

4. 人员掩蔽工事

人员掩蔽工事由多个防护单元组成，形式也多种多样，有各种单建或附建的地下室、坑道、隧道等，为平民和战斗人员提供掩蔽场所。其布局原则如下：

其规划布局以中心城区为主，根据人防工程技术、人口密度、预警时间、合理的服务半径，实现优化设置；结合城市建设，修建人员掩蔽工程，对地铁车站、区间段、地下商业街、共同沟等市政工程作适当的转换处理，即可作为人员掩蔽工程；结合居住区、高层建筑、重点目标及大型建筑修建防空地下室，作为人员掩蔽工程，使人员就近掩蔽；通过地下通道加强各掩体之间的联系；使用地下室连通道作为临时人员掩体；当遇到常规武器袭击时，应充分利用各类非等级人防附建式地下空间和单建式地下建筑的深层；专业队掩体应结合各类专业车库和指挥通信设施布置；并以就地分散掩蔽为原则，尽量避开本地区重要袭击点，且均匀布置人员掩体，避免过分集中。

5. 人防疏散干道

包括公路隧道、人行地道、人防坑道、大型管道沟等，用于人员的隐蔽疏散和转移，且负责各战斗人防片之间的交通联系。人防疏散干道应结合城市的居住小区建设，使各小区以人防工程体系联网，通过机动干道与城市进行整体连接。

22.9　中心城区工程管线综合规划

工程管线综合规划要对搜集到的中心城区范围内各项工程管线的规划设计资料（包括现状资料）认真加以分析研究，按照工程管线综合规划原理进行统一安排和布置，发现并解决各项工程管线在规划设计上存在的矛盾，使它们在国土空间上占据合理的空间地位（包括地上和地下），以指导单项工程下阶段的设计、施工，并为今后的工程管线管理创造有利条件。

22.9.1　综合管廊

根据其所收容管线的不同，地下综合管廊的性质及结构亦有所不同，可大致分为干线综合管廊、支线综合管廊与缆线综合管廊（电缆沟）三种。

22.9.1.1 干线综合管廊

指用于容纳城市主干工程管线，采用独立分舱方式建设的综合管廊。其主要收容电力、通信、给水、燃气、热力等管线，有时根据需要也将排水管线收容在内。在干线综合管廊内，电力从超高压变电站输送至一、二次变电站，通信主要为转接局之间的信号传输，燃气主要为燃气厂至高压调压站之间的输送。

22.9.1.2 支线综合管廊

指用于容纳城市配给工程管线，采用单舱或双舱方式建设的综合管廊，主要负责将各种供给从干线综合管廊分配、输送至各直接用户；一般设置在道路的两旁，收容直接服务的各种工程管线。

22.9.1.3 缆线综合管廊

指采用地埋沟道方式建设，设有可开启盖板，但其内部空间不能满足人员正常通行要求，主要用于容纳电力电缆和通信线缆的管廊。其主要负责将市区架空的电力、通信、有线电视、道路照明等电缆收容至埋地的管道。一般设置在道路的人行道下面；其埋深较浅，一般在1.5m左右。

缆线综合管廊的断面以矩形较为常见，一般不要求设置工作通道及照明、通风等设备，仅增设供维修时所用的工作毛孔即可。

22.9.2 工程管线综合规划规定

22.9.2.1 一般规定

1. 工程管线综合规划的主要内容

确定工程管线在地下敷设时的排列顺序和工程管线间的最小水平净距、最小垂直净距，确定工程管线在地下敷设时的最小覆土深度，确定工程管线在架空敷设时管线及杆线的平面位置及与周围建（构）筑物、道路、相邻工程管线间的最小水平净距和最小垂直净距。

2. 工程管线综合规划应重视近期建设规划，并应考虑远景发展需要。

3. 工程管线综合规划应结合城市的发展合理布置，充分利用城市地上、地下空间。

4. 工程管线综合规划应与城市道路交通、住区、环境、给水、排水、热力、电力、燃气、电信、防洪、人防等专业规划相协调。

22.9.2.2 地下敷设相关规定

1. 地下工程管线综合规划规定

应结合中心城区路网规划，在不妨碍工程管线正常运行、检修以及合理占用土地的情况下，使线路短捷；应充分利用现状工程管线；应结合城市地形特点合理布置工程管线位置，并应避开滑坡地带和洪峰口；应与城乡现状及规划的地下铁道、地下通道、人防工程等地下隐蔽工程协调配合。

2. 管线避让规定

压力管线让重力自流管线；可弯曲管线让不易弯曲管线；分支管线让主干管线；小管径管线让大管径管线。

3. 直埋敷设规定

严寒或寒冷地区的给水、排水、燃气等工程管线应根据土壤冰冻深度确定管线覆土深度；热力、电信、电力电缆等工程管线以及严寒或寒冷地区以外的地下工程管线应根据土壤性质和地面承受荷载的大小，确定管线的覆土深度。

工程管线在道路下面时，应布置在人行道或非机动车道下面。电信电缆、给水输水、燃气输气、雨污水等工程管线可布置在非机动车道或机动车道下面。

工程管线在道路下面的规划位置宜相对固定。从道路红线向道路中心线方向平行布置的次序，应根据工程管线的性质、埋设深度等确定。分支线少、埋设深、检修周期短和可燃、易燃及损坏时对建筑物基础安全有影响的工程管线应远离建筑物。通常的布置次序宜为：电力电缆、电信电缆、燃气配气、给水配水、热力干线、燃气输气、给水输水、雨水排水、污水排水。

工程管线在庭院内由建筑线向外方向平行布置的次序应根据工程管线的性质和埋设深度确定，其布置次序宜为：电力、电信、污水排水、燃气、给水、热力。当燃气管线在建筑物两侧中的任一侧引入均满足要求时，燃气管线应布置在管线较少的一侧。

沿中心城区道路规划的工程管线应与道路中心线平行，其主干线应靠近分支管线多的一侧。工程管线不宜从道路一侧转到另一侧。

各种工程管线不应在垂直方向上重叠直埋敷设。

沿铁路、公路敷设的工程管线应与铁路、公路线路平行。当工程管线与铁路、公路交叉时，宜采用垂直交叉方式布置；受条件限制，可倾斜交叉布置。

河底敷设的工程管线应选择在稳定河段，埋设深度应按不妨碍河道的整治和工程管线安全的原则确定，并符合下列规定：在一～五级航道下面敷设，应在航道底设计高程 2m 以下；在其他河道下面敷设，应在河底设计高程以下；当在灌溉渠道下面敷设时，应在渠底设计高程 0.5m 以下。

当工程管线交叉敷设时，自地表面向下的排列顺序宜为：电力管线、热力管线、燃气管线、给水管线、雨水排水管线、污水排水管线。工程管线在交叉点的高程应根据排水管线的高程确定。

4. 综合管廊敷设规定

当遇到下列情况之一时，工程管线宜采用综合管廊集中敷设：交通运输繁忙或工程管线设施较多的机动车道、城市主干路以及配合兴建地下铁道、立体交叉等工程的地段；不宜开挖路面的路段；广场或主要道路的交叉处；需同时敷设两种以上工程管线及多回路电缆的道路；道路与铁路或河流的交叉处；道路宽度难以满足直埋敷设多种管线的路段。

综合管廊内宜敷设电信电缆管线、低压配电电缆管线、给水管线、热力管线、污雨水排水管线。

综合管廊内相互不干扰的工程管线可设置在管沟的同一个小室，相互有干扰的工程管线应分别设在管沟的不同小室。电信电缆管线与高压输电电缆管线必须分开设置；给水管线与排水管线可在综合管廊一侧布置，且排水管线应布置在综合管廊的底部。

干线综合管廊应设置在机动车道下面，其覆土深度应根据道路施工、行车荷载和综合管廊的结构强度以及当地的冰冻深度等因素综合确定；支线综合管廊应设置在人行道或非机动车道下，其埋设深度应根据综合管廊的结构强度以及当地的冰冻深度等因素综合确定。

22.9.2.3　架空敷设规定

1. 中心城区内沿围墙、河堤、建筑物墙壁等不影响城市景观地段的架空敷设的工程管线应与工程管线通过地段的国土空间规划相结合。

2. 沿中心城区道路架空敷设的工程管线，其位置应根据规划道路的横断面确定，并应保障交通畅通、居民安全以及工程管线正常运行。

3. 架空线线杆宜设置在人行道上距路缘石不大于 1m 的位置；有分车带的道路，架空线线杆宜布置在分车带内。

4. 电力架空杆线与电信架空杆线宜分别架设在道路两侧，且与同类地下电缆位于同侧。

5. 同一性质的工程管线宜合杆架设。

6. 架空热力管线不应与架空输电线、电气化铁路的馈电线交叉敷设。当必须交叉时，应采取保护措施。

7. 工程管线跨越河流时，宜采用管道桥或利用交通桥梁进行架设，并应符合下列规定：

（1）可燃、易燃工程管线不宜利用交通桥梁跨越河流；

（2）工程管线利用桥梁跨越河流时，其规划设计应与桥梁设计相结合。

本章参考文献

[1]　戴慎志 . 城市工程系统规划 [M]. 2 版 . 北京：中国建筑工业出版社，2006.

[2]　万艳华 . 小城镇市政工程规划 [M]. 北京：中国建筑工业出版社，2009.

[3]　万艳华 . 城市防灾学 [M]. 2 版 . 北京：中国建筑工业出版社，2016.

第23章

城市总体规划的实施

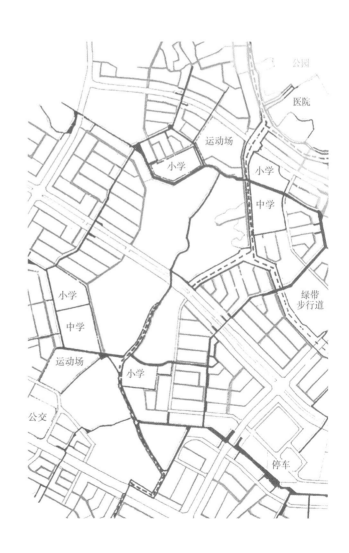

23.1　城市总体规划实施的目的和作用

　　城市规划编制的目的是为了实施，即把预定的计划变为现实，是指在城市总体规划实施过程中各组织部门的作用以及协作关系。城市总体规划的实施是一个综合性的概念，既是政府的工作，也涉及公民、法人和社会团体的行为。

　　城市总体规划实施的根本目的是对城市空间资源加以合理配置，使城市经济、社会活动及建设活动能够高效、有序、持续地进行。

　　城市规划总体实施的作用表现为：

　　1.使城市的发展与经济发展的要求相适应。城市是经济活动的主要载体。经济的结构、规模、发展阶段和水平等内涵的不同，对城市的要求也不同；经济发展是城市发展的主要动力。城市总体规划的实施首要目的就是要为经济发展服务，与经济发展形成互动的良性循环。

　　2.使城市的发展与城市社会的发展相适应。城市建设的根本目的是为人服务。城市社会由不同的人群和利益集团所组成。适应城市社会的变迁、满足不同人群的需要及平衡不同利益集团的福利是城市规划实施所要发挥的作用。

　　3.使城市各项功能不断优化及保持动态平衡。城市的发展与更新是一个持续不断的过程，空间拓展要与交通设施的建设相匹配，开发量的增加要与市政基础设施的扩容相结合，居民生活水平的提高要与环境质量的改善相呼应，城市物质财富的积累要与城市人文氛围的优化相同步。这一切都有赖于通过城市总体规划的实施来加以解决。

23.2 城市总体规划的实施机制

23.2.1 行政机制

城市规划主要是政府的行为，在城市规划的实施中，行政机制具有最基本的作用。我国《宪法》赋予了县以上地方各级人民政府依法管理本行政区的城乡建设的权力。《城乡规划法》更是明确地授予了城市人民政府及其城市规划行政主管部门在组织编制、审批、实施城市规划方面的种种权力。城市规划实施的行政机制，就是城市人民政府及其城市规划行政主管部门依据《宪法》、法律和法规的授权，运用权威性的行政手段，采取命令、指示、规定、计划、标准、通知许可等行政方式来实施城市规划。

在市场经济体制下，城市建设也由以往的政府部门中央指令性模式向多极参与模式的方向转变，越来越多的投资者介入城市建设，给城市发展注入了新的活力，使我国许多城市以前所未有的速度进行着规模扩张和城市更新，政府职能也开始发生变化，由原来的高度集权向市场化、法制化、民主化以及多中心化转变。政府职能的市场化主要体现于国有企业的民营化、在政府事务中引入内部市场机制等；政府行为的法治化主要体现于政府行为的规范化，解除过分的政府管制，从人治走向法治的进程；政府决策的民主化主要表现在政府行政日益公开化、提高政府公共政策对公民需求的回应性等；政府权力的多中心化主要表现在政府体制改革、提高地方自治水平、还权于社群等。

23.2.2 财政机制

财政是国家为实现其职能，在参与社会产品分配和再分配过程中与各方面发生的经济关系。这种分配关系与一般的经济活动所体现的关系不同，它是以社会和国家为主体，凭借政治、行政权力而进行的一种强制性分配。因此，也可以说，财政是关于利益分配和资源配置的行政。

财政机制在城市总体规划实施中有着重要地位，例如，政府可以按城市规划的要求，通过公共财政的预算拨款，直接投资兴建某些重要的城市设施，特别是城市重大基础工程设施和大型公共建筑设施；政府经必要的程序可发行财政债券来筹集城市建设资金，以加强城市建设；政府可以通过税收杠杆来促进或限制某些投资和建设活动，以实现城市规划的目标。如开征建筑税、投资方向调节税，或免征部分房产开发项目的营业税和交易契税等。前者是为了限制某些投资和建设活动，抑制过热的开发；后者是为了扩大房地产市场的需求，促进存量房产的消化。它们都与城市规划的实施有关。

23.2.3 法律机制

城市规划实施的法律机制与行政机制相衔接，但有不同的内涵。城市规划实施的法律机制体现为：

1. 通过行政法律、法规的制定来为城市规划行政行为授权和提供实体性、程序性依据，从而为调节社会利益关系，维护经济、社会、环境的健全发展提供条件。

2. 公民、法人和社会团体为了促使城市规划有效、合理地实施，为了维护自己的合法权利，可以依法对城市规划行政机关作出的具体行政行为提起行政诉讼。司法程序是城市规划实施中维护公民、法人和社会团体利益的最后保障。

3. 法律机制也是有效成立的行政行为的执行保障。

23.2.4 经济机制

经济机制是指平等民事主体之间的民事关系，是以自愿等价交换为原则。城市规划实施中的经济机制是对行政机制、财政机制及法律机制的补充，是以市场为导向的平等民事主体之间的行为。城市人民政府及其城市规划行政主管部门既是规划行政主体，同时又享有民事权力。城市规划实施中经济机制的引进，是政府部门主动运用市场力量来促进城市规划目标的实现。

23.2.5 社会机制

城市总体规划实施的社会机制是指公民、法人和社会团体参与城市规划的制定和实施、服从城市规划、监督城市规划实施的制度安排和作用力量。例如：公众参与城市规划的制定，有了解情况、反映意见的正常渠道；人民政协等社会团体在制定城市规划和监督城市规划实施方面的有组织行为；新闻媒体对城市规划制定和实施的报道和监督；城市规划行政管理做到政务公开，并有健全的信访、申诉受理和复议机构及程序。

23.3 城市总体规划实施评估

城市总体规划实施评估是针对法定的城市总体规划经过一段时期的实施后，对其实施状况与结果所开展的评估活动。因此，总体规划实施评估是一种回溯过去行动及其结果的事实性评估，与基于对未来发展可能进行推测的规划方案的评估完全不同。

23.3.1 城市总体规划实施评估办法

1. 城市总体规划实施评估程序

城市人民政府应当按照政府组织、部门合作、公众参与的原则，建立相应的评估工作机制和工作程序，推进城市总体规划实施的定期评估工作。城市人民政府可以委托规划编制单位或者组织专家组承担具体评估工作。

城市总体规划实施情况评估工作，原则上应当每2年进行一次。城市人民政府应当及时将规划评估成果上报本级人民代表大会常务委员会和原审批机关备案。

国务院审批城市总体规划的城市的评估成果，由省级城乡规划行政主管部门审核后，报住房和城乡建设部备案。

2.城市总体规划实施评估成果

规划评估成果由评估报告和附件组成。评估报告主要包括城市总体规划实施的基本情况、存在问题、下一步实施的建议等。附件主要是征求和采纳公众意见的情况。规划评估成果报备案后，应当向社会公告。

城市总体规划实施评估报告的内容应当包括：城市发展方向和空间布局是否与规划一致；规划阶段性目标的落实情况；各项强制性内容的执行情况；规划委员会制度、信息公开制度、公众参与制度等决策机制的建立和运行情况；土地、交通、产业、环保、人口、财政、投资等相关政策对规划实施的影响；依据城市总体规划的要求，制定各项专业规划、近期建设规划及控制性详细规划的情况；相关的建议。

城市人民政府应当根据城市总体规划实施情况，对规划实施中存在的偏差和问题进行专题研究，提出完善规划实施机制与政策保障措施的建议。

3.城市总体规划实施评估审批

城市人民政府在城市总体规划实施评估后，认为城市总体规划需要修改的，结合评估成果就修改的原则和目标向原审批机关提出报告；其中涉及修改强制性内容的，应当有专题论证报告。城市总体规划审批机关应对修改城市总体规划的报告组织审查，经同意后，城市人民政府方可开展修改工作。

省级城乡规划行政主管部门负责本行政区域内的城市总体规划实施评估管理工作，对相关城市的城市总体规划实施评估工作机制的建立、评估工作的开展、评估成果的落实等情况进行监督和检查。

国家有关部委负责国务院审批城市总体规划的实施评估管理工作，根据需要，可以决定对国务院审批城市总体规划的实施评估工作的情况进行抽查。

23.3.2 城市总体规划实施评估指标体系构建

1.评估体系建构原则

城市总体规划实施是一个动态发展过程，实施评估实际是一个多目标决策问题，一方面要考察城市总体规划本身是否具备了指导宏观层面的城市总体发展、控制和引导微观层面具体项目建设的能力，另一方面要衡量实际发展与规划目标之间产生的各种偏差。在实际评估过程中，要分析、权衡各个规划目标领域和具体各项指标，规划评估领域和指标的选取应考虑以下原则：

（1）突出重点的原则：城市总体规划是对城市全面的、综合性的规划，涉及社会、经济、空间布局等方面，可以用来评估的内容十分多，如果总体规划评估要照顾到方方面面是一个巨大且难以完成的工作，因此在构建评估体系时应突出重点。

（2）绩效导向性原则：对于规划实施的评估，不能再简单地把规划内容与实施的情况进行一一对比来确定规划实施的情况，这是因为由于不确定因素的影响，即使没有按规划原样实施，也不代表规划实施是失败的，同样即使按规划实施，也不一定代表实施的成功，需要分析规划实施后是否达到了规划在编制时所设定的目标。

（3）评估指标有效性原则：涉及总体规划评估的指标非常多，需要选择出可以反映出总体规划实施情况的具体指标，同时评估指标要有一定的可比性和代表性，使其能很好地反映一个单个领域或目标的情况，同时应避免各指标出现重复交叉，以影响评估结果的真实性和可靠性。

（4）公众参与原则：公众参与贯穿于城市规划的各个环节。将公众参与纳入评估体系能更全面地了解公众的诉求，也能增加公众在规划当中的热情，促进规划的有效实施。

2. 评估的重点

（1）体现公共政策性：城市总体规划是一种公共政策，规划实施包括市政府所有部门，而不仅仅是规划管理部门；实施涉及的领域包括城市发展各个领域，而不仅仅是建设领域，因此规划的评估要以反映公众利益各个方面的规划目标为标准。

（2）物质空间的评估：城市规划其实质就是对城市空间资源加以合理配置，诚然，经济社会的发展与规划有着密切的联系，但它们之间没有一一对应的关系。我国现阶段规划大多数还是以物质空间为对象的物质性规划，在进行规划评估时不能将经济社会的相关要素作为评估的主要内容，应该更多地关注规划实施后城市的功能布局是否更加合理、城市的结构形态是否更加紧凑、城市的基础设施是否更加完善、城市的环境是否更加宜人等。

（3）城市的可持续发展：目前我国社会经济虽然取得了长足的发展，但是生态环境不断恶化、地区和城乡差距扩大、资源短缺、社会不公平等一系列问题，已成为实现可持续发展的严重障碍。在规划编制和评估时要有一个战略性的考虑，即建立一个总体的、长期的目标框架，控制规划所安排和布置的一个个短期目标和行动，实现城市的可持续发展。

（4）实施机制的分析：由于国家法律的规定，实施评估某些时候变成了规划修编的一项必要程序，规划实施结果产生偏差的原因很多，从规划编制到规划管理再到规划实施中每个环节都有可能因为主观、客观等因素的干扰产生不同的结果。因此，规划评估时，不仅要分析规划实施的结果，也要重视规划实施管理过程，分析社会背景、政策因素以及主观认知和客观状况对规划实施造成的影响。

3. 评估指标体系（表23-1）

城市总体规划实施评估指标体系　　　表23-1

评估分类	评估层次	评估要素	评估指标
实施过程评估	直接性政策	规划推进型政策	分区规划
			控制性详细规划
			专项规划
			近期建设规划
			年度实施计划
		规划保障性政策	规划委员会制度
			部门协同机制
			动态跟踪评估制度
			规划建设项目库制度
			规划信息公开制度
			公众参与制度
	间接性政策	空间引导政策	土地政策
			历史文化保护政策
		非空间引导政策	经济政策
			社会政策
			环保政策
实施结果评估	规划目标	经济	GDP总量
			GDP年均增长率
		社会人文要素	城市化水平
			社会保障覆盖率
		城市规模	城市用地规模
			城市人口规模
		城市可持续发展	空间管制
			土地集约利用
			绿地率
			森林覆盖率
			人均耕地面积
			生活垃圾无害化处理率
			污水处理率
	城市空间发展	城市空间结构	空间结构形态
			城市用地结构

续表

评估分类	评估层次	评估要素	评估指标
实施结果评估	城市空间发展	城市功能用地落实	城市建设用地
			居住用地
			公共设施用地
			工业用地
			绿地
			道路及交通设施用地
			历史文化保护
		重大项目实施	重大交通设施
			重大市政公用设施
			重大产业项目
			重大公共服务设施
			重大环境与景观建设项目
		城市环境建设	市政基础设施
			城市形象
	公众满意度	公众对总体规划实施的满意度	对城市环境
			对居住环境
			对公共服务设施
			对基础设施
			对综合交通
			对历史文化保护

23.3.3 城市总体规划实施评估方法及内容

1. 对综合指标进行数据化的考量

将规划期内城市的经济、社会、人口、产业和生态等相关指标的变化情况进行分析，用城市发展的总体水平来评判总体规划的效用。综合指标反映了城市发展过程中各项社会、政治、经济等因素所产生的"合力"效果，但很难直接体现城市规划本身所产生的效用。

在一部分城市的总体规划评估成果中，对规划相关指标所进行的阶段性考量占据了非常重要的地位，比较有代表性的是杭州和兰溪的城市总体规划评估。在杭州的评估实践中，评估目标被分解为经济指标（除包含GDP的相关指标外，还包含了旅游业和环保投入的相关指标，共5项）、社会人文指标（包含医疗、教育、交通、住房、公共设施等7项）、资源指标（包含土地资源、水资源和能源等5项）和环境指标（包含水质、绿化、日照、噪声等7项）4个方面，通过这4个方面的指标数据进行核算，得出各个指标现状与规划目标的偏差率，其结果主要分为"很好""较好"和"一般"三种类型。

2. 对城市用地空间变化进行考察与描述

将规划期内城市用地空间变化情况与规划图纸进行对照分析，以评判总体规划对城市空间布局及结构形态所产生的引导作用。以用地空间变化为对象的考察涉及城市规划的核心内容，通常会把现状和规划图纸进行叠加对比，以找出城市建设中哪些用地按照规划进行了实施，而哪些没有实施或者突破了原有规划所设定的边界范围。该方法能从平面上反映出规划期内城市建设活动与规划引导之间的符合程度，但无法体现规划行动与建设行为之间的关联，及其实施的运作机制。

比较有代表性的是广州市战略规划实施评估和江阴市的总体规划实施评估。由于规划信息化平台较为成熟，广州在之前的总体规划评估中较好地利用了 GIS 技术，精确地对城市建设各类用地的实施情况进行了分析和统计。在广州市的战略规划评估实践中，用地评估部分依然延续了 GIS 技术的充分利用，着重从非建设用地和建设用地两个方面进行考察：在非建设用地方面，评估主要从战略规划生态绿地专项中提取了空间管制分区、基本生态控制线、生态廊道和公园的服务水平等因子，基于 GIS 数据平台，将规划和现状的建设信息进行对比，对空间管制分区和生态控制线的突破占用情况、生态廊道的连续程度、公园分布缓冲区范围与居住用地的关系等方面进行了分析；在建设用地方面，评估主要分析了现状与下位控制性详细规划在建设用地总量、用地结构和分解到各区的指标等方面的数据是否符合战略规划，还分析了现状、控制性详细规划及战略规划中建设用地在空间分布上的吻合度，并对历年建设用地供应的空间分布与战略规划所确定的空间发展方向的符合程度进行了分析。

3. 对重大项目建设的实施情况进行判定

对规划期内总体规划所确定的城市重要项目及重大设施的建设和实施进展进行描述，以评价其实施情况或产生的既有效果。较为直观地反映出了规划期内城市各项重要项目及设施的推进情况，但有时对于实施本身的理解过于笼统，也很难反映出总体规划政策实施的具体作用。

在纽约 2030 战略规划的年度评估报告中，最后一部分内容是规划项目实施监测的明细表，详细列出了已完成项目，实施中项目，其实施程度如何，主要由哪个部门负责等内容。早在 10 年前，以深圳市的总体规划检讨为例，对我国的总体规划实施机制进行了有意义的探索，其中也较为深入地涉及了规划评估中项目实施分析的议题。项目实施明细的评估模式不但对当下总体规划的推进情况有较为直观的反馈，也对形成下一轮总规的编制重点和行动计划有较好的参考价值。

4. 对部门运作的协同情况进行分析

对规划期内相关部门，如产业、土地、交通、绿化及下级区镇等机构的规划与城市总体规划之间的符合程度和协调程度进行判读，以评价总体规划实施在部门转化过程中的总体成效。政府机构之间的协同作用是实施总体规划的重要保障。该方法能较好地反映出总体规划与其他横向相关部门及下级机构所编制的规划之间的异同，强调了"多规合一"的思想，但未涉及规划实施的后续过程。

涉及部门协调问题的评估案例并不多，比较有代表性的是深圳市和河源市的案例。深圳市在规划评估实践中提出了"外在有效性"的评估理念，其思路是将已批复的某一版城市总体规划成果作为一个独立的对象，分别对其上下级规划的承接性（如下一级分区规划的编制内容对总体规划的遵循与突破）和相关部门计划的协调性（如发改委和国土部门在发展目标和策略上与总体规划的异同）进行评估，以此建构垂直级和平行级的规划编制评估框架。在评估手段上，深圳的案例采用了文本比对分析和专家论证的方式，较为客观地反映出了我国城市规划编制中存在着的一些普遍问题。

5. 对公众的反馈信息进行搜集

搜集公众对规划期内城市建设及综合环境变化给予的评价和建议，从公众视角反馈城市规划的总体成效。该方法能客观反映公众对规划期内城市建设环境的认知和评价，但很难体现总体规划政策所发挥出的实际作用。

涉及公众参与这方面的内容，较为有代表性的案例是蚌埠市和兰溪市的规划评估实践。在蚌埠市总体规划实施评估中，评估分别对蚌埠市（县）域三县60位人大代表、政协委员和720位居民，以及蚌埠市区50位人大代表、政协委员和1000位居民进行了调查，评估分别针对这四类人群设计了相应的调查问卷，较为全面地搜集了不同市民群体对城市总体规划和城市环境的看法和反馈，而这些信息所反映出来的问题也为新一轮的总体规划编制提供了很多有意义的线索。

在兰溪市的案例中，评估主要围绕公众对规划实施结果的认同度和满意度进行问卷调查，其内容主要涉及了市民对城市结构、城市定位、发展方向和道路结构等宏观层面的认同度以及对居住条件、公共设施、市政设施和绿化环境条件等内容的满意度这两个方面。

6. 对规划实施机制的运作进行评判

评判规划期内城市规划组织机构的运作及制度建设情况，以评价总体规划在实务层面上所体现出来的效能。该方法能反映出总体规划实施背后的机制运作情况，但通常有一定的局限性，也难以真正进行客观的评估。

杭州市和蚌埠市的案例比较有代表性。杭州市：①从规划委员会制度、信息公开和公众参与制度、规划管理制度等三方面的建构和执行情况对规划实施的严肃性进行评价；②从规划的编制与组织、规划相关政策措施的推进、规划实施的监督等三个方面对规划管理部门主体所发挥的能动性进行评价；③靠人大、政协、社会团体、媒体报道和公众参与等信息渠道，对政策实施中体现出来的监督有效性进行评价。

蚌埠市案例主要从决策管理机制和总体规划实施保障机制两个方面展开：前者包括了规委会制度、信息公开制度、公众参与机制等内容的建立和运行情况；后者则包括了相关制度法规保障、行政管理和人力资源保障以及编制经费保障等方面的情况。

23.3.4　总体规划实施评估的趋势

1. 从全面的建设回顾到单项政策实施的过程剖析

当前总体规划实施评估在很大程度上都是全方位、全覆盖式的城市建设回顾，虽然包含的内容十分全面，但实质还停留在实施行为的技术层面，未能深入展开分析。因此，有必要在未来的规划评估中，针对总体规划中各项政策的实施情况，进行深入而严密的调查分析，以评估各项政策在实际的推进过程中所体现出来的成效，并由此建立总体规划实施的综合评估体系。

2. 从静态的目标实现评估到动态的政策实施经验分析

当前总体规划实施评估总的来讲都是依据规划的编制内容，将涉及的方方面面横向铺开，并由此搜集近期建设的相关材料，以评估各项内容在规划期内的实现程度。这种静态的目标达成式评估虽然是一种经典的政策评估模式，但如果忽略了其中的实施环节，那么便无法建立与政策所发挥的实际作用之间的关联。而只有通过动态的实施环节调查，才能真正建立起这样的关联，并以经验分析为基础，有效地开展政策实施评估。

3. 从阶段性的修编性评估到总结性的政策实施评估

当前总体规划实施评估通常都是修编导向的，阶段性强，周期较短，规划实施2~3年便进行修编性评估工作。这也使规划评估不得不成为修编工作的服务工具，同时也缺失了实施评估本身的意义和特质。只有通过建立和完善相关的制度和机制建设，对已推行了一定时间的总体规划政策开展总结性的实施评价研究，才能科学地判断规划政策对城市建设所产生的作用，使得城市总体规划的实施评估工作更加富有成效。

本章参考文献

[1]　肖铭. 基于权力视野的城市规划实施过程研究 [D]. 武汉：华中科技大学，2008.

[2]　汪水永 . 转型时期的城市规划：基于政府职能的研究 [D]. 厦门：厦门大学，2005.

[3]　邹兵 . 城市规划实施：机制和探索 [J]. 城市规划，2008（11）：21–23.

[4]　邹兵 . 探索城市总体规划的实施机制——深圳市城市总体规划检讨与对策 [J]. 城市规划汇刊，
2003（2）：21–27.

[5]　童明 . 城市政策研究思想模式的转型 [J]. 城市规划汇刊，2002（1）：4–8.

[6]　费潇 . 城市总体规划实施评价研究 [D]. 杭州：浙江大学，2006.

[7]　孙施文 . 基于城市建设状况的总体规划实施评价及其方法 [J]. 城市规划学刊，2015（3）：9–14.

[8]　段鹏 . 城市总体规划实施评估 [D]. 重庆：中南大学，2011.

[9]　袁也 . 总体规划实施评价方法的主要问题及其思考 [J]. 城市规划刊，2014（2）：60–66.

后记

　　为提高本科教学水平与质量，华中科技大学自 2014 年始，在全校启动责任教授课程的建设。"城市总体规划原理与设计"作为城乡规划专业的核心主干课程，被学校遴选为首批责任教授课程。本责任教授课程教学团队在日常教学的同时，开展了湖北省级教研课题《基于社会实践与创新型人才培养的〈城市总体规划〉课程建设研究》，并在此基础上编撰《城市总体规划理论与实务》教材。2016 年，本教材获住房城乡建设部土建类学科专业"十三五"规划教材立项支持。

　　陈锦富老师作为本教材的主编，负责教材编撰的全面工作；朱霞、赵守谅老师担任副主编，负责教材内容的审校、协调工作；责任教授课程教学团队的核心成员承担了各章的编写任务，具体写作工作分工如下：

第一篇　　　总论

第 1 章　　　导论（陈锦富）

第 2 章　　　城市总体规划的编制、审批与督察（朱霞）

第 3 章　　　城市总体规划研究的分析方法（赵丽元）

第 4 章　　　城市发展的资源要素（赵守谅）

第 5 章　　　城市发展战略研究（任绍斌）

第二篇　　　市（县）域规划

第 6 章　　　市（县）域"三生"空间规划（刘法堂）

第 7 章　　　城乡统筹与市域城镇体系规划（彭翀）

第 8 章　　　市域综合交通规划（郭亮）

第 9 章　　　城乡产业发展规划（刘合林）

第 10 章　　　城乡社会发展规划（罗吉）

第三篇　　　城市规划区规划

第 11 章　　　城市规划区的划定（王宝强）

第 12 章　　　城市规划区生态安全与山水格局（王宝强）

第 13 章　　　城市规划区空间管制规划（王宝强）

第 14 章　　　区域重大基础设施规划控制（陈锦富　莫文竞）

第 15 章　　村庄规划指引（陈锦富　莫文竞）

第四篇　　中心城区规划

第 16 章　　中心城区空间布局规划（王智勇）

第 17 章　　中心城区道路交通规划（郭亮）

第 18 章　　中心城区公共服务设施规划（罗吉）

第 19 章　　城市绿地系统规划（戴菲）

第 20 章　　中心城区总体城市设计（任绍斌）

第 21 章　　中心城区空间管制规划（莫文竞　陈锦富）

第 22 章　　中心城区基础设施规划（万艳华）

第 23 章　　城市总体规划的实施（赵守谅）

华中科技大学建筑与城市规划学院连续三届研究生参与了教材各章的文献资料收集、整理，及图表的绘制工作，按各章的顺序，他们依次是：陈晓昱、王欣、李乃馨、郑越、刘若一、段晓肖、刘凯丽、熊周蕾、周宇飞、冉耀霖、卢诗霞、周湘、王婷婷、程普、何倩、缪雯纬、张梦洁、吴宇彤、郭祖源、林樱子、毕瑜菲、潘洁、郑朝阳、祝芸依、李佳敏、罗佳、王舒、彭雨晴、曾霞、卢晓涵、陈兆、陈姚、宦小燕、李萍萍、杨体星、李纯、琚瑞 、岳峰、赵广旭、李浩祯、卢秋博、薛子卿、司睿、唐喻慧、胡佩茹等。在此对他们做出的贡献表示感谢。

城市规划系的黄亚平、耿虹等老师，对本教材从立意、框架结构，到内容深度的把握，都提出了建设性的意见，并为本教材的写作提供了组织保障。在此对他们的支持表示感谢。

本教材写作过程中，参考了大量正式出版的文献及公开的案例，在各章的参考文献中逐一列示，文中引用的图表亦分别注明来源。在此对他们的知识贡献表示感谢。

本教材体系庞大，内容复杂，是在日常教学工作中逐步形成的，而城市总体规划的理论与实务又处在不断的变革中。编撰过程中一定存在错漏和瑕疵，请读者不吝指正。

华中科技大学

"城市总体规划原理与设计"责任教授课程教学团队

2019 深秋于喻园